2022

Training

Abschlussprüfung

Realschule Bayern

Mathematik I

STARK

Bildnachweis

S. 1: © Joe Gough /Dreamstime.com
S. 70: © Vincent Giordano /Dreamstime.com
S. 106: © Otto Durst - Fotolia.com
S. 107: © picture alliance/dpa
S. 121: © Prinzlinse - Fotolia.com
S. 124: Erde: © NASA /NSSDC
Schnur: © Sergej Razvodovskij - Fotolia.com
S. 127: © Zts /Dreamstime.com
S. 139: © Stephen Bazely/www.sxc.hu
S. 179: © Urheber: Digital Globe; http://de.wikipedia.org/w/index.php?title=Datei:
Fukushima_I_by_Digital_Globe_B.jpg&filetimestamp=20110421190310
Diese Datei ist unter der Creative Commons-Lizenz Namensnennung-Weitergabe unter gleichen Bedingungen 3.0 Unported lizenziert.
S. 182: © DeVIce - Fotolia.com
S. 208: © Ioana Grecu /Dreamstime.com
S. 265: © Nruboc /Dreamstime.com
S. 273: © Florea Marius Catalin - Fotolia.com
S. 277: © Design56 /Dreamstime.com
S. 281: © NASA /Visipix.com

11. ergänzte Auflage
www.stark-verlag.de

Inhalt

Das Corona-Virus hat auch im vergangenen Schuljahr die Prüfungsabläufe beeinflusst. Um dir die Prüfung 2021 schnellstmöglich zur Verfügung stellen zu können, bringen wir sie in digitaler Form heraus. Sobald die Original-Prüfungsaufgaben 2021 zur Veröffentlichung freigegeben sind, kannst du sie als PDF auf der Plattform MyStark herunterladen (Zugangscode vorne im Buch).

Dieses Buch ist in zwei Versionen erhältlich: mit und ohne ActiveBook. Hast du die Ausgabe **mit ActiveBook** (91510**ML**) erworben, kannst du mit dem **Interaktiven Training** online mit vielen zusätzlichen interaktiven Aufgaben zu allen prüfungsrelevanten Kompetenzbereichen trainieren.

Die **interaktiven Aufgaben** sind im Buch mit diesem Button gekennzeichnet. Am besten gleich ausprobieren!

Ausführliche Infos inkl. Zugangscode findest du in der Ausgabe mit ActiveBook auf den **Farbseiten** vorne in diesem Buch.

Autoren: Markus Schmidl unter Mitarbeit von Markus Hochholzer

Vorwort

Liebe Schülerin, lieber Schüler,

mit diesem Buch kannst du dich langfristig und nachhaltig auf die Abschlussprüfung in Mathematik vorbereiten. Außerdem eignet es sich zur schuljahresbegleitenden Vorbereitung auf Schulaufgaben.

Das Buch besteht aus sechs Teilen:

- **Grundwissen 5.–8. Klasse**
  Hier kannst du nachschlagen, wenn du in einem bestimmten Bereich aus den früheren Schuljahren Probleme hast. Die prüfungsrelevanten Inhalte sind mit Beispielen erklärt.
- **Grundwissen 9. Klasse**
  In diesem Kapitel wird der Stoff der 9. Jahrgangsstufe anhand von Beispielen erläutert. Die Aufgaben in diesem Kapitel eignen sich sowohl zur Vorbereitung auf Schulaufgaben in der 9. Klasse als auch zur Wiederholung prüfungsrelevanter Themenbereiche.
- **Grundwissen 10. Klasse**
  In diesem Kapitel werden alle Themenbereiche der 10. Jahrgangsstufe mit Beispielen erklärt. Zu jedem Themenbereich findest du hier vielfältige Aufgaben. Diese sind so konzipiert, dass sie gezielt auf die Abschlussprüfung bzw. auf die Schulaufgaben der 10. Klasse vorbereiten.
- **Komplexe Aufgaben**
  Dieses Kapitel enthält Aufgaben, die nach den Themenbereichen der Abschlussprüfung geordnet sind. Sie greifen auch auf das Grundwissen der vorhergehenden Jahrgangsstufen zurück, das für die Abschlussprüfung relevant ist.
- **Aufgaben im Stil der Prüfung**
  Dieses Kapitel enthält Aufgaben, die wie in der Abschlussprüfung zusammengestellt und bepunktet sind. So kannst du prüfen, ob du fit bist für die Abschlussprüfung in Mathematik. Der Umfang und Schwierigkeitsgrad der Aufgaben entspricht jeweils den einzelnen Prüfungsteilen der Abschlussprüfung.
- **Original-Abschlussprüfungen 2020 und 2021**
  Die Abschlussprüfungen dienen dazu, unter Prüfungsbedingungen anhand einer echten Abschlussprüfung zu üben. Versuche, die jeweilige Abschlussprüfung zusammenhängend in der Prüfungszeit von 150 min zu lösen.

Zu allen Aufgaben der einzelnen Kapitel gibt es **ausführliche Lösungen** mit hilfreichen **Hinweisen und Tipps**. Diese findest du in einem separaten **Lösungsbuch (Bestell-Nr. 915101L)**, damit die Versuchung sofort nachzuschlagen nicht zu groß ist. Zuerst solltest du versuchen, selbst die Lösung zu finden und dann mit dem Lösungsbuch vergleichen. Aus den gemachten Fehlern wirst du am meisten lernen!
Wenn du den Inhalt dieses Buches beherrscht, bist du bestens auf die Prüfung vorbereitet.

Viel Erfolg in der Prüfung!

Markus Schmidl

Hinweise zur Prüfung

Die Abschlussprüfungsaufgaben im Fach Mathematik werden vom Bayerischen Staatsministerium für Unterricht und Kultus zentral für alle bayerischen Realschulen gestellt.

Die Abschlussprüfung setzt sich aus **2 Teilen** zusammen.
Der **Teil A** besteht aus drei kurzen Aufgaben aus den Themenbereichen Funktionen, ebene Geometrie und Raumgeometrie.
Der **Teil B** besteht aus zwei komplexeren Aufgaben. Die erreichbare Anzahl der Punkte ist im Teil B etwa doppelt so hoch wie im Teil A.

Die **Arbeitszeit**, die für die Abschlussprüfung zur Verfügung steht, beträgt **150 Minuten**.

Als Hilfsmittel sind zugelassen:
- Formelsammlung,
- Taschenrechner (auch grafikfähige),
- Zeichengerät und Parabelschablone.

Der Notenschlüssel, nach dem die Prüfung bewertet wird, wird nach der Prüfung vom Bayerischen Staatsministerium für Unterricht und Kultus bekannt gegeben und kann leicht variieren.

Notenschlüssel 2020:

54 – 44 Punkte	**Note 1**
43 – 35 Punkte	**Note 2**
34 – 26 Punkte	**Note 3**
25 – 17 Punkte	**Note 4**
16 – 8 Punkte	**Note 5**
7 – 0 Punkte	**Note 6**

Eine umfangreiche **Sammlung der Prüfungsaufgaben 2001 bis 2021** enthält übrigens das Buch „Original-Prüfungen Realschule 2022 – Mathematik I – Bayern“ (Bestell-Nr. 91500). Es ist insbesondere für die **Vorbereitungsphase unmittelbar vor der Abschlussprüfung** gedacht und hilft dir dabei, noch mehr Sicherheit im Umgang mit Prüfungsaufgaben zu gewinnen.

Sollten nach Erscheinen dieses Bandes noch wichtige Änderungen in der Abschlussprüfung 2022 vom Bayerischen Staatsministerium für Unterricht und Kultus bekannt gegeben werden, findest du aktuelle Informationen dazu unter www.stark-verlag.de/mystark (Zugangscode vorne im Buch).

Training Grundwissen

1 Grundwissen 5.–8. Klasse

1.1 Binomische Formeln

Eine zweigliedrige Summe, die aus genau zwei Zahlensymbolen besteht, die durch + oder – getrennt sind, wie z. B. $a+b$ oder $ab-cd$, wird als **Binom** (griechisch: bi = zwei; nomen = Namen) bezeichnet.
Die Regel für die Multiplikation von „Summe mal Summe" lässt sich auch auf den Sonderfall anwenden, dass die Summen gleich sind bzw. sich nur in einem Rechenzeichen unterscheiden:

$$(a+b)\cdot(a+b)=a^2+ab+ab+b^2=a^2+2ab+b^2$$

$$(a-b)\cdot(a-b)=a^2-ab-ab+b^2=a^2-2ab+b^2$$

$$(a+b)\cdot(a-b)=a^2-ab+ab-b^2=a^2-b^2$$

Diese drei Sonderfälle kommen in Rechnungen häufig vor. Um Zeit zu sparen und vorteilhaft rechnen zu können, lohnt es sich darum sehr, sich die 3 binomischen Formeln gut zu merken.

Merke

Binomische Formeln
1. binomische Formel: $(a+b)^2=a^2+2ab+b^2$
2. binomische Formel: $(a-b)^2=a^2-2ab+b^2$
3. binomische Formel: $(a+b)\cdot(a-b)=(a-b)\cdot(a+b)=a^2-b^2$
Statt $(a+b)(a+b)$ schreibt man $(a+b)^2$, statt $(a-b)(a-b)$ schreibt man $(a-b)^2$.

Beispiele

1. $(\underbrace{2x}_{a}+\underbrace{5z}_{b})^2$

$=\underbrace{(2x)}_{a}{}^2+2\cdot\underbrace{2x}_{a}\cdot\underbrace{5z}_{b}+\underbrace{(5z)}_{b}{}^2$

$=4x^2+2\cdot 2\cdot 5\cdot x\cdot z+25z^2$

$=4x^2+20xz+25z^2$

Wende die 1. binomische Formel $(a+b)^2=a^2+2ab+b^2$ an.

2. $$\Big(\underbrace{\tfrac{1}{2}u}_{a}-\underbrace{\tfrac{2}{3}}_{b}\Big)^2$$
$$=\Big(\underbrace{\tfrac{1}{2}u}_{a}\Big)^2-2\cdot\underbrace{\tfrac{1}{2}u}_{a}\cdot\underbrace{\tfrac{2}{3}}_{b}+\Big(\underbrace{\tfrac{2}{3}}_{b}\Big)^2$$
$$=\frac{1}{4}u^2-2\cdot\frac{1}{2}\cdot\frac{2}{3}\cdot u+\frac{4}{9}$$
$$=\frac{1}{4}u^2-\frac{2}{3}u+\frac{4}{9}$$

Wende die 2. binomische Formel $(a-b)^2=a^2-2ab+b^2$ an.

3. $$(\underbrace{0{,}6s^2}_{a}+\underbrace{0{,}8t}_{b})\cdot(\underbrace{0{,}6s^2}_{a}-\underbrace{0{,}8t}_{b})$$
$$=\underbrace{(0{,}6s^2)}_{a}{}^2-\underbrace{(0{,}8t)}_{b}{}^2$$
$$=0{,}36s^4-0{,}64t^2$$

Wende die 3. binomische Formel $(a+b)\cdot(a-b)=a^2-b^2$ an.

Aufgaben

1 Gib das zugehörige Binom an.

a) $25b^2+40bc+16c^2$

b) $\frac{9}{16}m^2+\frac{3}{4}mp+\frac{1}{4}p^2$

c) $0{,}25-36g^2$

d) $0{,}81a^8-49a^{-6}$

2 Berechne.

a) $(2p+q)^2-(2p-q)^2$

b) $\left(\frac{3}{4}u-0{,}8v\right)^2$

c) $(a^3-3b^2)^2$

d) $(4a-5)^2-(6a+7)^2+5(2a+4)(2a-4)$

e) $(3y+2)^3$

f) $\left(\sqrt{8}-3\sqrt{18}\right)^2$

3 Stelle den Flächeninhalt des roten Bereichs in Abhängigkeit von x dar. Vereinfache den entstehenden Term so weit wie möglich.

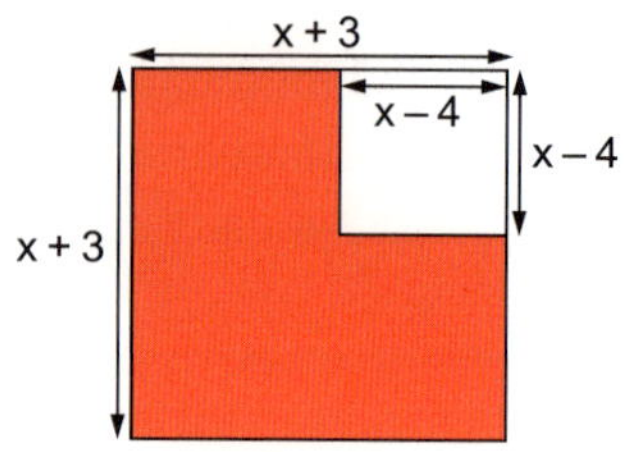

4 Stelle den Flächeninhalt des roten Bereichs in Abhängigkeit von x dar. Vereinfache den entstehenden Term so weit wie möglich.

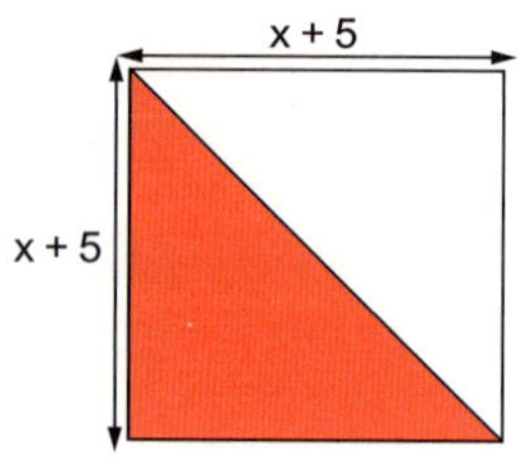

Interaktive Aufgaben

- 1. Binomische Formel anwenden
- 2. Binomische Formel anwenden
- 3. Term faktorisieren
- 4. Term faktorisieren
- 5. Flächeninhalt bestimmen

1.2 Extremwertbestimmung bei quadratischen Termen

Ein Term heißt **quadratischer Term**, wenn die **höchste vorkommende Potenz** der Variablen den **Wert 2** hat.

Beispiele

$5a^2 \quad y^2-5 \quad 4x^2+12xy+9y^2 \quad (x+3)(x-2)$

Merke

> Alle quadratischen Terme besitzen einen **Extremwert**, also entweder einen **maximalen Termwert T_{max}** oder einen **minimalen Termwert T_{min}**.

Beispiele

1. $T(x)=x^2 \quad x\in\mathbb{R}$

   $T_{min}=0$ für $x=0$

   Der minimale (kleinste) Wert, den der Term x^2 annehmen kann, ist 0, da das Quadrat einer Zahl aus $\mathbb{R}$ stets größer oder gleich 0 ist. Diesen kleinsten Wert 0 nimmt der Term für die Belegung $x=0$ an.

2. $T(x)=-x^2+17 \quad x\in\mathbb{R}$

   $T_{max}=17$ für $x=0$

   Der Term x^2 liefert Werte größer oder gleich 0.
   Der Term $-x^2$ liefert also Werte kleiner oder gleich 0.
   Der Term $-x^2+17$ liefert demnach Werte kleiner oder gleich 17, da zu jedem Termwert des Terms $-x^2$ jeweils 17 addiert wird.
   Seinen größten Wert 17 nimmt der Term für die Belegung $x=0$ an.

Merke

> **Extremwerte von Termen der Form: $T(x)=a(x-m)^2+n$**
> Wenn $a>0$ ist, besitzen Terme der Form $a(x-m)^2+n$ ein **Minimum** n für $x=m$.
> Man schreibt: $T_{min}=n$ für $x=m$
> Wenn $a<0$ ist, besitzen Terme der Form $a(x-m)^2+n$ ein **Maximum** n für $x=m$.
> Man schreibt: $T_{max}=n$ für $x=m$

Beispiel

$T(x)=\frac{3}{2}(x+1)^2-4 \quad x\in\mathbb{R}$

$T_{min}=-4$ für $x=-1$

Der quadratische Teilterm $\frac{3}{2}(x+1)^2$ nimmt für alle Belegungen Werte größer oder gleich 0 an. Der kleinste Wert 0 des Teilterms wird für $x=-1$ angenommen, da dann die Klammer den Wert 0 annimmt. Der Gesamtterm nimmt also seinen minimalen Wert $T_{min}=0-4=-4$ für $x=-1$ an. (Hier: $a=\frac{3}{2}$; $m=-1$; $n=-4$)

Grafische Veranschaulichung:

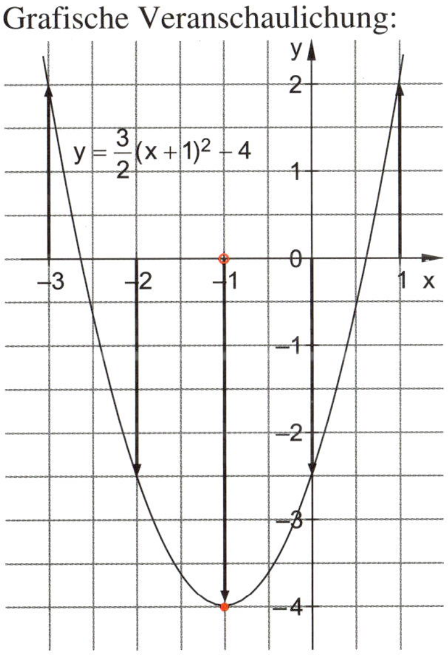

Der Term T(x) hat das Minimum $T_{min}=-4$ für $x=-1$.

Merke

Extremwerte von Termen der Form: $T(x) = ax^2 + bx + c$

Um den **Extremwert** bestimmen zu können, muss man Terme der Form $T(x) = ax^2 + bx + c$ in die Form $T(x) = a(x-m)^2 + n$ umformen.

Als Termumformungen sind die **binomischen Formeln** und das **quadratische Ergänzen** anzuwenden.

Beispiele

1. $T(x) = x^2 - 8x + 2 \quad x \in \mathbb{R}$

$T(x) = x^2 - 2 \cdot x \cdot \mathbf{4} + 2$ — Anwendung der 2. binomischen Formel: $a^2 - 2a\mathbf{b} + \mathbf{b^2}$

$T(x) = (x^2 - 2 \cdot x \cdot \underbrace{\mathbf{4} + \mathbf{4^2}) - 4^2}_{=0} + 2$ — Der Term $x^2 - 2 \cdot x \cdot 4$ wird durch Addition des Terms 4^2 so quadratisch ergänzt, dass die 2. binomische Formel anwendbar ist. Damit der Termwert nicht verändert wird, muss anschließend 4^2 wieder subtrahiert werden.

$T(x) = (x - \mathbf{4})^2 - 16 + 2$ — 2. binomische Formel: $a^2 - 2a\mathbf{b} + \mathbf{b^2} = (a - \mathbf{b})^2$

$T(x) = (x-4)^2 - 14$ — $a = 1;\ m = 4;\ n = -14$

$T_{min} = -14 \quad \text{für} \quad x = 4$

2. $T(x) = -1{,}5x^2 + 9x - 10{,}5 \quad x \in \mathbb{R}$ — Der Faktor $-1{,}5$ wird ausgeklammert, indem jeder Summand durch den auszuklammernden Faktor $-1{,}5$ dividiert wird:
- $-1{,}5x^2 : (-1{,}5) = x^2$
- $9x : (-1{,}5) = -6x$
- $-10{,}5 : (-1{,}5) = 7$

$T(x) = -1{,}5\left[x^2 - 6x + 7\right]$ — Den Term in der Klammer quadratisch ergänzen

$T(x) = -1{,}5\left[(x^2 - 2 \cdot x \cdot \mathbf{3} + \mathbf{3^2}) - 3^2 + 7\right]$

$T(x) = -1{,}5\left[(x-3)^2 - 2\right]$

$T(x) = -1{,}5(x-3)^2 + 3$ — $a = -1{,}5;\ m = 3;\ n = 3$

$T_{max} = 3 \quad \text{für} \quad x = 3$

Grafische Veranschaulichung:

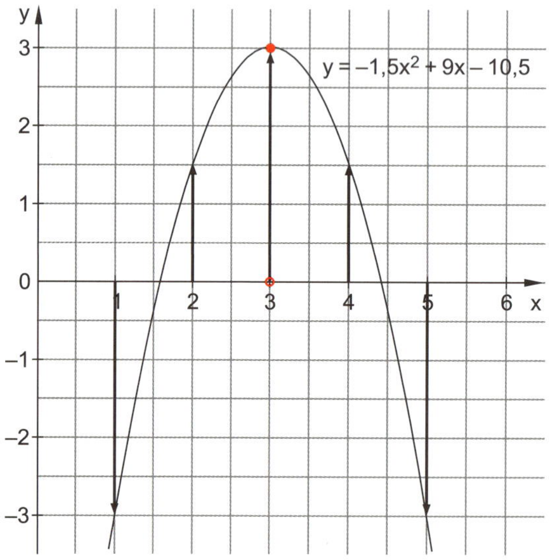

Der Term T(x) hat das Maximum $T_{max} = 3$ für $x = 3$.

Aufgaben

5 Bestimme den Extremwert und gib die zugehörige Belegung der Variablen an.

a) $T(x) = -4x^2 + 12x - 16 \quad x \in \mathbb{R}$

b) $T(a) = \frac{1}{2}a^2 - 12a + 16 \quad a \in \mathbb{R}$

c) $A(x) = (-0,5x^2 + 4x + 8)\ \text{cm}^2 \quad x \in \mathbb{R}$

d) $T(x) = 3x \cdot (x+1) - 2x^2 \quad x \in \mathbb{R}$

6 a) Ein Rechteck mit dem Umfang 28 cm hat die Seitenlänge x cm. Stelle den Flächeninhalt der möglichen Rechtecke in Abhängigkeit von der Seitenlänge x dar.

b) Berechne die Seitenlängen des Rechtecks mit dem größten Flächeninhalt.

7 Aus einem Quader mit 12 cm und 5 cm langen Grundkanten und der Höhe 4 cm entstehen neue Quader, indem man die 12 cm lange Grundkante um x cm mit $0 < x < 12$ verkürzt und gleichzeitig die Höhe um x cm verlängert.

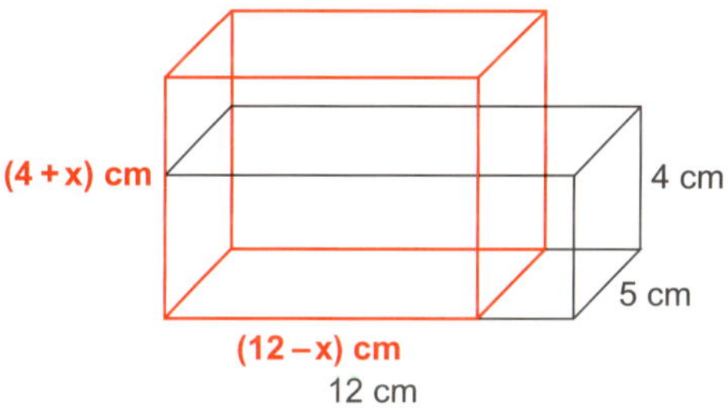

a) Stelle das Volumen V(x) der Quader in Abhängigkeit von x dar.

b) Untersuche, ob der Quader mit dem größten Volumen auch die größte Oberfläche besitzt.

8 Gib einen quadratischen Term T(x) mit den folgenden Eigenschaften an:

a)
- Der Term hat ein Maximum.
- Der maximale Termwert ist 10.
- Der Extremwert wird für 2 angenommen.

b)
- Der Term hat ein Minimum.
- Der minimale Termwert ist 2,6.
- Der Extremwert wird für 1,4 angenommen.

c)
- Der Term hat ein Maximum.
- Der maximale Termwert ist –3,5.
- Der Extremwert wird für –1 angenommen.

d)
- Der Term hat ein Minimum.
- Der minimale Termwert ist 0.
- Der Extremwert wird für –4 angenommen.

9 Welche der Aussagen trifft für die Terme zu?

a) $T(x) = -(x-2)^2 + 15$

- ☐ $T_{max} = 15$ für $x = 2$
- ☐ $T_{max} = -15$ für $x = 2$
- ☐ $T_{max} = 15$ für $x = -2$
- ☐ $T_{min} = 15$ für $x = 2$
- ☐ $T_{min} = 2$ für $x = 15$
- ☐ $T_{min} = -2$ für $x = 15$

b) $T(x) = (x+12)^2 - 24$

- ☐ $T_{max} = 24$ für $x = 12$
- ☐ $T_{max} = -24$ für $x = -12$
- ☐ $T_{max} = 24$ für $x = -12$
- ☐ $T_{min} = -24$ für $x = -12$
- ☐ $T_{min} = 12$ für $x = 24$
- ☐ $T_{min} = -12$ für $x = 24$

Interaktive Aufgaben

1. Extremwert bestimmen
2. Extremwert bestimmen
3. Flächeninhalt maximieren

1.3 Lineare Gleichungen und Ungleichungen

Merke

Zur **Lösungsmenge** $\mathbb{L}$ einer Gleichung/Ungleichung mit der **Grundmenge** $\mathbb{G}$ gehören alle Elemente aus der Grundmenge, die eingesetzt in die Gleichung/Ungleichung eine **wahre Aussage** ergeben.

Beispiele

1. Gleichung:

$$x-1=2\frac{1}{7} \quad |+1 \qquad \mathbb{G}=\mathbb{Z}$$

$$\Leftrightarrow \quad x=3\frac{1}{7} \qquad \mathbb{L}=\varnothing$$

Die Lösungsmenge ist leer, da $3\frac{1}{7} \notin \mathbb{G}=\mathbb{Z}$.

2. Ungleichung:

$$x+2<-6\frac{2}{5} \quad |-2 \qquad \mathbb{G}=\mathbb{Z}$$

$$\Leftrightarrow \quad x<-8\frac{2}{5} \qquad \mathbb{L}=\left\{x \mid x<-8\frac{2}{5}\right\}$$

$$\mathbb{L}=\{-9;-10\ldots\}$$

In der Lösungsmenge sind alle Zahlen aus $\mathbb{Z}$, die kleiner sind als –8,4.

Merke

Äquivalenzumformungen

Zu einer Gleichung (Ungleichung) erhält man eine **äquivalente** Gleichung/Ungleichung mit gleicher Lösungsmenge, wenn man

- auf **beiden Seiten** die gleiche Zahl (Variable) addiert bzw. subtrahiert,
- **beide Seiten** mit der gleichen von null verschiedenen Zahl multipliziert bzw. durch die gleiche von null verschiedene Zahl dividiert.

Für **Ungleichungen** gilt zusätzlich das **Inversionsgesetz:**

- Werden **beide Seiten** einer Ungleichung mit derselben **negativen Zahl** multipliziert oder dividiert, so muss man das **Ungleichheitszeichen umkehren**.

Beispiele

1.
$$x+2=12 \quad |-2 \qquad \mathbb{G}=\mathbb{R}$$

Auf beiden Seiten 2 subtrahieren

$$\Leftrightarrow \quad x+2-2=12-2$$
$$\Leftrightarrow \quad x=10$$
$$\mathbb{L}=\{10\}$$

2.
$$14y=98 \quad \left|\cdot\frac{1}{14}\right. \qquad \mathbb{G}=\mathbb{R}$$

Beide Seiten mit $\frac{1}{14}$ multiplizieren

$$\Leftrightarrow \quad 14y\cdot\frac{1}{14}=98\cdot\frac{1}{14}$$
$$\Leftrightarrow \quad y=\frac{98}{14}$$
$$\Leftrightarrow \quad y=7$$
$$\mathbb{L}=\{7\}$$

3.
$$-8x > 15-3x \quad |+3x \qquad \mathbb{G}=\mathbb{R}$$
$$\Leftrightarrow \quad -8x+3x > 15-3x+3x$$
$$\Leftrightarrow \quad -5x > 15 \quad \left|\cdot\left(-\frac{1}{5}\right)\right.$$
Inversionsgesetz beachten!
$$\Leftrightarrow \quad -5x\cdot\left(-\frac{1}{5}\right) < 15\cdot\left(-\frac{1}{5}\right)$$
$$\Leftrightarrow \quad x < -3$$
$$\mathbb{L}=\{x \mid x < -3\}$$

Eine Gleichung (bzw. Ungleichung) heißt **linear**, wenn die höchste vorkommende Potenz der Variablen den Wert 1 hat. Zur Lösung wird eine gegebene lineare Gleichung durch Äquivalenzumformungen schrittweise in eine Gleichung der Form $x=a$ ($a\in\mathbb{R}$) umgeformt. Die Lösungsmenge lässt sich dann leicht angeben: $\mathbb{L}=\{a\}$
Entsprechend löst man lineare Ungleichungen.

Merke

Lösungsverfahren für lineare Gleichungen und Ungleichungen
- Linksterm und Rechtsterm so weit wie möglich vereinfachen (ausmultiplizieren, Klammern auflösen, zusammenfassen …).
- Zunächst die Strich-Äquivalenzumformungen „+“ und „–“: Alle Terme mit Variable auf einer Seite sammeln, alle Zahlen auf der anderen Seite.
- Dann erst die Punkt-Äquivalenzumformungen „·“ und „:“: Beide Seiten mit dem Kehrwert des Faktors vor der Variablen multiplizieren. (Bei Ungleichungen ist das Inversionsgesetz zu beachten.)
- Lösungsmenge angeben, dabei Grundmenge beachten.

Beispiele

1.
$$5\frac{1}{2}x-5+\frac{1}{2}x-2=1 \qquad \mathbb{G}=\mathbb{R}$$
Vereinfache Links- und Rechtsterm durch Zusammenfassen gleichartiger Terme.
$$\Leftrightarrow \quad 6x-7=1 \quad |+7$$
Zuerst die Strich-Umformung …
$$\Leftrightarrow \quad 6x=8 \quad \left|\cdot\frac{1}{6}\right.$$
dann erst die Punkt-Umformung.
$$\Leftrightarrow \quad x=1\frac{1}{3}$$
$$\mathbb{L}=\left\{1\frac{1}{3}\right\}$$
Lösungsmenge angeben

Probe:
$$5\frac{1}{2}\cdot\mathbf{1\frac{1}{3}}-5+\frac{1}{2}\cdot\mathbf{1\frac{1}{3}}-2=1$$
Es empfiehlt sich immer, eine Probe durchzuführen. Setze dazu die erhaltene Lösung in die Ausgangsgleichung ein.
$$\Leftrightarrow \quad 6\cdot\frac{4}{3}-7=1$$
$$\Leftrightarrow \quad 2\cdot 4-7=1$$
$$\Leftrightarrow \quad 1=1 \quad (w)$$
Wahre Aussage

2.
$$\left(\frac{1}{2}a-3\right)^2-8 \leq \frac{1}{4}(a+4)^2 \qquad \mathbb{G}=\mathbb{R}$$
Vereinfache Links- und Rechtsterm.
$$\Leftrightarrow \quad \frac{1}{4}a^2-3a+9-8 \leq \frac{1}{4}(a^2+8a+16)$$
Fasse gleichartige Terme zusammen.

$$\Leftrightarrow \quad \frac{1}{4}a^2 - 3a + 1 \leqq \frac{1}{4}a^2 + 2a + 4 \quad \left| -\frac{1}{4}a^2 \right.$$

Zuerst die Strich-Umformungen …

$$\Leftrightarrow \quad -3a + 1 \leqq 2a + 4 \quad |-2a-1$$

$$\Leftrightarrow \quad -5a \leqq 3 \quad \left| \cdot\left(-\frac{1}{5}\right) \right.$$

dann die Punkt-Umformung.

$$\Leftrightarrow \quad a \geqq -\frac{3}{5}$$

Inversionsgesetz beachten!

$$\mathbb{L} = \left\{ a \,\middle|\, a \geq -\frac{3}{5} \right\}$$

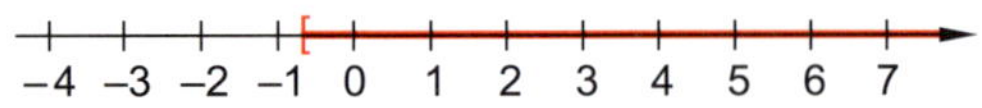

Mithilfe eines Zahlenstrahls kann die Lösungsmenge anschaulich dargestellt werden.

3. Gib die Lösungsmenge der Gleichung $0{,}5x + 3 = 12{,}5 - 5{,}5x + 4{,}5$ für die Grundmengen $\mathbb{G} = \mathbb{N}_0$, $\mathbb{G} = \mathbb{Z}$ und $\mathbb{G} = \mathbb{R}$ an.

   Lösung:

$$0{,}5x + 3 = 12{,}5 - 5{,}5x + 4{,}5$$

Vereinfache Links- und Rechtsterm durch Zusammenfassen gleichartiger Terme.

$$\Leftrightarrow \quad 0{,}5x + 3 = 17 - 5{,}5x \quad |+5{,}5x$$

Zuerst alle Strich-Umformungen …

$$\Leftrightarrow \quad 6x + 3 = 17 \quad |-3$$

$$\Leftrightarrow \quad 6x = 14 \quad \left| \cdot\frac{1}{6} \right.$$

dann erst die Punkt-Umformung.

$$\Leftrightarrow \quad x = \frac{7}{3}$$

$$\Leftrightarrow \quad x = 2\frac{1}{3}$$

$$\mathbb{L}_{\mathbb{N}_0} = \varnothing; \quad \mathbb{L}_{\mathbb{Z}} = \varnothing; \quad \mathbb{L}_{\mathbb{R}} = \left\{ 2\frac{1}{3} \right\}$$

Lösungsmenge angeben, dabei die Grundmengen beachten!

4. Gib die Lösungsmenge der Ungleichung $\frac{1}{2}(10 - z) > 5\frac{1}{2}(z - 10) + 30z$ für die Grundmengen $\mathbb{G} = \mathbb{N}_0$, $\mathbb{G} = \mathbb{Z}$ und $\mathbb{G} = \mathbb{R}$ an.

   Lösung:

$$\frac{1}{2}(10 - z) > 5\frac{1}{2}(z - 10) + 30z$$

Vereinfache Links- und Rechtsterm.

$$\Leftrightarrow \quad 5 - \frac{1}{2}z > 5\frac{1}{2}z - 55 + 30z$$

$$\Leftrightarrow \quad 5 - \frac{1}{2}z > 35\frac{1}{2}z - 55 \quad \left| -35\frac{1}{2}z \right.$$

$$\Leftrightarrow \quad 5 - 36z > -55 \quad |-5$$

$$\Leftrightarrow \quad -36z > -60 \quad \left| \cdot\left(-\frac{1}{36}\right) \right.$$

Inversionsgesetz beachten!

$$\Leftrightarrow \quad z < 1\frac{2}{3}$$

Beachte die Grundmengen bei der Angabe der Lösungsmengen.

$$\mathbb{L}_{\mathbb{N}_0} = \{0; 1\}$$

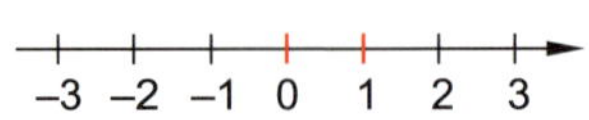

Anzugeben sind diejenigen natürlichen Zahlen z, für die gilt: $z < 1\frac{2}{3}$

$$\mathbb{L}_{\mathbb{Z}} = \{1; 0; -1; \ldots\}$$

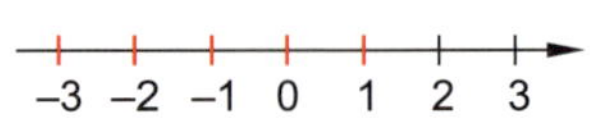

Anzugeben ist die Menge der ganzen Zahlen z, für die gilt: $z < 1\frac{2}{3}$

$$\mathbb{L}_{\mathbb{R}} = \left\{ z \,\middle|\, z < 1\frac{2}{3} \right\}$$

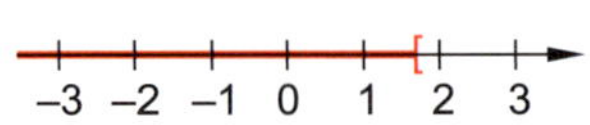

Anzugeben ist die Menge der reellen Zahlen z, für die gilt: $z < 1\frac{2}{3}$

Merke

Ein Sonderfall tritt ein, wenn sich beim Vereinfachen einer Gleichung die Variable aufhebt. Die Lösungsmenge ist dann entweder gleich der leeren Menge $\varnothing$ oder gleich der Grundmenge $\mathbb{G}$.

Beispiele

1. $17x + 0{,}25 - 2x = 15x + 2{,}5$

$\Leftrightarrow \quad 15x + 0{,}25 = 15x + 2{,}5 \quad |-15x$

$\Leftrightarrow \quad 0{,}25 = 2{,}5 \quad$ **(f)**

$\mathbb{L} = \varnothing$

Alle Belegungen für x ergeben eine falsche Aussage.

2. $6{,}25 - 5x^2 + 9x - 3{,}5x^2 = 3^2 \cdot x - \frac{17}{2}x^2 + 2{,}5^2$

Fasse zusammen und ordne.

$\Leftrightarrow \quad -8{,}5x^2 + 9x + 6{,}25 = -8{,}5x^2 + 9x + 6{,}25 \quad |+8{,}5x^2 - 9x$

$\Leftrightarrow \quad 6{,}25 = 6{,}25 \quad$ **(w)**

$\mathbb{L} = \mathbb{G}$

Alle Belegungen für x ergeben eine wahre Aussage.

Aufgabe 10

Ermittle jeweils die Lösungsmenge bezüglich der angegebenen Grundmenge(n).

a) $-\frac{2}{3}x + 17 = 3\frac{1}{2}x \qquad \mathbb{G} = \mathbb{R}$

b) $13 + a > -7{,}5a \qquad \mathbb{G} = \mathbb{R}$

c) $(a + 3)(a + 2) + 12 = a^2 - 8 \qquad \mathbb{G} = \mathbb{R}$

d) $(x + 6)^2 = (x - 3)^2 \qquad \mathbb{G} = \mathbb{R}$

e) $(6z - 3) - (8z - 5) \geqq (2z - 4) - (3z + 9) \qquad \mathbb{G} = \mathbb{R}$

f) $4 - 2(x + 1)^2 = -2(x - 4)^2 \qquad \mathbb{G} = \mathbb{N}_0;\ \mathbb{G} = \mathbb{Z};\ \mathbb{G} = \mathbb{R}$

g) $\frac{1}{4}(z + 4)^2 + 6 \leqq \left(\frac{1}{2}z - 4\right)^2 \qquad \mathbb{G} = \mathbb{N}_0;\ \mathbb{G} = \mathbb{Z};\ \mathbb{G} = \mathbb{R}$

h) $\frac{4}{3}w(w - 5) - 4w - 6 = (11 - 2w) \cdot \left(-\frac{2}{3}w\right) \qquad \mathbb{G} = \mathbb{N}_0;\ \mathbb{G} = \mathbb{Z};\ \mathbb{G} = \mathbb{R}$

i) $(5 - 3a)^2 + (3a - 7)^2 - 3^2 < (15 - 4a)^2 + 2 + (2a + 3) \cdot a \qquad \mathbb{G} = \mathbb{N}_0;\ \mathbb{G} = \mathbb{Z};\ \mathbb{G} = \mathbb{R}$

Interaktive Aufgaben

1. Gleichung lösen
2. Gleichung lösen
3. Ungleichung lösen
4. Grundmengen

Verknüpfung von linearen Gleichungen und Ungleichungen

Verknüpfung mit „und zugleich“ – $\wedge$

Merke

> Die Menge aller Zahlen $\mathbb{L}$, die die erste Gleichung/Ungleichung **und zugleich** die zweite Gleichung/Ungleichung erfüllen, besteht aus allen Werten, die zu $\mathbb{L}_1$ **und zugleich** zu $\mathbb{L}_2$ gehören. Somit ist $\mathbb{L}$ die Schnittmenge von $\mathbb{L}_1$ und $\mathbb{L}_2$: $\mathbb{L} = \mathbb{L}_1 \cap \mathbb{L}_2$

Beispiele

1.
$$\begin{array}{rrcr} & 2x+6=14 & \wedge & 5{,}5x-3=19 \quad (\mathbb{G}=\mathbb{R}) \\ \Leftrightarrow & 2x=8 & \wedge & 5{,}5x=22 \\ \Leftrightarrow & x=4 & \wedge & x=4 \end{array}$$
$\mathbb{L}_1 = \{4\}$ $\qquad$ $\mathbb{L}_2 = \{4\}$

$\mathbb{L} = \mathbb{L}_1 \cap \mathbb{L}_2 = \{4\}$

2.
$$\begin{array}{rrcr} & \frac{1}{2}x-3<-6 & \wedge & 4x+17>25 \quad (\mathbb{G}=\mathbb{R}) \\ \Leftrightarrow & \frac{1}{2}x<-3 & \wedge & 4x>8 \\ \Leftrightarrow & x<-6 & \wedge & x>2 \end{array}$$
$\mathbb{L}_1 = \{x \mid x<-6\}$ $\qquad$ $\mathbb{L}_2 = \{x \mid x>2\}$

$\mathbb{L} = \mathbb{L}_1 \cap \mathbb{L}_2 = \varnothing$

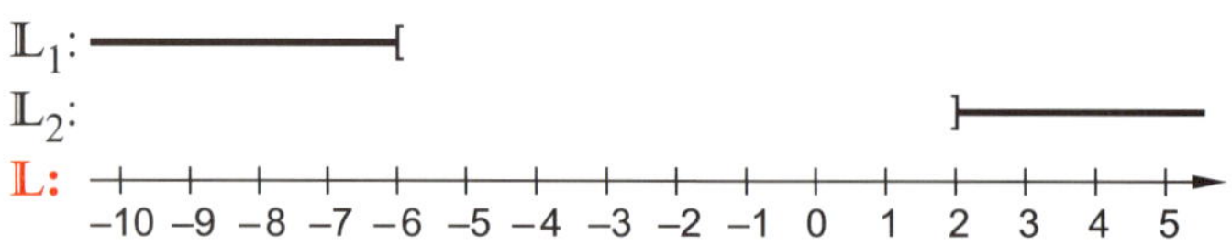

Durch die Darstellung am Zahlenstrahl wird gut ersichtlich, dass die Schnittmenge $\mathbb{L}_1 \cap \mathbb{L}_2$ leer ist.

Aufgabe 11

Interaktive Aufgabe
5. Und zugleich

Bestimme die Lösungsmenge für $\mathbb{G} = \mathbb{R}$.

a) $2x > 14 \quad \wedge \quad 6x - 12 < 68 - 2x$

b) $2{,}5x - 10(x-2) \leqq -5x + 25 \quad \wedge \quad -x > 0$

c) $4\left(x + \frac{1}{2}\right) \leqq 6(x-2) \quad \wedge \quad -2(x+2) > \frac{1}{4}(6x-2)$

d) $4(x-1)^2 < (2x+2)^2 - 8 \quad \wedge \quad (x-3)(x+3) \leqq x(x-4{,}5)$

Verknüpfung mit „oder auch“ – $\vee$

Merke

> Die Menge aller Zahlen, die die erste Gleichung/Ungleichung **oder auch** die zweite Gleichung/Ungleichung erfüllen, besteht aus allen Werten, die zu $\mathbb{L}_1$ **oder auch** zu $\mathbb{L}_2$ gehören. Somit ist $\mathbb{L}$ die Vereinigungsmenge von $\mathbb{L}_1$ und $\mathbb{L}_2$: $\mathbb{L} = \mathbb{L}_1 \cup \mathbb{L}_2$

Beispiele

1.
$$\begin{array}{rrcr} & -5x+17=3^3 & \vee & 2{,}25x-3=12{,}75 \quad (\mathbb{G}=\mathbb{R}) \\ \Leftrightarrow & -5x+17=27 & \vee & 2{,}25x=15{,}75 \\ \Leftrightarrow & -5x=10 & \vee & x=7 \\ \Leftrightarrow & x=-2 & \vee & x=7 \end{array}$$
$\mathbb{L}_1 = \{-2\}$ $\qquad$ $\mathbb{L}_2 = \{7\}$

$\mathbb{L} = \mathbb{L}_1 \cup \mathbb{L}_2 = \{-2; 7\}$

2. $15x+6>-9 \quad \vee \quad -10 \geqq 18-14x$
$\Leftrightarrow \quad 15x>-15 \quad \vee \quad 14x \geqq 28$
$\Leftrightarrow \quad x>-1 \quad \vee \quad x \geqq 2$

Lösungsmenge für $\mathbb{G}=\mathbb{Z}$:
$\mathbb{L}_1=\{0; 1; 2; \ldots\} \qquad \mathbb{L}_2=\{2; 3; 4; \ldots\}$
$\mathbb{L}_{\mathbb{Z}}=\mathbb{L}_1 \cup \mathbb{L}_2=\{0; 1; 2; 3; 4; \ldots\}=\mathbb{N}_0$

Lösungsmenge für $\mathbb{G}=\mathbb{R}$:
$\mathbb{L}_1=\{x \mid x>-1\} \qquad \mathbb{L}_2=\{x \mid x \geqq 2\}$
$\mathbb{L}_{\mathbb{R}}=\mathbb{L}_1 \cup \mathbb{L}_2=\{x \mid x>-1\}$

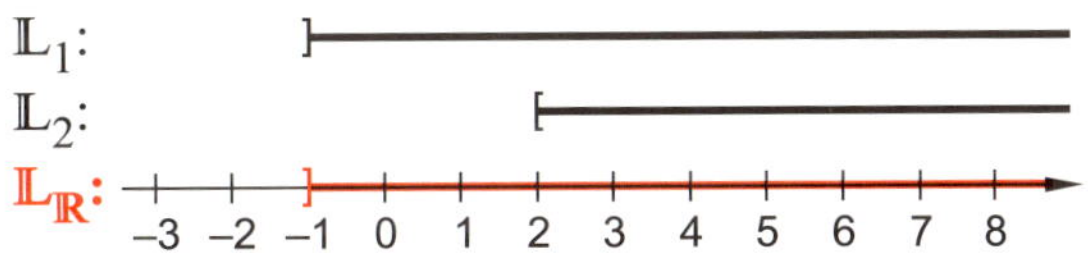

Aufgabe 12

Interaktive Aufgabe
6. Oder auch

Löse bezüglich der Grundmenge $\mathbb{G}=\mathbb{R}$.

a) $10x+2=22 \quad \vee \quad 6x+4=34$

b) $1 \leqq \frac{2}{5}(x-2) \quad \vee \quad 2(3+x) \leq 5$

c) $(x+3)^2<(x-4)^2 \quad \vee \quad \left(x-\frac{1}{2}\right)\left(x+\frac{1}{2}\right)<-x(2-x)+x$

d) $2\left(\frac{4}{3}x-2\right)>5\left(\frac{2}{5}x+\frac{1}{5}\right) \quad \vee \quad \frac{2}{5}(2-5x)+\frac{3}{2}x \leqq -\frac{1}{5}(x-2)-\frac{1}{2}x$

Betragsgleichungen als Spezialfälle von „oder auch"-Verknüpfungen

Merke

Für den Betrag $|x|$ einer reellen Zahl x gilt:

$$|x|=\begin{cases}+x & \text{für } x>0\\ 0 & \text{für } x=0\\ -x & \text{für } x<0\end{cases}$$

Die Betragsgleichung $|x|=a$ $(a \in \mathbb{R}_0^+)$ ist die Kurzform für: $x_1=-a \quad \vee \quad x_2=a$

Beispiele

1. $|x|=4$
$\Leftrightarrow \quad x_1=-4 \quad \vee \quad x_2=4$
$\mathbb{L}=\{-4; +4\}$

2. $|2x-7|=15$
$\Leftrightarrow \quad 2x_1-7=-15 \quad \vee \quad 2x_2-7=15$
$\Leftrightarrow \quad 2x_1=-8 \quad \vee \quad 2x_2=22$
$\Leftrightarrow \quad x_1=-4 \quad \vee \quad x_2=11$
$\mathbb{L}=\{-4; 11\}$

3. $|x+8|=-26$
$\mathbb{L}=\varnothing$

Der Betrag einer Zahl kann nicht negativ sein.

4. $|x-12|=0$
$\Leftrightarrow \quad x-12=0$
$\Leftrightarrow \quad x=12$
$\mathbb{L}=\{12\}$

Aufgabe 13

Interaktive Aufgabe
7. Betragsgleichung

Bestimme die Lösungsmenge ($\mathbb{G}=\mathbb{R}$).

a) $|3x|=12$

b) $2{,}5\cdot|x-1|=25$

c) $\frac{3}{4}\cdot\left|\frac{2}{3}x-6\right|=5$

d) $\frac{1}{2}\cdot|5x+2|=7-2x$

Doppelungleichungen

Merke

> Eine Verknüpfung der Form $\mathbf{a<x \;\wedge\; x<b}$ (ggf. mit anderen Ungleichheitszeichen) lässt sich auch als sog. Doppelungleichung $\mathbf{a<x<b}$ angeben. (Beachte: $x>a \Leftrightarrow a<x$)

Beispiele

1. $x>5 \;\wedge\; x<9 \quad \mathbb{G}=\mathbb{Z}$
$\Leftrightarrow \quad 5<x<9$
$\mathbb{L}=\{6; 7; 8\}$

2. $x\leqq 12 \;\wedge\; x>15 \quad \mathbb{G}=\mathbb{R}$
$\mathbb{L}=\varnothing$

Es gibt keine reelle Zahl, die beide Bedingungen zugleich erfüllt.

Aufgabe 14

Interaktive Aufgabe
8. Doppelungleichung

Schreibe folgende Doppelungleichungen vereinfacht.

a) $x\leqq 12 \;\wedge\; x>-5$

b) $x>-11 \;\wedge\; x\leqq 4$

c) $x\geqq -9 \;\wedge\; x>2$

d) $8<x \;\wedge\; x\leqq -1$

Gleichungen in Produktform

Merke

> Ein Produkt hat genau dann den Wert null, wenn mindestens einer der Faktoren null ist:
> $T_1\cdot T_2=0 \;\Leftrightarrow\; T_1=0 \vee T_2=0$

Beispiele

1. $x\cdot(12+x)=0 \quad \mathbb{G}=\mathbb{R}$
$\Leftrightarrow \quad x=0 \;\vee\; 12+x=0$
$\Leftrightarrow \quad x=0 \;\vee\; x=-12$
$\mathbb{L}_1=\{0\} \quad \mathbb{L}_2=\{-12\}$
$\mathbb{L}=\mathbb{L}_1\cup\mathbb{L}_2=\{-12; 0\}$

2. $(2x-8)\cdot(5x+10)=0 \quad \mathbb{G}=\mathbb{Z}$
$\Leftrightarrow \quad 2x-8=0 \;\vee\; 5x+10=0$
$\Leftrightarrow \quad 2x=8 \;\vee\; 5x=-10$
$\Leftrightarrow \quad x=4 \;\vee\; x=-2$
$\mathbb{L}_1=\{4\} \quad \mathbb{L}_2=\{-2\}$
$\mathbb{L}=\mathbb{L}_1\cup\mathbb{L}_2=\{-2; 4\}$

Der 1. Faktor $(2x-8)$ hat den Wert null oder der 2. Faktor $(5x+10)$ hat den Wert null.

Aufgabe 15

Interaktive Aufgabe
9. Gleichung in Produktform

Ermittle die Lösungsmenge bezüglich der angegebenen Grundmenge $\mathbb{G}$.

a) $\left(\frac{1}{2}x+3\right)\cdot\left(\frac{1}{4}x-2\right)=0$ $\qquad\mathbb{G}=\mathbb{R}$

b) $(1{,}5+0{,}5x)\cdot(8x-20)=0$ $\qquad\mathbb{G}=\mathbb{Z}$

c) $2x^2+18x=0$ $\qquad\mathbb{G}=\mathbb{Q}$

d) $5x^2\cdot\left(\frac{3}{4}x+\frac{5}{2}\right)=0$ $\qquad\mathbb{G}=\mathbb{N}$

e) $\left(3+\frac{3}{2}x\right)\cdot\left(\frac{3}{2}x-2\right)^2=0$ $\qquad\mathbb{G}=\mathbb{R}$

f) $6x^3+13x^2+19x=2x^3-7x^2-6x$ $\qquad\mathbb{G}=\mathbb{R}$

Ungleichungen in Produktform

Merke

Ungleichungen der Form $T_1\cdot T_2>0$
Ein Produkt aus zwei Faktoren ist positiv, wenn beide Faktoren zugleich positiv, oder auch, wenn beide Faktoren zugleich negativ sind:
+ mal + gibt: + – mal – gibt: +

Beispiel

$(2x+1)\cdot(x-3)>0$

$\Leftrightarrow\ [2x+1>0 \wedge x-3>0] \vee [2x+1<0 \wedge x-3<0]$

$\Leftrightarrow\ [2x>-1 \wedge x>3] \vee [2x<-1 \wedge x<3]$

$\Leftrightarrow\ \left[x>-\frac{1}{2} \wedge x>3\right] \vee \left[x<-\frac{1}{2} \wedge x<3\right]$

$\mathbb{L}_1=\left\{x \,\middle|\, x>-\frac{1}{2} \wedge x>3\right\}$ $\qquad\mathbb{L}_2=\left\{x \,\middle|\, x<-\frac{1}{2} \wedge x<3\right\}$

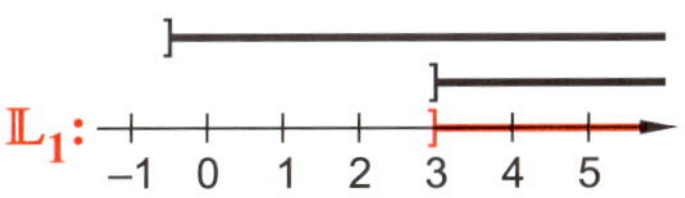

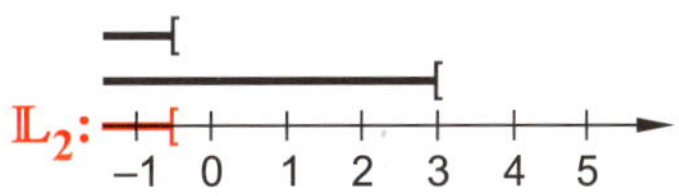

$\mathbb{L}_1=\{x\mid x>3\}$ $\qquad\mathbb{L}_2=\left\{x \,\middle|\, x<-\frac{1}{2}\right\}$

$\mathbb{L}=\mathbb{L}_1\cup\mathbb{L}_2=\left\{x \,\middle|\, x<-\frac{1}{2} \vee x>3\right\}=\mathbb{R}\setminus\left[-\frac{1}{2};3\right]$

Aufgabe 16

Interaktive Aufgabe
10. Ungleichung in Produktform

Bestimme die Lösungsmenge für $\mathbb{G}=\mathbb{R}$.

a) $10x\cdot\left(2-\frac{1}{2}x\right)>0$

b) $(x+5)\cdot(x-6)\geqq 0$

c) $(8-x)\cdot(3x-9)>0$

d) $(3x+7{,}5)\cdot(2-0{,}5x)\geqq 0$

Merke

Ungleichungen der Form $T_1 \cdot T_2 < 0$
Ein Produkt aus zwei Faktoren ist negativ, wenn der erste Faktor positiv und zugleich der zweite Faktor negativ ist, oder auch, wenn der erste Faktor negativ und zugleich der zweite Faktor positiv ist:
+ mal – gibt: – – mal + gibt: –

Beispiel

$(3x-6)\cdot(4x-12)<0$

$\Leftrightarrow\ [3x-6>0 \ \wedge\ 4x-12<0] \ \vee\ [3x-6<0 \ \wedge\ 4x-12>0]$

$\Leftrightarrow\ [3x>6 \ \wedge\ 4x<12] \ \vee\ [3x<6 \ \wedge\ 4x>12]$

$\Leftrightarrow\ [x>2 \ \wedge\ x<3] \ \vee\ [x<2 \ \wedge\ x>3]$

$\mathbb{L}_1=\{x \mid x>2 \ \wedge\ x<3\}$ $\mathbb{L}_2=\{x \mid x<2 \ \wedge\ x>3\}$

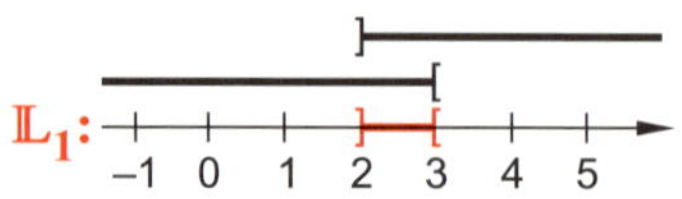

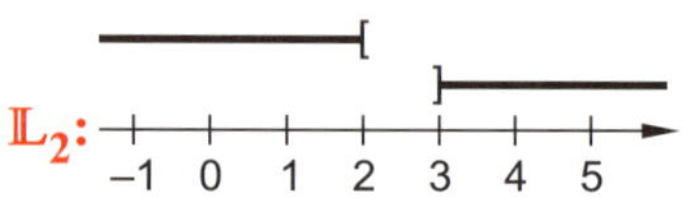

$\mathbb{L}_1=\{x \mid 2<x<3\}=]2;3[$ $\mathbb{L}_2=\varnothing$

$\mathbb{L}=\mathbb{L}_1\cup\mathbb{L}_2=\{x \mid 2<x<3\}=]2;3[$

Aufgabe 17

Interaktive Aufgabe
11. Ungleichung in Produktform

Bestimme die Lösungsmenge für $\mathbb{G}=\mathbb{R}$.

a) $(2x-5)\cdot(6-9x)<0$

b) $4x\cdot(5x+2)\leqq 0$

c) $(12x+5)^2<0$

d) $(2x-8)\cdot(x+7)\leqq 0$

1.4 Bruchterme und Bruchgleichungen

Bruchterme

Merke

Zur **Definitionsmenge $\mathbb{D}$ eines Bruchterms** gehören alle Elemente aus der Grundmenge $\mathbb{G}$, für die der Nennerterm nicht null ist. Die Definitionsmenge des Bruchterms erhält man daher durch Ausschließen der Nullstellen des Nenners aus der Grundmenge.

Beispiel

Bestimme die Definitionsmenge der Bruchterme bezüglich der Grundmenge $\mathbb{G}=\mathbb{R}$.

a) $\dfrac{7}{2x+8}$

b) $\dfrac{6x}{x(5x-2)}$

c) $\dfrac{12}{x^2+1}$

d) $\dfrac{11}{x^2+x}$

Lösung:

a) Berechnung der Nullstelle des Nenners:

$2x+8=0$

$\Leftrightarrow\ 2x=-8$

$\Leftrightarrow\ x=-4$

$\mathbb{D}=\mathbb{R}\setminus\{-4\}$

Würde man –4 für x einsetzen, hätte der Nenner den Wert 0 und wäre nicht definiert. Die Definitionsmenge besteht somit aus allen reellen Zahlen außer –4.

b) Berechnung der Nullstellen des Nenners:

$$x \cdot (5x-2) = 0$$

Ein Produkt ist 0, wenn einer seiner Faktoren 0 ist.

$$\Leftrightarrow \quad x = 0 \lor 5x - 2 = 0$$
$$\Leftrightarrow \quad x = 0 \lor 5x = 2$$
$$\Leftrightarrow \quad x = 0 \lor x = \frac{2}{5}$$

$$\mathbb{D} = \mathbb{R} \setminus \left\{0; \frac{2}{5}\right\}$$

Die Werte 0 und $\frac{2}{5}$ dürfen nicht in den Term eingesetzt werden.

c) $\mathbb{D} = \mathbb{R}$

Für alle $x \in \mathbb{R}$ gilt: $x^2 \geqq 0$, somit hat der Nenner $x^2 + 1$ keine Nullstelle.

d) Berechnung der Nullstellen des Nenners:

$$x^2 + x = 0$$

Faktorisiere zunächst.

$$\Leftrightarrow \quad x \cdot (x+1) = 0$$
$$\Leftrightarrow \quad x = 0 \lor x + 1 = 0$$
$$\Leftrightarrow \quad x = 0 \lor x = -1$$

$$\mathbb{D} = \mathbb{R} \setminus \{-1; 0\}$$

Aufgabe 18

Interaktive Aufgabe
1. Definitionsmenge bestimmen

Bestimme die Definitionsmenge des Bruchterms bezüglich der Grundmenge $\mathbb{G}$.

a) $T(y) = \frac{2y}{(y-4)(y+1{,}5)}$ $\quad \mathbb{G} = \mathbb{R}$

b) $T(a) = \frac{7a}{3a-9}$ $\quad \mathbb{G} = \mathbb{N}$

c) $T(z) = \frac{1}{(z-7{,}5)^2}$ $\quad \mathbb{G} = \mathbb{Z}$

d) $T(u) = \frac{12u}{4u+u^2}$ $\quad \mathbb{G} = \mathbb{R}$

e) $T(x) = \frac{2x}{x^2-1}$ $\quad \mathbb{G} = \mathbb{N}$

f) $T(x) = \frac{5x-1}{x^2+6x+9}$ $\quad \mathbb{G} = \mathbb{Z}$

g) $T(x) = \frac{9-5x}{5x^2-20x+20}$ $\quad \mathbb{G} = \mathbb{R}$

h) $T(x) = \frac{1}{3x^3-12x}$ $\quad \mathbb{G} = \mathbb{Q}$

Kürzen und Erweitern von Bruchtermen

Merke

Für das Kürzen und Erweitern von Brüchen bzw. Bruchtermen gilt:

$$\frac{T_1 \cdot T_3}{T_2 \cdot T_3} \underset{\text{Erweitern}}{\overset{\text{Kürzen}}{\rightleftarrows}} \frac{T_1}{T_2} \qquad (T_2, T_3 \neq 0)$$

Die Terme $\frac{T_1 \cdot T_3}{T_2 \cdot T_3}$ und $\frac{T_1}{T_2}$ sind bezüglich der Definitionsmenge $\mathbb{D}$, in der beide Terme definiert sind, äquivalent.

Beispiele

1. Kürze die Brüche so weit wie möglich und gib ihre Definitionsmenge für $\mathbb{G} = \mathbb{R}$ an.

a) $\frac{4y^5}{2y^8}$

b) $\frac{6x-5}{6x^2-5x}$

c) $\frac{x^2-x}{x-1}$

Lösung:

a) $\frac{4y^5}{2y^8}$

$= \frac{2 \cdot 2 \cdot y^5}{2 \cdot y^5 \cdot y^3}$

$= \frac{2}{y^3}$

$\mathbb{D} = \mathbb{R} \setminus \{0\}$

Gemeinsame Faktoren:
$4y^5 = 2 \cdot 2 \cdot y^5$
$2y^8 = 2 \cdot y^5 \cdot y^3$
Kürzungsfaktoren: $2y^5$

b) $\frac{6x-5}{6x^2-5x}$

$= \frac{(6x-5) \cdot 1}{(6x-5) \cdot x}$

$= \frac{1}{x}$

$\mathbb{D} = \mathbb{R} \setminus \left\{0; \frac{5}{6}\right\}$

Faktorisiere den Nenner und kürze anschließend mit dem gemeinsamen Faktor $(6x-5)$.

Bei einem faktorisierten Nenner lassen sich die Nullstellen $\frac{5}{6}$ und 0 leicht ablesen.

Für die Definitionsmenge ist immer der ungekürzte Bruchterm ausschlaggebend.

c) $\frac{x^2-x}{x-1}$

$= \frac{x \cdot (x-1)}{x-1} = x$

$\mathbb{D} = \mathbb{R} \setminus \{1\}$

Faktorisiere den Zähler und kürze anschließend.

2. Erweitere mit dem angegebenen Erweiterungsfaktor:

a) $\frac{5}{x}$ EF: $x+3$

b) $\frac{2x-3}{x+4}$ EF: $3x+1$

Lösung:

a) $\frac{5 \cdot (x+3)}{x \cdot (x+3)} = \frac{5x+15}{x^2+3x}$

b) $\frac{(2x-3) \cdot (3x+1)}{(x+4) \cdot (3x+1)} = \frac{6x^2+2x-9x-3}{3x^2+x+12x+4} = \frac{6x^2-7x-3}{3x^2+13x+4}$

Aufgaben

19

Interaktive Aufgabe
2. Bruchterm kürzen

Kürze die Brüche so weit wie möglich.

a) $\frac{2y+9}{4{,}5+y}$

b) $\frac{8x}{8x+4x^2}$

c) $\frac{x^2-25}{(x+5)^2}$

d) $\frac{7x-7}{x^2-2x+1}$

20

Interaktive Aufgabe
3. Bruchterm erweitern

Erweitere die Bruchterme auf die angegebenen Nenner und multipliziere Zähler und Nenner aus.

a) $\frac{4-x}{x+2}$ Nenner: $(x+2)(x-2)$

b) $\frac{3}{7+x}$ Nenner: x^2-49

c) $\frac{2+x}{x-1}$ Nenner: x^2-2x+1

d) $\frac{6-2x}{3-x}$ Nenner: $18-2x^2$

Addition und Subtraktion von Bruchtermen

Merke

Addition und Subtraktion gleichnamiger Bruchterme:
Die Zählerterme werden addiert bzw. subtrahiert, der Nennerterm wird beibehalten:
$$\frac{T_1}{T_2} \pm \frac{T_3}{T_2} = \frac{T_1 \pm T_3}{T_2} \quad (T_2 \neq 0)$$

Beispiele

1. $\frac{5+2x}{xy^2} + \frac{7y-3}{xy^2}$

$= \frac{5+2x+7y-3}{xy^2}$ Addition der Zähler

$= \frac{2x+7y+2}{xy^2}$ Zusammenfassen

2. $\frac{12a}{2a+3} - \frac{6a-3}{2a+3}$ Bei der Subtraktion ist es wichtig, Klammern zu setzen und anschließend die Vorzeichen der Summanden in der Klammer zu ändern.

$= \frac{12a-(6a-3)}{2a+3}$

$= \frac{12a-6a+3}{2a+3}$

$= \frac{6a+3}{2a+3}$

Aufgabe 21

Vereinfache nachfolgende Terme so weit wie möglich und gib die Definitionsmenge $\mathbb{D}$ bezüglich der Grundmenge $\mathbb{G} = \mathbb{R}$ an.

a) $\frac{13}{2x} + \frac{6}{2x} - \frac{3}{2x}$

b) $\frac{5x^2+11}{7+2x} - \frac{3x-9x^2+2}{7+2x}$

c) $\frac{2(2,5-x)}{3x-0,25} + \frac{2(17x-5)}{3x-0,25} - \frac{8(4x+0,5)}{3x-0,25}$

d) $\frac{(x+5)(4-2x)}{12,25x} + \frac{2(x+1,5)^2}{12,25x}$

Merke

Addition und Subtraktion ungleichnamiger Bruchterme:
Ungleichnamige Bruchterme müssen vor dem Addieren bzw. Subtrahieren erst gleichnamig gemacht werden:
$$\frac{T_1}{T_2} \pm \frac{T_3}{T_4} = \frac{T_1 \cdot T_4 \pm T_3 \cdot T_2}{T_2 \cdot T_4} \quad (T_2, T_4 \neq 0)$$
Man bildet das Produkt der Nennerterme und erweitert die Bruchterme auf diesen gemeinsamen Nenner. Sind die Nennerterme nicht teilerfremd, ist es vorteilhafter, auf den Hauptnenner zu erweitern.

Beispiele

1. $\frac{6}{x} + \frac{7}{y}$ Produkt der Nennerterme bilden und entsprechend erweitern

$= \frac{6 \cdot y}{x \cdot y} + \frac{7 \cdot x}{y \cdot x}$ Addition der jetzt gleichnamigen Bruchterme

$= \frac{6y+7x}{xy}$

2. $\frac{5}{2x+1} - \frac{8}{3x}$

$= \frac{5 \cdot 3x}{(2x+1) \cdot 3x} - \frac{8 \cdot (2x+1)}{3x \cdot (2x+1)}$ Produkt der Nennerterme bilden und entsprechend erweitern

$= \frac{5 \cdot 3x - 8 \cdot (2x+1)}{3x \cdot (2x+1)}$ Subtraktion der Zähler und Vereinfachen

$= \frac{15x - 16x - 8}{6x^2 + 3x}$ Zusammenfassen

$= \frac{-x-8}{6x^2+3x}$

Durch das Faktorisieren der Nenner erhält man oft einen deutlich einfacheren gemeinsamen Nenner (den Hauptnenner):

Beispiel

$\frac{5}{x^2-64} - \frac{2}{24+3x}$

Ermittlung des Hauptnenners:
$x^2 - 64 = (x+8) \cdot (x-8)$ EF: 3
$24 + 3x = 3 \cdot (x+8)$ EF: $(x-8)$
HN: $3 \cdot (x+8) \cdot (x-8) = 3(x+8)(x-8)$

$= \frac{5}{(x-8)(x+8)} - \frac{2}{3(8+x)}$

$= \frac{5 \cdot 3}{(x+8)(x-8) \cdot 3} - \frac{2 \cdot (x-8)}{3(x+8) \cdot (x-8)}$

$= \frac{15 - 2(x-8)}{3(x+8)(x-8)}$

$= \frac{15 - 2x + 16}{3(x^2-64)}$

$= \frac{-2x+31}{3x^2-192}$

Aufgabe 22

Fasse zusammen und vereinfache so weit wie möglich ($\mathbb{G} = \mathbb{R}$).

a) $\frac{4}{2a} + \frac{2+3{,}5a}{7a}$

b) $\frac{4}{5b^2} - \frac{7-b}{10b}$

c) $10 - \frac{4}{9c} + \frac{1}{c^3}$

d) $\frac{2}{d-2} + \frac{3}{d+2}$

e) $\frac{1+2e}{3e-9} - \frac{7}{4e}$

f) $\frac{f}{4f^2+4f+1} - \frac{3}{2f+1}$

Interaktive Aufgabe

4. Addition und Subtraktion von Bruchtermen

Multiplikation von Bruchtermen

Merke

Man multipliziert Bruchterme, indem man Zähler mit Zähler und Nenner mit Nenner multipliziert:

$\frac{T_1}{T_2} \cdot \frac{T_3}{T_4} = \frac{T_1 \cdot T_3}{T_2 \cdot T_4} \quad (T_2, T_4 \neq 0)$

Vor dem Ausmultiplizieren ist es vorteilhaft, die Bruchterme zu kürzen.

Beispiele

1. $\frac{x+1}{6x^2} \cdot \frac{12x}{2x-2}$

$= \frac{(x+1) \cdot 12x}{6x^2 \cdot (2x-2)}$ Kürze den gemeinsamen Faktor 6x.

$= \frac{(x+1) \cdot 2}{x \cdot (2x-2)}$ Im Nenner kann der Faktor 2 ausgeklammert werden

$= \frac{2(x+1)}{2x(x-1)}$ Kürze den gemeinsamen Faktor 2.

$= \frac{x+1}{x(x-1)}$

$= \frac{x+1}{x^2-x}$

2. $5x \cdot \frac{x^2-1}{x \cdot (x-1)}$

$= \frac{5x \cdot (x^2-1)}{x \cdot (x-1)}$ Faktorisiere Zähler und Nenner.

$= \frac{5x \cdot (x+1)(x-1)}{x \cdot (x-1)}$ Kürze den gemeinsamen Faktor $x \cdot (x-1)$.

$= 5(x+1)$

Aufgabe 23

Vereinfache die Terme und kürze vollständig ($\mathbb{G} = \mathbb{R}$).

a) $\frac{y}{y-4} \cdot \frac{y-4}{2y}$

b) $\frac{z}{z+7} \cdot \frac{2z+14}{z^5}$

c) $\frac{6a^3b^6}{10a+20} \cdot \frac{(a+2)^2}{8ab^2}$

d) $\frac{3x+3}{2x+1} \cdot \frac{4x}{6x+6}$

e) $\frac{x^2-6x}{x^2+5x} \cdot \frac{x+5}{x-6}$

f) $(4x^2-81) \cdot \frac{12}{2x+9}$

Interaktive Aufgabe

5. Multiplikation von Bruchtermen

Division von Bruchtermen

Merke

Bruchterme werden dividiert, indem man den ersten Bruchterm mit dem Kehrwert des zweiten Bruchterms multipliziert:

$$\frac{T_1}{T_2} : \frac{T_3}{T_4} = \frac{T_1}{T_2} \cdot \frac{T_4}{T_3} = \frac{T_1 \cdot T_4}{T_2 \cdot T_3} \quad (T_2, T_3, T_4 \neq 0)$$

Ist die Definitionsmenge zu bestimmen, ist zu beachten, dass neben den Termen T_2 und T_4 auch T_3 nicht den Wert null annehmen darf.

Beispiele

1. $\frac{3}{x} : \frac{12(x-5)}{x+4}$ — Der Kehrbruch zu $\frac{12(x-5)}{x+4}$ ist $\frac{x+4}{12(x-5)}$.

$= \frac{3}{x} \cdot \frac{x+4}{12(x-5)}$

$= \frac{3(x+4)}{12x(x-5)}$ — Gemeinsamen Faktor 3 kürzen

$= \frac{x+4}{4x(x-5)}$

$\mathbb{D} = \mathbb{R} \setminus \{-4; 0; 5\}$

Definitionsmenge des Bruchterms $\frac{3}{x}$: $\mathbb{D}_1 = \mathbb{R} \setminus \{0\}$

Definitionsmenge des Bruchterms $\frac{12(x-5)}{x+4}$: $\mathbb{D}_2 = \mathbb{R} \setminus \{-4\}$

Definitionsmenge des Bruchterms $\frac{x+4}{12(x-5)}$: $\mathbb{D}_3 = \mathbb{R} \setminus \{5\}$

Für die Definitionsmenge $\mathbb{D}$ gilt: $\mathbb{D} = \mathbb{D}_1 \cap \mathbb{D}_2 \cap \mathbb{D}_3 = \mathbb{R} \setminus \{-4; 0; 5\}$

2. $\frac{2}{25-x^2} : \frac{1}{x+5}$

$= \frac{2}{25-x^2} \cdot \frac{x+5}{1}$ — Multiplikation mit dem Kehrbruch

$= \frac{2 \cdot (x+5)}{25-x^2}$ — Faktorisieren des Nenners

$= \frac{2 \cdot (x+5)}{(5+x)(5-x)}$ — Gemeinsamen Faktor $(x+5)$ kürzen

$= \frac{2}{5-x}$

$\mathbb{D} = \mathbb{R} \setminus \{-5; 5\}$

Aufgabe 24

Interaktive Aufgabe
6. Division von Bruchtermen

Vereinfache weitestgehend.
Bestimme jeweils die Definitionsmenge $\mathbb{D}$ bezüglich der Grundmenge $\mathbb{R}$.

a) $\frac{7}{3x} : 4x^2$

b) $\frac{3x^2}{6-x} : \frac{(-9)}{x^2}$

c) $\frac{x+5}{x-5} : \frac{4x+20}{2x-10}$

d) $(2x^2 + 4x)^{-1} : (x+2)^{-2}$

Bruchgleichungen

Eine Gleichung, bei der mindestens eine Variable im Nenner eines Bruchs vorkommt, nennt man **Bruchgleichung**. Bruchgleichungen kommen im Zusammenhang mit folgenden Themengebieten in der Abschlussprüfung bzw. in der 9. Klasse/10. Klasse vor:

- Vierstreckensatz
- Verhältnisgleichungen im Zusammenhang mit ähnlichen Dreiecken
- Sinussatz und Proportionalitäten

Bruchgleichungen, wie sie im Zusammenhang mit diesen Themengebieten auftreten, können mit folgendem Lösungsverfahren gelöst werden:

Merke

Lösungsverfahren für Bruchgleichungen

- Bestimmung der Definitionsmenge $\mathbb{D}$.
- Umformung durch Überkreuz-Multiplikation.
- Auflösen nach x.
- Prüfen, ob die Lösung in der Definitionsmenge enthalten ist.
- Angabe der Lösungsmenge.

Beispiele

1. $\frac{12}{12-x} = \frac{6}{x}$ $\quad \mathbb{G} = \mathbb{R}$

Bestimmung der Definitionsmenge:
$\mathbb{D} = \mathbb{R} \setminus \{0;\ 12\}$

$$\frac{12}{\mathbf{12-x}} \times \frac{6}{\mathbf{x}} \qquad | \cdot (12-x)\cdot x$$

Man multipliziert mit beiden Nennern „über Kreuz". Durch diese Umformung lassen sich die Nenner auf beiden Seiten durch Kürzen beseitigen.

Dieser Zwischenschritt dient nur der Erklärung und wird zukünftig weggelassen.

$$\Leftrightarrow \frac{12\cdot(\cancel{12-x})\cdot x}{\cancel{12-x}} = \frac{6\cdot(12-x)\cdot \cancel{x}}{\cancel{x}}$$

Beseitigung der Nenner durch Kürzen

$$\begin{aligned}
\Leftrightarrow\quad 12\cdot \mathbf{x} &= 6\cdot\mathbf{(12-x)} \\
\Leftrightarrow\quad 12x &= 72-6x \qquad |+6x \\
\Leftrightarrow\quad 18x &= 72 \qquad |:18 \\
\Leftrightarrow\quad x &= 4
\end{aligned}$$

Auflösen nach x

$\mathbb{L} = \{4\}$

x = 4 ist in der Definitionsmenge (führt also nicht dazu, dass ein Nenner den Wert null annimmt).

2. $\frac{5}{x+3} = \frac{12}{2x-4}$ $\quad \mathbb{G} = \mathbb{R}$

Bestimmung der Definitionsmenge:
$\mathbb{D} = \mathbb{R} \setminus \{-3;\ 2\}$

Für x = –3 und x = 2 nimmt jeweils ein Nenner den Wert 0 an.

$$\frac{5}{\mathbf{x+3}} \times \frac{12}{\mathbf{2x-4}}$$

Überkreuz-Multiplikation

$$\begin{aligned}
\Leftrightarrow\quad 5\cdot\mathbf{(2x-4)} &= 12\cdot\mathbf{(x+3)} \\
\Leftrightarrow\quad 10x-20 &= 12x+36 \qquad |-12x+20 \\
\Leftrightarrow\quad -2x &= 56 \qquad |:(-2) \\
\Leftrightarrow\quad x &= -28
\end{aligned}$$

Der Zwischenschritt aus Beispiel 1 wurde weggelassen.

$-28 \in \mathbb{D}$

$\mathbb{L} = \{-28\}$

Aufgabe 25

Interaktive Aufgabe
7. Bruchgleichung lösen

Löse folgende Aufgaben durch Überkreuz-Multiplikation über $\mathbb{G} = \mathbb{R}$.

a) $\frac{8}{8-x} = 10$

b) $\frac{5}{8} = \frac{12}{10-x}$

c) $\frac{8}{x-4} = \frac{6}{2x-8}$

d) $\frac{10}{0,5x} = \frac{6}{6-x}$

e) $\frac{36}{x-6} = \frac{72}{2x-12}$

f) $\frac{10-x}{10} = \frac{5-x}{2}$

1.5 Vektoren

Regel „Spitze minus Fuß"

Merke

Die Koordinaten eines Pfeils $\overrightarrow{AB}$ mit Fußpunkt $A(x_A \mid y_A)$ und Spitze $B(x_B \mid y_B)$ berechnet man mithilfe der Regel „Spitze minus Fuß":

Spitze minus Fuß

$$\overrightarrow{AB} = \begin{pmatrix} x_B - x_A \\ y_B - y_A \end{pmatrix}$$

Pfeile haben genau dann dieselben Koordinaten, wenn sie **gleich lang** und **parallel** sind und in **dieselbe Richtung** zeigen. Alle Pfeile, die diese drei Eigenschaften gemeinsam haben, fasst man in einer Menge zusammen, die man **Vektor** nennt. Jeder Pfeil eines Vektors wird daher als **Repräsentant** (gleichberechtigter Vertreter) des Vektors bezeichnet.

Beispiel

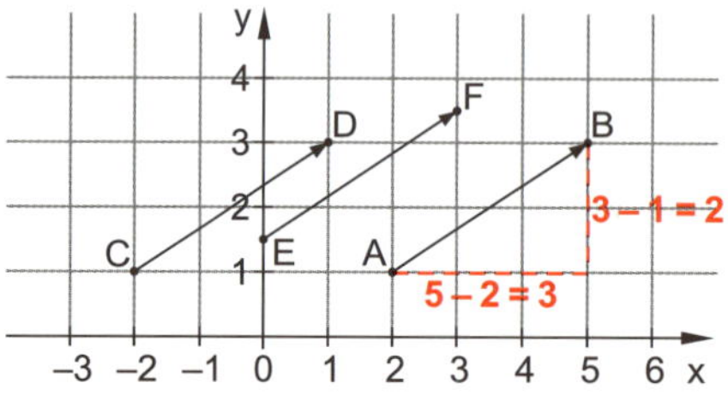

Die Pfeile $\overrightarrow{AB}$, $\overrightarrow{CD}$ und $\overrightarrow{EF}$ haben dieselben Koordinaten, denn sie sind alle gleich lang, parallel und zeigen in dieselbe Richtung. Sie gehören somit zum selben Vektor.

Berechnung der Koordinaten der Pfeile:

Spitze B − Fuß A

$$\overrightarrow{AB} = \begin{pmatrix} 5-2 \\ 3-1 \end{pmatrix} = \begin{pmatrix} 3 \\ 2 \end{pmatrix}$$

B(5 | 3) ist die Spitze, A(2 | 1) ist der Fußpunkt des Pfeils $\overrightarrow{AB}$.
Vom Fußpunkt A aus $\begin{pmatrix} \text{3 LE nach rechts} \\ \text{2 LE nach oben} \end{pmatrix}$ zur Spitze B.

$$\overrightarrow{CD} = \begin{pmatrix} 1-(-2) \\ 3-1 \end{pmatrix} = \begin{pmatrix} 3 \\ 2 \end{pmatrix}$$

$$\overrightarrow{EF} = \begin{pmatrix} 3-0 \\ 3,5-1,5 \end{pmatrix} = \begin{pmatrix} 3 \\ 2 \end{pmatrix}$$

Berechnungen mithilfe von Vektoren

Parallelverschiebung

Merke

Bei einer **Parallelverschiebung** wird jeder Punkt P durch einen Vektor $\vec{v}$ auf einen Bildpunkt P' verschoben. Man schreibt: $P \xmapsto{\vec{v}} P'$

Beispiel

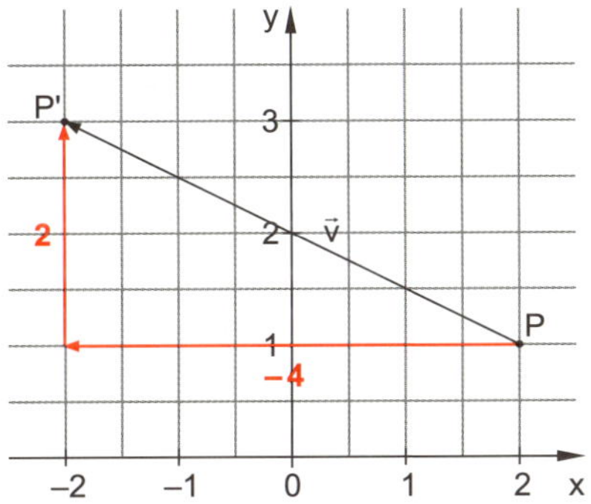

Der Punkt P(2 | 1) wird durch Parallelverschiebung mit dem Vektor $\vec{v} = \begin{pmatrix} -4 \\ 2 \end{pmatrix}$ auf den Punkt P' abgebildet.

Der Pfeil $\overrightarrow{PP'}$ mit P(2 | 1) ist ein Repräsentant des Vektors $\vec{v} = \begin{pmatrix} -4 \\ 2 \end{pmatrix}$. Somit lassen sich die Koordinaten des Bildpunktes P'(x | y) (Spitze des Vektors) durch einen Vektorvergleich berechnen:

$$\overrightarrow{PP'} = \vec{v}$$

Vektorvergleich: $\overrightarrow{PP'}$ und $\vec{v}$ haben dieselben Koordinaten.

$$\Leftrightarrow \begin{pmatrix} x-2 \\ y-1 \end{pmatrix} = \begin{pmatrix} -4 \\ 2 \end{pmatrix}$$

Spitze minus Fuß mit P'(x | y)
Man vergleicht die Koordinaten auf beiden Seiten.

$$\Leftrightarrow \begin{array}{|l} x-2=-4 \quad |+2 \\ \wedge \ y-1=2 \quad |+1 \end{array}$$

Vergleiche die x- und y-Koordinaten zeilenweise.

$$\Leftrightarrow \begin{array}{|l} x=-2 \\ \wedge \ y=3 \end{array}$$

$\mathbb{L} = \{(-2 | 3)\}$

also: P'(–2 | 3)

Analog lassen sich die Koordinaten des Urpunkts (Fußpunkts) berechnen, falls nur der Bildpunkt gegeben ist.

Aufgabe 26

Der Punkt P wurde mit dem Vektor $\vec{v} = \begin{pmatrix} 3 \\ -5 \end{pmatrix}$ auf den Punkt P'(7 | 4) parallel verschoben. Berechne die Koordinaten des Urpunkts P(x | y) durch einen Vektorvergleich.

Interaktive Aufgaben

1. Spitze-Fuß
2. Parallelverschiebung

Mittelpunktsberechnung einer Strecke

Merke

Die Koordinaten des Mittelpunkts einer Strecke [AB] berechnet man entweder über den Vektorvergleich von $\overrightarrow{AM}$ und $\overrightarrow{MB}$ oder über die Formel:

$$M_{[AB]}\left(\frac{x_A+x_B}{2}\,\middle|\,\frac{y_A+y_B}{2}\right)$$

Beispiel

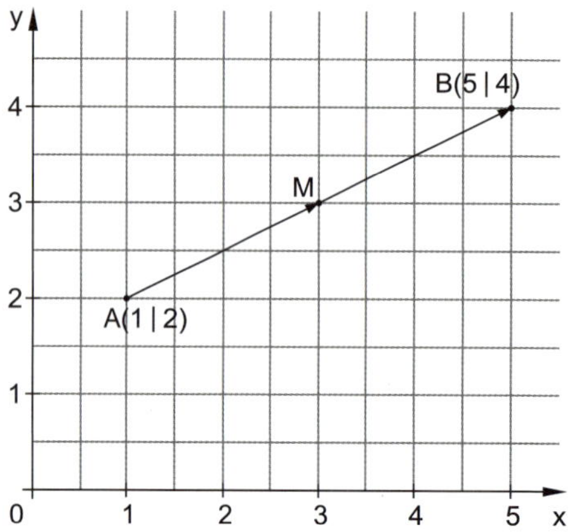

Die Pfeile $\overrightarrow{AM}$ und $\overrightarrow{MB}$ sind gleich lang, parallel und zeigen in dieselbe Richtung. Sie besitzen also dieselben Koordinaten.

Berechnung mithilfe des Vektorvergleichs:
Bezeichne den Mittelpunkt der Strecke [AB] mit M(x | y) und wende dann die Regel Spitze minus Fuß an:

$$\overrightarrow{AM}=\overrightarrow{MB}$$

$$\Leftrightarrow \begin{pmatrix} x-1 \\ y-2 \end{pmatrix}=\begin{pmatrix} 5-x \\ 4-y \end{pmatrix}$$

$$\Leftrightarrow \left|\begin{array}{ll} x-1=5-x & |+x+1 \\ \wedge\ y-2=4-y & |+y+2 \end{array}\right.$$

$$\Leftrightarrow \left|\begin{array}{ll} 2x=6 & |:2 \\ \wedge\ 2y=6 & |:2 \end{array}\right.$$

$$\Leftrightarrow \left|\begin{array}{l} x=3 \\ \wedge\ y=3 \end{array}\right.$$

$\mathbb{L}=\{(3|3)\}$

also: M(3 | 3)

oder:

Berechnung mithilfe der Formel:

$$M_{[AB]}\left(\frac{x_A+x_B}{2}\,\middle|\,\frac{y_A+y_B}{2}\right)=M_{[AB]}\left(\frac{1+5}{2}\,\middle|\,\frac{2+4}{2}\right)=M_{[AB]}(3\,|\,3)$$

Aufgaben

27 Berechne die Koordinaten des Mittelpunkts der Strecke [AB] mit A(–2 | 3) und B(5 | –4).

28 Berechne die Koordinaten des Diagonalenschnittpunkts M im Quadrat ABCD mit A(2 | 1), B(5 | 3) und D(0 | 4) und mithilfe von M dann die Koordinaten von C.

Interaktive Aufgabe

3. Mittelpunktsberechnung

Vektoraddition – Pfeilketten

Neben dem Vektorvergleich kann man Punktkoordinaten auch mithilfe von Pfeilketten berechnen.

Merke

Vektoren werden addiert, indem man die entsprechenden Koordinaten addiert:

$\vec{v} \oplus \vec{w} = \begin{pmatrix} v_x \\ v_y \end{pmatrix} \oplus \begin{pmatrix} w_x \\ w_y \end{pmatrix} = \begin{pmatrix} v_x + w_x \\ v_y + w_y \end{pmatrix}$

Der Addition zweier Vektoren entspricht die **Spitze-Fuß-Kopplung** der Pfeile dieser Vektoren. Dabei wird der Fußpunkt des 2. Pfeils an die Spitze des 1. Pfeils gekoppelt. Der Ergebnispfeil verläuft vom Fuß des 1. Pfeils zur Spitze des 2. Pfeils.

Beispiel

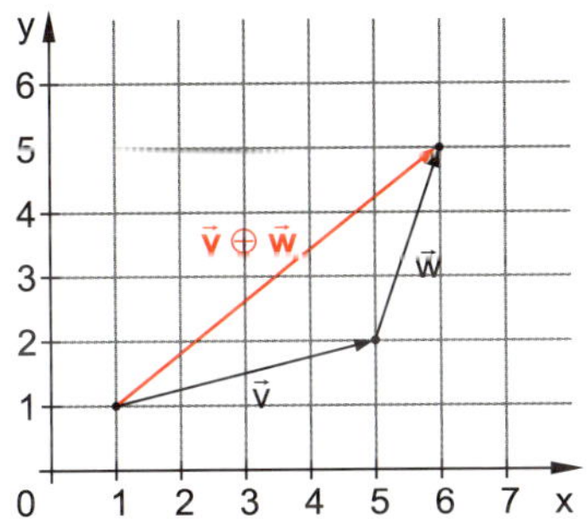

Der Pfeil $\vec{w}$ wird mit seinem Fuß an die Spitze des Pfeils $\vec{v}$ gekoppelt. Der entstehende Pfeil $\vec{v} \oplus \vec{w}$ reicht vom Fuß des Pfeils $\vec{v}$ zur Spitze des Pfeils $\vec{w}$.

$\vec{v} \oplus \vec{w} = \begin{pmatrix} 4 \\ 1 \end{pmatrix} \oplus \begin{pmatrix} 1 \\ 3 \end{pmatrix} = \begin{pmatrix} 4+1 \\ 1+3 \end{pmatrix} = \begin{pmatrix} 5 \\ 4 \end{pmatrix}$

Merke

Einen Vektorpfeil, der vom Ursprung O des Koordinatensystems ausgeht und in einem Punkt P endet, nennt man **Ortspfeil** von P. Die Koordinaten des Ortspfeils $\overrightarrow{OP}$ stimmen mit den Punktkoordinaten der Spitze P des Pfeils überein.
Zur Berechnung von Punktkoordinaten mithilfe einer **Pfeilkette** berechnet man aufgrund dieser Übereinstimmung immer den Ortspfeil des gesuchten Punktes.

Beispiele

1. Gegeben sind der Punkt P(2 | 1) und der Vektor $\overrightarrow{PQ} = \begin{pmatrix} -4 \\ 3 \end{pmatrix}$.
   Bestimme die Koordinaten des Punktes Q.

   Lösung:
   Skizze:

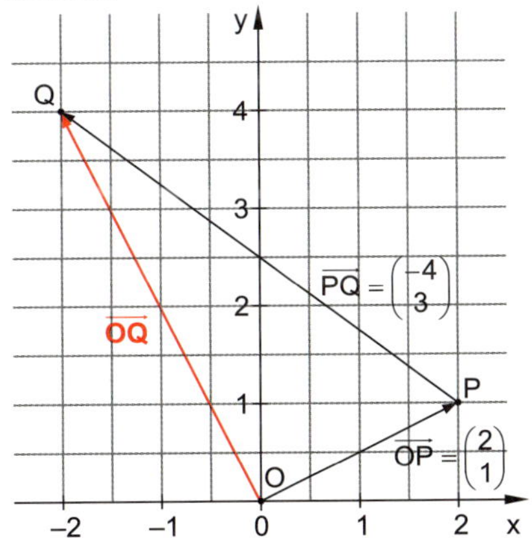

Pfeilkette: Der unbekannte Ortspfeil $\overrightarrow{OQ}$ des Punktes Q ist das Ergebnis der Spitze-Fuß-Kopplung der beiden bekannten Pfeile $\overrightarrow{OP}$ und $\overrightarrow{PQ}$.
Man schreibt: $\overrightarrow{OQ} = \overrightarrow{OP} \oplus \overrightarrow{PQ}$

Pfeilkette:

$\overrightarrow{OQ} = \overrightarrow{OP} \oplus \overrightarrow{PQ}$

$\overrightarrow{OQ} = \begin{pmatrix} 2 \\ 1 \end{pmatrix} \oplus \begin{pmatrix} -4 \\ 3 \end{pmatrix}$

$\overrightarrow{OQ} = \begin{pmatrix} 2+(-4) \\ 1+3 \end{pmatrix} = \begin{pmatrix} -2 \\ 4 \end{pmatrix}$

also: Q(–2 | 4)

Berechne den Ortspfeil von Q.

Zum Aufstellen der Pfeilkette:
- Starte immer im Ursprung O.
- Suche einen Weg zum gesuchten Punkt über bekannte Teile (hier P und $\overrightarrow{PQ}$).

2. Berechne die Koordinaten des Punktes C des Parallelogramms ABCD mit A(2 | 1), B(5 | 2) und D(3 | 4) mithilfe einer Vektoraddition.

Lösung:

Pfeilkette:

$\overrightarrow{OC} = \overrightarrow{OB} \oplus \overrightarrow{BC}$

$\overrightarrow{OC} = \overrightarrow{OB} \oplus \overrightarrow{AD}$

$\overrightarrow{OC} = \begin{pmatrix} 5 \\ 2 \end{pmatrix} \oplus \begin{pmatrix} 3-2 \\ 4-1 \end{pmatrix}$

$\overrightarrow{OC} = \begin{pmatrix} 5 \\ 2 \end{pmatrix} \oplus \begin{pmatrix} 1 \\ 3 \end{pmatrix}$

$\overrightarrow{OC} = \begin{pmatrix} 6 \\ 5 \end{pmatrix}$

also: C(6 | 5)

Berechne den Ortspfeil von C.

$\overrightarrow{BC} = \overrightarrow{AD}$: Die Vektoren sind identisch, da sie gleich lang und parallel sind und in dieselbe Richtung zeigen.

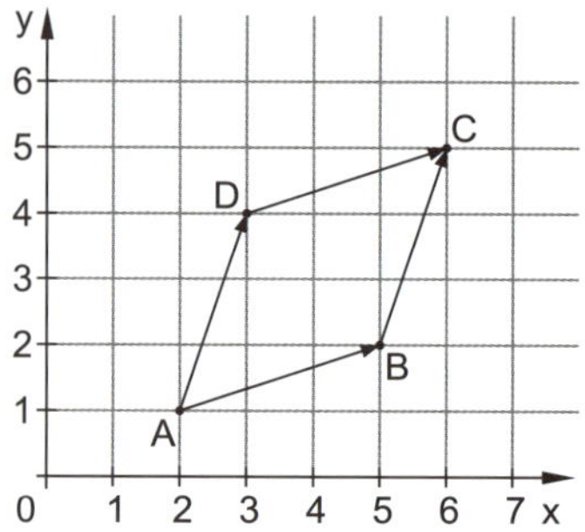

Aufgaben

29 Betrachte das Parallelogramm im oben stehenden Beispiel 2.

a) Berechne die Koordinaten von C mithilfe einer anderen Vektoraddition und anschließend mithilfe eines Vektorvergleichs.

b) Berechne die Koordinaten des Diagonalenschnittpunkts des Parallelogramms.

30 Berechne die Koordinaten der Eckpunkte C und D des Parallelogramms ABCD mit A(1 | 1), B(5 | 3) und dem Diagonalenschnittpunkt M(4 | 5).

Interaktive Aufgabe 4. Vektoraddition

Drehung von Pfeilen bzw. Vektoren

Merke

Für die Drehung eines Vektors $\vec{v} = \begin{pmatrix} v_x \\ v_y \end{pmatrix}$ um 90°, 180° bzw. 270° gilt:

- $\begin{pmatrix} v_x \\ v_y \end{pmatrix} \xmapsto{\varphi = 90°} \begin{pmatrix} -v_y \\ v_x \end{pmatrix}$
- $\begin{pmatrix} v_x \\ v_y \end{pmatrix} \xmapsto{\varphi = 180°} \begin{pmatrix} -v_x \\ -v_y \end{pmatrix}$
- $\begin{pmatrix} v_x \\ v_y \end{pmatrix} \xmapsto{\varphi = 270°} \begin{pmatrix} v_y \\ -v_x \end{pmatrix}$

Hinweis: Das Zentrum der Drehung ist hier immer der Fußpunkt des Vektorpfeils.

Beispiele

1. $\begin{pmatrix}2\\1\end{pmatrix} \xmapsto{\varphi=90^\circ} \begin{pmatrix}-1\\2\end{pmatrix}$

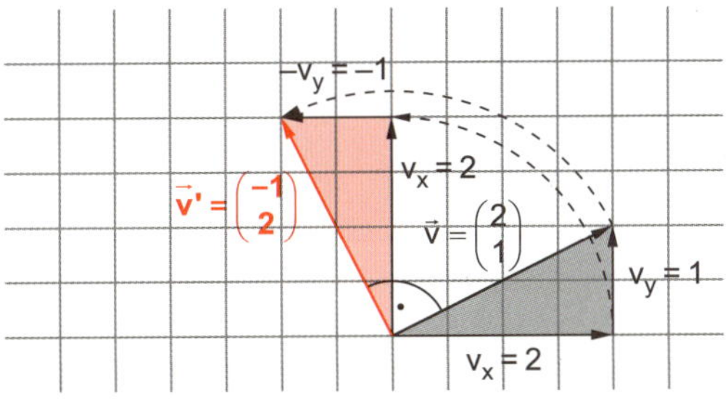

Eine Drehung mit positivem Winkelmaß φ erfolgt immer entgegen dem Uhrzeigersinn.

2. $\begin{pmatrix}2\\1\end{pmatrix} \xmapsto{\varphi=180^\circ} \begin{pmatrix}-2\\-1\end{pmatrix}$

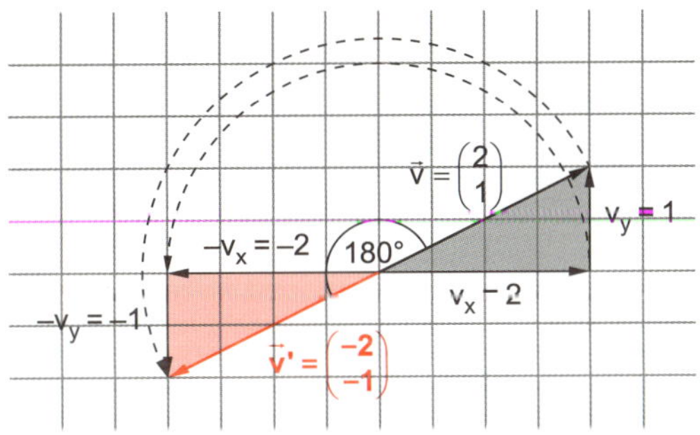

Die Drehung um 180° entspricht einer Punktspiegelung bzw. einer 2-maligen Drehung um 90°.

$\begin{pmatrix}2\\1\end{pmatrix} \xmapsto{\varphi=90^\circ} \begin{pmatrix}-1\\2\end{pmatrix} \xmapsto{\varphi=90^\circ} \begin{pmatrix}-2\\-1\end{pmatrix}$

Merkregel: Wird ein Vektor um 180° gedreht, so hat der Bildvektor die gleichen Koordinaten mit vertauschten Vorzeichen.

3. $\begin{pmatrix}2\\1\end{pmatrix} \xmapsto{\varphi=270^\circ} \begin{pmatrix}1\\-2\end{pmatrix}$

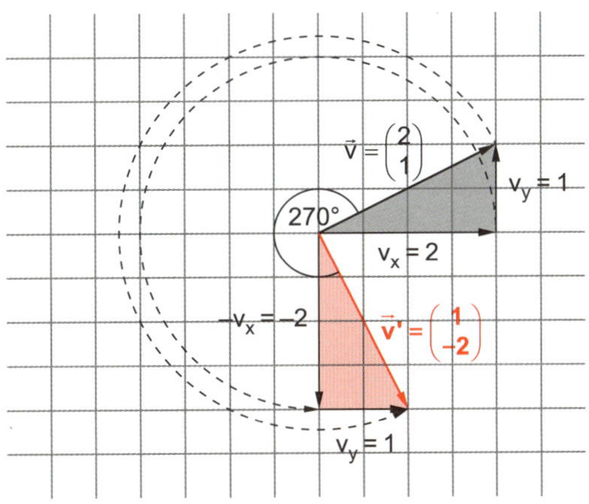

Die Drehung um 270° entspricht einer Drehung um –90° bzw. einer dreimaligen Drehung um 90°:

$\begin{pmatrix}2\\1\end{pmatrix} \xmapsto{\varphi=90^\circ} \begin{pmatrix}-1\\2\end{pmatrix} \xmapsto{\varphi=90^\circ} \begin{pmatrix}-2\\-1\end{pmatrix} \xmapsto{\varphi=90^\circ} \begin{pmatrix}1\\-2\end{pmatrix}$

Aufgabe 31

Interaktive Aufgabe
5. Drehung von Vektoren

Bestimme die Koordinaten der Bildvektoren bei Drehung um den Winkel φ.

a) $\vec{a} = \begin{pmatrix}2\\3\end{pmatrix} \xmapsto{\varphi=90^\circ} \vec{a}\,'$

b) $\vec{b} = \begin{pmatrix}-6\\4\end{pmatrix} \xmapsto{\varphi=180^\circ} \vec{b}\,'$

c) $\vec{c} = \begin{pmatrix}-2{,}5\\-6{,}5\end{pmatrix} \xmapsto{\varphi=270^\circ} \vec{c}\,'$

d) $\vec{d} = \begin{pmatrix}5\\-1{,}5\end{pmatrix} \xmapsto{\varphi=-180^\circ} \vec{d}\,'$

Berechnung der Koordinaten von Bildpunkten bei Drehungen

Merke

Drehung um den Ursprung
Um den Punkt P um den Ursprung mit dem Drehwinkelmaß φ zu drehen, wird stattdessen der Ortspfeil $\overrightarrow{OP}$ mit dem Drehwinkelmaß φ um den Ursprung gedreht.
Die Koordinaten des Bildpfeils $\overrightarrow{OP}'$ stimmen mit den Koordinaten des Bildpunkts P' überein.

Beispiel

Der Punkt P(7 | 2) wird um den Ursprung O(0 | 0) mit dem Drehwinkelmaß φ = 90° gedreht. Bestimme die Koordinaten des Bildpunktes P'.

Lösung:

Bestimmung des Bildpfeils $\overrightarrow{OP}'$:

$$\overrightarrow{OP} = \begin{pmatrix} 7 \\ 2 \end{pmatrix} \xmapsto{O(0|0);\ \varphi = 90°} \overrightarrow{OP}' = \begin{pmatrix} -2 \\ 7 \end{pmatrix}$$

Die Koordinaten eines Ortspfeils stimmen mit denen seines Endpunkts überein. Folglich hat der Punkt P' die Koordinaten (–2 | 7).

Bestimme zunächst die Koordinaten des Ortspfeils $\overrightarrow{OP}$ und dann die Koordinaten des Bildpfeils $\overrightarrow{OP}'$.

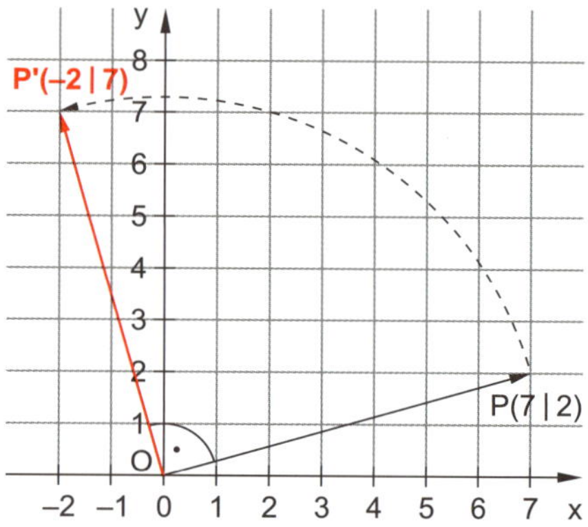

Merke

Drehung um ein beliebiges Drehzentrum
Berechnung der Koordinaten eines Bildpunktes P' bei Drehung eines Punktes P um ein beliebiges Zentrum Z:

- Bestimme die Koordinaten des Pfeils $\overrightarrow{ZP}'$ durch Drehung des Pfeils $\overrightarrow{ZP}$ um Z.
- Berechne die Koordinaten des Bildpunktes P' mithilfe der Pfeilkette:
  $\overrightarrow{OP}' = \overrightarrow{OZ} \oplus \overrightarrow{ZP}'$

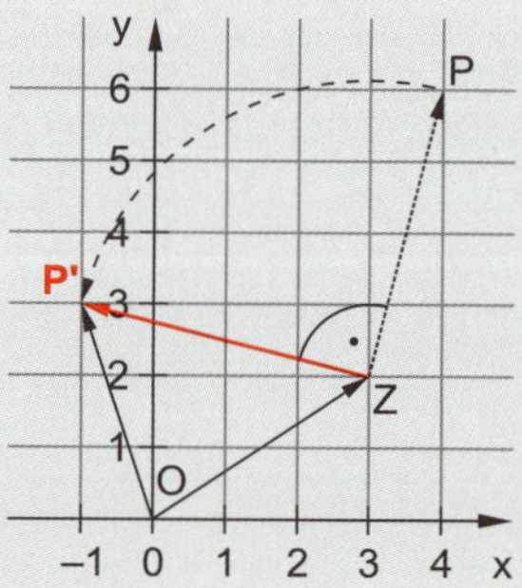

Beispiel

Der Punkt P(–3 | 4) wird um den Punkt Z(1 | –1) mit den Drehwinkelmaßen $\varphi_1 = 90°$, $\varphi_2 = 180°$ und $\varphi_3 = 270°$ gedreht.
Bestimme die Koordinaten der Bildpunkte P_1, P_2 und P_3 und überprüfe anschließend die Ergebnisse zeichnerisch.

Lösung:

Bestimmung der Koordinaten der Pfeile $\overrightarrow{ZP_1}$, $\overrightarrow{ZP_2}$ und $\overrightarrow{ZP_3}$:

$$\overrightarrow{ZP} = \begin{pmatrix} -3-1 \\ 4-(-1) \end{pmatrix} = \begin{pmatrix} -4 \\ 5 \end{pmatrix}$$

Berechne zunächst den Verbindungspfeil vom Drehzentrum Z zum Punkt P.

$$\overrightarrow{ZP} = \begin{pmatrix} -4 \\ 5 \end{pmatrix} \xmapsto{Z(1|-1);\ \varphi_1 = 90°} \overrightarrow{ZP_1} = \begin{pmatrix} -5 \\ -4 \end{pmatrix}$$

$$\overrightarrow{ZP} = \begin{pmatrix} -4 \\ 5 \end{pmatrix} \xmapsto{Z(1|-1);\ \varphi_2 = 180°} \overrightarrow{ZP_2} = \begin{pmatrix} 4 \\ -5 \end{pmatrix}$$

$$\overrightarrow{ZP} = \begin{pmatrix} -4 \\ 5 \end{pmatrix} \xmapsto{Z(1|-1);\ \varphi_3 = 270°} \overrightarrow{ZP_3} = \begin{pmatrix} 5 \\ 4 \end{pmatrix}$$

Berechnung der Koordinaten der Punkte P_1, P_2 und P_3 mithilfe der Pfeilkette $\overrightarrow{OP_n} = \overrightarrow{OZ} \oplus \overrightarrow{ZP_n}$:

$$\overrightarrow{OP_1} = \overrightarrow{OZ} \oplus \overrightarrow{ZP_1}$$
$$\Leftrightarrow \begin{pmatrix} x_{P_1} \\ y_{P_1} \end{pmatrix} = \begin{pmatrix} 1 \\ -1 \end{pmatrix} \oplus \begin{pmatrix} -5 \\ -4 \end{pmatrix}$$
$$\Leftrightarrow \begin{pmatrix} x_{P_1} \\ y_{P_1} \end{pmatrix} = \begin{pmatrix} -4 \\ -5 \end{pmatrix}$$
also: $P_1(-4|-5)$

$$\overrightarrow{OP_2} = \overrightarrow{OZ} \oplus \overrightarrow{ZP_2}$$
$$\Leftrightarrow \begin{pmatrix} x_{P_2} \\ y_{P_2} \end{pmatrix} = \begin{pmatrix} 1 \\ -1 \end{pmatrix} \oplus \begin{pmatrix} 4 \\ -5 \end{pmatrix}$$
$$\Leftrightarrow \begin{pmatrix} x_{P_2} \\ y_{P_2} \end{pmatrix} = \begin{pmatrix} 5 \\ -6 \end{pmatrix}$$
also: $P_2(5|-6)$

$$\overrightarrow{OP_3} = \overrightarrow{OZ} \oplus \overrightarrow{ZP_3}$$
$$\Leftrightarrow \begin{pmatrix} x_{P_3} \\ y_{P_3} \end{pmatrix} = \begin{pmatrix} 1 \\ -1 \end{pmatrix} \oplus \begin{pmatrix} 5 \\ 4 \end{pmatrix}$$
$$\Leftrightarrow \begin{pmatrix} x_{P_3} \\ y_{P_3} \end{pmatrix} = \begin{pmatrix} 6 \\ 3 \end{pmatrix}$$
also: $P_3(6|3)$

Zeichnung:

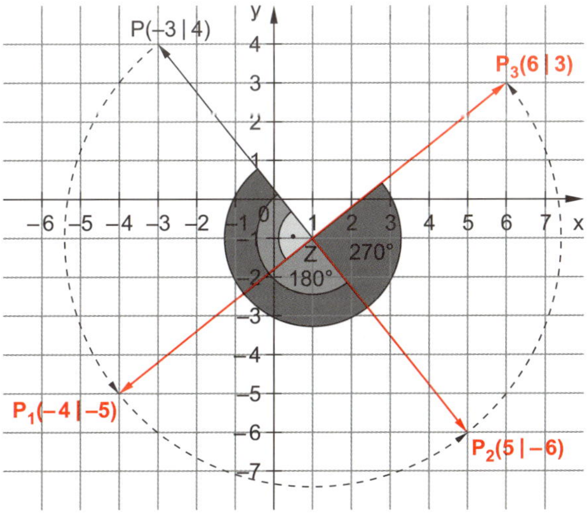

Aufgaben

32 Das Dreieck ABC mit A(–3|–2), B(4|0) und C(1|5) wird um das Drehzentrum Z(0|1) mit dem Drehwinkelmaß $\varphi = 90°$ gedreht.
Berechne die Koordinaten des Bilddreiecks A'B'C'.

33 Das Dreieck ABC mit A(5|–3), B(2|3) und C(0|0) wird um das Drehzentrum Z(–2|0,5) mit dem Drehwinkelmaß $\varphi = 180°$ gedreht.
Berechne die Koordinaten des Bilddreiecks A'B'C'.

34 Gegeben ist das Quadrat ABCD mit A(–4|2) und B(0|–2).
Berechne die Koordinaten der Punkte C und D.

Interaktive Aufgabe

6. Drehung um ein Zentrum

1.6 Lineare Funktionen

Direkte Proportionalität

Merke

Zwei Größen x und y heißen **direkt proportional** zueinander, wenn gilt:
Verdoppelt, verdreifacht … halbiert, drittelt … man den Wert der einen Größe x, so verdoppelt, verdreifacht … halbiert, drittelt … sich der Wert der anderen Größe y ebenfalls.
Die Wertepaare bei direkter Proportionalität sind **quotientengleich**. Dieser konstante Quotient $k = \frac{y}{x}$ heißt **Proportionalitätsfaktor k**. Die zugehörige Funktionsgleichung lautet entsprechend: $y = k \cdot x$. Alle Punkte des zugehörigen Graphen liegen auf einer Geraden durch den Ursprung des Koordinatensystems.

Beispiel

Ein Hubschrauber fliegt mit gleichbleibender Geschwindigkeit. Dabei legt er in einer Stunde Flugzeit einen Weg von 102 Kilometern zurück.
In der nachfolgenden Tabelle wird der Zusammenhang zwischen abgelaufener Zeit und zurückgelegtem Weg dargestellt und jeweils der Quotient $\frac{\text{Weg}}{\text{Zeit}}$ angegeben:

Zeit x in h	1	2	3	…	10	…
Weg y in km	102	204	306	***	1 020	***
$\frac{\text{Weg}}{\text{Zeit}}$ in $\frac{\text{km}}{\text{h}}$	$\frac{102}{1} = \mathbf{102}$	$\frac{204}{2} = \mathbf{102}$	$\frac{306}{3} = \mathbf{102}$	$\frac{***}{…} = \mathbf{102}$	$\frac{1\,020}{10} = \mathbf{102}$	$\frac{***}{…} = \mathbf{102}$

Da die Größenpaare (Zeit | Weg) quotientengleich sind, sind Zeit x und Weg y direkt proportional. Jedem x-Wert ist **genau ein** y-Wert zugeordnet. Die Zahlenpaare (x | y) bilden also eine Funktion f.

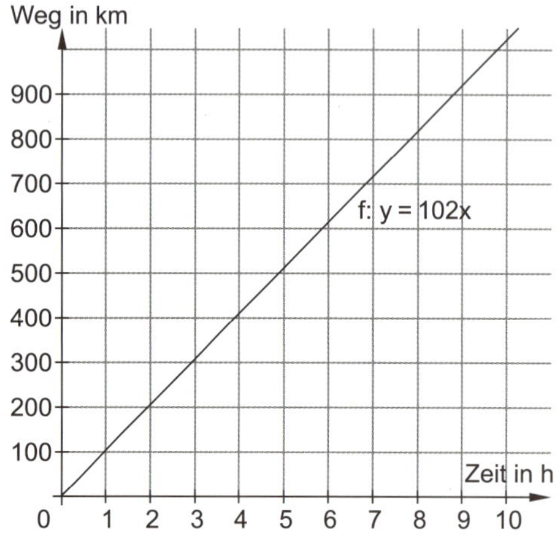

Für alle Zahlenpaare $(x \mid y) \in \mathbb{R}^+ \times \mathbb{R}^+$ gilt:

$\frac{y}{x} = 102$

Damit ergibt sich als Gleichung der Funktion f:

$\frac{y}{x} = 102 \iff y = 102x$

Der Graph der Funktion f: $y = 102x$ ist eine Gerade durch den Ursprung $O(0 \mid 0)$.

Ursprungsgeraden: $y = m \cdot x$

Merke

Funktionen mit Gleichungen der Form $y = m \cdot x$ $(m \in \mathbb{R})$ sind ein Sonderfall linearer Funktionen. Ihre Graphen sind Geraden mit der **Steigung m**, die durch den **Ursprung O(0 | 0)** verlaufen, weshalb sie **Ursprungsgeraden** genannt werden. Das Vorzeichen des Steigungsfaktors m bestimmt den Verlauf der Geraden:

- $m < 0$ fallende Gerade
- $m = 0$ x-Achse
- $m > 0$ steigende Gerade

Unabhängig vom Vorzeichen gilt:
Je kleiner der Betrag von m, **desto flacher** verläuft die Gerade, **je größer** der Betrag von m, **desto steiler** verläuft sie.

Beispiele

1\.

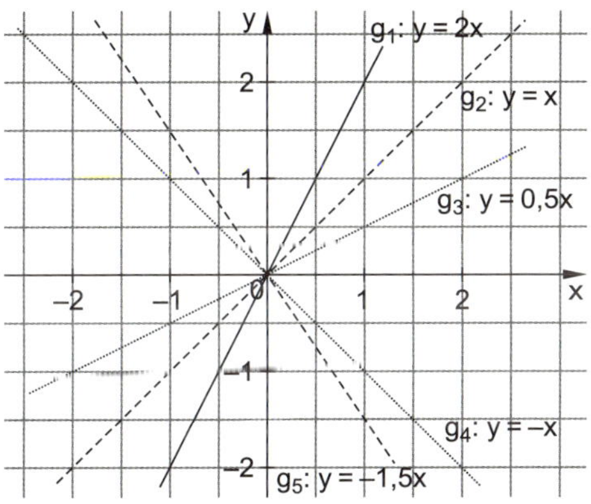

Funktionen mit der Funktionsgleichung $y = mx$:

g_1: $y = 2x$ → $m_1 = 2$ (steigende Gerade)
g_2: $y = x$ → $m_2 = 1$ (steigende Gerade)
g_3: $y = 0{,}5x$ → $m_3 = 0{,}5$ (steigende Gerade)

g_4: $y = -x$ → $m_4 = -1$ (fallende Gerade)
g_5: $y = -1{,}5x$ → $m_5 = -1{,}5$ (fallende Gerade)

2\. Prüfe rechnerisch, ob die Punkte A(–2 | 3) und B(1,5 | –3) auf der Geraden g_5: $y = -1{,}5x$ liegen.

Lösung:

$A(-2 \mid 3) \overset{?}{\in} g_5\colon y = -1{,}5x$ — Einsetzen der x- und y-Koordinaten des Punktes A in die Geradengleichung

$\Leftrightarrow\ 3 = -1{,}5 \cdot (-2)$

$\Leftrightarrow\ 3 = 3$ (w) — Wahr, also liegt A auf der Geraden g_5.

$\Rightarrow A \in g_5$

$B(1{,}5 \mid -3) \overset{?}{\in} g_5\colon y = -1{,}5x$ — Einsetzen der x- und y-Koordinaten des Punktes B in die Geradengleichung

$\Leftrightarrow\ -3 = -1{,}5 \cdot 1{,}5$

$\Leftrightarrow\ -3 = -2{,}25$ (f) — Falsch, also liegt B nicht auf der Geraden g_5.

$\Rightarrow B \notin g_5$

Aufgabe 35

Prüfe rechnerisch, ob die Punkte E(3,2 | 4,8) und F(5 | –7,5) auf der Geraden g: $y = 1{,}5x$ liegen.

Interaktive Aufgaben

1. Gerade zuordnen
2. Funktion zuordnen

Zeichnen von Ursprungsgeraden

Merke

Alle Zahlenpaare $(x\,|\,y)$ mit Ausnahme von $O(0\,|\,0)$, die die Gleichung $y = m \cdot x$ erfüllen, sind quotientengleich, denn es gilt immer: $\frac{y}{x} = m$.

Zu jedem Steigungsfaktor $m = \frac{y}{x}$ $(m \in \mathbb{R})$ gibt es einen **Steigungspfeil** $\vec{m} = \begin{pmatrix} v_x \\ v_y \end{pmatrix}$:

$$m = \frac{y}{x} \quad \Longrightarrow \quad \vec{m} = \begin{pmatrix} v_x \\ v_y \end{pmatrix}$$

Die **x-Koordinate** des Steigungspfeils gibt an, wie viele Längeneinheiten man nach **rechts** $(v_x > 0)$ bzw. nach **links** $(v_x < 0)$ zeichnen muss.
Die **y-Koordinate** des Steigungspfeils gibt an, wie viele Längeneinheiten man nach **oben** $(v_y > 0)$ bzw. nach **unten** $(v_y < 0)$ zeichnen muss.

Beispiel

Zeichne die Gerade g mit $y = \frac{1}{2}x$ mithilfe des Steigungspfeils.

Lösung:

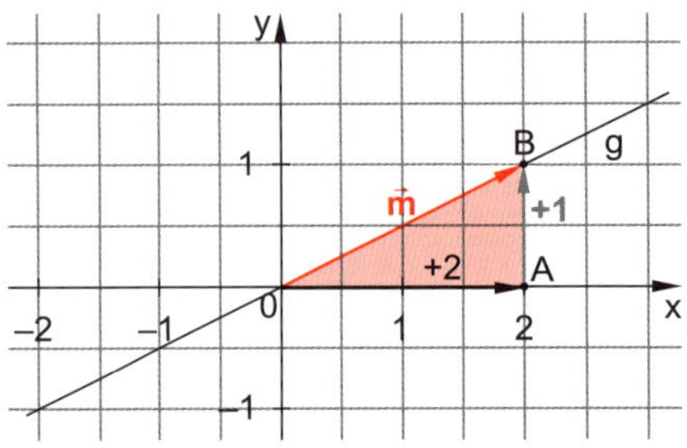

Aufstellen des Steigungspfeils:

$$m = \frac{1}{2} \quad \Longrightarrow \quad \vec{m} = \begin{pmatrix} 2 \\ 1 \end{pmatrix}$$

Ausgehend vom Ursprung $O(0\,|\,0)$ trage $v_x = 2$ und daran anschließend $v_y = 1$ an.
Es entsteht das Steigungsdreieck OAB.

Aufgaben

36 Zeichne die durch folgende Gleichungen gegebenen Geraden in ein Koordinatensystem.

a) g: $y = 3x$ b) h: $y = \frac{2}{3}x$ c) i: $2x + 5y = 0$

37 Gib die Gleichung der Ursprungsgeraden g an.

a)

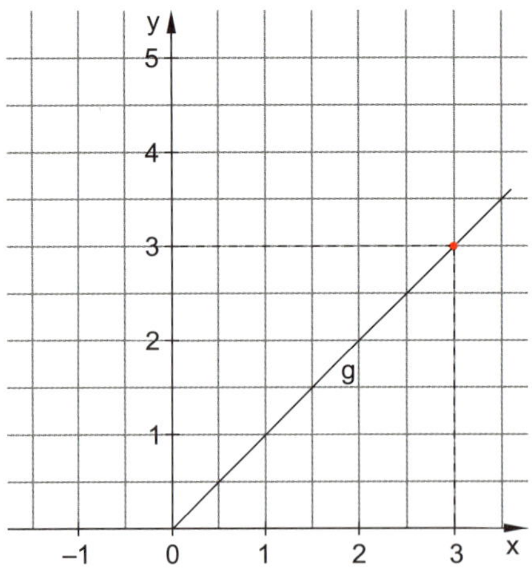

b)

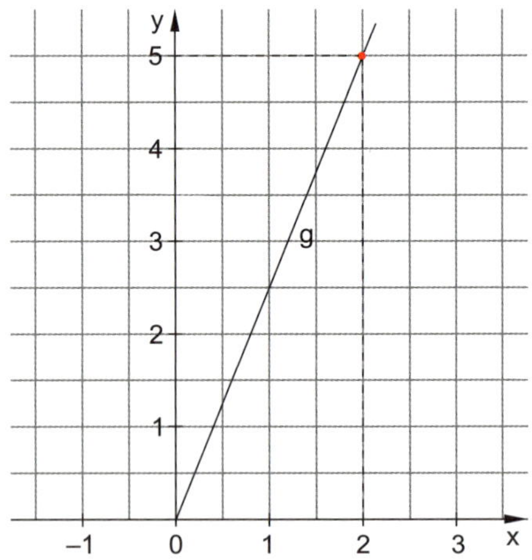

c)

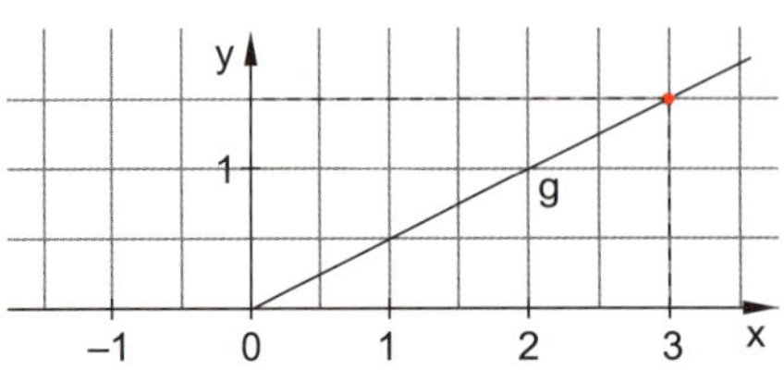

d)

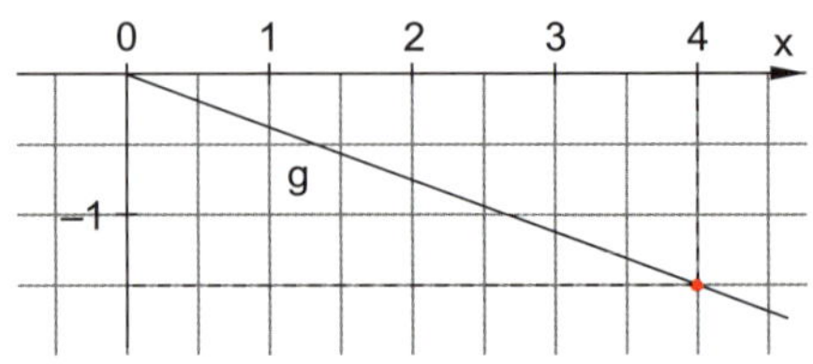

Geraden in beliebiger Lage – Die Normalform: $y = mx + t$

Merke

Funktionen mit Gleichungen der Form $y = mx + t$ ($m \in \mathbb{R}$) heißen **lineare Funktionen**.

- Ihre Graphen sind Geraden mit der **Steigung m** und dem **y-Achsenabschnitt t**.
- Die Gleichung $y = mx + t$ heißt **Normalform** der Geradengleichung.
- Durch Verschieben der Ursprungsgeraden g: $y = mx$ mit dem Vektor $\vec{v} = \begin{pmatrix} 0 \\ t \end{pmatrix}$ erhält man die Bildgerade g': $y = mx + t$, die die y-Achse im Punkt $T(0\,|\,t)$ schneidet.
- Für $m = 0$ gilt $y = t$. Die zugehörige Gerade verläuft parallel zur x-Achse durch den Punkt $T(0\,|\,t)$.

Beispiel

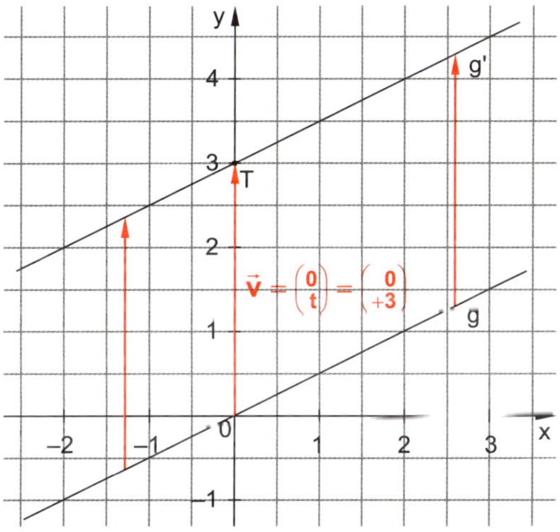

$$g\colon y = \frac{1}{2}x \xrightarrow{\vec{v} = \begin{pmatrix} 0 \\ +3 \end{pmatrix}} g'\colon y = \frac{1}{2}x + 3$$

$\Rightarrow$ $T(0\,|\,3)$

Aufgaben

38 Gib die Gleichung der Bildgeraden von g: $y = \frac{1}{2}x$ an, wenn g mit dem Vektor $\vec{v} = \begin{pmatrix} 0 \\ -2 \end{pmatrix}$ verschoben wird.

39 Überprüfe rechnerisch, ob die Punkte $A(-7\,|\,-8)$ bzw. $B\left(1\frac{5}{6}\,\middle|\,-2\frac{1}{4}\right)$ auf der Geraden g: $3x - 2y - 10 = 0$ liegen.

40 Gegeben ist die Gerade g: $y = -\frac{1}{2}x - 2$.
Bestimme rechnerisch die Nullstelle der Funktion und den Schnittpunkt N mit der x-Achse.

Tipp

Die Belegung x_0, für die eine Funktion f den Funktionswert 0 besitzt, heißt **Nullstelle** der Funktion: $f(x_0) = 0$. Im Koordinatensystem liegt der zugehörige Punkt $N(x_0\,|\,0)$ auf der x-Achse.

41 Bestimme rechnerisch die Gleichung der Geraden h mit $m = 2$ und $P(3\,|\,5) \in h$.

Interaktive Aufgaben

- 3. Gerade zuordnen
- 4. Funktion zuordnen
- 5. Steigung und Punkt gegeben

Berechnung der Geradengleichung mithilfe zweier Punkte

Merke

Eine Gerade lässt sich durch zwei Punkte eindeutig festlegen. Um die Gleichung einer durch zwei Punkte $A(x_a \mid y_a)$ und $B(x_b \mid y_b)$ verlaufenden Geraden zu bestimmen, berechnet man zunächst den Steigungspfeil $\overrightarrow{AB}$ und daraus den Steigungsfaktor m. Danach bestimmt man den y-Achsenabschnitt t durch Einsetzen von A oder B.

Beispiele

1. Berechne die Gleichung der Geraden g, die durch $A(5 \mid 3)$ und $B(9 \mid 6)$ verläuft.

   Lösung:

   Berechnung des Steigungsfaktors m:

   $\overrightarrow{AB} = \begin{pmatrix} 9-5 \\ 6-3 \end{pmatrix} = \begin{pmatrix} 4 \\ 3 \end{pmatrix}$ — Berechne die Koordinaten des Steigungspfeils $\overrightarrow{AB}$: „Spitze minus Fuß“

   $m_{AB} = \frac{v_y}{v_x} = \frac{3}{4}$ — Gib den Steigungsfaktor an und setze den Wert $m_{AB} = \frac{3}{4}$ in die Gleichung $y = mx + t$ ein.

   $m_{AB} = \frac{3}{4}$: $y = \frac{3}{4}x + t$

   Berechnung des y-Achsenabschnitts t:

   $A(5 \mid 3) \in g: 3 = \frac{3}{4} \cdot 5 + t$ — Koordinaten von A oder B einsetzen, um t zu berechnen

   $\Leftrightarrow \quad \frac{12}{4} = \frac{15}{4} + t \quad \left| -\frac{15}{4} \right.$ — $3 = \frac{12}{4}$

   $\Leftrightarrow \quad t = \frac{12}{4} - \frac{15}{4}$

   $\Leftrightarrow \quad t = -\frac{3}{4}$

   also: $g\colon y = \frac{3}{4}x - \frac{3}{4}$ — Gleichung von g angeben

2. Berechne die Gleichung der Ursprungsgeraden g durch $Q(3 \mid 5)$:

   Lösung:

   Berechnung des Steigungsfaktors m:

   $\overrightarrow{OB} = \begin{pmatrix} 3-0 \\ 5-0 \end{pmatrix} = \begin{pmatrix} 3 \\ 5 \end{pmatrix}$ — Bei Ursprungsgeraden ist mit dem Ursprung $O(0 \mid 0)$ bereits ein Punkt auf der Geraden gegeben. Der Steigungspfeil ist dann $\overrightarrow{OB}$.

   $m_{OB} = \frac{5}{3}$ — Gib den Steigungsfaktor m_{OB} an.

   also: $g\colon y = \frac{5}{3}x$ — Geradengleichung angeben. Bei Ursprungsgeraden ist $t = 0$.

Aufgaben

42 Gib die Gleichung der Ursprungsgeraden g an, die durch den folgenden Punkt verläuft.

a) $A(5 \mid 8)$ b) $B(2 \mid 4{,}2)$ c) $C\left(-\frac{1}{3} \,\middle|\, -\frac{3}{4}\right)$ d) $D(-1{,}7 \mid -2{,}89)$

43 Berechne die Gleichung der Geraden i durch die Punkte $S(-2 \mid 1)$ und $T(6 \mid 5)$.

44 Von der Geraden g ist der y-Achsenabschnitt $t = 1$ und der Punkt $P(4 \mid -5)$ gegeben. Bestimme die Gleichung von g.

Interaktive Aufgabe

6. Zwei Punkte gegeben

Punkt-Steigungs-Form: $y = m(x - x_P) + y_P$

Merke

> Verläuft eine Gerade mit der Steigung m durch den Punkt $P(x_P \mid y_P)$, heißt die Gleichung: $y = m(x - x_P) + y_P$ **Punkt-Steigungs-Form (PSF)** der Geraden.

Beispiele

1. Eine Gerade mit der Steigung $m = \frac{3}{4}$ verläuft durch den Punkt $C\left(-\frac{1}{2} \mid -1\right)$. Gib die Gleichung der Geraden in der Punkt-Steigungs-Form an und forme diese in die Normalform um.

Lösung:

$m = \frac{3}{4}$: $\quad y = \frac{3}{4}(x - x_C) + y_C$ — Steigungsfaktor m in die Punkt-Steigungs-Form einsetzen

$C\left(-\frac{1}{2} \mid -1\right) \in y = \frac{3}{4}\left(x - \left(-\frac{1}{2}\right)\right) + (-1)$ — Koordinaten von C einsetzen

$\Leftrightarrow \quad y = \frac{3}{4}\left(x + \frac{1}{2}\right) - 1$

$\Leftrightarrow \quad y = \frac{3}{4}x + \frac{3}{8} - 1$ — Vereinfache den Term und gib die Normalform an.

$\Leftrightarrow \quad y = \frac{3}{4}x - \frac{5}{8}$

2. Berechne die Normalform der Geraden EF mit E(–1 | 0) und F(2 | 4,5) mithilfe der Punkt-Steigungs-Form.

Lösung:

$\overrightarrow{EF} = \begin{pmatrix} 2-(-1) \\ 4{,}5-0 \end{pmatrix} = \begin{pmatrix} 3 \\ 4{,}5 \end{pmatrix}$ — Berechne die Koordinaten des Steigungspfeils $\overrightarrow{EF}$.

$m_{EF} = \frac{4{,}5}{3} = 1{,}5$ — Steigung m_{EF} angeben

$m_{EF} = 1{,}5$: $\quad y = 1{,}5(x - x_E) + y_E$ — Steigungsfaktor m_{EF} sowie Koordinaten von E oder F einsetzen

$E(-1 \mid 0) \in y = 1{,}5(x - (-1)) + 0$ — Vereinfache den Term und gib die Normalform an.

$\Leftrightarrow \quad y = 1{,}5x + 1{,}5$

oder:

$F(2 \mid 4{,}5) \in y = 1{,}5(x - (2)) + 4{,}5$ — Vereinfache den Term und gib die Normalform an.

$\Leftrightarrow \quad y = 1{,}5x - 3 + 4{,}5$

$\Leftrightarrow \quad y = 1{,}5x + 1{,}5$

Aufgaben

47

a) Berechne die Gleichung der Geraden g (in Normalform), die die Steigung m = 0,5 hat und durch den Punkt P(6 | 4) verläuft.

b) Berechne die Gleichung der Geraden h (in Normalform), die die Steigung $m = -\frac{2}{3}$ hat und durch den Punkt $B\left(-7\frac{1}{2} \mid 6\right)$ verläuft.

48

Berechne die Gleichung der Geraden (in Normalform) durch die gegebenen Punkte.

a) P(1 | 2); Q(6 | 1)

b) U(–3 | 2); V(5 | –4)

Interaktive Aufgabe

9. Punkt-Steigungs-Form

Parallele und orthogonale Geraden

Merke

Zwei Geraden g: $y = m_g \cdot x + t_g$ und h: $y = m_h \cdot x + t_h$ sind genau dann **parallel**, wenn sie die gleiche Steigung haben.
In Zeichen: $g \parallel h \iff m_g = m_h$

Beispiele

1. 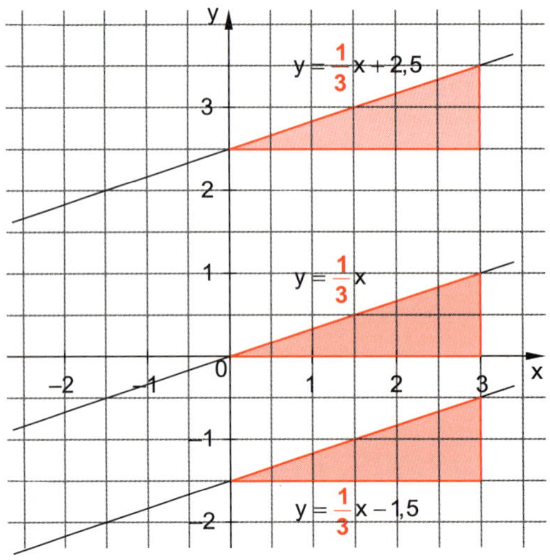

Alle drei Geraden besitzen die gleiche Steigung, sind also parallel.

2. Bestimme rechnerisch die Gleichung der Geraden h, die durch P(2 | 5) verläuft und zu i: $y = -\frac{1}{2}x - 2$ parallel ist.

Lösung:

$h \parallel i \iff m_h = m_i = -\frac{1}{2}$	Parallelitätsbedingung
$m = -\frac{1}{2}$: $y = -\frac{1}{2}x + t$	Steigung m in die Gleichung y = mx + t einsetzen
$P(2 \mid 5) \in h$: $5 = -\frac{1}{2} \cdot 2 + t$	Koordinaten von P einsetzen und t berechnen
$\iff t = 6$	
also: h: $y = -\frac{1}{2}x + 6$	Gleichung von h angeben

oder:

$P(2 \mid 5) \in h$: $y = -\frac{1}{2} \cdot (x - x_P) + y_P$	Koordinaten von P in die Punkt-Steigungs-Form von h einsetzen
$\iff y = -\frac{1}{2} \cdot (x - 2) + 5$	
$\iff y = -\frac{1}{2}x + 1 + 5$	
$\iff y = -\frac{1}{2}x + 6$	

Aufgaben

49 Überprüfe rechnerisch, ob die Geraden AB und CD durch die Punkte A(3 | −4), B(7 | 3) und C(2 | 9), D(−2 | 1) zueinander parallel sind.

50 Bestimme durch Rechnung die Gleichung der zu e: $y = 2x + 2$ parallelen Geraden f durch den Punkt P(2 | 1).

51 Zeige, dass das Viereck PQRS mit P(–4 | –3), Q(2 | –1), R(5 | 4) und S(–1 | 2) ein Parallelogramm ist.

Merke

> Zwei Geraden g: $y = m_g \cdot x + t_g$ und h: $y = m_h \cdot x + t_h$ stehen genau dann **senkrecht** aufeinander, wenn das Produkt ihrer beiden Steigungen –1 ergibt.
> In Zeichen: $g \perp h \;\Leftrightarrow\; m_g \cdot m_h = -1$
> Senkrechte Geraden nennt man auch **orthogonal**.

Beispiele

1.

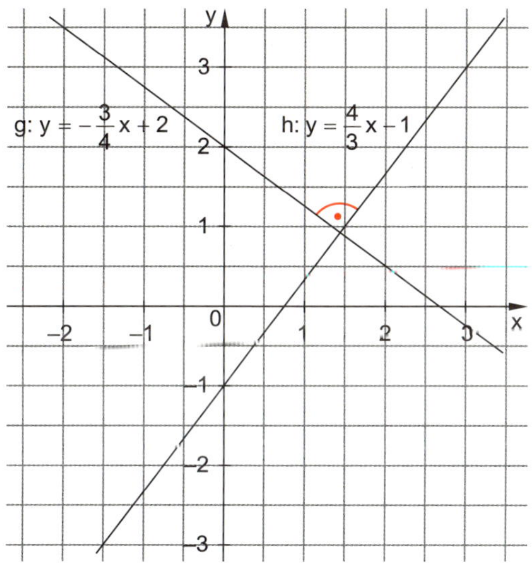

g: $y = -\frac{3}{4}x + 2$ und h: $y = \frac{4}{3}x - 1$

$m_g \cdot m_h = \left(-\frac{3}{4}\right) \cdot \frac{4}{3} = -1$ also: $g \perp h$

2. Bestimme die Gleichung der zu g: $y = 0{,}5x + 4$ orthogonalen Geraden h, die durch den Punkt P(3 | –1) verläuft.

Lösung:

Wegen $m_g = 0{,}5$ gilt:	Berechne m_h mithilfe der Formel $m_g \cdot m_h = -1$.
$0{,}5 \cdot m_h = -1$	Löse nach m_h auf.
$\Leftrightarrow \quad m_h = -2$	
$m_h = -2$: $\quad y = -2x + t$	Steigung m in die Gleichung $y = mx + t$ einsetzen
$P(3 \mid -1) \in h$: $-1 = -2 \cdot 3 + t$	Koordinaten von P einsetzen und t berechnen
$\Leftrightarrow \quad t = 5$	
h: $y = -2x + 5$	Gleichung von h angeben

Aufgaben

52 Bestimme die Gleichung der zu g: $5x + 4y = 12$ orthogonalen Geraden h, die durch den Punkt P(2 | 3) verläuft.

53 Welche der folgenden Geraden stehen aufeinander senkrecht?

g_1: $y = \frac{3}{4}x + 3$ $\qquad$ g_2: $-4x + 3y = 12$

g_3: $-2y - 11 = \frac{3}{2}x$ $\qquad$ g_4: $4x - 3y = 5$

g_5: $\frac{2}{3}\left(9 + 4\frac{1}{2}y\right) = -4x$

54 Kreuze an. Welche zwei Geraden aus den nachfolgend genannten sind zueinander …

a) parallel?

- ☐ g_1: $y = \frac{3}{2}x - 4$
- ☐ g_2: $y = 3x + 7$
- ☐ g_3: $y = 0,6x - 0,5$
- ☐ g_4: $y = -\frac{2}{3}x - 1$
- ☐ g_5: $y = 1,5x$
- ☐ g_6: $y = 0,66x + 0,125$

b) orthogonal?

- ☐ h_1: $y = \frac{1}{3}x - 4$
- ☐ h_2: $y = 3x + 7$
- ☐ h_3: $y = 0,3x - 0,5$
- ☐ h_4: $y = -\frac{2}{3}x$
- ☐ h_5: $y = -\frac{1}{3}x$
- ☐ h_6: $y = 1x + 0,1$

Interaktive Aufgabe

10. Parallele und orthogonale Geraden

Normalform, Punkt-Steigungs-Form und allgemeine Form

Merke

Es gibt verschiedene Formen, eine Geradengleichung anzugeben:

- Normalform: $y = mx + t$ — $m, t \in \mathbb{R}$
- Punkt-Steigungs-Form: $y = m(x - x_P) + y_P$ — $m, x_P, y_P \in \mathbb{R}$
- Allgemeine Form: $ax + by + c = 0$ — $a, b, c \in \mathbb{R}; b \neq 0$

Beispiele

1. $y = 2x - 3$
   Gerade in Normalform mit der Steigung $m = 2$ und dem y-Achsenabschnitt $t = -3$.
2. $y = 0,5(x - 2) + 3,5$
   Gerade in Punkt-Steigungs-Form mit der Steigung $m = 0,5$ durch den Punkt $P(2\,|\,3,5)$.
3. $4x + 3y - 5 = 0$
   Gerade in allgemeiner Form mit der Steigung $m = -\frac{4}{3}$ und y-Achsenabschnitt $t = \frac{5}{3}$ (anhand der Normalform ablesbar).
4. Gegeben ist die allgemeine Form der Geradengleichung mit $4x + 2y - 3 = 0$.
   Gib die Normalform an und zeichne die Gerade.

   Lösung:

   $$4x + 2y - 3 = 0 \quad |-4x + 3$$
   Löse durch Äquivalenzumformungen nach y auf.
   $$\Leftrightarrow \quad 2y = -4x + 3 \quad |:2$$
   $$\Leftrightarrow \quad y = -2x + 1,5$$
   Normalform

   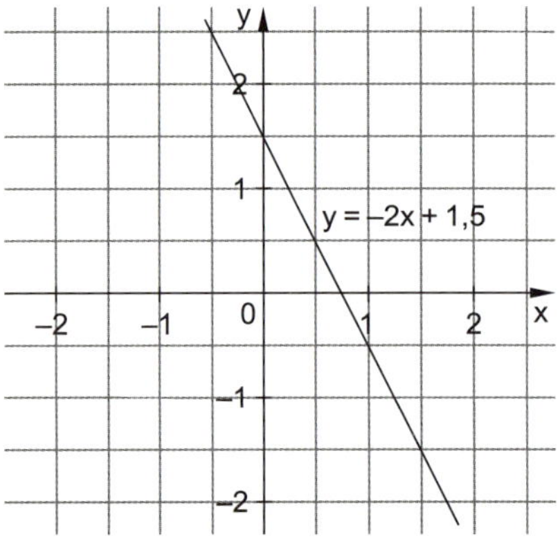

   Die Gerade mit der Steigung $m = -2$ und dem y-Achsenabschnitt $t = 1,5$ kann jetzt leicht gezeichnet werden.

Aufgaben

55 Gegeben ist die Punkt-Steigungs-Form der Geradengleichung mit $y = \frac{1}{6}(x - 16) + 1$.
Gib die Normalform an und zeichne die Gerade in ein Koordinatensystem ein.

56 Gegeben ist die allgemeine Form der Geradengleichung mit $\frac{1}{2}x - 3y - 5 = 0$.
Gib die Normalform an und zeichne die Gerade in ein Koordinatensystem ein.

57 Gegeben ist die Gerade g mit $y = -\frac{2}{5}x + 4$.

a) Bestimme rechnerisch die Nullstelle der Funktion.
b) Zeichne die Gerade g mittels Steigungsdreieck in ein Koordinatensystem.
c) Überprüfe rechnerisch, ob der Punkt $A(192 \,|\, -73)$ auf der Geraden liegt.
d) Der Punkt $B(x_B \,|\, 40)$ liegt auf g. Berechne die fehlende Koordinate.
e) Berechne die Gleichung der Geraden h, die parallel zu g und durch den Punkt $C(6\frac{1}{4} \,|\, -12\frac{1}{2})$ verläuft.
f) Berechne die Gleichung der Geraden i, die orthogonal zu g ist und durch den Punkt $D(-9 \,|\, 3)$ verläuft.

58 Ordne den Graphen in der Zeichnung aus den folgenden Gleichungen die richtige zu.
$y = 2$ $y = -x$ $x = 2$ $y = x$

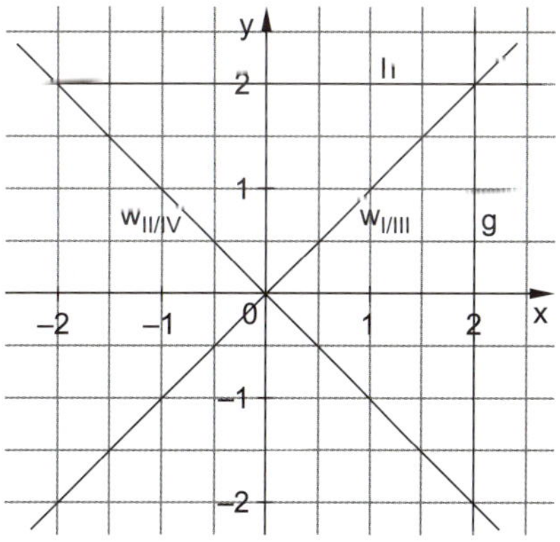

1.7 Funktionen der indirekten Proportionalität (Hyperbeln)

Der Flächeninhalt A eines Rechtecks mit den Seitenlängen x und y entspricht dem Produkt der Seitenlängen, also: $A = x \cdot y$. Statt den Flächeninhalt anhand der beiden Seitenlängen zu berechnen, kann man umgekehrt auch die Seitenlängen zu einem bestimmten Flächeninhalt ermitteln. Hat man beispielsweise Fliesen für eine Terrassenfläche von 12 m^2 gekauft, so kann man diese zu verschiedenen Rechtecken zusammensetzen:

x in m	1	2	3	4	5	6	…
y in m	12	6	4	3	2,4	2	…

Aus der Tabelle lässt sich erkennen, dass die Maßzahlenpaare $(x \,|\, y)$ produktgleich sind, denn für alle Maßzahlenpaare gilt: $x \cdot y = 12$. Eine Funktion mit dieser Eigenschaft heißt **Funktion der indirekten Proportionalität**. Man sagt y ist zu x **indirekt proportional**.

Zeichnet man die flächengleichen Rechtecke, so liegen deren Eckpunkte P_n auf einem sogenannten **Hyperbelast**. Für die Koordinaten der Punkte $P_n(x\,|\,y)$ gilt:

$x \cdot y = k$ bzw. $y = \frac{k}{x}$
mit einem festen Wert für k.

Im Beispiel ist $k = 12$.

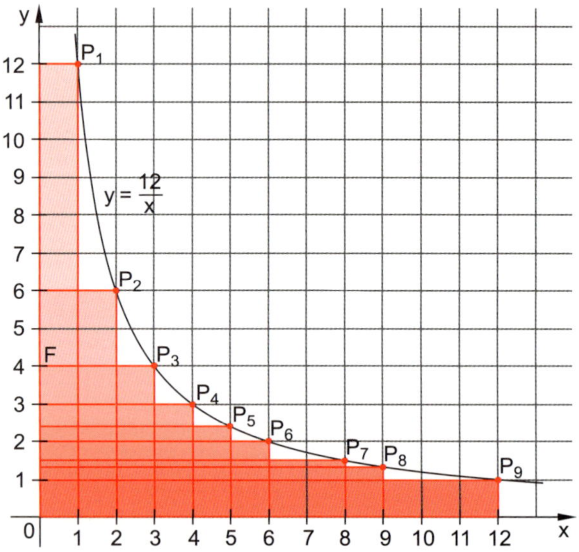

Merke

Funktionen mit Gleichungen der Form $y = \frac{k}{x}$ mit $\mathbb{G} = \mathbb{R} \times \mathbb{R}$, $x \neq 0$ sind **Funktionen der indirekten Proportionalität**. Ihre Graphen heißen **Hyperbeln**. Die Hyperbeln kommen den Koordinatenachsen beliebig nahe, ohne sie aber zu berühren. Man bezeichnet die Koordinatenachsen als **Asymptoten** der Funktion.

Beispiele

1.

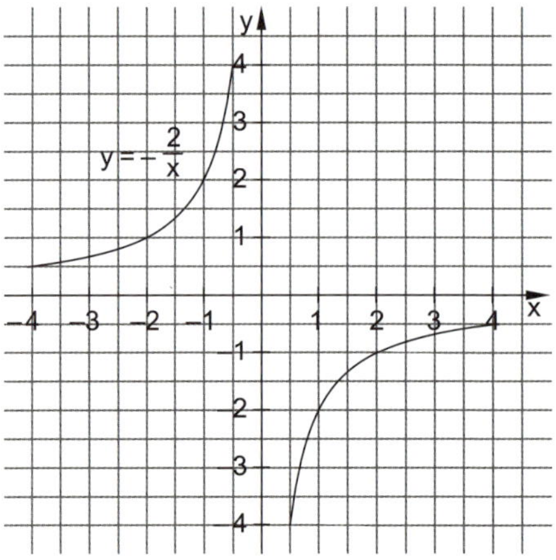

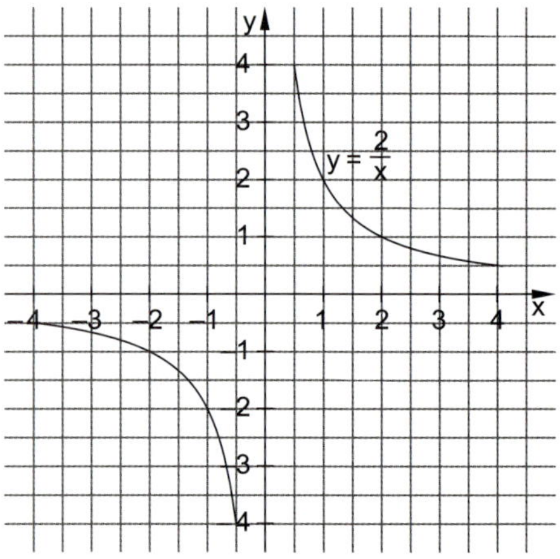

2. Der Punkt P (2,25 | 1,6) liegt auf dem Graphen zur Funktion f mit der Gleichung $y = \frac{k}{x}$ mit $\mathbb{G} = \mathbb{R} \times \mathbb{R}$; $k \neq 0$.
   a) Zeige rechnerisch, dass die Funktion f die Gleichung $y = \frac{3{,}6}{x}$ hat.
   b) Erstelle eine Wertetabelle für f und zeichne den zugehörigen Graphen in ein Koordinatensystem.
   c) Gib die Gleichung einer Geraden g an, die mit dem Graphen zu f nur den Punkt P gemeinsam hat.
   d) Welche der drei angegebenen Geraden hat mit dem Graphen zu f keinen Punkt gemeinsam? Kreuze die richtige Lösung an.

   ☐ g_1: $y = x + 2$ ☐ g_2: $y = -\frac{1}{2}x - 3$ ☐ g_3: $y = -x - 1$

Lösung:

a) $P(2{,}25|1{,}6) \in f: y = \frac{k}{x}$

$$\Leftrightarrow \quad 1{,}6 = \frac{k}{2{,}25} \qquad |\cdot 2{,}25$$

$$\Leftrightarrow \quad k = 1{,}6 \cdot 2{,}25$$

$$\Leftrightarrow \quad k = 3{,}6$$

$\mathbb{L} = \{3{,}6\}$

also: f: $y = \frac{3{,}6}{x}$

b) Wertetabelle:

x	–3	–2	–1	0	1	2	3
$y = \frac{3{,}6}{x}$	–1,2	–1,8	–3,6	nicht def.	3,6	1,8	1,2

Graph:

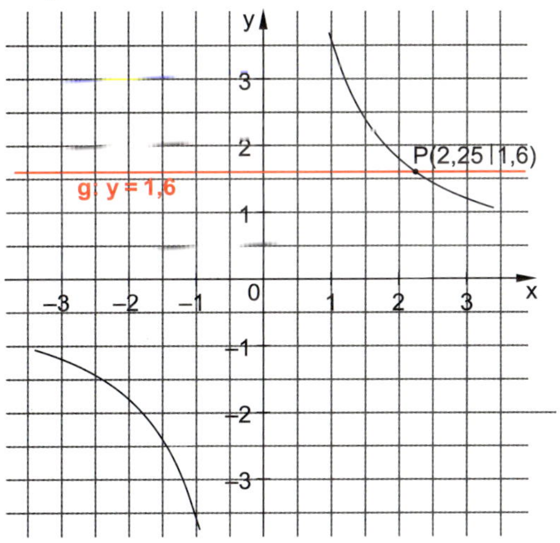

c) z. B.: g: $y = 1{,}6$ (siehe Zeichnung in Teilaufgabe b)

d) ☐ g_1: $y = x + 2$ ☐ g_2: $y = -\frac{1}{2}x - 3$ ☒ g_3: $y = -x - 1$

Aufgabe 59

Interaktive Aufgabe
1. Hyperbel

a) Zeichne die Graphen der Funktionen h mit der Gleichung $y = \frac{-1{,}5}{x}$ und i mit der Gleichung $y = -\frac{2}{3}x - 1\frac{1}{2}$ in ein gemeinsames Koordinatensystem ($-5 \leqq x \leqq 5$; $-5 \leqq y \leqq 5$).
b) Gib die Gleichung einer Geraden j an, sodass j keinen Punkt mit dem Graphen zu h gemeinsam hat.
c) Berechne die Koordinaten der Schnittpunkte der Funktionen h und i auf zwei Stellen nach dem Komma gerundet.

Tipp

Schnittpunkte von Funktionen berechnet man durch Gleichsetzen der Funktionsterme. Die dabei hier entstehende quadratische Gleichung kann mithilfe der Lösungsformel (siehe Kapitel „2.5 Quadratische Gleichungen“) gelöst werden.

2 Grundwissen 9. Klasse

2.1 Lineare Gleichungssysteme

Ein lineares Gleichungssystem erhält man durch Verknüpfung von 2 linearen Gleichungen durch **„und zugleich"**. Die Lösungsmenge $\mathbb{L}$ eines linearen Gleichungssystems beinhaltet alle Paare $(x \mid y)$ aus der Grundmenge $\mathbb{G}$, die **beide** Gleichungen **zugleich** erfüllen.

Grafisches Lösungsverfahren

Merke

- Zeichne die beiden Geraden, die den Gleichungen des linearen Gleichungssystems entsprechen.
- Bestimme anhand der Zeichnung die Koordinaten des Schnittpunkts. Falls ein Schnittpunkt existiert, bilden dessen Koordinaten die Lösung.
- Mache die Probe durch Einsetzen.

Beispiel

Gesucht sind alle Paare $(x \mid y)$ aus der Grundmenge $\mathbb{G} = \mathbb{R} \times \mathbb{R}$, die folgende beide Gleichungen erfüllen.

$$\begin{array}{|ll} & y = 2x - 1 \\ \wedge & y = 0{,}5x + 2 \end{array}$$

Lösung:

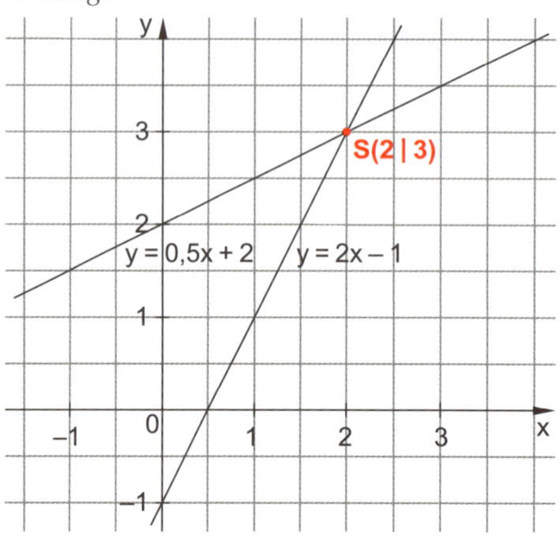

Die Lösungsmenge jeder linearen Gleichung lässt sich als Gerade veranschaulichen. Die beiden gegebenen Gleichungen sind bereits in der Normalform $y = mx + t$ angegeben. Die zugehörigen Graphen lassen sich leicht einzeichnen.
Der Punkt $S(2 \mid 3)$ ist der einzige Punkt, der auf beiden Geraden zugleich liegt. Somit ist das Paar $(2 \mid 3)$ auch das einzige Paar, das beide Gleichungen erfüllt.

Schnittpunkt $S(2 \mid 3)$, also $x = 2$ und $y = 3$.

Probe:

$$\begin{array}{|lll} & \mathbf{3} = 2 \cdot \mathbf{2} - 1 & \text{(wahr)} \\ \wedge & \mathbf{3} = 0{,}5 \cdot \mathbf{2} + 2 & \text{(wahr)} \end{array}$$

Einsetzen der x- und y-Koordinaten von S in beide Gleichungen

Grundmengenbetrachtung:
$(2 \mid 3)$ gehört zur Grundmenge $\mathbb{R} \times \mathbb{R}$.

Lösungsmenge: $\mathbb{L} = \{(2 \mid 3)\}$

Obiges Gleichungssystem hat genau **eine** Lösung. Allgemein sind 3 Fälle möglich.

Merke

Einsetzungsverfahren

- Löse eine der beiden Gleichungen nach der Variablen y auf.
- Setze den Rechtsterm der aufgelösten Gleichung anstelle der Variablen y in die andere Gleichung ein.
- Löse diese Gleichung nach der verbliebenen Variablen x auf.
- Setze x in eine der beiden Gleichungen ein und bestimme y.

(Das Verfahren funktioniert analog, wenn man die Rollen von x und y vertauscht.)

Tipp: Günstiges Verfahren, wenn eine der beiden Gleichungen bereits nach einer Variablen aufgelöst ist.

Beispiel

Bestimme die Lösungsmenge des Gleichungssystems über $\mathbb{G} = \mathbb{R} \times \mathbb{R}$.

$$\left| \begin{array}{rl} & y - 7 = 3x \\ \wedge & 2x + 2y = 4 \end{array} \right.$$

Lösung:

$$\left| \begin{array}{rl} & y - 7 = 3x \quad |+7 \\ \wedge & 2x + 2y = 4 \end{array} \right.$$

Löse Gleichung I nach y auf.

$$\Leftrightarrow \left| \begin{array}{rl} & y = 3x + 7 \\ \wedge & 2x + 2y = 4 \end{array} \right.$$

Setze den Rechtsterm von Gleichung I in Gleichung II ein.

$$\Leftrightarrow \left| \begin{array}{rl} & y = 3x + 7 \\ \wedge & 2x + 2(3x + 7) = 4 \end{array} \right. \quad \text{(I in II)}$$

Gleichung II enthält jetzt nur noch die Variable x, nach der nun aufgelöst wird.

$$\Leftrightarrow \left| \begin{array}{rl} & y = 3x + 7 \\ \wedge & 2x + 6x + 14 = 4 \end{array} \right.$$

$$\Leftrightarrow \left| \begin{array}{rl} & y = 3x + 7 \\ \wedge & 8x + 14 = 4 \quad |-14 \end{array} \right.$$

$$\Leftrightarrow \left| \begin{array}{rl} & y = 3x + 7 \\ \wedge & 8x = -10 \quad |:8 \end{array} \right.$$

$$\Leftrightarrow \left| \begin{array}{rl} & y = 3x + 7 \\ \wedge & x = -1,25 \end{array} \right.$$

Berechne y durch Einsetzen von $x = -1,25$ in Gleichung I.

$$\Leftrightarrow \left| \begin{array}{rl} & y = 3(-1,25) + 7 \\ \wedge & x = -1,25 \end{array} \right.$$

$$\Leftrightarrow \left| \begin{array}{rl} & y = 3,25 \\ \wedge & x = -1,25 \end{array} \right.$$

$\mathbb{L} = \{(-1,25 \mid 3,25)\}$

Angabe der Lösungsmenge

Aufgabe 62

Löse folgende Gleichungssysteme über $\mathbb{G} = \mathbb{R} \times \mathbb{R}$ mit dem Einsetzungsverfahren.

a) $\left| \begin{array}{rl} & 6x + 4y = 3 \\ \wedge & y = 4x - 2 \end{array} \right.$

b) $\left| \begin{array}{rl} & 4x - 4y = 2 \\ \wedge & x = 3 - y \end{array} \right.$

c) $\left| \begin{array}{rl} & 0,5y = 0,6x + 0,3 \\ \wedge & 0,4x - 2,2 - y = 0 \end{array} \right.$

d) $\left| \begin{array}{rl} & 0,6y + 2,58 = 2,7x \\ \wedge & 3y - 1,5x = 3,9 \end{array} \right.$

Interaktive Aufgabe

3. Einsetzungsverfahren

Merke

Additionsverfahren

- Multipliziere, falls nötig, beide Gleichungen mit geeigneten Zahlen so, dass vor **einer** Variablen betragsgleiche Koeffizienten (Faktoren) mit **unterschiedlichen Vorzeichen** entstehen.
- Addiere die beiden Gleichungen (Linksterm mit Linksterm und Rechtsterm mit Rechtsterm).
- Löse nach der verbliebenen Variablen auf.
- Bestimme die fehlende Variable durch Einsetzen der zuvor berechneten.

Tipp: Günstiges Verfahren, wenn keine der beiden Gleichungen nach einer Variablen aufgelöst ist.

Beispiel

Bestimme die Lösungsmenge des Gleichungssystems über $\mathbb{G} = \mathbb{R} \times \mathbb{R}$.

$$\begin{array}{|l} \quad 3x - 2y = 4 \\ \wedge\ 2x - 5y = 10 \end{array}$$

Lösung:

$$\begin{array}{|l} \quad \mathbf{3x} - 2y = 4 \quad |\cdot 2 \\ \wedge\ \mathbf{2x} - 5y = 10 \quad |\cdot(-3) \end{array}$$

Hier lassen sich vor der Variablen x betragsgleiche Koeffizienten mit unterschiedlichen Vorzeichen erzeugen.

$$\Leftrightarrow \begin{array}{|l} \quad \mathbf{6x} - 4y = 8 \\ \wedge\ \mathbf{-6x} + 15y = -30 \end{array}$$

6 und −6 sind betragsgleich.

Addition der beiden Gleichungen:

$$+ \begin{array}{|l} \quad 6x \ \ - 4y = 8 \\ \wedge\ -6x + 15y = -30 \end{array}$$

$6x + (-6x) = 0$

$-4y + 15y = 11y$

$8 + (-30) = -22$

$$\Leftrightarrow \begin{array}{|l} \quad 0 \ \ + 11y = -22 \quad (\mathrm{I} + \mathrm{II}) \quad |:11 \\ \wedge\ -6x + 15y = -30 \end{array}$$

Das Ergebnis der Addition bildet zusammen mit Gleichung II (oder auch Gleichung I) ein äquivalentes Gleichungssystem.
Die neue Gleichung I enthält nur noch die Variable y, nach der nun aufgelöst wird.

$$\Leftrightarrow \begin{array}{|l} \quad y = -2 \\ \wedge\ -6x + 15\mathbf{y} = -30 \end{array}$$

Berechne x durch Einsetzen von $y = -2$ in Gleichung II.

$$\Leftrightarrow \begin{array}{|l} \quad y = -2 \\ \wedge\ -6x + 15(\mathbf{-2}) = -30 \end{array}$$

$$\Leftrightarrow \begin{array}{|l} \quad y = -2 \\ \wedge\ -6x - 30 = -30 \quad |+30 \end{array}$$

$$\Leftrightarrow \begin{array}{|l} \quad y = -2 \\ \wedge\ -6x = 0 \quad |:(-6) \end{array}$$

$$\Leftrightarrow \begin{array}{|l} \quad y = -2 \\ \wedge\ x = 0 \end{array}$$

$\mathbb{L} = \{(0|-2)\}$

Angabe der Lösungsmenge

Aufgabe 63

Interaktive Aufgabe
4. Additionsverfahren

Löse folgende Gleichungssysteme über $\mathbb{G} = \mathbb{R} \times \mathbb{R}$ mit dem Additionsverfahren.

a) $\begin{array}{|l} \quad 4x + 6y = -3 \\ \wedge\ 5x - 3y = -2 \end{array}$

b) $\begin{array}{|l} \quad 3x - 0{,}5y + 2 = 4 \\ \wedge\ 4x + 2y + 4 = 0 \end{array}$

c) $\begin{array}{|l} \quad -1{,}3x + 4y = 2 \\ \wedge\ 5{,}2x - 16y = 5 \end{array}$

d) $\begin{array}{|l} \quad -0{,}4x - 0{,}5y = 3 \\ \wedge\ -0{,}1y + 1{,}2x = 9 \end{array}$

Merke

Determinantenverfahren

Nur anwendbar, wenn das Gleichungssystem folgende **Ausgangsform** hat:

$$\begin{array}{|l} \quad a_1x + b_1y = c_1 \\ \wedge \ a_2x + b_2y = c_2 \end{array}$$

Berechne die Determinanten D_N, D_x und D_y:

- $D_N = \begin{vmatrix} a_1 & b_1 \\ a_2 & b_2 \end{vmatrix} = a_1b_2 - a_2b_1$ (mit Koeffizienten von x und y)
- $D_x = \begin{vmatrix} c_1 & b_1 \\ c_2 & b_2 \end{vmatrix} = c_1b_2 - c_2b_1$ (ohne Koeffizienten von x)
- $D_y = \begin{vmatrix} a_1 & c_1 \\ a_2 & c_2 \end{vmatrix} = a_1c_2 - a_2c_1$ (ohne Koeffizienten von y)

Folgende Fälle sind möglich:

1. $D_N \neq 0 \Rightarrow$ genau **eine** Lösung $\mathbb{L} = \left\{\left(\frac{D_x}{D_N} \middle| \frac{D_y}{D_N}\right)\right\}$ („sich schneidende Geraden“)
2. $D_N = 0$ und zugleich $D_x \neq 0$ oder $D_y \neq 0 \Rightarrow$ **keine** Lösung („parallele Geraden“)
3. $D_N = 0$ und zugleich $D_x = D_y = 0 \Rightarrow$ **unendlich viele** Lösungen („ident. Geraden“)

Beispiel

Bestimme die Lösungsmenge des Gleichungssystems über $\mathbb{G} = \mathbb{R} \times \mathbb{R}$.

$$\begin{array}{|l} \quad 2x - 3y = 5 \\ \wedge \quad 4x + y = 6 \end{array}$$

Lösung:

$$\begin{array}{|l} \quad 2x + (-3)y = 5 \\ \wedge \qquad 4x + 1y = 6 \end{array}$$

Bringe in die Ausgangsform.

Es gilt: $a_1 = 2 \quad b_1 = -3 \quad c_1 = 5$

$a_2 = 4 \quad b_2 = 1 \quad c_2 = 6$

Bilde die drei Determinanten aus den Koeffizienten.

$$D_N = \begin{vmatrix} a_1 & b_1 \\ a_2 & b_2 \end{vmatrix} = \begin{vmatrix} 2 & -3 \\ 4 & 1 \end{vmatrix} = 2 \cdot 1 - 4 \cdot (-3) = 14$$

D_N wird aus den Koeffizienten von x und y gebildet.

$$D_x = \begin{vmatrix} c_1 & b_1 \\ c_2 & b_2 \end{vmatrix} = \begin{vmatrix} 5 & -3 \\ 6 & 1 \end{vmatrix} = 5 \cdot 1 - 6 \cdot (-3) = 23$$

D_x wird ohne die Koeffizienten von x gebildet.

$$D_y = \begin{vmatrix} a_1 & c_1 \\ a_2 & c_2 \end{vmatrix} = \begin{vmatrix} 2 & 5 \\ 4 & 6 \end{vmatrix} = 2 \cdot 6 - 4 \cdot 5 = -8$$

D_y wird ohne die Koeffizienten von y gebildet.

$$x = \frac{D_x}{D_N} = \frac{23}{14} \qquad y = \frac{D_y}{D_N} = \frac{-8}{14} = -\frac{4}{7}$$

Da $D_N \neq 0$, gibt es genau eine Lösung, die sich über die Determinanten berechnen lässt.

$$\mathbb{L} = \left\{\left(\frac{23}{14} \middle| -\frac{4}{7}\right)\right\}$$

Angabe der Lösungsmenge

Aufgabe 64

Interaktive Aufgabe

5. Determinantenverfahren

Löse mit dem Determinantenverfahren über $\mathbb{G} = \mathbb{R} \times \mathbb{R}$.

a) $\begin{array}{|l} \quad -6x + 3y = 4 \\ \wedge \quad 2y + 3x = -2 \end{array}$

b) $\begin{array}{|l} \quad -4x + 2y = 6 \\ \wedge \ -6x + 3y = 4 \end{array}$

c) $\begin{array}{|l} \quad -4x + 5y = 8 \\ \wedge \ 8x - 10y = -16 \end{array}$

d) $\begin{array}{|l} \quad \frac{1}{4}x - \frac{1}{3}y - 9 = 0 \\ \wedge \ \frac{3}{4}x - \frac{1}{4}y - 2 = 0 \end{array}$

Interaktive Aufgaben

- 6. Hannes, René und Aaron
- 7. Komplexes Gleichungssystem

2.2 Flächeninhalt ebener Figuren

Dreiecke

Merke

- Als **Höhe h** eines Dreiecks bezeichnet man das **Lot von einem Eckpunkt auf die gegenüberliegende Grundlinie g**.
- Jedes Dreieck hat drei Höhen, wobei die Höhen auch außerhalb des Dreiecks liegen können.
- Die Länge der Höhe h_a entspricht dem **Abstand** des Eckpunktes A von der gegenüberliegenden Grundlinie.

Beispiele

1.

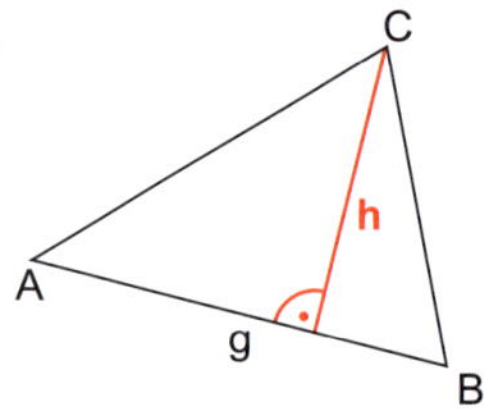

2.

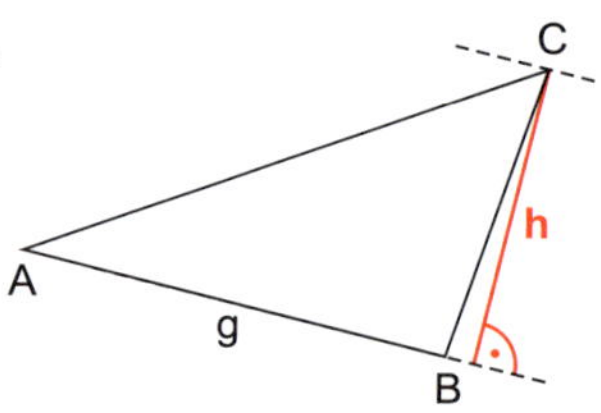

3.

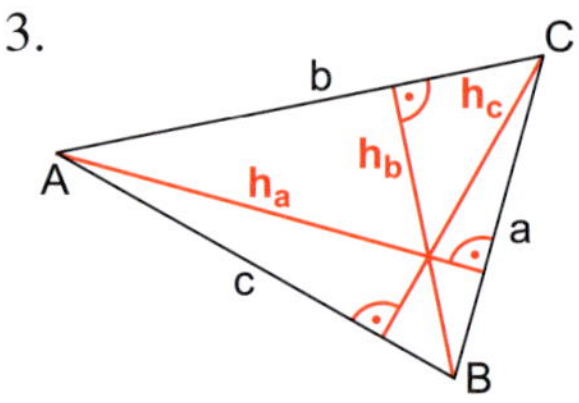

Merke

Für alle Dreiecke ABC mit Grundlinie g und zugehöriger Höhe h gilt die Flächenformel:
$A_{\Delta ABC} = \frac{1}{2} \cdot g \cdot h$ bzw. $A_{\Delta ABC} = \frac{1}{2} \cdot a \cdot h_a$ oder $A_{\Delta ABC} = \frac{1}{2} \cdot b \cdot h_b$ oder $A_{\Delta ABC} = \frac{1}{2} \cdot c \cdot h_c$
Alle Dreiecke ABC_n, bei denen die Punkte C_n auf einer Parallelen zur Seite [AB] liegen, besitzen den gleichen Flächeninhalt.

Beispiele

1. Berechne die Flächeninhalte der nebenstehenden Dreiecke ABC_n, wenn $\overline{AB} = 5$ cm und $h_c = 4$ cm.

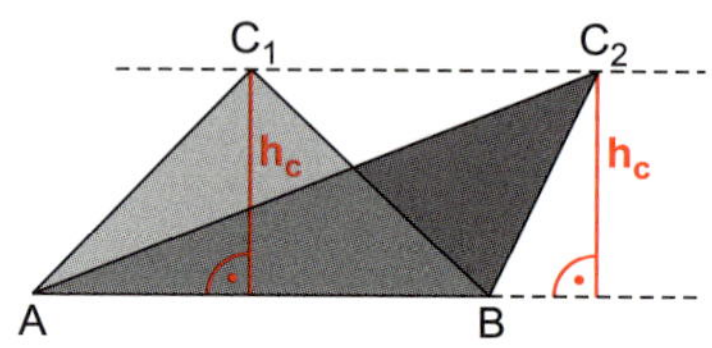

   Lösung:
   Zu Beispiel 1:
   $$A_{\Delta ABC_1} = \frac{1}{2} \cdot g \cdot h = \frac{1}{2} \cdot \overline{AB} \cdot h_c = \frac{1}{2} \cdot 5\text{ cm} \cdot 4\text{ cm} = 10\text{ cm}^2$$
   Zu Beispiel 2:
   $$A_{\Delta ABC_2} = \frac{1}{2} \cdot g \cdot h = \frac{1}{2} \cdot \overline{AB} \cdot h_c = \frac{1}{2} \cdot 5\text{ cm} \cdot 4\text{ cm} = 10\text{ cm}^2$$
   Die Höhe liegt außerhalb des Dreiecks. Trotzdem gilt $g = \overline{AB} = 5$ cm!
   Dreiecke mit gleicher Höhe und gleicher Grundlinie besitzen unabhängig von ihrer Form den gleichen Flächeninhalt!

2. Im Dreieck ABC sind folgende Längen bekannt: $a = 4$ cm, $h_a = 5$ cm, $b = 6$ cm. Berechne die Höhe h_b auf die Seite b.

Lösung:
Es gilt:

$$A_{\Delta ABC} = \frac{1}{2} \cdot a \cdot h_a = \frac{1}{2} \cdot 4\text{ cm} \cdot 5\text{ cm} = 10\text{ cm}^2$$

Außerdem gilt auch:

$$A_{\Delta ABC} = \frac{1}{2} \cdot b \cdot h_b$$

Einsetzen des berechneten Flächeninhalts und der Streckenlänge b liefert:

$$10\text{ cm}^2 = \frac{1}{2} \cdot 6\text{ cm} \cdot h_b \quad |:3\text{ cm}$$

$$h_b = 3\frac{1}{3}\text{ cm}$$

Merke

Im **rechtwinkligen** Dreieck fallen zwei Höhen mit den Katheten zusammen.

Beispiele

1.

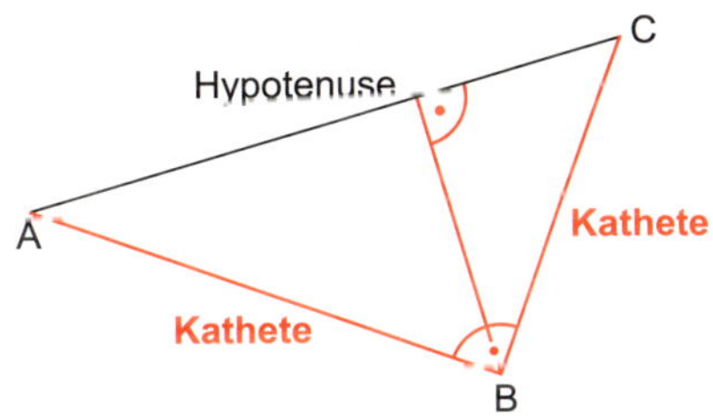

$h_a = \overline{AB}$
$h_c = \overline{BC}$

2. Berechne den Flächeninhalt des rechtwinkligen Dreiecks ABC mit den Seitenlängen $\overline{AB} = 4$ cm, $\overline{BC} = 3$ cm und $\overline{CA} = 5$ cm.

   Lösung:
   Im rechtwinkligen Dreieck ist die Hypotenuse die längste Seite. Demnach sind [AB] und [BC] die Katheten und stehen aufeinander senkrecht.

   $$A_{\Delta ABC} = \frac{1}{2} \cdot g \cdot h = \frac{1}{2} \cdot \overline{AB} \cdot \overline{BC} = \frac{1}{2} \cdot 4\text{ cm} \cdot 3\text{ cm} = 6\text{ cm}^2$$

Aufgaben

65 Im Dreieck ABC gilt: $a = 5$ cm und $h_c = 4$ cm. Das Dreieck hat einen Flächeninhalt von 20 cm².
Berechne c sowie den Abstand des Punktes A von der Geraden BC.

66 Die Hypotenuse c eines rechtwinkligen Dreiecks ABC ist 5 cm lang.
Die beiden Katheten a und b sind 3 cm und 4 cm lang.
Gib die Längen der drei Höhen an.

67 Zeichne ein Dreieck ABC mit $c = 8$ cm und einem Flächeninhalt von 12 cm². Zeichne anschließend die Gerade g ein, auf der alle Punkte C_n liegen, die zusammen mit den Punkten A und B gleichfalls Dreiecke mit 12 cm² Flächeninhalt bilden.

Interaktive Aufgabe

1. Dreieck

Vierecke

Merke

Parallelogramm

$A = g \cdot h$ bzw. $A = \overline{AB} \cdot h_1$ oder $A = \overline{BC} \cdot h_2$

Die Höhe h ist jeweils der Abstand der zur Grundlinie g parallelen Seite.

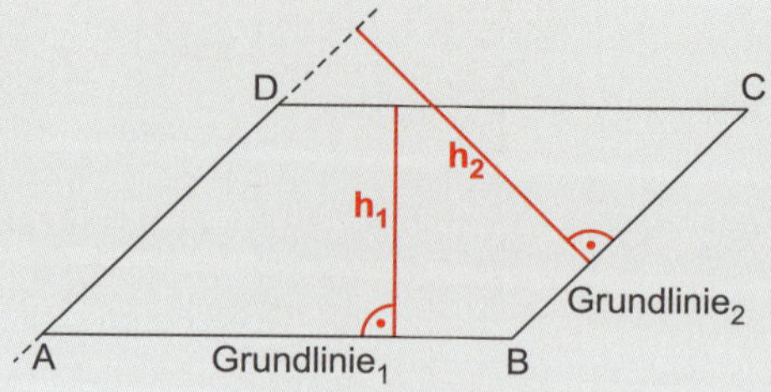

Drachenviereck

$A = \frac{1}{2} \cdot e \cdot f$ bzw. $A = \frac{1}{2} \cdot \overline{AC} \cdot \overline{BD}$

e und f sind die Längen der beiden Diagonalen.
Ein Drachenviereck, bei dem alle 4 Seiten gleich lang sind, nennt man **Raute**. Die Diagonalen halbieren sich dann gegenseitig, gegenüberliegende Seiten sind dann parallel.

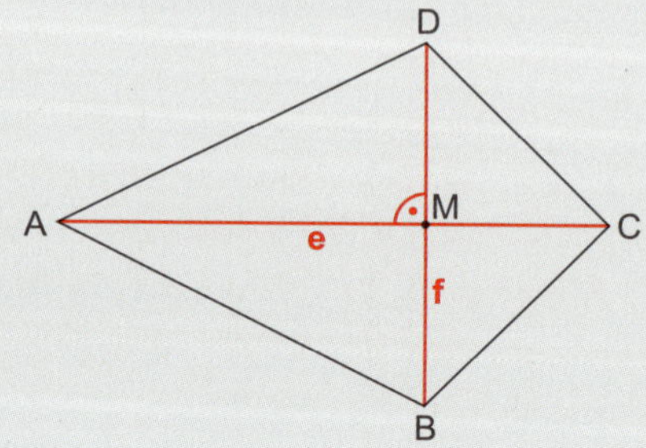

Trapez

$A = \frac{1}{2} \cdot (a + c) \cdot h$ bzw. $A = \frac{1}{2} \cdot \left(\overline{AB} + \overline{CD}\right) \cdot h$

a und c sind die beiden parallelen Seiten, h ist ihr Abstand.
oder:
$A = m \cdot h$
wobei für die Mittellinie m gilt:
$m = \frac{1}{2} \cdot (a + c)$ bzw. $m = \frac{1}{2} \cdot \left(\overline{AB} + \overline{CD}\right)$

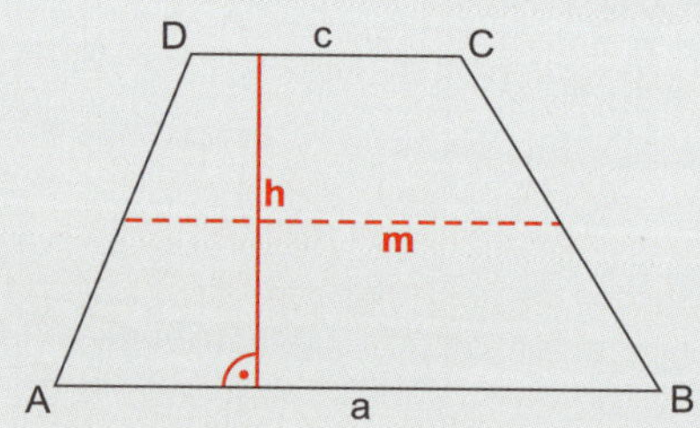

Beispiele

1. Berechne den Flächeninhalt des Parallelogramms ABCD mit $\overline{AB} = 4$ cm und $h = 2$ cm, wobei h der Abstand von [AB] zu [CD] ist.

   Lösung:
   $A = g \cdot h$
   $A = \overline{AB} \cdot h$
   $A = 4\,\text{cm} \cdot 2\,\text{cm}$
   $A = 8\,\text{cm}^2$

2. Berechne den Flächeninhalt des Drachenvierecks ABCD mit den Diagonalen $\overline{AC} = e = 5$ cm und $\overline{BD} = f = 3$ cm.

   Lösung:
   $A = \frac{1}{2} \cdot e \cdot f$
   $A = \frac{1}{2} \cdot \overline{AC} \cdot \overline{BD}$
   $A = \frac{1}{2} \cdot 5\,\text{cm} \cdot 3\,\text{cm}$
   $A = 7{,}5\,\text{cm}^2$

3. Berechne den Flächeninhalt des Trapezes ABCD mit $\overline{AB} = a = 5$ cm, $\overline{CD} = c = 2$ cm und h = 3 cm.

Lösung:

$A = \frac{1}{2} \cdot (a + c) \cdot h$

$A = \frac{1}{2} \cdot (5\text{ cm} + 2\text{ cm}) \cdot 3\text{ cm}$

$A = 10{,}5\text{ cm}^2$

Mittellinie m:

$m = \frac{1}{2} \cdot (5\text{ cm} + 2\text{ cm}) = 3{,}5\text{ cm}$

Aufgaben

68 Die Diagonalen eines Drachenvierecks sind 9 cm und 4 cm lang.

a) Berechne den Flächeninhalt des Drachenvierecks.

b) Ein zweites Drachenviereck hat den gleichen Flächeninhalt und eine Diagonale von 5 cm Länge.
Wie lang ist die zweite Diagonale?

c) Ein Quadrat hat den gleichen Flächeninhalt wie das Drachenviereck.
Wie lang sind die Diagonalen des Quadrats?

d) Eine Raute ist ein spezielles Drachenviereck, bei dem alle vier Seiten gleich lang sind. Zeichne die Raute, die den gleichen Flächeninhalt besitzt wie das Drachenviereck aus Teilaufgabe a und eine Diagonale von 5 cm Länge hat.

69 Berechne die Fläche des nebenstehenden Parallelogramms und den Abstand der Seiten [BC] und [DA].

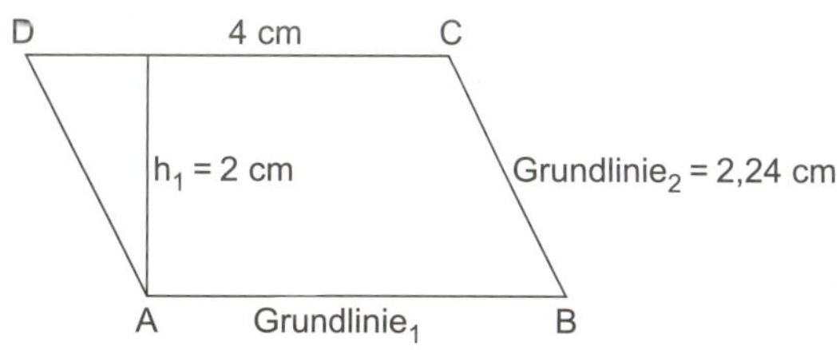

70 Ein Schwimmbecken hat die Form eines Trapezes. Die Mittellinie m trennt den Schwimmer- vom Nichtschwimmerbereich und verläuft parallel zu [AB] und [CD].

a) Berechne die Flächeninhalte der beiden Bereiche.
Der Abstand der beiden Seiten a und c beträgt 50 m.
Es gilt: a = 40 m, c = 10 m

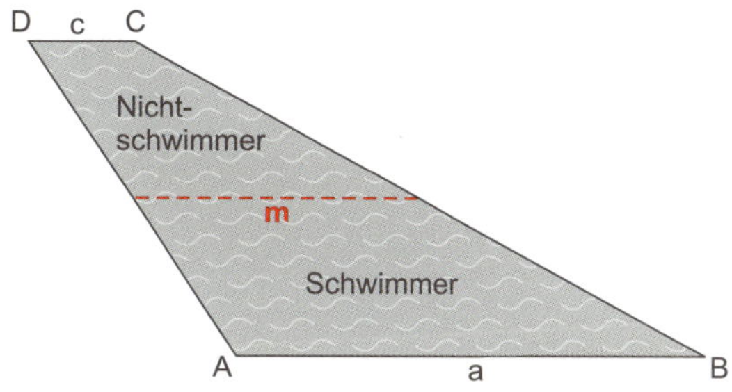

b) Die Strecke [BC] ist 70 m lang. Der Flächeninhalt des Dreiecks ABC beträgt 70 % des gesamten Beckens.
Wie lang ist die kürzeste Schwimmstrecke vom Punkt A zum Beckenrand [BC]?

71 In der Raute ABCD ist die Diagonale [AC] 6 cm lang. Der Flächeninhalt beträgt 24 cm².
Die Länge der Seiten beträgt 5 cm.
Berechne, wie lang die zweite Diagonale ist und welchen Abstand die jeweils gegenüberliegenden Seiten der Raute haben. Zeichne eine Planfigur.

Interaktive Aufgaben

- 2. Parallelogramm
- 3. Raute
- 4. Trapez

Flächenberechnung mithilfe von Vektoren im Koordinatensystem

Flächenberechnung im Dreieck

Merke

Sind $\vec{v} = \begin{pmatrix} v_x \\ v_y \end{pmatrix}$ und $\vec{w} = \begin{pmatrix} w_x \\ w_y \end{pmatrix}$ zwei Vektoren, die ein Dreieck aufspannen, so erhält man den Flächeninhalt A_Δ des Dreiecks mithilfe einer **Determinante**:

$$A_\Delta = \frac{1}{2} \cdot |\vec{v}\ \vec{w}|\,\text{FE} = \frac{1}{2} \cdot \begin{vmatrix} v_x & w_x \\ v_y & w_y \end{vmatrix}\,\text{FE} = \frac{1}{2} \cdot (v_x \cdot w_y - v_y \cdot w_x)\,\text{FE}$$

Beachte:
Beide Vektoren müssen den gleichen Fußpunkt haben. Die Reihenfolge der Vektorkoordinaten in der Determinante ist dabei so zu wählen, dass der Vektor an erster Stelle steht, den man gegen den Uhrzeigersinn zum zweiten Vektor dreht.

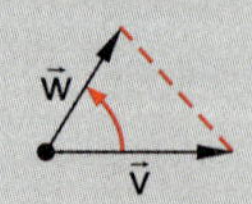

Zuerst $\vec{v}$, dann $\vec{w}$!

Beispiel

Das Dreieck ABC ist durch die beiden Pfeile $\overrightarrow{AB} = \begin{pmatrix} 6 \\ 3 \end{pmatrix}$ und $\overrightarrow{AC} = \begin{pmatrix} 1 \\ 4 \end{pmatrix}$, die den gemeinsamen Fußpunkt A(1 | 1) besitzen, eindeutig festgelegt („aufgespannt").
Den Flächeninhalt des Dreiecks ABC berechnet man mithilfe der aus diesen Pfeilen gebildeten Determinante:

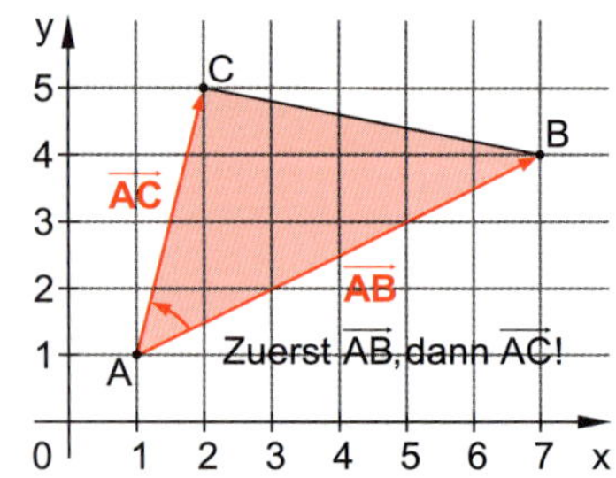

$$A_{\Delta ABC} = \frac{1}{2} \cdot |\overrightarrow{AB}\ \overrightarrow{AC}|\,\text{FE} = \frac{1}{2} \cdot \begin{vmatrix} 6 & 1 \\ 3 & 4 \end{vmatrix}\,\text{FE}$$

Die beiden aufspannenden Vektoren werden in der richtigen Reihenfolge nebeneinander geschrieben. Kontrolle: Bei der falschen Reihenfolge würde sich ein negativer Wert für den Flächeninhalt ergeben.

$$\begin{vmatrix} 6 & 1 \\ 3 & 4 \end{vmatrix} = 6 \cdot 4 - 3 \cdot 1 = 21$$

Merkregel für das Ausmultiplizieren der Determinante: Über-Kreuz-Multiplikation

Berechnung der Dreiecksfläche:

$$A_{\Delta ABC} = \frac{1}{2} \cdot \begin{vmatrix} 6 & 1 \\ 3 & 4 \end{vmatrix}\,\text{FE}$$

Die Fläche des aufgespannten Dreiecks entspricht dem halben Wert der Determinante.

$$A_{\Delta ABC} = \frac{1}{2} \cdot 21\,\text{FE}$$

$$A_{\Delta ABC} = 10{,}5\,\text{FE}$$

Aufgaben

72 Die Punkte A(1 | 2), B(5 | –1), C(4 | 3) und D(0 | 3,5) legen ein Viereck fest.
Berechne den Flächeninhalt des Vierecks ABCD.

73

a) Gegeben ist die Funktion f mit der Gleichung $y = -\frac{3}{x}$ mit $\mathbb{G} = \mathbb{R} \times \mathbb{R}$. Erstelle eine Wertetabelle für $x \in [-4; 4]$ mit $\Delta x = 1$ und zeichne den Graphen zu f in ein Koordinatensystem.
b) Die Punkte $P_n\left(-x \,\middle|\, \frac{3}{x}\right)$ und $R_n\left(x \,\middle|\, -\frac{3}{x}\right)$ liegen auf dem Graphen zu f. Zusammen mit dem Punkt Q(–2 | –3) bilden sie Dreiecke P_nQR_n. Zeichne das Dreieck P_1QR_1 für $x = 3$.
c) Berechne den Flächeninhalt der Dreiecke P_nQR_n in Abhängigkeit von x.
Berechne sodann den Flächeninhalt des Dreiecks P_1QR_1.

Interaktive Aufgaben
5. Drachenviereck
6. Dreieck

Flächenberechnung im Parallelogramm

Merke

Sind $\vec{v} = \begin{pmatrix} v_x \\ v_y \end{pmatrix}$ und $\vec{w} = \begin{pmatrix} w_x \\ w_y \end{pmatrix}$ zwei Vektoren, die ein Parallelogramm aufspannen, so entspricht der Flächeninhalt des Parallelogramms der **Determinante**:

$$A = |\vec{v}\ \vec{w}|\ \text{FE} = \begin{vmatrix} v_x & w_x \\ v_y & w_y \end{vmatrix} \text{FE} = (v_x \cdot w_y - v_y \cdot w_x)\ \text{FE}$$

Beachte:
Beide Vektoren müssen den gleichen Fußpunkt haben. Die Reihenfolge der Vektorkoordinaten in der Determinante ist dabei so zu wählen, dass der Vektor an erster Stelle steht, den man gegen den Uhrzeigersinn zum zweiten Vektor dreht.

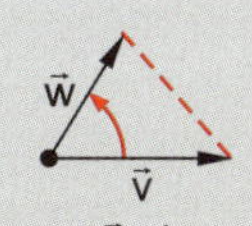

Zuerst $\vec{v}$, dann $\vec{w}$!

Beispiel

Das Parallelogramm ABCD ist durch die zwei Vektorpfeile $\overrightarrow{AB} = \binom{6}{3}$ und $\overrightarrow{AD} = \binom{1}{4}$, die den gemeinsamen Fußpunkt A(1 | 1) besitzen, eindeutig festgelegt („aufgespannt").

Das Parallelogramm ist punktsymmetrisch zum Diagonalenschnittpunkt M. Der Flächeninhalt des Parallelogramms ABCD ist damit doppelt so groß wie der des Dreiecks ABD.

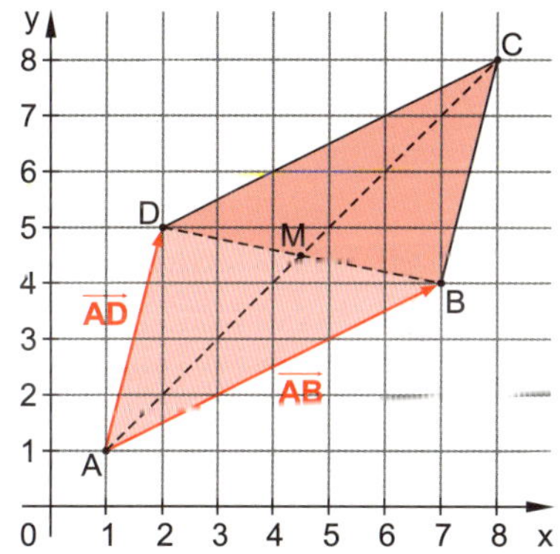

Berechnung der Parallelogrammfläche:

$A_{ABCD} = 2 \cdot A_{\Delta ABD}$

$A_{ABCD} = 2 \cdot \frac{1}{2} \cdot |\overrightarrow{AB}\ \overrightarrow{AD}|\ \text{FE}$

Die ersten beiden Schritte dienen nur der anschaulichen Herleitung der Formel. In der Praxis ist es sinnvoll, den Flächeninhalt sofort mit der Determinante gleichzusetzen.

$A_{ABCD} = |\overrightarrow{AB}\ \overrightarrow{AD}|\ \text{FE}$

$A_{ABCD} = \begin{vmatrix} 6 & 1 \\ 3 & 4 \end{vmatrix} \text{FE}$

$A_{ABCD} = (6 \cdot 4 - 3 \cdot 1)\ \text{FE}$

$A_{ABCD} = 21\ \text{FE}$

Aufgabe 74

Betrachte das Parallelogramm aus oben stehendem Beispiel. Aufspannende Vektoren wären in der Abbildung ebenso

a) $\overrightarrow{BD}$ und $\overrightarrow{BA}$,
b) $\overrightarrow{BA}$ und $\overrightarrow{BC}$,
c) $\overrightarrow{AC}$ und $\overrightarrow{AB}$.

Berechne den Flächeninhalt des Parallelogramms mithilfe der angegebenen Pfeilpaare. Lies die benötigten Koordinaten der Punkte aus der Zeichnung ab.

Interaktive Aufgabe

7. Parallelogramm

Funktionale Abhängigkeiten – Veränderung von ebenen Figuren

Merke

> Befinden sich Punkte P_n auf einer Ortslinie g (z. B. einer Geraden), so sind ihre Koordinaten **durch die Funktionsgleichung** der Ortslinie **festgelegt**: $P_n(x \mid g(x))$

Beispiel

Die Punkte $\mathbf{C_n}$ liegen auf der Geraden g: $\mathbf{y = 2x + 1}$.
Die Koordinaten aller Punkte C_n auf der Geraden g lassen sich angeben: $\mathbf{C_n(x \mid 2x + 1)}$

Der Index n besagt, dass es unendlich viele solcher Punkte gibt.
Mithilfe dieser allgemeinen Koordinaten der Punkte C_n lassen sich Veränderungen von Flächeninhalten, Streckenlängen usw. in Abhängigkeit von der Lage der Punkte C_n berechnen.

Flächenberechnung im Koordinatensystem mit Determinante

Beispiel

Gegeben sind die Punkte $A(2 \mid 1)$ und $B(5 \mid -1)$ sowie die Gerade g: $y = 0{,}5x + 2$.
A und B sind Eckpunkte von Dreiecken ABC_n, wobei die Punkte C_n auf der Geraden g liegen.

a) Zeichne die Gerade g und das Dreieck ABC_1 mit $C_1(3 \mid ?)$ sowie das Dreieck ABC_2 für $C_2(6 \mid ?)$.
b) Berechne den Flächeninhalt des Dreiecks ABC_1.
c) Stelle den Flächeninhalt der Dreiecke ABC_n in Abhängigkeit der x-Koordinate (Abszisse) des Punktes C_n dar.
d) Berechne die Koordinaten des Eckpunktes C_3 des Dreiecks ABC_3 mit Flächeninhalt 8,25 FE.
e) Für welche x-Koordinaten entstehen Dreiecke ABC_n?

Lösung:

a)
- Zeichnen der Geraden g
- Einzeichnen des Punktes C_1 mit x-Koordinate 3 auf der Geraden g
- Zeichnen des Dreiecks ABC_1
- Gleiches Verfahren für das Dreieck ABC_2

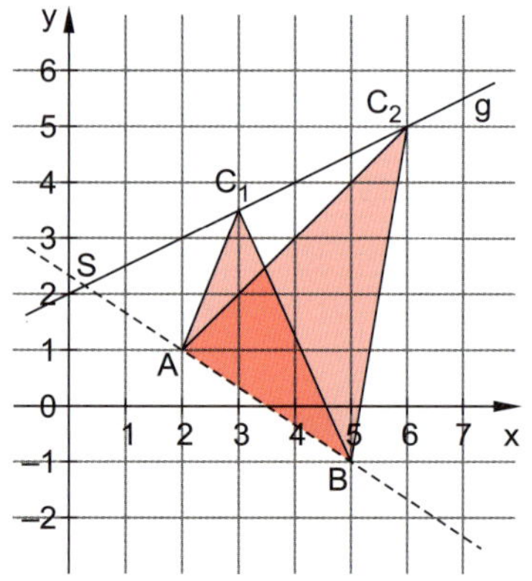

b) Koordinaten von C_1:

$C_1(\mathbf{3} \mid ?) \in g$: $y = 0{,}5 \cdot \mathbf{3} + 2$
$\Leftrightarrow \quad y = 3{,}5$

$C_1(3 \mid 3{,}5)$

Aufspannende Vektoren:

$\overrightarrow{AB} = \begin{pmatrix} 5-2 \\ -1-1 \end{pmatrix} = \begin{pmatrix} 3 \\ -2 \end{pmatrix}$

$\overrightarrow{AC_1} = \begin{pmatrix} 3-2 \\ 3{,}5-1 \end{pmatrix} = \begin{pmatrix} 1 \\ 2{,}5 \end{pmatrix}$

Flächeninhalt mit Determinante:

$A_{\Delta ABC_1} = \frac{1}{2} \cdot \begin{vmatrix} 3 & 1 \\ -2 & 2{,}5 \end{vmatrix} \text{ FE} = 0{,}5 \cdot [3 \cdot 2{,}5 - (-2) \cdot 1] \text{ FE} = 4{,}75 \text{ FE}$

c) Die Punkte C_n auf der Geraden g besitzen folgende Koordinaten in Abhängigkeit von x:

g: $y = 0{,}5x + 2 \Rightarrow C_n(x \mid 0{,}5x + 2)$

Die y-Koordinate der Punkte C_n ist festgelegt durch die Geradengleichung g: $y = 0{,}5x + 2$.

Aufspannende Vektoren:

Man rechnet wie in Teilaufgabe b.

$\overrightarrow{AB} = \begin{pmatrix} 3 \\ -2 \end{pmatrix}$

$\overrightarrow{AC_n} = \begin{pmatrix} x-2 \\ 0{,}5x+2-1 \end{pmatrix} = \begin{pmatrix} x-2 \\ 0{,}5x+1 \end{pmatrix}$

„Spitze minus Fuß" mit $C_n(x \mid 0{,}5x + 2)$
Anstelle der speziellen Koordinaten eines Punktes C verwendet man die allgemeinen Koordinaten der Punkte C_n.

Flächeninhalt in Abhängigkeit von x mit Determinante:

$A_{\Delta ABC_n}(x) = \frac{1}{2} \cdot \begin{vmatrix} 3 & x-2 \\ -2 & 0{,}5x+1 \end{vmatrix}$ FE

$A_{\Delta ABC_n}(x) = \frac{1}{2} \cdot [3 \cdot (0{,}5x+1) - (-2) \cdot (x-2)]$ FE

Vorzeichen beim Ausmultiplizieren beachten

$A_{\Delta ABC_n}(x) = \frac{1}{2} \cdot [1{,}5x + 3 + 2x - 4]$ FE

Umkehrung der Vorzeichen

$A_{\Delta ABC_n}(x) = \frac{1}{2} \cdot (3{,}5x - 1)$ FE

d) $\left| \begin{array}{l} A(x) = \frac{1}{2} \cdot (3{,}5x - 1) \text{ FE} \\ \wedge \ A(x) = 8{,}25 \text{ FE} \end{array} \right.$

$\Rightarrow \frac{1}{2} \cdot (3{,}5x - 1) = 8{,}25 \quad (\text{I} = \text{II}) \quad | \cdot 2$

Löse nach x auf.

$\Leftrightarrow \quad 3{,}5x - 1 = 16{,}5 \quad | +1$

$\Leftrightarrow \quad 3{,}5x = 17{,}5 \quad | : 3{,}5$

$\Leftrightarrow \quad x = 5$

Die x-Koordinate des Punktes C_3 ist 5.

$\mathbb{L} = \{5\}$

$C_n(x \mid 0{,}5x + 2)$

Setze x = 5 ein.

$C_3(5 \mid 0{,}5 \cdot 5 + 2)$

$C_3(5 \mid 4{,}5)$

e) Der Punkt C_n darf nur bis zum Schnittpunkt S wandern, denn links von S ändert sich der Umlaufsinn der Dreiecke in AC_nB. Fällt der Punkt C_n auf den Punkt S, so entsteht kein Dreieck, sondern eine Strecke.

Die x-Koordinate des Punktes S lässt sich aus dem Term für den Flächeninhalt $A_{\Delta ABC_n}(x) = \frac{1}{2} \cdot (3{,}5x - 1)$ FE berechnen:

$A_{\Delta ABC_n}(x) = \frac{1}{2} \cdot (3{,}5x - 1)$ FE

$\downarrow$

Setze: $0 = \frac{1}{2} \cdot (3{,}5x - 1)$

Wandert der Punkt C_n in Richtung S, wird der Flächeninhalt der Dreiecke immer kleiner. Für $C_n = S$ ist der Flächeninhalt schließlich gleich 0.

$\Leftrightarrow \quad x = \frac{2}{7}$

Die x-Koordinate des Punktes S ist $\frac{2}{7}$.

$\mathbb{L} = \left\{ \frac{2}{7} \right\}$

Zulässige x-Werte für Dreiecke ABC_n: $x > \frac{2}{7}$

Für x-Werte rechts von S entstehen Dreiecke ABC_n.

Aufgaben

75 Die Eckpunkte D_n von Parallelogrammen ABC_nD_n mit $A(1\,|\,1)$ und $B(4\,|\,0)$ liegen auf der Geraden g: $y = x + 3$.

a) Zeichne das Parallelogramm ABC_1D_1 für $D_1(2\,|\,?)$ und das Parallelogramm ABC_2D_2 für $D_2(3\,|\,?)$ und berechne den Flächeninhalt des Parallelogramms ABC_1D_1.

b) Berechne den Flächeninhalt der Parallelogramme in Abhängigkeit von der x-Koordinate der Punkte D_n.

c) Berechne die Koordinaten des Punktes D_3, sodass ein Parallelogramm mit einem Flächeninhalt von 10 FE entsteht.

d) Für welche x-Werte existieren Parallelogramme ABC_nD_n?

76 Die Punkte $A(1\,|\,1)$ und $B_n(x\,|\,x+2)$ sind Eckpunkte von Dreiecken AB_nC_n, wobei $\overrightarrow{B_nC_n} = \begin{pmatrix}-2\\-1\end{pmatrix}$.

a) Zeichne die Dreiecke AB_1C_1 für $x = 3$ und AB_2C_2 für $x = 5$ ein.

b) Berechne den Flächeninhalt der Dreiecke AB_nC_n in Abhängigkeit von der Abszisse x der Punkte B_n.

c) Für welchen x-Wert erhält man ein Dreieck mit 4 FE Flächeninhalt?

d) **Schwer:** Für welche x-Werte existieren Dreiecke AB_nC_n? Löse zeichnerisch und rechnerisch.

77 Die Punkte $A(3\,|\,4)$, $C(1\,|\,0)$ und $B_n(x\,|\,-x+1)$ legen Drachenvierecke AB_nCD_n mit Symmetrieachse AC fest.

a) Zeichne das Drachenviereck AB_1CD_1 für $x = -1$ und das Drachenviereck AB_2CD_2 für $x = -2$ ein.

b) Berechne den Flächeninhalt des Drachenvierecks AB_1CD_1.

c) Berechne den Flächeninhalt in Abhängigkeit von x.

d) Berechne die Koordinaten von B_3 für das Drachenviereck AB_3CD_3 mit einem Flächeninhalt von 10 FE.

Interaktive Aufgabe

8. Variable Dreiecke

Flächenberechnung im Koordinatensystem ohne Determinante

Merke

> Besitzen zwei Punkte A und B **dieselbe Abszisse x**, so lässt sich die Länge der Strecke [AB] als Differenz der y-Koordinaten der beiden Punkte berechnen:
> $\overline{AB} = (y_A - y_B)$ LE
> (wobei $y_A > y_B$ gelten muss, also A über B liegen muss, da man sonst eine negative Streckenlänge erhalten würde)

Beispiel

Die Dreiecke $A_nB_nC_n$ sind folgendermaßen festgelegt:
Die Punkte A_n liegen auf der Geraden g: $y = 0{,}25x + 4$, die Punkte B_n auf der Geraden k: $y = -0{,}5x + 1$.
Die Punkte A_n und B_n besitzen die gleiche Abszisse x (wobei $x > -4$) und $\overrightarrow{B_nC_n} = \begin{pmatrix}3\\1\end{pmatrix}$.

a) Zeichne die Geraden g und k und die Dreiecke $A_1B_1C_1$ für $x = 0$ und $A_2B_2C_2$ für $x = 3{,}5$.

b) Berechne den Flächeninhalt der Dreiecke $A_nB_nC_n$ in Abhängigkeit von der Abszisse x der Punkte A_n mithilfe der Formel $A = \frac{1}{2} \cdot g \cdot h$.

Lösung:

a) Zeichnung:
- Zeichnen von g und k.
- Einzeichnen von A_1 und B_1 für die x-Koordinate 0 (Abszisse) auf die jeweilige Gerade.
- Zeichnen von C_1 wie durch den Vektor vorgegeben: „von B_1 aus 3 nach rechts, 1 nach oben“.
- Gleiches Verfahren für $A_2B_2C_2$.

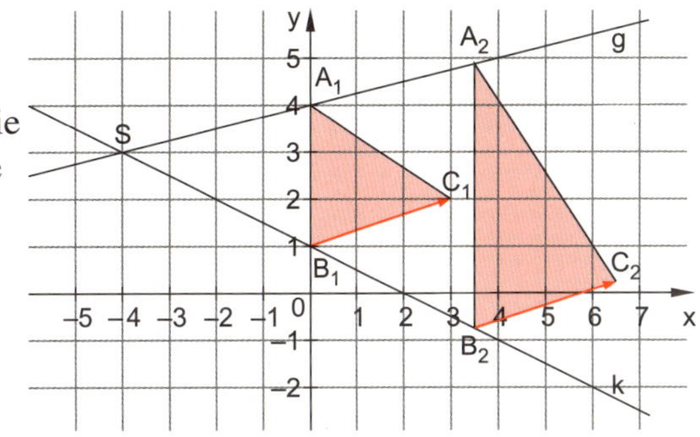

Besitzen 2 Punkte die gleiche Abszisse, dann liegen sie im Koordinatensystem auf der gleichen Parallelen zur y-Achse („senkrecht übereinander“).

b) Berechnung der Länge der Grundlinie $[B_nA_n]$:

$\overline{A_nB_n} = (y_{A_n} - y_{B_n})$ LE

$\uparrow y_{A_n} = 0{,}25x + 4$ $\uparrow y_{B_n} = -0{,}5x + 1$

A_n und B_n liegen auf den Geraden mit diesen Gleichungen.

$\overline{A_nB_n} = [0{,}25x + 4 - (-0{,}5x + 1)]$ LE

$\overline{A_nB_n} = [0{,}75x + 3]$ LE

Bestimmung der Länge der Höhe h_c zur Grundlinie $[A_nB_n]$:

h_c lässt sich aus dem Vektor $\overrightarrow{B_nC_n} = \binom{3}{1}$ entnehmen:

$h_c = 3$ LE

Von B_n immer 3 LE in x-Richtung, senkrecht zu $[A_nB_n]$

Der Abstand des Punktes C_n von der Strecke $[A_nB_n]$ beträgt immer 3 LE, da $[A_nB_n]$ parallel zur y-Achse ist. Es gilt:

$$A_{\Delta A_nB_nC_n}(x) = \frac{1}{2} \cdot g \cdot h = \frac{1}{2} \cdot \overline{A_nB_n} \cdot h_c = \left[\frac{1}{2} \cdot (0{,}75x + 3) \cdot 3\right] \text{FE} = [1{,}125x + 4{,}5] \text{ FE}$$

Aufgaben

78 Zusatzaufgaben zum vorhergehenden Beispiel:

a) Berechne den Flächeninhalt der Dreiecke $A_nB_nC_n$ mithilfe einer Determinante.

b) Berechne die Koordinaten der Eckpunkte des Dreiecks $A_3B_3C_3$ mit einem Flächeninhalt von 9 FE.

c) **Schwer:** Berechne den Flächeninhalt des Dreiecks $A_0B_0C_0$, das rechtwinklig in A_0 ist.

79 Die Punkte $D_n(x \mid 0{,}75x + 2)$ auf der Geraden g: $y = 0{,}75x + 2$ legen Quadrate $A_nB_nC_nD_n$ fest. Die Punkte A_n besitzen dieselbe Abszisse x wie die Punkte D_n und liegen auf der x-Achse.

a) Zeichne die Gerade g und die Quadrate $A_1B_1C_1D_1$ bzw. $A_2B_2C_2D_2$ für $x_1 = 0$ bzw. $x_2 = 4$ in ein Koordinatensystem. Platzbedarf: $-3 \leqq x \leqq 10$; $0 \leqq y \leqq 6$

b) Berechne den Umfang und den Flächeninhalt der Quadrate $A_nB_nC_nD_n$ in Abhängigkeit von der Abszisse x der Punkte D_n.

c) Berechne die Koordinaten von D_3, sodass das zugehörige Quadrat $A_3B_3C_3D_3$ eine Seitenlänge von 6,5 LE besitzt.

d) Der Schnittpunkt D_4 der Geraden h: $y = -0{,}5x + 6{,}5$ mit der Geraden g legt ein Quadrat $A_4B_4C_4D_4$ fest.
Berechne die x-Koordinate von D_4 und gib den Umfang dieses Quadrates an.

80 Interaktive Aufgabe — 9. Variable Parallelogramme

Die Punkte $A_n(x \mid x+2)$ liegen auf der Geraden g: $y = x+2$ und besitzen die gleiche Abszisse x wie die Punkte C_n auf der Geraden k: $y = 0{,}5x$. Die Punkte A_n und C_n gehören zu Rauten $A_nB_nC_nD_n$, wobei stets gilt: $\overline{B_nD_n} = 3$ LE

a) Zeichne die beiden Geraden und die beiden Rauten $A_1B_1C_1D_1$ für $x = 0$ und $A_2B_2C_2D_2$ für $x = 4$ ein.

b) Berechne den Flächeninhalt der Rauten in Abhängigkeit von der Abszisse x der Punkte A_n.

c) Für welchen x-Wert entsteht eine Raute mit 6 FE Flächeninhalt?

d) Für welchen x-Wert entsteht ein Quadrat?

Tipp

- Welche Eigenschaft hat ein Quadrat zusätzlich im Vergleich zu einer Raute?
- Wie kannst du das rechnerisch nutzen?

Extremwertaufgaben – Verlängern und Verkürzen

Bei der Untersuchung von funktionalen Abhängigkeiten spielen Extremwertbetrachtungen eine wichtige Rolle. Die in Abhängigkeit von x berechnete Größe wird auf einen größten Termwert T_{max} oder auf einen kleinsten Termwert T_{min} untersucht. Meist geht es um Extremwerte quadratischer Terme, die man mithilfe der quadratischen Ergänzung bestimmt.

Beispiel

Im gleichschenkligen Dreieck ABC ist die Basis [AB] 5 cm lang, die Höhe h_c 2 cm. Es entstehen neue gleichschenklige Dreiecke $A_nB_nC_n$, wenn man die Basis auf beiden Seiten um je 0,5x cm verkürzt und gleichzeitig die Höhe von C aus um x cm verlängert.

a) Zeichne das Dreieck ABC und das veränderte Dreieck $A_1B_1C_1$, das für $x = 2$ entsteht (in eine Zeichnung!).

b) Berechne den Flächeninhalt in Abhängigkeit von x.

c) Berechne den x-Wert, für den das Dreieck mit der größten Fläche entsteht.

Lösung:

a)

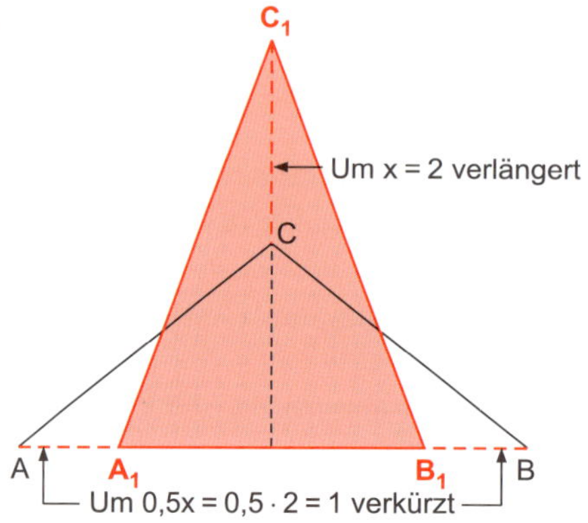

b) Verlängerte Höhe: $h(x) = (2+x)$ cm

Verkürzte Basis: $\overline{A_nB_n}(x) = (5 - 2 \cdot 0{,}5x)$ cm $= (5-x)$ cm

$$A_{\Delta A_nB_nC_n}(x) = \frac{1}{2} \cdot \overline{A_nB_n}(x) \cdot h(x)$$

$$A_{\Delta A_nB_nC_n}(x) = \frac{1}{2} \cdot (5-x) \cdot (2+x)\ \text{cm}^2$$

Es empfiehlt sich immer, die Maßeinheiten am Ende der Zeile zusammenzufassen, um nur noch die Maßzahlen im Blick behalten zu müssen.

$$A_{\Delta A_nB_nC_n}(x) = \frac{1}{2} \cdot (10 + 3x - x^2)\ \text{cm}^2$$

$$A_{\Delta A_nB_nC_n}(x) = (-0{,}5x^2 + 1{,}5x + 5)\ \text{cm}^2$$

c) Extremwertbestimmung durch „quadratisches Ergänzen“:

$A_{\Delta A_nB_nC_n}(x) = (-0{,}5x^2 + 1{,}5x + 5)\ cm^2$	Klammere den Faktor vor x^2 aus.
$A_{\Delta A_nB_nC_n}(x) = -0{,}5[x^2 - 3x - 10]\ cm^2$	Ergänze quadratisch.
$A_{\Delta A_nB_nC_n}(x) = -0{,}5[x^2 - 3x + \mathbf{1{,}5^2 - 1{,}5^2} - 10]\ cm^2$	Wende die 2. binomische Formel an.
$A_{\Delta A_nB_nC_n}(x) = -0{,}5[(x - 1{,}5)^2 - 2{,}25 - 10]\ cm^2$	Fehlerquelle $-1{,}5^2 = -2{,}25$ beachten
$A_{\Delta A_nB_nC_n}(x) = -0{,}5[(x - 1{,}5)^2 - 12{,}25]\ cm^2$	Löse die eckige Klammer auf.
$A_{\Delta A_nB_nC_n}(x) = [-0{,}5(x - 1{,}5)^2 + 6{,}125]\ cm^2$	Lies den Extremwert ab.

$A_{max} = 6{,}125\ cm^2$ für $x = 1{,}5$

Das Dreieck mit dem größten Flächeninhalt entsteht für $x = 1{,}5$.
Die Basis ist dann $(5 - 2 \cdot 0{,}5 \cdot 1{,}5)$ cm $= 3{,}5$ cm lang.
Die Höhe h_c hat eine Länge von $(2 + 1{,}5)$ cm $= 3{,}5$ cm.

Probe: $A = \frac{1}{2} \cdot 3{,}5\ cm \cdot 3{,}5\ cm = 6{,}125\ cm^2$

Aufgaben

81 Interaktive Aufgabe 10. Variable Trapeze

Die Diagonalen [AC] und [BD] des Quadrats ABCD sind jeweils 5 cm lang. Es entstehen Drachenvierecke $A_nBC_nD_n$, indem man die Diagonale [AC] von A und C aus jeweils um 0,25x cm verkürzt. Die Punkte D_n erhält man, wenn man die Diagonale [BD] über D hinaus um 2x cm verlängert.

a) Zeichne das Quadrat ABCD und das Viereck $A_1BC_1D_1$ für $x = 2$ ein.
b) Welche x-Werte sind sinnvoll?
c) Berechne den Flächeninhalt des Vierecks $A_1BC_1D_1$.
d) Stelle den Flächeninhalt der Drachenvierecke in Abhängigkeit von x dar.
Ergebnis: $A(x) = (-0{,}5x^2 + 3{,}75x + 12{,}5)\ cm^2$
e) Ermittle die Belegung von x für das Drachenviereck mit dem größten Flächeninhalt.

82 Die Kathete [AB] des rechtwinkligen Dreiecks ABC ist 5 cm lang. Die Kathete [AC] hat eine Länge von 8 cm. Es entstehen Dreiecke AB_nC_n, indem die Kathete [AB] über B hinaus um x cm verlängert wird. Gleichzeitig wird die Kathete [AC] von C aus um 0,5x cm verkürzt.

a) Zeichne das Dreieck ABC und das veränderte Dreieck AB_1C_1 für $x = 3$.
b) Berechne den Flächeninhalt der Dreiecke AB_nC_n in Abhängigkeit von x.
c) Berechne den x-Wert, für den das Dreieck mit dem größten Flächeninhalt entsteht.
d) Berechne den Flächeninhalt des gleichschenklig-rechtwinkligen Dreiecks AB_2C_2.

Extremwertprobleme ergeben sich auch dann, wenn in eine gegebene Figur andere Figuren **einbeschrieben** werden. Einbeschrieben bedeutet dabei: Die Eckpunkte der einbeschriebenen Figur liegen alle auf den Seiten der umgebenden Figur.

83 Das Rechteck ABCD mit $\overline{AB} = 8$ cm und $\overline{BC} = 6$ cm ist gegeben. Es werden Parallelogramme $E_nF_nG_nH_n$ einbeschrieben. Die Punkte E_n liegen dabei auf [AB] in x cm Entfernung von A. F_n liegt auf [BC] in x cm Entfernung von B, G_n auf [CD] in x cm Entfernung von C, und schließlich H_n auf [DA] in x cm Entfernung von D.

a) Zeichne das Rechteck und das einbeschriebene Parallelogramm für $x = 2$.
b) Berechne den Flächeninhalt der Parallelogramme in Abhängigkeit von x.

Tipp Verwende die umschriebene Figur und die Restflächen!

c) Berechne den x-Wert für das Parallelogramm mit dem kleinsten Flächeninhalt.

2.3 Reelle Zahlen

Die Quadratwurzel

Merke

Die **Quadratwurzel** $\sqrt{a}$ einer **positiven Zahl** a ist die **positive Zahl**, die mit sich selbst multipliziert wieder a ergibt.
Es gilt also: $\sqrt{a} \cdot \sqrt{a} = a$ bzw. $\sqrt{a}^2 = a$
Die Zahl unter der Wurzel nennt man **Radikand**.

Beispiele

1. $\sqrt{625} = 25$ 25 ist die positive Zahl, die mit sich selbst multipliziert 625 ergibt: $25 \cdot 25 = 625$

2.

$\sqrt{1} = 1$	$\sqrt{4} = 2$	$\sqrt{9} = 3$	$\sqrt{16} = 4$	$\sqrt{25} = 5$
$\sqrt{36} = 6$	$\sqrt{49} = 7$	$\sqrt{64} = 8$	$\sqrt{81} = 9$	$\sqrt{100} = 10$
$\sqrt{121} = 11$	$\sqrt{144} = 12$	$\sqrt{169} = 13$	$\sqrt{196} = 14$	$\sqrt{225} = 15$
$\sqrt{256} = 16$	$\sqrt{289} = 17$	$\sqrt{324} = 18$	$\sqrt{361} = 19$	$\sqrt{400} = 20$

Irrationale Zahlen

Merke

Es existieren Zahlen, die sich nicht als Bruch darstellen lassen, also keine rationalen Zahlen aus der Zahlenmenge $\mathbb{Q}$ sind. Diese Zahlen lassen sich trotzdem eindeutig auf der Zahlengeraden festlegen. Man nennt diese Zahlen **irrationale Zahlen**.

Beispiel

$\sqrt{2}$ ist die positive Zahl, die mit sich selbst multipliziert 2 ergibt. Als Näherungswert erhält man 1,41421356237… Diese Zahl ist ein unendlicher, nichtperiodischer Dezimalbruch und lässt sich nicht vollständig als Dezimalbruch oder Bruch darstellen. Damit liegt $\sqrt{2}$ nicht in $\mathbb{Q}$. Weitere irrationale Zahlen sind z. B.:

- $\sqrt{5}, \sqrt{6}$
- $1,\underbrace{0}_{1}\underbrace{1}\underbrace{00}_{2}1\underbrace{000}_{3}1\underbrace{0000}_{4}1\underbrace{00000}_{5}1\ldots$
- Kreiszahl $\pi = 3,141592653589793238\ldots$

Die Menge der reellen Zahlen $\mathbb{R}$

Merke

Die Menge der **reellen Zahlen $\mathbb{R}$** erhält man, wenn man die Menge der rationalen Zahlen $\mathbb{Q}$ um die irrationalen Zahlen erweitert. Die Menge der reellen Zahlen ist die Menge aller Zahlen auf der Zahlengeraden.

Übersicht über die einzelnen Zahlbereiche:

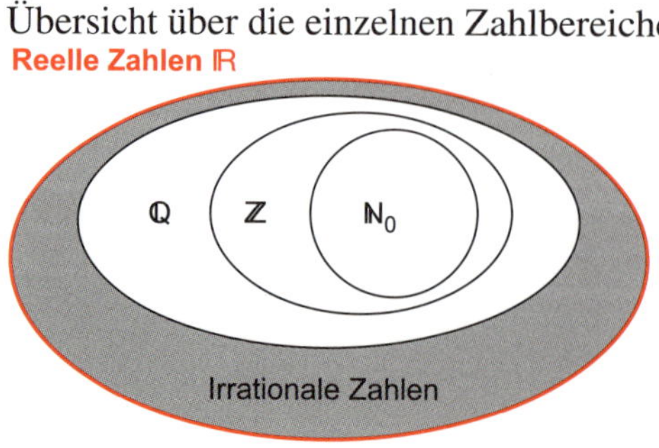

$\mathbb{N}_0$: Natürliche Zahlen einschließlich 0: 0; 1; 2; 3 …
$\mathbb{Z}$: Ganze Zahlen
Erweitert $\mathbb{N}_0$ um negative ganze Zahlen: –1; –2 …
$\mathbb{Q}$: Rationale Zahlen
Erweitert $\mathbb{Z}$ um Brüche: $\frac{2}{3}; -\frac{1}{5}; 1{,}5; -1{,}6\ldots$
$\mathbb{R}$: Reelle Zahlen
Erweitert $\mathbb{Q}$ um irrationale Zahlen: $\sqrt{2}; -\sqrt{3}; \pi\ldots$

Rechnen mit Wurzeltermen

Lösen von Gleichungen der Form $x^2 = a$

Merke

Die Gleichung $x^2 = a$ hat für $a \in \mathbb{R}^+$ zwei Lösungen $x_1 = -\sqrt{a}$ und $x_2 = +\sqrt{a}$.

Beispiel

$$x^2 = 4 \quad |\sqrt{\ }$$
$$\Leftrightarrow |x| = \sqrt{4}$$
$$\Leftrightarrow x_1 = -\sqrt{4} = -2 \ \vee \ x_2 = \sqrt{4} = 2$$

Es gibt zwei Lösungen, denn $(-2) \cdot (-2) = 4$ und $2 \cdot 2 = 4$.

Aufgabe 84

Interaktive Aufgaben
1. Gleichung lösen
2. Gleichung lösen

Löse folgende Gleichungen über der Grundmenge $\mathbb{R}$.

a) $x^2 = 8$

b) $2x^2 = 32$

c) $-8x^2 + 4 = -6$

d) $12x^2 = -24$

e) $-\frac{1}{2}x^2 + 15 = 2{,}5$

f) $\frac{3}{4}x^2 - \frac{1}{8} = 1\frac{5}{24}$

Addition und Subtraktion von Wurzeltermen

Merke

Wurzeln mit gleichen Radikanden werden addiert bzw. subtrahiert, indem man die Koeffizienten addiert bzw. subtrahiert.

$b\sqrt{a} + c\sqrt{a} = (b + c)\sqrt{a}$

$b\sqrt{a} - c\sqrt{a} = (b - c)\sqrt{a}$

Beispiele

1. $3\sqrt{5} + 4\sqrt{5} = (3 + 4) \cdot \sqrt{5} = 7\sqrt{5}$

   Anstelle von $7 \cdot \sqrt{5}$ schreibt man auch nur $7\sqrt{5}$.
2. $6\sqrt{7} + 3\sqrt{7} = 9\sqrt{7}$
3. $11\sqrt{8} - 5\sqrt{8} = 6\sqrt{8}$

Aufgabe 85

Interaktive Aufgabe
3. Wurzelterme zusammenfassen

Löse folgende Aufgaben wie in den obigen Beispielen.

a) $5\sqrt{x} - 3\sqrt{x}$

b) $6\sqrt{x} + 9\sqrt{x} - 4\sqrt{y} - 2\sqrt{y}$

c) $\sqrt{3} - 2\sqrt{6} + 4\sqrt{3} + 3\sqrt{6}$

d) $-9\sqrt{x} + 4\sqrt{3} - 8\sqrt{x} - 10\sqrt{3}$

Multiplikation und Division von Wurzeltermen

Merke

Rechengesetze

Für positive reelle Zahlen a, b $\in \mathbb{R}_0^+$ gilt:

$\sqrt{a} \cdot \sqrt{b} = \sqrt{a \cdot b}$ $\quad \sqrt{a} : \sqrt{b} = \sqrt{a : b}$ $\quad \frac{\sqrt{a}}{\sqrt{b}} = \sqrt{\frac{a}{b}}$ $\quad \sqrt{a^2} = a$ $\quad \sqrt{a}^2 = a$

Beispiele

1. $3\sqrt{2} \cdot 4\sqrt{2} = 3 \cdot 4 \cdot \sqrt{2} \cdot \sqrt{2}$ — Ordnen der Faktoren

$= 12 \cdot \sqrt{2 \cdot 2}$

$= 12 \cdot \sqrt{2^2}$ — Beachte: $\sqrt{2^2} = 2$

$= 12 \cdot 2$

$= 24$

2. $2\sqrt{18x} \cdot 5\sqrt{2x} = 2 \cdot 5 \cdot \sqrt{18x} \cdot \sqrt{2x}$

$= 10 \cdot \sqrt{18x \cdot 2x}$

$= 10 \cdot \sqrt{36x^2}$ — $\sqrt{36x^2} = \sqrt{6^2 \cdot x^2} = \sqrt{6^2} \cdot \sqrt{x^2} = 6x$

$= 10 \cdot 6x$

$= 60x$

3. $(3\sqrt{x})^2 = 3^2 \cdot \sqrt{x}^2 = 9 \cdot x$ — Ein Produkt wird quadriert, indem man die Faktoren quadriert. Es gilt: $\sqrt{x}^2 = x$

4. $\sqrt{49 : 4} = \sqrt{49} : \sqrt{4} = 7 : 2 = 3{,}5$

5. $\frac{5\sqrt{45}}{\sqrt{5}} = 5 \cdot \sqrt{\frac{45}{5}} = 5 \cdot \sqrt{9} = 5 \cdot 3 = 15$ — Kürzen

6. $\frac{4y\sqrt{xy^3}}{\sqrt{16xy}} = 4y \cdot \sqrt{\frac{xy^3}{16xy}}$ — Schreibe zuerst unter ein Wurzelzeichen und kürze.

$= 4y \cdot \sqrt{\frac{y^2}{16}}$ — Die Wurzel eines Bruches ist die Wurzel aus dem Zähler durch die Wurzel des Nenners.

$= 4y \cdot \frac{\sqrt{y^2}}{\sqrt{16}}$

$= 4y \cdot \frac{y}{4}$

$= \frac{4y^2}{4}$

$= y^2$

Aufgabe 86

Interaktive Aufgabe
4. Wurzelterme berechnen

Vereinfache wie in den obigen Beispielen (über der Grundmenge $\mathbb{R}_0^+$).

a) $5\sqrt{27} \cdot 3\sqrt{3}$

b) $\sqrt{xy^2} \cdot \sqrt{25x}$

c) $\sqrt{49t^2s^2} \cdot \sqrt{2t^2}$

d) $\frac{\sqrt{5y^3} \cdot \sqrt{6xy}}{\sqrt{30xy^2}}$

e) $\frac{5x \cdot \sqrt{3x}}{4\sqrt{xy}} : \frac{\sqrt{yx}}{\sqrt{xy^2}}$

f) $\frac{24\sqrt{27g}}{6\sqrt{3k^2g^3}} \cdot \left(\frac{\sqrt{5k}}{\sqrt{4g^4}}\right)^2$

Teilweises Radizieren

Merke

Teilweises Radizieren nennt man die Zerlegung des Radikanden in Faktoren, deren Quadratwurzel man angeben kann.

Beispiele

1. $\sqrt{54} = \sqrt{9 \cdot 6} = \sqrt{9} \cdot \sqrt{6} = 3\sqrt{6}$ — Aus 9 lässt sich die Wurzel ziehen.

2. $\sqrt{12x^3y^5} = \sqrt{3 \cdot 4 \cdot x^2 \cdot x \cdot y^4 \cdot y}$
$= \sqrt{4x^2y^4} \cdot \sqrt{3xy}$
$= 2xy^2 \cdot \sqrt{3xy}$

   Anwenden der Potenzgesetze: $x^3 = x^2 \cdot x$ und $y^5 = y^4 \cdot y$
   Ziel: Gerade Exponenten! Etwa: $\sqrt{y^4} = y^2$
   $\sqrt{4x^2y^4} = \sqrt{2^2} \cdot \sqrt{x^2} \cdot \sqrt{(y^2)^2} = 2xy^2$

3. Durch teilweises Radizieren lassen sich manchmal auch gleiche Radikanden herstellen, sodass sich dadurch Wurzelterme weiter vereinfachen:
$\sqrt{45} - \sqrt{5} + \sqrt{80} = \sqrt{9 \cdot 5} - \sqrt{5} + \sqrt{16 \cdot 5}$
$= 3\sqrt{5} - \sqrt{5} + 4\sqrt{5}$
$= 6\sqrt{5}$

   Die Radikanden enthalten alle den Faktor 5.

Aufgabe 87

Interaktive Aufgabe
5. Teilweises Radizieren

Vereinfache wie in den obigen Beispielen (über der Grundmenge $\mathbb{R}_0^+$).

a) $\sqrt{18}$
b) $\sqrt{45x^3}$
c) $\sqrt{90x^5y^3}$
d) $7\sqrt{18} - 6\sqrt{32} + 5\sqrt{50}$
e) $x\sqrt{6x^3} - \sqrt{24x^5} - 4x^2\sqrt{54x}$
f) $2xy\sqrt{7y} - \sqrt{63x^2y^3} - \sqrt{175x^2y}$

Rationalmachen des Nenners

Merke

Unter dem **Rationalmachen des Nenners** versteht man die Umformung eines Bruchterms mit dem Ziel, dass im Nenner keine Wurzelterme mehr auftreten.

Beispiele

1. $\frac{21}{\sqrt{7}} = \frac{21 \cdot \sqrt{7}}{\sqrt{7} \cdot \sqrt{7}} = \frac{21\sqrt{7}}{7} = 3\sqrt{7}$

   Erweitern mit dem Nenner
   $\sqrt{7} \cdot \sqrt{7} = 7$ rationale Zahl im Nenner

2. Ist der Nenner eine Summe oder Differenz, hilft die 3. binomische Formel.
$$\frac{4}{\sqrt{3} - \sqrt{2}} = \frac{4 \cdot (\sqrt{3} + \sqrt{2})}{(\sqrt{3} - \sqrt{2}) \cdot (\sqrt{3} + \sqrt{2})} = \frac{4\sqrt{3} + 4\sqrt{2}}{3 - 2} = 4\sqrt{3} + 4\sqrt{2}$$

   Anwendung der 3. binomischen Formel:
   $(a - b) \cdot (a + b) = a^2 - b^2$
   $(\sqrt{3} - \sqrt{2}) \cdot (\sqrt{3} + \sqrt{2}) = \sqrt{3}^2 - \sqrt{2}^2 = 3 - 2 = 1$

Aufgabe 88

Interaktive Aufgabe
6. Nenner rational machen

Forme so um, dass der Nenner eine rationale Zahl ist.

a) $\frac{5}{\sqrt{8}}$
b) $\frac{6}{\sqrt{5} - \sqrt{3}}$
c) $\frac{\sqrt{7}}{\sqrt{x} + \sqrt{y}}$
d) $\frac{\sqrt{3}}{4 + \sqrt{3}}$

2.4 Quadratische Funktionen

Merke

Funktionen mit der Funktionsgleichung f: $y = ax^2 + bx + c$ (a, b, c ∈ ℝ; a ≠ 0) werden wegen ihres quadratischen Teilterms $a \cdot x^2$ als **quadratische Funktionen** bezeichnet.

Die Funktion mit der Gleichung $y = x^2$

Merke

Für die einfachste quadratische Funktion f: $y = x^2$ ($\mathbb{G} = \mathbb{R} \times \mathbb{R}$) gilt a = 1, b = 0 und c = 0.

- Für die Definitionsmenge $\mathbb{D}$ gilt: $\mathbb{D} = \mathbb{R}$, für die Wertemenge $\mathbb{W}$ gilt: $\mathbb{W} = \mathbb{R}_0^+$
- Der Graph der Funktion f heißt **Normalparabel**.
- Die Normalparabel hat den **Scheitelpunkt** S(0|0).
- Die y-Achse ist **Symmetrieachse** des Graphen mit der Gleichung s: x = 0.

Wertetabelle

x	−4	−3	−2	−1	0	1	2	3	4
$y = x^2$	16	9	4	1	0	1	4	9	16

Graph

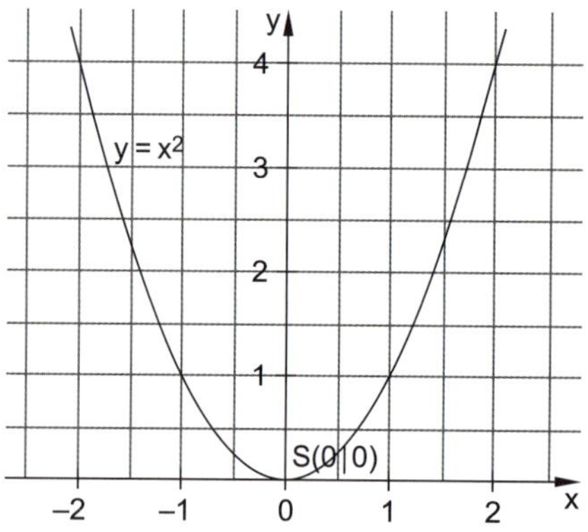

Funktionen mit Gleichungen der Form $y = a \cdot x^2$

Merke

Die Graphen von Funktionen mit Gleichungen der Form $y = ax^2$ ($a \in \mathbb{R} \setminus \{0\}$) sind Parabeln mit dem Scheitelpunkt S(0|0). Der **Formfaktor a** legt die **Öffnung** und die **Form** der Parabel fest.

Öffnung:

- $a > 0$: Die Parabel ist nach **oben** geöffnet.
- $a < 0$: Die Parabel ist nach **unten** geöffnet.

Form:

- $|a| > 1$: Die Parabel ist **gestreckt**, das heißt „steiler" als die Normalparabel.
- $|a| = 1$: Normalparabel
- $|a| < 1$: Die Parabel ist **gestaucht**, das heißt „flacher" als die Normalparabel.

Beispiele

$a = 1{,}5$ f_1: $y = 1{,}5x^2$
$a = 0{,}25$ f_2: $y = 0{,}25x^2$
$a = -0{,}5$ f_3: $y = -0{,}5x^2$
$a = -2$ f_4: $y = -2x^2$

Wertetabelle

x	−3	−2	−1	0	1	2	3
f_1: $y = 1{,}5x^2$	13,5	6	1,5	0	1,5	6	13,5
f_2: $y = 0{,}25x^2$	2,25	1	0,25	0	0,25	1	2,25
f_3: $y = -0{,}5x^2$	−4,5	−2	−0,5	0	−0,5	−2	−4,5
f_4: $y = -2x^2$	−18	−8	−2	0	−2	−8	−18

Graphen der Funktionen $f_1 - f_4$:

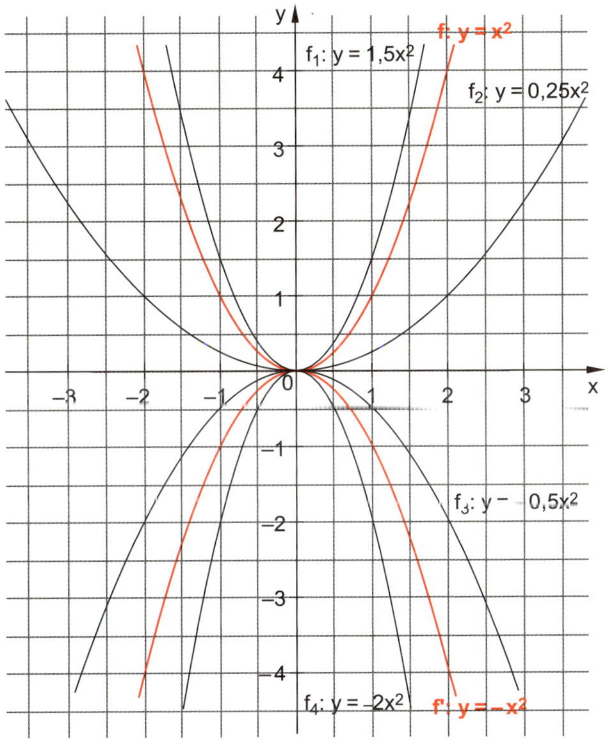

f: nach oben geöffnete Normalparabel
f_1: nach oben geöffnet und gestreckt
f_2: nach oben geöffnet und gestaucht
f': nach unten geöffnete Normalparabel
f_3: nach unten geöffnet und gestaucht
f_4: nach unten geöffnet und gestreckt

Aufgaben

89 Berechne den Wert von $a \in \mathbb{R} \setminus \{0\}$ so, dass der Graph der Funktion f: $y = ax^2$ durch den Punkt P verläuft.

a) $P\left(\frac{1}{2} \middle| 1\right)$ b) $P(-3 \mid 6)$

90 Beschreibe gemäß dem Beispiel die Graphen der nachfolgenden Funktionen.
Beispiel: p: $y = -1{,}25x^2$
- Die Parabel ist nach unten geöffnet, da $a < 0$.
- Es handelt sich um eine gestreckte Parabel, da $|a| > 1$.
- Der Scheitelpunkt hat die Koordinaten $S(0 \mid 0)$.
- Die y-Achse ist Symmetrieachse mit der Gleichung s: $x = 0$.
- $\mathbb{D} = \mathbb{R}$; $\mathbb{W} = \mathbb{R}_0^-$

a) p_1: $y = 3{,}5x^2$ b) p_2: $y = -0{,}6x^2$

91 Ein aus dem Ruhezustand frei fallender Stein legt nach der Zeit t einen Weg von $s=\frac{1}{2}gt^2$ zurück (dabei soll vom Luftwiderstand abgesehen werden). Die Konstante g wird als Fallbeschleunigung bezeichnet. Ihr Wert hängt vom jeweiligen Himmelskörper ab:

$g_{Erde} \approx 9{,}81\ \frac{m}{s^2}$ $g_{Mond} \approx 1{,}62\ \frac{m}{s^2}$ $g_{Sonne} \approx 274\ \frac{m}{s^2}$

a) Zeichne die Graphen für $t \in [0\ s;\ 6\ s]$ mit $\Delta x = 1\ s$ für den freien Fall auf der Erde, dem Mond und auf der Sonne.
Rechtswertachse: Zeit t in Sekunden
Hochwertachse: Strecke s in Metern

b) Wie lange bräuchte auf den genannten Himmelskörpern ein Stein, der aus einer Höhe von s = 100 m fällt, bis er auf dem Boden landet? (Das Verglühen des Steins auf der Sonne wird vernachlässigt.)

Interaktive Aufgaben

1. Parabel zuordnen
2. Reihenfolge
3. Parabel zeichnen

Die Scheitelform: $y = a \cdot (x - x_S)^2 + y_S$

Merke

Wird eine Parabel p mit der Gleichung $y = a \cdot x^2$ durch Parallelverschiebung mit dem Vektor $\vec{v} = \begin{pmatrix} x_S \\ y_S \end{pmatrix}$ auf die Bildparabel p' abgebildet: $p \xmapsto{\vec{v} = \begin{pmatrix} x_S \\ y_S \end{pmatrix}} p'$, so lässt sich die Gleichung der Bildparabel in der sogenannten **Scheitelform** angeben:

p': $y = a \cdot (x - x_S)^2 + y_S$

$S'(x_S \mid y_S)$ sind die Koordinaten des Scheitelpunkts S'.

Beispiel

$$p:\ y = -\frac{2}{3}x^2 \xmapsto{\vec{v} = \begin{pmatrix} -2 \\ 4 \end{pmatrix}} p':\ y = -\frac{2}{3}(x - (-2))^2 + 4$$

$$y = -\frac{2}{3}(x + 2)^2 + 4$$

also: $S'(-2 \mid 4)$

Graph

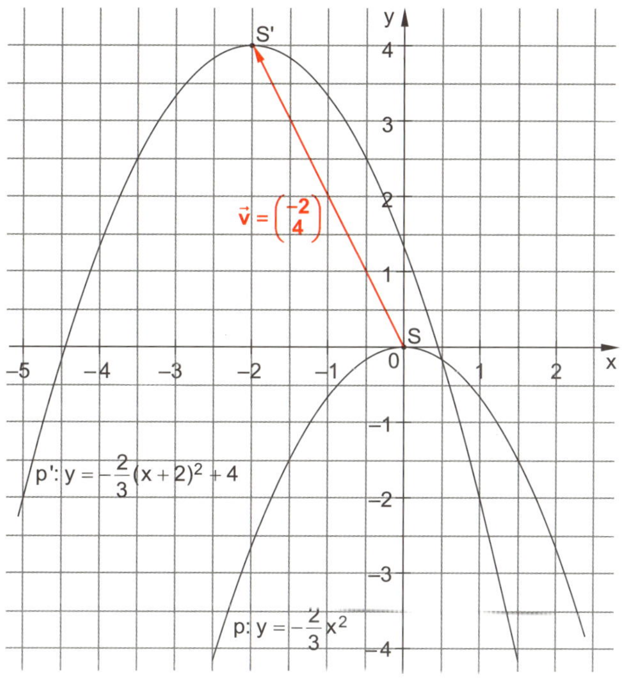

Der Graph der Parabel p' mit der Gleichung
$y = -\frac{2}{3}(x+2)^2 + 4$
hat folgende Eigenschaften:

- Die Parabel ist nach unten geöffnet, da $a < 0$.
- Die Parabel ist gestaucht, da $|a| < 1$.
- Der Scheitelpunkt hat die Koordinaten $S'(-2\,|\,4)$.
- Die Symmetrieachse hat die Gleichung s: $x = -2$.
- $\mathbb{D} = \mathbb{R}$; $\mathbb{W} = \{y \,|\, y \leqq 4\}$

Aufgabe 92

Die Parabel p wird durch Parallelverschiebung mit Vektor $\vec{v}$ auf die Parabel p' abgebildet. Gib die Gleichung der Bildparabel sowie die Eigenschaften des Graphen an und zeichne p und p'.

a) p: $y = -\frac{1}{4}x^2$; $\vec{v} = \begin{pmatrix} -3 \\ 4 \end{pmatrix}$

b) p: $y = 3{,}5x^2$; $\vec{v} = \begin{pmatrix} 2 \\ -5 \end{pmatrix}$

Interaktive Aufgaben

4. Parabel zuordnen
5. Parabel zeichnen
6. Verschiebungsvektor

Von der Scheitelform zur allgemeinen Form

Merke

Die Gleichung $y = a(x - x_s)^2 + y_s$ heißt **Scheitelform** der Parabelgleichung. Durch Umformung (Multiplikation des Binoms und anschließendes Zusammenfassen) erhält man die **allgemeine Form** $y = ax^2 + bx + c$.

Beispiel

p: $y = -\frac{2}{3}(x+2)^2 + 4$ — Scheitelform

$y = -\frac{2}{3}(x^2 + 4x + 4) + 4$ — Binomische Formel

$y = -\frac{2}{3}x^2 - \frac{8}{3}x - \frac{8}{3} + 4$

$y = -\frac{2}{3}x^2 - 2\frac{2}{3}x + 1\frac{1}{3}$ — Allgemeine Form

Aufgabe 93

Interaktive Aufgabe
7. Scheitelform in allgemeine Form

Bestimme die Wertemenge, gib die Gleichung der Symmetrieachse s an und bringe die Funktionsgleichung auf die allgemeine Form.

a) $y=-\frac{1}{8}(x-2)^2+5$

b) $y=\frac{1}{3}\left(x+\frac{1}{2}\right)^2-\frac{2}{3}$

Von der allgemeinen Form zur Scheitelform

Merke

> Die Gleichung $y=ax^2+bx+c$ heißt **allgemeine Form** der Parabelgleichung.
> Durch **quadratische Ergänzung** erhält man die **Scheitelform** $y=a(x-x_s)^2+y_s$.

Beispiel

p: $y=\frac{1}{2}x^2-4x+5$	Allgemeine Form. Klammere $\frac{1}{2}$ aus.
$y=\frac{1}{2}[x^2-8x+10]$	**Quadratisch ergänzen** mit 4^2
$y=\frac{1}{2}[x^2-8x+4^2-4^2+10]$	Binomische Formel $a^2-2ab+b^2=(a-b)^2$ anwenden
$y=\frac{1}{2}[(x-4)^2-16+10]$	Term vereinfachen
$y=\frac{1}{2}[(x-4)^2-6]$	
$y=\frac{1}{2}(x-4)^2-3$	Scheitelform
$S(4\mid-3)$	Scheitelpunkt S

Aufgabe 94

Interaktive Aufgabe
8. Allgemeine Form in Scheitelform

Berechne die Scheitelform und gib die Koordinaten des Scheitelpunkts S an.

a) p: $y=5x^2-15x+2{,}5$

b) p: $y=-\frac{1}{4}x^2-\frac{1}{2}x-1\frac{3}{4}$

Berechnen von Parabelgleichungen

Merke

> Abhängig von den gegebenen Werten ist beim Aufstellen von Parabelgleichungen zwischen dem Weg über die Scheitelform und dem Weg über die allgemeine Form der vorteilhaftere zu wählen. Dabei unterscheidet man 3 Fälle:
> - Gegeben: Scheitelpunkt und Formfaktor a $\rightarrow$ Ansatz über die Scheitelform
> - Gegeben: Scheitelpunkt und Punkt auf der Parabel $\rightarrow$ Ansatz über die Scheitelform
> - Gegeben: 2 Punkte auf der Parabel und Wert von Formfaktor a oder b oder c $\rightarrow$ Ansatz über die allgemeine Form

Beispiel

Stelle jeweils die Parabelgleichung auf.

a) Gegeben ist eine Parabel p mit dem Formfaktor $a=-2$ und dem Scheitelpunkt $S(-1\mid 3)$.

b) Gegeben ist eine Parabel p mit dem Scheitelpunkt $S(3\mid 4)$, die durch den Punkt $P(4\mid 5)$ verläuft.

c) Gegeben ist eine Parabel p mit dem Formfaktor $a=-2$, die durch die Punkte $A(2\,|\,1)$ und $B(1\,|\,-5)$ verläuft.

Lösung:

a) Ansatz über die Scheitelform:

$a=-2$: $\quad p: y=-2(x-x_s)^2+y_s$	Setze $a=-2$ und die Koordinaten des Scheitelpunkts
$S(-1\,|\,3)\in p: y=-2(x-(-1))^2+3$	$S(-1\,|\,3)$ für x_s und y_s ein.
$\Leftrightarrow\ y=-2(x+1)^2+3$	
$\Leftrightarrow\ y=-2(x^2+2x+1)+3$	Klammer auflösen
$\Leftrightarrow\ y=-2x^2-4x-2+3$	Zusammenfassen
$\Leftrightarrow\ y=-2x^2-4x+1$	Allgemeine Form

b) Ansatz über die Scheitelform:

$S(3\,|\,4)\in p: y=a(x-3)^2+4$	Koordinaten von S für x_S und y_S eingesetzt
$P(4\,|\,5)\in p: 5=a(4-3)^2+4$	Koordinaten von P für x und y eingesetzt
$\Leftrightarrow\ 5=a+4 \quad |-4$	Berechne den Wert von a.
$\Leftrightarrow\ a=1$	

somit:

$p: y=1(x-3)^2+4$	Scheitel S und a in Scheitelform eingesetzt
$\Leftrightarrow\ y=x^2-6x+9+4$	
$\Leftrightarrow\ y=x^2-6x+13$	Allgemeine Form

c) Ansatz über die allgemeine Form:

$a=-2$: $\quad p: y=-2x^2+bx+c$	a in die allgemeine Form eingesetzt
$A(2\,|\,1)\in p: 1=-2\cdot 2^2+b\cdot 2+c$	x- und y-Koordinaten von A eingesetzt
$\Leftrightarrow\ 1=-2\cdot 4+2b+c$	Beachte: Potenzrechnung vor Punktrechnung
$\Leftrightarrow\ 1=-8+2b+c \quad |+8$	Zusammenfassen
$\Leftrightarrow\ \mathbf{9=2b+c}$	

Außerdem gilt:

$B(1\,|\,-5)\in p: -5=-2\cdot 1^2+b\cdot 1+c$	x- und y-Koordinaten von B eingesetzt
$\Leftrightarrow\ -5=-2+b+c \quad |+2$	Zusammenfassen
$\Leftrightarrow\ \mathbf{-3=b+c}$	

Die **beiden Gleichungen** mit den Variablen b und c ergeben zusammen ein lineares Gleichungssystem, das man schnell mit dem Gleichsetzungsverfahren lösen kann:

$9=2b+c \quad |-2b$ $\wedge\ -3=b+c \quad |-b$	Löse beide Gleichungen nach c auf.
$\Leftrightarrow\ c=9-2b$ $\wedge\ c=-3-b$	I = II: Gleichsetzen
$\Leftrightarrow\ 9-2b=-3-b\ (\mathrm{I}=\mathrm{II}) \quad |+2b+3$ $\wedge\ c=-3-b$	Bringe die Variable b auf eine Seite.
$\Leftrightarrow\ b=12$ $\wedge\ c=-3-b$	Setze $b=12$ in die zweite Gleichung ein.
$\Leftrightarrow\ b=12$ $\wedge\ c=-15$	

$\mathbb{L}(b\,|\,c)=\{(12\,|\,-15)\}$

$p: y=-2x^2+12x-15$	Allgemeine Form mit $a=-2$, $b=12$ und $c=-15$

Aufgaben

95 Ermittle jeweils die allgemeine Form der Parabelgleichung auf Grundlage der gegebenen Werte.

a) Parabel p mit Scheitel $S(-4|6) \in p$; $P(-6|-2) \in p$
b) Parabel p mit $a=0{,}5$; $P(-1|0) \in p$; $Q(3|0) \in p$
c) Parabel p mit $a=-1$; $b=6$; $A(5{,}5|1{,}75) \in p$
d) Parabel p mit $b=0{,}5$; $P(-1|-4) \in p$; $Q(5|-7) \in p$
e) Parabel p mit Scheitel $S(-1|5) \in p$; $A(-7|-4) \in p$
f) Parabel p mit $c=5$; $P(2|-1) \in p$; $E(-4|5) \in p$

96 Die Parabel p besitzt die Gleichung $y=x^2-8x+20$.

a) Berechne die Koordinaten des Scheitelpunktes S.
b) Prüfe rechnerisch, ob die Punkte $A(-1|5)$ und $B(2|8)$ auf der Parabel liegen.

97 Die Parabel p: $y=ax^2+bx+c$ verläuft durch die Punkte $P(-3|5)$ und $Q(3|1)$. Der Formfaktor a hat den Wert $-0{,}5$. Berechne die Gleichung der Parabel p. Berechne anschließend die Koordinaten des Scheitelpunktes S.

Interaktive Aufgaben

- 9. Parabelgleichung berechnen
- 10. Parabelgleichung berechnen
- 11. Parabelgleichung berechnen

Extremwerte

Merke

Der Graph einer quadratischen Funktion ist eine Parabel. Im **Scheitelpunkt** der Parabel besitzt eine quadratische Funktion entweder ihren **minimalen** (kleinsten) oder ihren **maximalen** (größten) Funktionswert, d. h. ihren **Extremwert**. Die y_S-Koordinate des Scheitelpunktes $S(x_S|y_S)$ entspricht daher immer dem Extremwert der quadratischen Funktion.

Beispiele

1. Die Punkte P_n auf der Parabel p mit der Gleichung $y=-\frac{1}{2}x^2+3x-3$ haben dieselbe Abszisse x (x-Koordinate) wie die zugehörigen Punkte Q_n auf der Geraden g mit der Gleichung $y=\frac{2}{3}x+\frac{1}{2}$.
Zeige, dass für die Streckenlänge $\overline{Q_nP_n}(x)$ gilt: $\overline{Q_nP_n}(x)=\left(\frac{1}{2}x^2-2\frac{1}{3}x+3\frac{1}{2}\right)$ LE.
Bestimme rechnerisch die Länge der kürzesten Strecke $[Q_0P_0]$ und den zugehörigen Wert für x.

Lösung:

$Q_n \in g$: $y=\frac{2}{3}x+\frac{1}{2}$, also haben die Punkte Q_n die allgemeinen Koordinaten:
$Q_n\left(x \,\middle|\, \frac{2}{3}x+\frac{1}{2}\right)$

$P_n \in p$: $y=-\frac{1}{2}x^2+3x-3$, also haben die Punkte P_n die allgemeinen Koordinaten:
$P_n\left(x \,\middle|\, -\frac{1}{2}x^2+3x-3\right)$

Da Q_n und P_n die gleiche Abszisse x haben, gilt für $\overline{Q_nP_n}(x)$:

$\overline{Q_nP_n}(x)=(y_{Q_n}-y_{P_n})$ LE

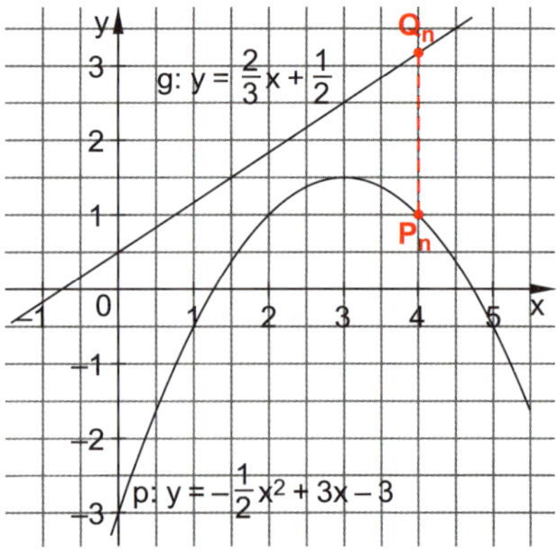

y-Koordinaten einsetzen und Klammern setzen: $(y_{oben}-y_{unten})$

$\overline{Q_nP_n}(x) = \left[\frac{2}{3}x + \frac{1}{2} - \left(-\frac{1}{2}x^2 + 3x - 3\right)\right]$ LE

Wichtig: Klammern um y_{P_n} setzen!

$\overline{Q_nP_n}(x) = \left[\frac{2}{3}x + \frac{1}{2} + \frac{1}{2}x^2 - 3x + 3\right]$ LE

$\overline{Q_nP_n}(x) = \left[\frac{1}{2}x^2 - 2\frac{1}{3}x + 3\frac{1}{2}\right]$ LE

Berechnung von $\overline{P_0Q_0}$:

$\overline{Q_nP_n}(x) = \left(\frac{1}{2}x^2 - 2\frac{1}{3}x + 3\frac{1}{2}\right)$ LE

Der Faktor $\frac{1}{2}$ wird ausgeklammert, indem man jeden Summanden in der Klammer durch den auszuklammernden Faktor dividiert.

$\overline{Q_nP_n}(x) = \frac{1}{2}\left[x^2 - 4\frac{2}{3}x + 7\right]$ LE

Ergänze quadratisch.

$\overline{Q_nP_n}(x) = \frac{1}{2}\left[x^2 - 4\frac{2}{3}x + \left(2\frac{1}{3}\right)^2 - \left(2\frac{1}{3}\right)^2 + 7\right]$ LE

$\overline{Q_nP_n}(x) = \frac{1}{2}\left[\left(x - 2\frac{1}{3}\right)^2 - \frac{49}{9} + \frac{63}{9}\right]$ LE

$\overline{Q_nP_n}(x) = \left[\frac{1}{2}\left(x - 2\frac{1}{3}\right)^2 + \frac{7}{9}\right]$ LE

Damit du wirklich die Scheitelform erhältst, anhand derer du leicht den Extremwert ablesen kannst, musst du noch $\frac{1}{2}$ mit der Klammer multiplizieren. Denke dabei daran, auch den zweiten Summanden $-\frac{49}{9} + \frac{63}{9} = \frac{14}{9}$ mit $\frac{1}{2}$ zu multiplizieren!

also: $\overline{Q_0P_0} = \frac{7}{9}$ LE für $x = 2\frac{1}{3}$

2. Die Punkte A(4 | 7) und B(–1 | 2) liegen auf einer nach oben geöffneten Normalparabel. Die Punkte C_n mit Abszisse x wandern auf dem Parabelbogen zwischen B und A und bilden mit diesen Punkten Dreiecke ABC_n.
   a) Berechne die Gleichung der Parabel und die Koordinaten des Scheitels.
   b) Zeichne die Parabel und das Dreieck ABC_1 für $x = 0$ in ein Koordinatensystem.
   c) Berechne den Flächeninhalt A(x) der Dreiecke ABC_n in Abhängigkeit der Abszisse x der Punkte C_n.
   d) Unter den Dreiecken ABC_n gibt es ein Dreieck ABC_0 mit maximalem Flächeninhalt A_{max}. Berechne A_{max} sowie die zugehörige Belegung von x. Gib ferner die Koordinaten des Punktes C_0 an.

Lösung:

a) Ansatz über die allgemeine Form:

$a = 1$: p: $y = 1x^2 + bx + c$ — Nach oben geöffnete Normalparabel → a = 1

$A(4 \mid 7) \in$ p: $7 = 4^2 + b \cdot 4 + c$ — x- und y-Koordinaten von A eingesetzt

$\Leftrightarrow \; 7 = 16 + 4b + c \quad | -4b - 16$ — Löse nach c auf.

$\Leftrightarrow \; c = -4b - 9$

$\wedge$

$B(-1 \mid 2) \in$ p: $2 = (-1)^2 + b \cdot (-1) + c$ — x- und y-Koordinaten von B eingesetzt

$\Leftrightarrow \; 2 = 1 - b + c \quad | -1 + b$ — Löse nach c auf.

$\Leftrightarrow \; c = b + 1$

$\Leftrightarrow \; \begin{vmatrix} c = -4b - 9 \\ \wedge \; c = b + 1 \end{vmatrix}$ — I = II: Gleichsetzen

$\Leftrightarrow \; \begin{vmatrix} -4b - 9 = b + 1 \; (I = II) \quad | -b + 9 \\ \wedge \; c = b + 1 \end{vmatrix}$ — Bringe die Variable b auf eine Seite.

$\Leftrightarrow \; \begin{vmatrix} -5b = 10 \quad | : (-5) \\ \wedge \; c = b + 1 \end{vmatrix}$

$\Leftrightarrow \left| \begin{array}{l} b=-2 \\ \wedge \; c=-2+1=-1 \end{array} \right.$ Einsetzen von –2 für b in Gleichung II

$\mathbb{L}(b\,|\,c)=\{(-2\,|\,-1)\}$

p: $y=x^2-2x-1$ Allgemeine Form mit a = 1, b = –2 und c = –1

Berechnung der Koordinaten des Scheitels:

p: $y = x^2 - 2x - 1$ Ergänze quadratisch.

$y = x^2 - 2x + 1^2 - 1^2 - 1$

$y = (x-1)^2 - 2$

$S(1\,|\,-2)$

b) 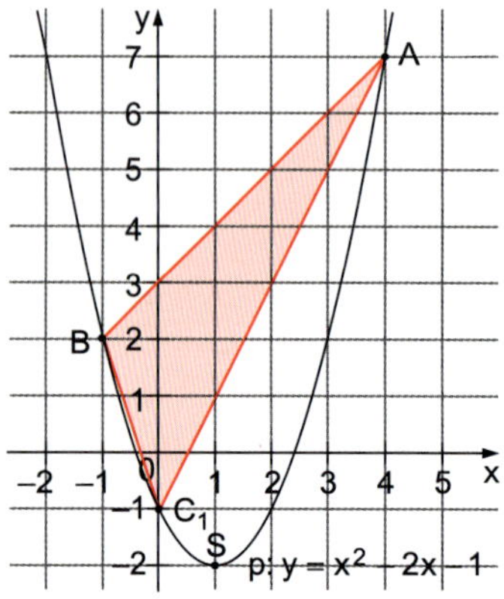

c) Aufspannende Vektoren:

$\overrightarrow{BA} = \begin{pmatrix} 4-(-1) \\ 7-2 \end{pmatrix} = \begin{pmatrix} 5 \\ 5 \end{pmatrix}$

$\overrightarrow{BC_n} = \begin{pmatrix} x-(-1) \\ x^2-2x-1-2 \end{pmatrix} = \begin{pmatrix} x+1 \\ x^2-2x-3 \end{pmatrix}$ Verwende $C_n(x\,|\,x^2-2x-1)$; $C_n \in p$

Flächeninhalt in Abhängigkeit von x mit Determinante:

$A(x) = \frac{1}{2} \cdot \begin{vmatrix} x+1 & 5 \\ x^2-2x-3 & 5 \end{vmatrix}$ FE Reihenfolge der Vektoren in der Determinante beachten!

$A(x) = \frac{1}{2} \cdot [(x+1) \cdot 5 - (x^2-2x-3) \cdot 5]$ FE Vorzeichen beim Ausmultiplizieren beachten

$A(x) = \frac{1}{2} \cdot [5x + 5 - 5x^2 + 10x + 15]$ FE Zusammenfassen

$A(x) = \frac{1}{2} \cdot [-5x^2 + 15x + 20]$ FE

$A(x) = [-2,5x^2 + 7,5x + 10]$ FE

d) $A(x) = [-2,5x^2 + 7,5x + 10]$ FE Ausklammern

$A(x) = -2,5[x^2 - 3x - 4]$ FE Ergänze quadratisch.

$A(x) = -2,5[x^2 - 3x + 1,5^2 - 1,5^2 - 4]$ FE Binom bilden

$A(x) = -2,5[(x-1,5)^2 - 6,25]$ FE $-2,5 \cdot (-6,25) = 15,625$

$A(x) = [-2,5(x-1,5)^2 + 15,625]$ FE

$A_{max} = 15,625$ FE für $x = 1,5$

$C_0(1,5\,|\,1,5^2 - 2 \cdot 1,5 - 1)$ Einsetzen von x = 1,5 in die Parabelgleichung

$C_0(1,5\,|\,-1,75)$

Aufgaben

98 Gegeben sind die Parabeln p_1: $y = -\frac{1}{2}x^2 + 3x - 5$ und p_2: $y = x^2 - 5x + 7$.
Die Punkte $A_n \in p_1$ und $B_n \in p_2$ haben die gleiche Abszisse x und es gilt $y_{B_n} > y_{A_n}$.
Berechne zuerst $\overline{A_nB_n}$ in Abhängigkeit von x. Berechne anschließend die Koordinaten der Punkte A_1 und B_1 so, dass $\overline{A_1B_1}$ minimal ist.

99 Die Punkte $A(1\,|-3)$ und $B(5\,|\,1)$ bilden mit den Punkten $C_n(x\,|\,x^2)$ auf der Normalparabel p Dreiecke ABC_n.

a) Zeichne die Parabel und das Dreieck ABC_1 mit $C_1(2{,}5\,|\,?)$ in ein Koordinatensystem.
Platzbedarf: $-2 \leqq x \leqq 6{,}5$; $-3 \leqq y \leqq 6{,}5$
b) Berechne den Flächeninhalt der Dreiecke ABC_n in Abhängigkeit von der x-Koordinate der Punkte C_n und berechne anschließend den Flächeninhalt des Dreiecks ABC_1.
c) Ermittle den Flächeninhalt des Dreiecks ABC_0 mit dem kleinstmöglichen Flächeninhalt und zeichne es ein.
d) Berechne den Abstand des Punktes C_1 von der Geraden AB.
e) Unter den Dreiecken gibt es ein weiteres Dreieck ABC_2, das den gleichen Flächeninhalt wie das Dreieck ABC_1 besitzt. Zeichne es ein und begründe deine Lösung.

100 Gegeben ist die Parabel p_1 mit $a = \frac{1}{2}$, $A(0\,|\,6) \in p_1$ und $B(5\,|\,8{,}5) \in p_1$.

a) Berechne die Gleichung von p_1 und anschließend die Koordinaten des Scheitelpunktes S_1 von p_1.
b) Zeichne p_1 in ein Koordinatensystem ein. Platzbedarf: $-1 \leqq x \leqq 8$; $-2 \leqq y \leqq 7$
c) Die Punkte $P_n(0\,|\,?)$ auf der y-Achse, Q_n auf p_2: $y = -\frac{1}{2}x^2 + 4x - 6$, R_n auf p_1 und $S_n(0\,|\,?)$ auf der y-Achse bilden Rechtecke $P_nQ_nR_nS_n$ mit zu den Koordinatenachsen paarweise parallelen Seiten $(x > 0)$. Zeichne für $x = 2$ ein Scharrechteck $P_1Q_1R_1S_1$ ein.
d) Berechne die Seitenlänge $\overline{Q_nR_n}$ der Rechtecke in Abhängigkeit von x und sodann den Umfang u(x) der Rechtecksschar in Abhängigkeit von x.
Ergebnis: $u(x) = (2x^2 - 10x + 24)$ LE
e) Berechne den Wert von x, für den ein Rechteck mit minimalem Umfang entsteht, und gib diesen an.

Interaktive Aufgaben

- 12. Extremwert: Dreiecksfläche
- 13. Extremwert: Trapezfläche
- 14. Extremwert: Abstand

Parabelscharen – Bestimmung von Trägergraphen

Merke

Hängt eine Parabelgleichung p von einem variablen Parameter $a \in \mathbb{R}$ ab, schreibt man p(a). Belegt man a mit Zahlen aus $\mathbb{R}$, erhält man jeweils eine bestimmte Parabelgleichung. Alle diese (Schar-)Parabeln bilden zusammen die **Parabelschar p(a)**. Entsprechend bezeichnet man den Parameter a als **Scharparameter**. Die Kurve, auf der alle Scheitelpunkte der Scharparabeln liegen, heißt **Trägergraph der Scheitelpunkte**.

Beispiel

Die Parabelschar p(b) hat die Gleichung $y = -x^2 - 4bx - b^2 - 3b$ mit $b \in \mathbb{R}$.

a) Bringe die Schargleichung auf die Scheitelform und stelle die Scheitelkoordinaten aller Parabeln in Abhängigkeit von b dar.

b) Ermittle die Gleichung des Trägergraphen t der Scheitelpunkte aller Scharparabeln.

c) Berechne die Scheitelkoordinaten der Scharparabeln für $b \in \{-1; 0; 1; 2\}$ und zeichne ihre Graphen sowie den Trägergraphen t in ein Koordinatensystem.

Lösung:

a) Berechnung der Scheitelkoordinaten in Abhängigkeit von b:

$p(b) = -x^2 - 4bx - b^2 - 3b$ — Faktor −1 ausklammern

$p(b) = -[x^2 + 4bx + b^2 + 3b]$ — Ergänze quadratisch. Ergänzungsterm: $\frac{4b}{2}$

$p(b) = -[x^2 + 4bx + (2b)^2 - (2b)^2 + b^2 + 3b]$ — Binomische Formel anwenden

$p(b) = -[(x + 2b)^2 - 4b^2 + b^2 + 3b]$ — Zusammenfassen

$p(b) = -[(x + 2b)^2 - 3b^2 + 3b]$

$p(b) = -(x - (\mathbf{-2b}))^2 + \mathbf{3b^2 - 3b}$

also: $S_b(\mathbf{-2b} \mid \mathbf{3b^2 - 3b})$ — Parameterdarstellung des Scheitelpunkts

b) Berechnung des Trägergraphen der Scheitelpunkte der Scharparabeln:

$S(x \mid y) = S_b(-2b \mid 3b^2 - 3b)$ — Setze S(x|y) gleich mit der Parameterdarstellung des Scheitelpunkts.

$$\Leftrightarrow \begin{vmatrix} x = -2b \quad |:(-2) \\ \wedge\ y = 3b^2 - 3b \end{vmatrix}$$ — Gleichung I nach b auflösen

$$\Leftrightarrow \begin{vmatrix} b = -\frac{1}{2}x \\ \wedge\ y = 3\left(-\frac{1}{2}x\right)^2 - 3\left(-\frac{1}{2}x\right) \end{vmatrix}$$ — $b = -\frac{1}{2}x$ für b in Gleichung II eingesetzt

$$\Leftrightarrow \begin{vmatrix} b = -\frac{1}{2}x \\ \wedge\ y = \frac{3}{4}x^2 + \frac{3}{2}x \end{vmatrix}$$

also: $t\colon y = \frac{3}{4}x^2 + 1\frac{1}{2}x$ — Gleichung des Trägergraphen

Die Scheitelpunkte aller Scharparabeln liegen auf einer Parabel mit der Gleichung $y = \frac{3}{4}x^2 + 1\frac{1}{2}x$.

c) Berechnung der Scheitelpunkte der Scharparabeln:
$S_b(-2b \mid 3b^2 - 3b)$

$S_{-1}(-2 \cdot (-1) \mid 3(-1)^2 - 3(-1)) = S_{-1}(2 \mid 6)$ $S_0(-2 \cdot 0 \mid 3 \cdot 0^2 - 3 \cdot 0) = S_0(0 \mid 0)$
$S_1(-2 \cdot 1 \mid 3 \cdot 1^2 - 3 \cdot 1) = S_1(-2 \mid 0)$ $S_2(-2 \cdot 2 \mid 3 \cdot 2^2 - 3 \cdot 2) = S_2(-4 \mid 6)$

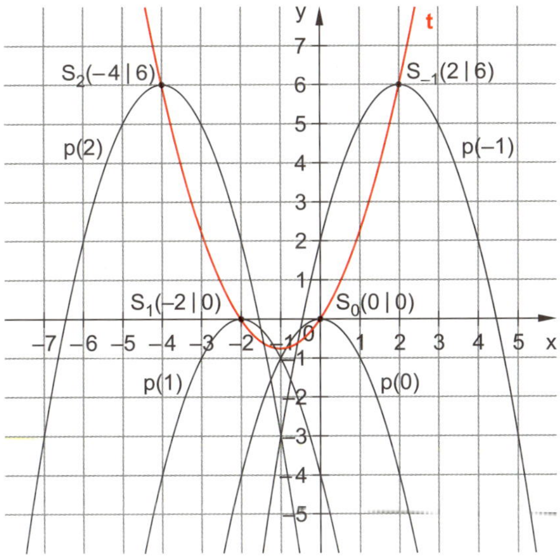

Aufgaben

101 Gegeben ist die Parabelschar p(a): $y = ax^2 + 4x + 6$ mit $a \in \mathbb{R}$.
a) Bringe die Schargleichung auf Scheitelform und stelle die Scheitelkoordinaten aller Parabeln in Abhängigkeit von a dar.
b) Berechne die Scheitelkoordinaten für $a = 0{,}5$ und zeichne die zugehörige Parabel in ein Koordinatensystem.
c) Ermittle mithilfe des Parameterverfahrens die Gleichung des Trägergraphen t der Scheitelpunkte aller Scharparabeln. Zeichne t ein.

102 Gegeben ist die Parabelschar p(a): $y = x^2 - 2x + 2ax + a^2$ mit $a \in \mathbb{R}$. Bringe die Gleichung auf Scheitelform und gib die Koordinaten der Scheitelpunkte S_a in Abhängigkeit von a an.

103 Die Gleichung $y = x^2 - ax + 2a$ beschreibt eine Parabelschar p(a) mit dem Scharparameter $a \in \mathbb{R}$.
a) Bringe die Schargleichung auf Scheitelform und stelle die Scheitelkoordinaten aller Parabeln in Abhängigkeit von a dar.
b) Ermittle die Gleichung des Trägergraphen t der Scheitelpunkte aller Scharparabeln.
c) Bestimme die Gleichungen der Scharparabeln, die durch die Punkte $P_1(-1 \mid 4)$, $P_2(0 \mid 6)$, $P_3(1{,}5 \mid 4{,}75)$ und $P_4(1 \mid 8)$ verlaufen. Zeichne diese Scharparabeln sowie den Trägergraphen in ein Koordinatensystem ein. Platzbedarf: $-3 \leqq x \leqq 7$; $-3 \leqq y \leqq 9$

104 Gegeben ist die Parabelschar p(c) mit der Gleichung $y = x^2 - 2cx + c^2 - 2c + 1$ mit $c \in \mathbb{R}$.
a) Bestimme die Gleichung des geometrischen Ortes, auf dem die Scheitel aller Scharparabeln liegen.
b) Zeichne die Scharparabeln für $c \in \{-3; -2; -1; 0; 1; 2\}$ in ein Koordinatensystem. Platzbedarf: $-6 \leqq x \leqq 6$; $-3 \leqq y \leqq 11$

Interaktive Aufgaben
15. Gerade als Trägergraph 16. Parabelschar

Parallelverschiebung von Parabeln

Merke

Wird eine Parabel p durch Parallelverschiebung mit dem Vektor $\vec{v} = \begin{pmatrix} v_x \\ v_y \end{pmatrix}$ auf die Bildparabel p' abgebildet, so schreibt man: $p \xrightarrow{\vec{v}} p'$

Die Gleichung der Bildparabel p' lässt sich auf zwei Arten berechnen:

- **Vektorvergleich:**
  $\overrightarrow{PP'} = \vec{v}$ mit P'(x' | y') und allgemeinem Parabelpunkt P(x | p(x))
- **Vektorkette:**
  $\overrightarrow{OP'} = \overrightarrow{OP} \oplus \vec{v}$ mit P'(x' | y') und allgemeinem Parabelpunkt P(x | p(x))

Beide Methoden führen auf ein Gleichungssystem, in dem y' in Abhängigkeit von x' ausgedrückt werden kann.

Sonderfall: Ist die Gleichung der Parabel p in der Form $y = a \cdot x^2$ gegeben, wird ihr Scheitel S(0 | 0) auf $S'(v_x \mid v_y)$ abgebildet, sodass sich die Gleichung von p' mithilfe der **Scheitelform** sofort angeben lässt:

p': $y = a \cdot (x - v_x)^2 + v_y$

Beispiel

Die Parabel p mit der Gleichung $y = \frac{1}{2}x^2$ wird mit dem Vektor $\vec{v} = \begin{pmatrix} 4 \\ -3 \end{pmatrix}$ parallel verschoben.

Berechne die Gleichung der Bildparabel p' mithilfe von Vektorvergleich, Vektorkette und Scheitelform.

Lösung:

Es gilt:

$$p: y = \frac{1}{2}x^2 \xrightarrow{\vec{v} = \begin{pmatrix} 4 \\ -3 \end{pmatrix}} p'$$

$$P\left(x \,\middle|\, \frac{1}{2}x^2\right) \xrightarrow{\vec{v} = \begin{pmatrix} 4 \\ -3 \end{pmatrix}} P'(x' \mid y')$$

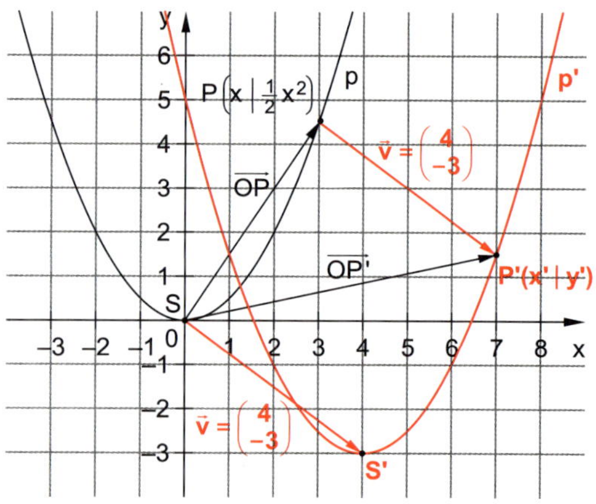

- Vektorvergleich:

$$\overrightarrow{PP'} = \vec{v} \text{ mit } P'(x' \mid y')$$

$$\Leftrightarrow \begin{pmatrix} x' - x \\ y' - \frac{1}{2}x^2 \end{pmatrix} = \begin{pmatrix} 4 \\ -3 \end{pmatrix}$$

$$\Leftrightarrow \begin{vmatrix} x' - x = 4 \\ \wedge\ y' - \frac{1}{2}x^2 = -3 \end{vmatrix}$$ Nach x auflösen / Nach y' auflösen

$$\Leftrightarrow \begin{vmatrix} x = x' - 4 \\ \wedge\ y' = \frac{1}{2}(x' - 4)^2 - 3 \end{vmatrix}$$ $x = x' - 4$ aus Gleichung I in Gleichung II eingesetzt

also: $p': y = \frac{1}{2}(x - 4)^2 - 3$

Durch Umbenennen von x' in x und y' in y erhält man die Gleichung der Bildparabel.
Die Scheitelpunktkoordinaten von S' lassen sich aus der Scheitelform ermitteln: S'(4 | −3)

- Vektorkette:

$\overrightarrow{OP'} = \overrightarrow{OP} \oplus \vec{v}$ mit $P'(x'|y')$

$\Leftrightarrow \begin{pmatrix} x' \\ y' \end{pmatrix} = \begin{pmatrix} x \\ \frac{1}{2}x^2 \end{pmatrix} \oplus \begin{pmatrix} 4 \\ -3 \end{pmatrix}$

$\Leftrightarrow \left| \begin{array}{l} x' = x + 4 \\ \wedge\ y' = \frac{1}{2}x^2 - 3 \end{array} \right.$ Nach x auflösen

$\Leftrightarrow \left| \begin{array}{l} x = x' - 4 \\ \wedge\ y' = \frac{1}{2}(x' - 4)^2 - 3 \end{array} \right.$ $x = x' - 4$ aus Gleichung I in Gleichung II eingesetzt

also: $p': y = \frac{1}{2}(x-4)^2 - 3$ Gleichung der Bildparabel

- Scheitelform:

$p: y = \frac{1}{2}x^2 \xmapsto{\vec{v} = \begin{pmatrix} 4 \\ -3 \end{pmatrix}} p': y = \frac{1}{2}(x-4)^2 - 3$

Bei der Parallelverschiebung wird der Scheitelpunkt $S(0|0)$ der Parabel p durch den Vektor $\vec{v}$ auf $S'(v_x|v_y)$ abgebildet.

Aufgaben

105 Die Parabel p mit $y = -3x^2$ wird mit dem Vektor $\vec{v} = \begin{pmatrix} -2 \\ 0,25 \end{pmatrix}$ parallel verschoben. Berechne die Gleichung der Bildparabel p' in allgemeiner Form mittels Vektorvergleich.

106 Die Parabeln mit den folgenden Gleichungen werden mittels des angegebenen Vektors $\vec{v}$ verschoben. Ermittle mithilfe der Scheitelform die Gleichungen der Bildparabeln p'.

a) $p: y = -\frac{2}{3}x^2$; $\vec{v} = \begin{pmatrix} 4 \\ 1,5 \end{pmatrix}$

b) $p: y = 2,45x^2$; $\vec{v} = \begin{pmatrix} -0,5 \\ 12 \end{pmatrix}$

c) $p: y = 0,\bar{3}x^2$; $\vec{v} = \begin{pmatrix} -2 \\ -0,6 \end{pmatrix}$

d) $p: y = 2x^2$; $\vec{v} = \begin{pmatrix} 0 \\ -7 \end{pmatrix}$

107 Die Parabel p mit $y = 2x^2 + 12x + 16$ wird mit dem Vektor $\vec{v} = \begin{pmatrix} 7 \\ 4 \end{pmatrix}$ parallel verschoben.

a) Berechne die Gleichung der Bildparabel p' durch Vektorvergleich.
b) Berechne anschließend die Koordinaten der Scheitelpunkte S von p und S' von p' und zeichne die Parabeln in ein gemeinsames Koordinatensystem.
Platzbedarf: $-6 \leqq x \leqq 7$; $-3 \leqq y \leqq 6$

108 Die Parabel p mit $y = -\frac{1}{4}x^2 + 2x - 7$ wird mit dem Vektor $\vec{v} = \begin{pmatrix} -5 \\ 3 \end{pmatrix}$ parallel verschoben.

a) Berechne die Gleichung der Bildparabel p' durch Vektorvergleich.
b) Berechne anschließend die Koordinaten der Scheitelpunkte S bzw. S' von p und p'.

Interaktive Aufgabe

17. Parallelverschiebung

Umkehrung quadratischer Funktionen

Die Funktion $f: y = x^2$ mit $\mathbb{D}_f = \mathbb{R}$, $\mathbb{W}_f = \mathbb{R}_0^+$ bezüglich $\mathbb{G} = \mathbb{R} \times \mathbb{R}$ wird an der Winkelhalbierenden des I. und III. Quadranten ($w_{I/III}$) gespiegelt. So erhält man den Graphen der **Umkehrrelation R^{-1}**.

Die Gleichung $y^2 = x$ von R^{-1} erhält man durch Vertauschen der Rollen von x und y in $y = x^2$. Um die Gleichung von R^{-1} in der Standardform zu erhalten, löst man nach y auf:

$$R^{-1}: \quad y^2 = x \quad |\sqrt{}$$
$$\Leftrightarrow \quad |y| = \sqrt{x}$$
$$\Leftrightarrow \quad y = -\sqrt{x} \;\vee\; y = \sqrt{x}$$

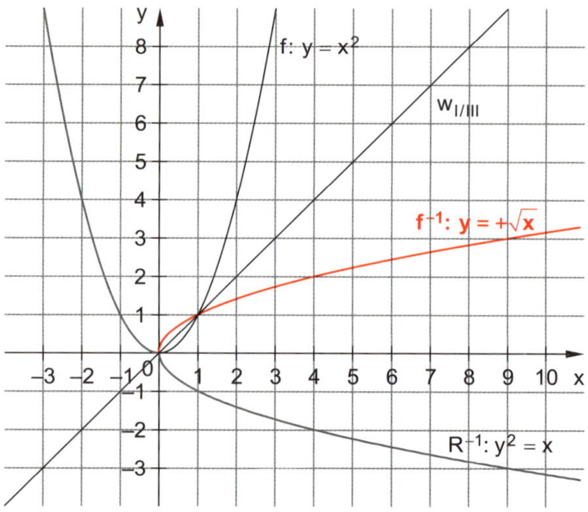

Es gilt also: $R^{-1} = \{(x\,|\,y)\,|\,y = -\sqrt{x} \;\vee\; y = \sqrt{x}\}$ mit $\mathbb{D}_{R^{-1}} = \mathbb{R}_0^+$ und $\mathbb{W}_{R^{-1}} = \mathbb{R}$.

Da die Umkehrrelation R^{-1} zur Funktion f: $y = x^2$ in $\mathbb{G} = \mathbb{R} \times \mathbb{R}$ also jedem x-Wert mehr als einen y-Wert zuordnet ($-\sqrt{x}$ und $\sqrt{x}$), handelt es sich um **keine Funktion**.
Schränkt man aber die Grundmenge auf $\mathbb{G} = \mathbb{R}_0^+ \times \mathbb{R}_0^+$ ein, ordnet die Umkehrrelation R^{-1} jedem x-Wert nur einen y-Wert zu ($\sqrt{x}$) und ist damit zugleich **Umkehrfunktion f^{-1}** zu f.

Merke

> In $\mathbb{G} = \mathbb{R}_0^+ \times \mathbb{R}_0^+$ ist die Funktion mit der Gleichung $y = \sqrt{x}$ die **Umkehrfunktion** zur quadratischen Funktion mit der Gleichung $y = x^2$.
> Die Funktion mit der Gleichung $y = \sqrt{x}$ heißt **Quadratwurzelfunktion**.

Analog wie bei f: $y = x^2$ geht man bei der Bestimmung von Graph und Gleichung der Umkehrfunktion einer allgemeinen quadratischen Funktion vor:

Merke

> **Umkehrung quadratischer Funktionen**
> Für eine quadratische Funktion f mit $\mathbb{G} = \mathbb{R} \times \mathbb{R}$ gilt:
> - Den Graphen der Umkehrrelation R^{-1} erhält man, indem man den Graphen von f **an der Winkelhalbierenden $w_{I/III}$ des I. und III. Quadranten spiegelt**.
> - Den Graphen der Umkehrfunktion f^{-1} erhält man, indem man den Graphen der Umkehrrelation R^{-1} so einschränkt, dass jedem x-Wert nur ein y-Wert zugeordnet wird. (Äquivalent dazu schränkt man $\mathbb{G}$ oder $\mathbb{D}_f$ bzw. $\mathbb{W}_{f^{-1}}$ so ein, dass die Umkehrrelation eine Funktion ist.)
> - Für die Definitions- und Wertemenge von Funktion f und Umkehrfunktion f^{-1} gilt: $\mathbb{D}_f = \mathbb{W}_{f^{-1}}$ und $\mathbb{W}_f = \mathbb{D}_{f^{-1}}$
> - Um die **Gleichung der Umkehrfunktion f^{-1}** von f zu bestimmen, muss man in der Funktionsgleichung von f die Rollen von **x und y vertauschen** und die neu entstandene Gleichung nach y auflösen. Dabei ist die gegebenenfalls eingeschränkte Definitionsmenge $\mathbb{D}_f = \mathbb{W}_{f^{-1}}$ zu beachten.

Beispiel

Zeichne den Graphen von f: $y=(x-3)^2+4$ mit $\mathbb{D}_f=\{x \mid x \geqq 3\}$.
Bestimme anschließend die Gleichung der Umkehrfunktion f^{-1}, gib ihre Definitions- und Wertemenge an und zeichne den zugehörigen Graphen.

Lösung:

f: $\quad y=(x-3)^2+4 \quad \mathbb{D}_f=\{x \mid x \geqq 3\}$

f^{-1}: $\quad x=(y-3)^2+4 \quad |-4$

$\Leftrightarrow (y-3)^2=x-4 \quad |\sqrt{}$

$\Leftrightarrow |y-3|=\sqrt{x-4}$

$\overset{\mathbb{W}_{f^{-1}}}{\Leftrightarrow} \quad y-3=\sqrt{x-4} \quad |+3$

$\Leftrightarrow \quad y=\sqrt{x-4}+3$

$\mathbb{D}_{f^{-1}}=\{x \mid x \geqq 4\}$; $\mathbb{W}_{f^{-1}}=\{y \mid y \geqq 3\}$

Bemerkung: $\mathbb{D}_f=\mathbb{W}_{f^{-1}}$ ist bereits so eingeschränkt, dass sich die Funktionsgleichung von f nach dem Vertauschen der Rollen von x und y *äquivalent* nach y umformen lässt. (Es gilt: $y-3 \geqq 0$)

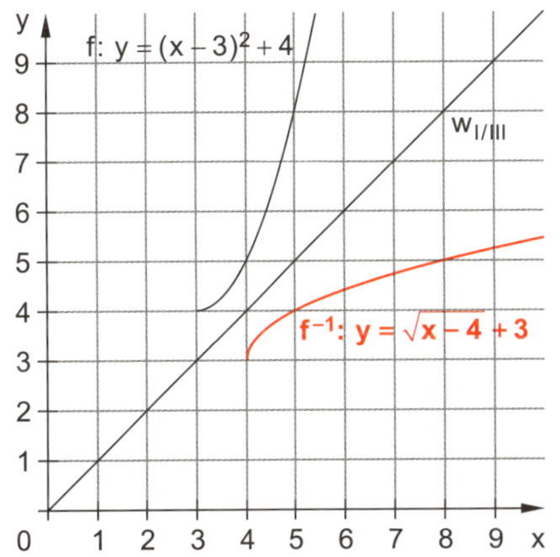

Die Definitionsmenge von f ist bereits so eingeschränkt, dass der Graph der Umkehrrelation R^{-1} jedem x-Wert nur einen y-Wert zuordnet, also R^{-1} bereits die Umkehrfunktion f^{-1} ist.

Aufgaben

109 Bestimme Definitions- und Wertemenge nachfolgender Funktionen für $\mathbb{G}=\mathbb{R}\times\mathbb{R}$ und zeichne die Graphen anhand einer geeigneten Wertetabelle in ein Koordinatensystem.

a) f: $y=\sqrt{x+2}$ b) f: $y=\sqrt{4x-3}$

c) f: $y=-\sqrt{1{,}5x-1}$ d) f: $y=-\sqrt{-4x-20}$

e) f: $y=\sqrt{3x-5}+1{,}5$ f) f: $y=-\sqrt{2+0{,}5x}-3$

110 Zeichne die Graphen zu nachfolgenden Funktionen und gib die Wertemenge an. Gib anschließend Definitions- und Wertemenge der Umkehrfunktion an und bestimme ihre Gleichung. Zeichne den zugehörigen Graphen auch ins Koordinatensystem.

a) f: $y=2x^2 \quad \mathbb{D}_f=\mathbb{R}_0^+$

b) f: $y=x^2-4 \quad \mathbb{D}_f=\mathbb{R}_0^+$

c) f: $y=(x-5)^2 \quad \mathbb{D}_f=\{x \mid x \leqq 5\}$

d) f: $y=-(x+3)^2 \quad \mathbb{D}_f=\{x \mid x \leqq -3\}$

Interaktive Aufgabe

18. Umkehrfunktion

2.5 Quadratische Gleichungen

Gleichungen der Form $ax^2 + bx + c = 0$ mit $a \in \mathbb{R} \setminus \{0\}$ und $b, c \in \mathbb{R}$ heißen **quadratische Gleichungen** (in allgemeiner Form). Man unterscheidet dabei zwischen reinquadratischen Gleichungen und gemischtquadratischen Gleichungen ohne bzw. mit **linearem Term bx**.

Merke

Quadratische Gleichungen der Form $ax^2 + c = 0$ mit $\mathbf{b = 0}$ bezeichnet man als **reinquadratische Gleichungen**.
Für die Lösungsmenge einer reinquadratischen Gleichung der Form $x^2 = d$ gilt:

- $d > 0$: 2 Lösungen $\mathbb{L} = \{-\sqrt{d}; +\sqrt{d}\}$
- $d = 0$: 1 Lösung $\mathbb{L} = \{0\}$
- $d < 0$: keine Lösung $\mathbb{L} = \emptyset$

Beispiele

1. $\frac{1}{2}x^2 - 4 = 0 \quad |+4 \qquad \mathbb{G} = \mathbb{R}$

Reinquadratische Gleichung: Löse nach x^2 auf.
Bringe die Gleichung durch äquivalentes Umformen auf die Form $x^2 = d$.

$$\Leftrightarrow \quad \frac{1}{2}x^2 = 4 \quad |\cdot 2$$
$$\Leftrightarrow \quad x^2 = 8 \quad |\sqrt{}$$
$$\Leftrightarrow \quad |x| = \sqrt{8}$$
$$x_1 = -\sqrt{8} \approx -2{,}83 \quad \vee \quad x_2 = +\sqrt{8} \approx +2{,}83$$
$$\mathbb{L} = \{-\sqrt{8}; +\sqrt{8}\}$$

Grafische Lösung:

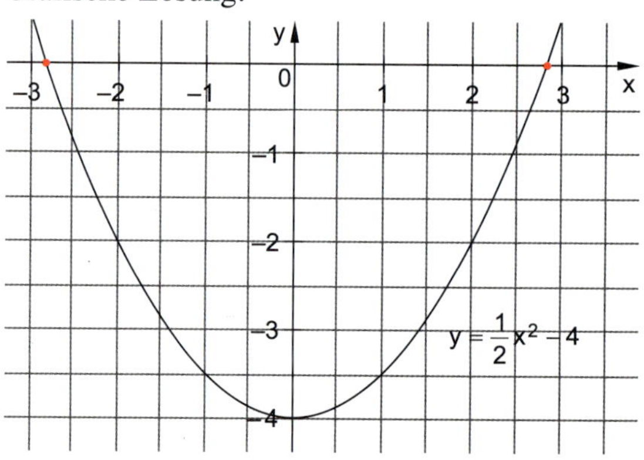

2. $(3z - 2)^2 + 5z = 4 - 7z \qquad \mathbb{G} = \mathbb{R}$

Wende die 2. binomische Formel an und löse nach z^2 auf.

$$\Leftrightarrow \quad 9z^2 - 12z + 4 + 5z = 4 - 7z$$
$$\Leftrightarrow \quad 9z^2 - 7z + 4 = 4 - 7z \quad |-4 + 7z$$

Zusammenfassen und äquivalentes Umformen

$$\Leftrightarrow \quad 9z^2 = 0 \quad \left|\cdot \frac{1}{9}\right.$$
$$\Leftrightarrow \quad z^2 = 0$$
$$\Leftrightarrow \quad z = 0$$
$$\mathbb{L} = \{0\}$$

Nur der Wert $z = 0$ erfüllt die Gleichung.

3. $\frac{6}{5}a^2 = -\frac{36}{5} \quad \left|\cdot \frac{5}{6}\right. \qquad \mathbb{G} = \mathbb{R}$

$$\Leftrightarrow \quad a^2 = -6$$
$$\mathbb{L} = \emptyset$$

Reinquadratische Gleichung: Löse nach a^2 auf durch Multiplikation mit dem Kehrbruch.
Die Gleichung besitzt keine Lösung, da das Quadrat einer reellen Zahl nicht negativ sein kann.

Aufgabe 111

Löse folgende Gleichungen ($\mathbb{G}=\mathbb{R}$).

a) $\sqrt{2}x^2-\sqrt{72}=0$

b) $(x-3)(x+3)+(x-4)(x+4)=25$

c) $\frac{y-6}{y-5}=\frac{2y+8}{y+4}$

d) $\frac{5+3a}{a}=\frac{7a-7}{4a-9}$

Interaktive Aufgabe

1. Gleichung lösen

Merke

Gleichungen der Form $ax^2+bx+c=0$ mit $a, b\in\mathbb{R}\setminus\{0\}$ und $c\in\mathbb{R}$ bezeichnet man als **gemischtquadratische Gleichungen**.

Beispiele

1. $5{,}5x^2-9{,}2x+14=0$ — $a=5{,}5;\ b=-9{,}2;\ c=14$

2. $\left(\frac{1}{2}x-7\right)^2=11$ — Auch diese Gleichung ist gemischtquadratisch, wie nach der Umformung ersichtlich ist.

$\Leftrightarrow\ \frac{1}{4}x^2-7x+49=11\quad|-11$

$\Leftrightarrow\ \frac{1}{4}x^2-7x+38=0$ — $a=\frac{1}{4};\ b=-7;\ c=38$

3. $-\frac{2}{3}x^2=2\sqrt{3}x+3\quad|-2\sqrt{3}x-3$

$\Leftrightarrow\ -\frac{2}{3}x^2-2\sqrt{3}x-3=0$ — $a=-\frac{2}{3};\ b=-2\sqrt{3};\ c=-3$

Diskriminante und Lösungsformel

Merke

- Um die Lösungsmenge einer gemischtquadratischen Gleichung zu ermitteln, bringt man die Gleichung in die **allgemeine Form: $ax^2+bx+c=0$**.
- Die Anzahl der Lösungen der quadratischen Gleichung wird mithilfe der **Diskriminante $D=b^2-4ac$** bestimmt.
- Die Lösungsmenge $\mathbb{L}$ besitzt für:
  $D>0$: 2 Lösungen $\mathbb{L}=\{x_1;\ x_2\}$
  $D=0$: 1 Lösung $\mathbb{L}=\{x\}$
  $D<0$: keine Lösung $\mathbb{L}=\varnothing$
- Die Lösungselemente x werden mithilfe der **Lösungsformel**
  $$x_{1/2}=\frac{-b\pm\sqrt{D}}{2a}$$
  ermittelt, indem die Werte der Variablen a bzw. b sowie der Wert der Diskriminante D in die Lösungsformel eingesetzt werden.
- Gelegentlich ist es vorteilhaft vor der Diskriminantenberechnung die allgemeine Form $ax^2+bx+c=0$ in die sogenannte **Normalform** $x^2+\frac{b}{a}x+\frac{c}{a}=0$ umzuformen.

Beispiel

Berechne zuerst den Wert der Diskriminante D und dann die Lösungsmenge ($\mathbb{G}=\mathbb{R}$).

a) $9x^2-6x-8=0$

b) $4{,}5x^2=-0{,}5+3x$

c) $-5x^2+12x-14=-3x^2+4x-5$

Lösung:

a) $\underbrace{9}_{a}x^2 \underbrace{-6}_{b}x \underbrace{-8}_{c}=0$ — $a=9;\ b=-6;\ c=-8$

$D=b^2-4ac$ — Diskriminante D berechnen

$D=(-6)^2-4\cdot 9\cdot(-8)$

$D=36+288$

$D=324$ — Da $D>0$, gibt es zwei Lösungen x_1 und x_2.

$\Leftrightarrow\quad x_{1/2}=\dfrac{-b\pm\sqrt{D}}{2a}$

$\Leftrightarrow\quad x_{1/2}=\dfrac{-(-6)\pm\sqrt{324}}{2\cdot 9}$

$\Leftrightarrow\quad x_{1/2}=\dfrac{6\pm 18}{18}$

$x_1=\dfrac{24}{18}=1\dfrac{1}{3}\ \vee\ x_2=\dfrac{-12}{18}=-\dfrac{2}{3}$

$\mathbb{L}=\left\{-\dfrac{2}{3};1\dfrac{1}{3}\right\}$

b) $4{,}5x^2=-0{,}5+3x$ — Zunächst allgemeine Form aufstellen, dann a, b und c ablesen.

$\Leftrightarrow\quad \underbrace{4{,}5}_{a}x^2 \underbrace{-3}_{b}x+\underbrace{0{,}5}_{c}=0$

$D=b^2-4ac$ — Diskriminante D berechnen

$D=(-3)^2-4\cdot 4{,}5\cdot 0{,}5$

$D=0$ — Da $D=0$, gibt es genau eine Lösung.

$\Leftrightarrow\quad x=\dfrac{-b\pm\sqrt{D}}{2a}=\dfrac{-(-3)+0}{2\cdot 4{,}5}=\dfrac{3}{9}=\dfrac{1}{3}$

$\mathbb{L}=\left\{\dfrac{1}{3}\right\}$

c) $-5x^2+12x-14=-3x^2+4x-5\quad |+3x^2-4x+5$ — Allgemeine Form aufstellen

$\Leftrightarrow\quad \underbrace{-2}_{a}x^2+\underbrace{8}_{b}x\underbrace{-9}_{c}=0$

$D=b^2-4ac$

$D=8^2-4\cdot(-2)(-9)$

$D=64-72$

$D=-8$ — Da $D<0$, gibt es keine Lösung.

$\mathbb{L}=\varnothing$

Aufgaben

112 Löse die folgenden quadratischen Gleichungen ($\mathbb{G}=\mathbb{R}$).

a) $1x^2-\dfrac{1}{6}x-\dfrac{7}{6}=0$

b) $3x-65=-2x^2$

c) $\dfrac{1}{2}y^2+7=\dfrac{1}{4}(6+y)^2+1;\quad y<10$

d) $\dfrac{1}{4}(x-7)^2=\dfrac{1}{2}x-3\dfrac{3}{4}$

e) $-(4+x)=\dfrac{10}{2x}$

113 In einem Rechteck ist eine Seite 5 cm länger als die andere. Der Flächeninhalt des Rechtecks beträgt 104 cm^2. Wie lang sind die Seiten?

114 Die Seiten eines Rechtecks sind 21 m und 8 m lang. Die längere Seite wird um x m verkürzt, die kürzere um x m verlängert. Bestimme den Wert von x so, dass das neue Rechteck einen Flächeninhalt von 210 m^2 hat. Gib auch seine Seitenlängen an.

Interaktive Aufgaben

- 2. Anzahl der Lösungen bestimmen
- 3. a-b-c-Formel
- 4. Komplexe Gleichung
- 5. Zeitungsanzeige

Nullstellen von Parabeln

Merke

Die x-Koordinaten der Schnittpunkte einer Parabel mit der x-Achse werden als **Nullstellen** bezeichnet. Eine quadratische Funktion $y=ax^2+bx+c$ hat je nach Lage des Scheitelpunktes S und dem Vorzeichen von a **zwei, eine oder gar keine Nullstellen**. Zur Berechnung der Nullstellen ermittelt man mithilfe eines Gleichungssystems die Koordinaten der Schnittpunkte der Parabel mit der x-Achse (y = 0):

Parabelgleichung: $y=ax^2+bx+c$
Gleichung der x-Achse: $\wedge\ y=0$

Gleichsetzen: $\mathbf{ax^2+bx+c=0}$

Man setzt also den Funktionsterm **gleich null** und löst die Gleichung mittels der Lösungsformel für gemischtquadratische Gleichungen.

Beispiel

Bestimme die Nullstellen der Parabel p mit der Gleichung $y=\frac{1}{2}x^2-3x+2\frac{1}{2}$ und überprüfe dein Ergebnis grafisch.

Lösung:

$\frac{1}{2}x^2-3x+2\frac{1}{2}=0$ Funktionsterm gleich null gesetzt

$D=b^2-4ac$ Diskriminantenwert berechnen

$D=(-3)^2-4\cdot\frac{1}{2}\cdot 2\frac{1}{2}$

$D=9-5=4$ D > 0: also 2 Lösungselemente (= Nullstellen)

$\Leftrightarrow\ x_{1/2}=\frac{-b\pm\sqrt{D}}{2a}$ Lösungsformel

$\Leftrightarrow\ x_{1/2}=\frac{-(-3)\pm\sqrt{4}}{2\cdot\frac{1}{2}}$

$\Leftrightarrow\ x_{1/2}=\frac{3\pm 2}{1}$

$x_1=5\ \vee\ x_2=1$ Zwei Nullstellen

$\mathbb{L}=\{1; 5\}$

Die Parabel schneidet die x-Achse in den Punkten $N_1(1|0)$ und $N_2(5|0)$.

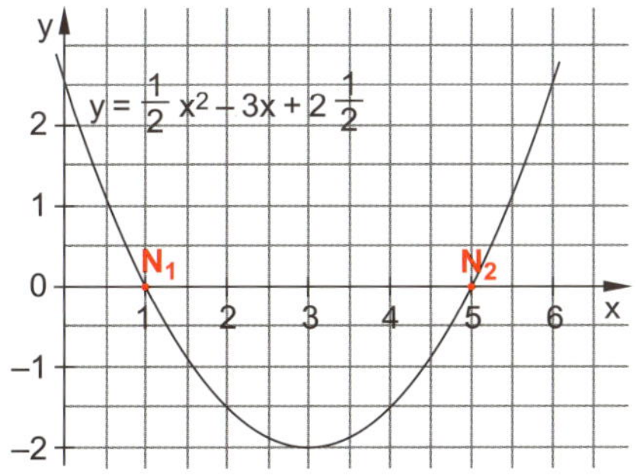

Aufgabe 115

Bestimme die Nullstellen der Parabel aus ihrer Funktionsgleichung.

a) p: $y=-\frac{1}{2}x^2+2x-2$ b) p: $y=-\frac{1}{4}x^2+\frac{1}{2}x-3\frac{1}{4}$ c) p: $y=-\frac{1}{8}x^2+x$

Interaktive Aufgaben

6. Nullstellen bestimmen
7. Nullstellen bestimmen
8. Nullstellen und Parabel bestimmen
9. Bundesjugendspiele

Schnitt von Parabel und Gerade

Die Bestimmung des Schnittpunktes zweier Geraden führt auf ein lineares Gleichungssystem (da jeder Geraden im Koordinatensystem eine lineare Gleichung entspricht). Entsprechend geht man bei der Bestimmung der Schnittpunkte einer Parabel mit einer Geraden vor.

Merke

Die Koordinaten der Schnittpunkte einer Parabel p mit der Gleichung $y=ax^2+bx+c$ und einer Geraden g mit der Gleichung $y=mx+t$ erfüllen gleichzeitig beide Gleichungen. Sie sind also Lösungen des Gleichungssystems:

Parabel p: $\quad y=ax^2+bx+c$
Gerade g: $\quad \wedge\; y=mx+t$

Gleichsetzen: $ax^2+bx+c=mx+t$

Die erhaltene quadratische Gleichung wird in die allgemeine Form gebracht, d. h., sie wird nach 0 aufgelöst und der Wert der Diskriminante D berechnet. Anhand der Anzahl der Lösungselemente kann die Anzahl der Schnittpunkte angegeben werden:

- $D>0$: 2 Schnittpunkte S_1 und S_2
- $D=0$: 1 **Berührpunkt** B (Die Gerade ist eine **Tangente** an p.)
- $D<0$: kein Schnittpunkt

Zur Berechnung der **x-Koordinaten** (Abszissen) der Schnittpunkte (bzw. des Berührpunktes) löst man die Gleichung mittels der Lösungsformel.

Zur Berechnung der **y-Koordinaten** (Ordinaten) der Schnittpunkte (bzw. des Berührpunktes) werden die Lösungen der quadratischen Gleichung(en) in die Parabel- **oder** die Geradengleichung eingesetzt. Die einfachere der beiden Gleichungen (in der Regel die Geradengleichung) ist dabei zu bevorzugen.

Beispiele

1. Berechne die Koordinaten der Schnittpunkte der Parabel p: $y=(x-2)^2-1$ und der Geraden g: $y=-x+7$.

   Lösung:

   Schnittpunktbedingung:

   Parabel p: $\quad y=(x-2)^2-1$
   Gerade g: $\quad \wedge\; y=-x+7$

   $\Rightarrow\quad (x-2)^2-1=-x+7 \quad (I=II)$ — Gleichsetzen
   $\Leftrightarrow\quad x^2-4x+4-1=-x+7$ — Vereinfachen und in die allgemeine Form bringen
   $\Leftrightarrow\quad x^2-4x+3=-x+7 \quad |+x-7$
   $\Leftrightarrow\quad x^2-3x-4=0$ — Quadratische Gleichung in der allgemeinen Form

   $D=b^2-4ac$ — Wert der Diskriminante berechnen
   $D=(-3)^2-4\cdot 1\cdot(-4)$
   $D=25$ — $D>0$: 2 Schnittpunkte

$\Leftrightarrow \quad x_{1/2} = \dfrac{-b \pm \sqrt{D}}{2a}$ Berechne die x-Koordinaten der Schnittpunkte mit der Lösungsformel.

$\Leftrightarrow \quad x_{1/2} = \dfrac{-(-3) \pm \sqrt{25}}{2 \cdot 1}$

$x_1 = 4 \quad \vee \quad x_2 = -1$ x-Koordinaten der beiden Schnittpunkte

$\mathbb{L} = \{-1; 4\}$ Lösungsmenge angeben

Einsetzen in $S_n(x \mid -x+7)$: Berechne die y-Koordinaten der Schnittpunkte durch Einsetzen in die Geradengleichung.

$S_1(-1 \mid -(-1)+7)$

$S_1(-1 \mid 8)$

$S_2(4 \mid -4+7)$

$S_2(4 \mid 3)$

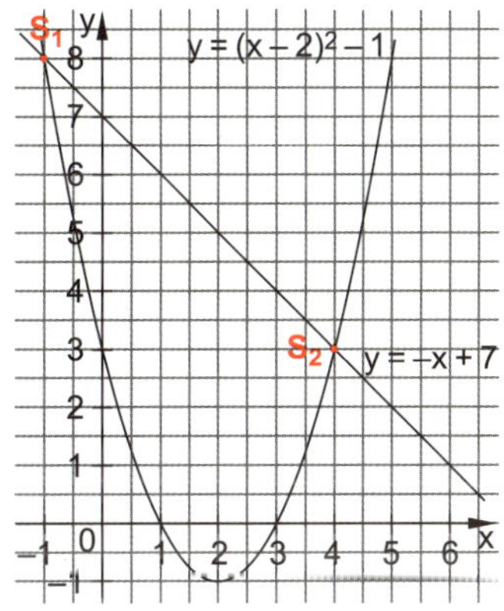

2. Zeige, dass die Gerade g mit g: $y = 2x + 1\frac{1}{2}$ Tangente an die Parabel p mit p: $y = \frac{1}{2}x^2 + 3x + 2$ ist und berechne die Koordinaten des Berührpunktes B.

Lösung:

Schnittpunktbedingung:

Parabel p: $\quad y = \dfrac{1}{2}x^2 + 3x + 2$

Gerade g: $\quad \wedge \; y = 2x + 1\dfrac{1}{2}$

Die Gerade ist eine Tangente an die Parabel, wenn es nur einen Schnittpunkt (Berührpunkt) mit ihr gibt.

$\Rightarrow \quad \dfrac{1}{2}x^2 + 3x + 2 = 2x + 1\dfrac{1}{2} \quad (\mathrm{I} = \mathrm{II}) \quad \Big| -2x - 1\dfrac{1}{2}$ Gleichsetzen

$\Leftrightarrow \quad \dfrac{1}{2}x^2 + x + \dfrac{1}{2} = 0$ In die allgemeine Form bringen

$D = b^2 - 4ac$ Wert der Diskriminante berechnen

$D = 1^2 - 4 \cdot \dfrac{1}{2} \cdot \left(\dfrac{1}{2}\right) = 0$ D = 0: 1 Berührpunkt → Tangente

$\Leftrightarrow \quad x = \dfrac{-b}{2a}$ x-Koordinate des Berührpunktes mit der Lösungsformel berechnen

$\Leftrightarrow \quad x = \dfrac{-1}{2 \cdot \frac{1}{2}} = -1$

$\mathbb{L} = \{-1\}$ Lösungsmenge angeben

Einsetzen in $B\left(x \;\middle|\; 2x + \frac{3}{2}\right)$:

$B\left(-1 \;\middle|\; 2(-1) + \dfrac{3}{2}\right)$

$B\left(-1 \;\middle|\; -\dfrac{1}{2}\right)$

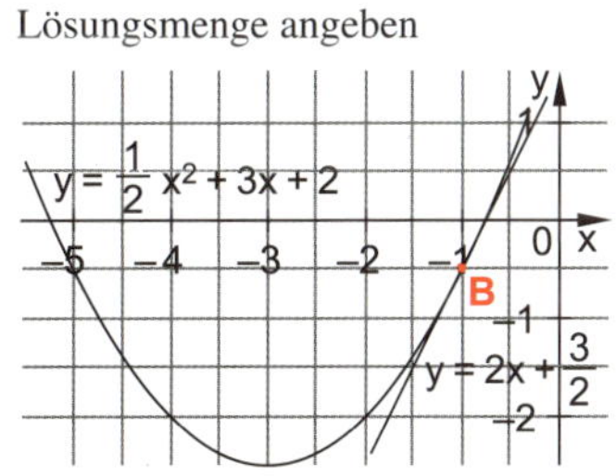

Die Gerade berührt die Parabel im Punkt $B\left(-1 \;\middle|\; -\frac{1}{2}\right)$.

Aufgaben

Für die folgenden Aufgaben ist die Grundmenge $\mathbb{G} = \mathbb{R} \times \mathbb{R}$.

116 Zeige durch Rechnung, dass die Gerade g mit der Gleichung $y = \frac{1}{2}x - 3\frac{5}{8}$ eine Tangente an die Parabel p mit der Gleichung $y = \frac{1}{2}x^2 - 3x + 2\frac{1}{2}$ ist und ermittle die Koordinaten des Berührpunktes B.

117 Berechne die Koordinaten der Schnittpunkte der Parabel $p\colon y = -\frac{1}{4}x^2 + \frac{1}{2}x + 5$ und der Geraden $g\colon y = \frac{1}{2}x + 4$.

118 Zeige, dass die Gerade g mit der Gleichung $y = \frac{1}{3}x + 6$ und die Parabel p mit der Gleichung $y = -(x+6)^2 + 3$ keinen Punkt gemeinsam haben.

Interaktive Aufgaben

10. Schnittpunkte bestimmen

11. Auto und Motorrad

Schnitt von Parabel mit Parabel – System quadratischer Gleichungen

Merke

Die Bestimmung der Schnittpunkte **zweier Parabeln** p_1 und p_2 führt auf ein Gleichungssystem, das aus **zwei quadratischen Gleichungen** besteht. Die Koordinaten der Schnittpunkte erfüllen gleichzeitig beide Gleichungen. Sie sind also Lösungen des Gleichungssystems:

$$\begin{array}{l|l} \text{Parabel } p_1: & y = a_1x^2 + b_1x + c_1 \\ \text{Parabel } p_2: & \wedge \; y = a_2x^2 + b_2x + c_2 \end{array}$$

Gleichsetzen: $a_1x^2 + b_1x + c_1 = a_2x^2 + b_2x + c_2$

Beispiel

Berechne die Koordinaten der Schnittpunkte der beiden Parabeln $p_1\colon y = -(x-7)^2 + 11$ und $p_2\colon y = \frac{1}{4}(x-2)^2 + 1$ mithilfe des Gleichsetzungsverfahrens.

Lösung:

Schnittpunktbedingung:

$$\begin{array}{l|l} \text{Parabel } p_1: & y = -(x-7)^2 + 11 \\ \text{Parabel } p_2: & \wedge \; y = \frac{1}{4}(x-2)^2 + 1 \end{array}$$

$\Rightarrow \quad -(x-7)^2 + 11 = \frac{1}{4}(x-2)^2 + 1 \qquad (\mathrm{I} = \mathrm{II})$ — In die allgemeine Form bringen

$\Leftrightarrow \quad -(x^2 - 14x + 49) + 11 = \frac{1}{4}(x^2 - 4x + 4) + 1$

$\Leftrightarrow \quad -x^2 + 14x - 49 + 11 = \frac{1}{4}x^2 - x + 1 + 1$

$\Leftrightarrow \quad -x^2 + 14x - 38 = \frac{1}{4}x^2 - x + 2 \qquad \left| -\frac{1}{4}x^2 + x - 2\right.$

$\Leftrightarrow \quad -\frac{5}{4}x^2 + 15x - 40 = 0$

$D = b^2 - 4ac$ — Wert der Diskriminante berechnen

$D = 15^2 - 4 \cdot \left(-\frac{5}{4}\right) \cdot (-40)$

$D = 225 - 200$

$D = 25$ — $D > 0$: zwei Schnittpunkte

$\Leftrightarrow \quad x_{1/2} = \frac{-b \pm \sqrt{D}}{2a}$

Berechne die x-Koordinaten der Schnittpunkte mithilfe der Lösungsformel.

$\Leftrightarrow \quad x_{1/2} = \frac{-15 \pm \sqrt{25}}{2 \cdot \left(-\frac{5}{4}\right)}$

$\Leftrightarrow \quad x_{1/2} = \frac{-15 \pm 5}{-2{,}5}$

$x_1 = 4 \quad \vee \quad x_2 = 8$

$\mathbb{L} = \{4; 8\}$

Lösungsmenge angeben

Einsetzen der x-Koordinaten in eine der beiden Parabelgleichungen:

$S_1(4 \mid -(4-7)^2+11)$

$S_1(4 \mid 2)$

$S_2(8 \mid -(8-7)^2+11)$

$S_2(8 \mid 10)$

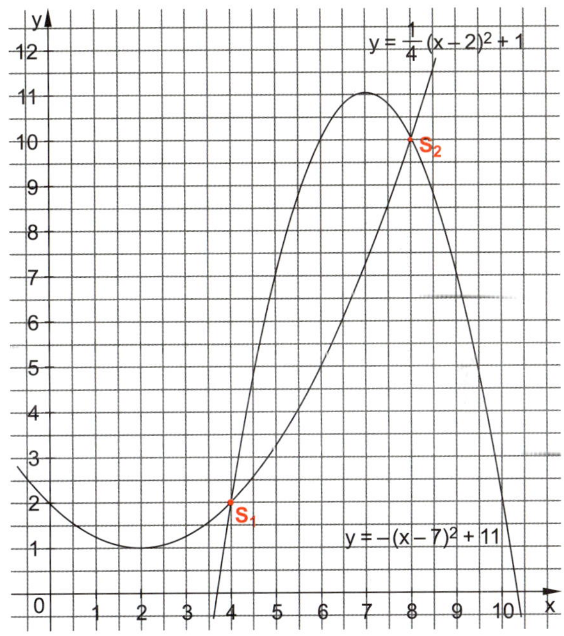

Aufgaben

Für die folgenden Aufgaben ist die Grundmenge $\mathbb{G} = \mathbb{R} \times \mathbb{R}$.

119 Zeige rechnerisch, dass sich die Parabel p_1 mit der Gleichung $y = -\frac{1}{4}x^2 - \frac{1}{2}x - 1$ und die Parabel p_2 mit der Gleichung $y = -x^2 + 2x - 5$ weder berühren noch schneiden.

120 Berechne die Koordinaten der Schnittpunkte der Parabel p_1 mit der Gleichung $y = \frac{1}{2}x^2 - \frac{1}{2}x - 2$ und der Parabel p_2 mit der Gleichung $y = -x^2 + 4x + 4$.

121 Die Parabel p_1 mit der Gleichung $y = -\frac{3}{2}x^2 + 9x - 8\frac{1}{2}$ und die Parabel p_2 mit der Gleichung $y = \frac{2}{3}x^2 - 4x + 11$ berühren sich im Punkt B.
Berechne die Koordinaten des Berührpunktes.

Interaktive Aufgaben

- 12. Schnittpunkte von zwei Parabeln
- 13. Berührpunkt von zwei Parabeln

Funktionale Abhängigkeiten und Extremwertberechnungen

Funktionale Abhängigkeiten und Extremwertberechnungen sind ein Schwerpunkt in der Abschlussprüfung. Das folgende Beispiel und die Aufgabe bauen auf dem Grundwissen 9. Klasse auf und führen auf das Anspruchsniveau in der Abschlussprüfung hin.

Beispiel

Die Parabel p hat die Gleichung $y = -0{,}25x^2 + 2x + 3$.
Die Gerade g hat die Gleichung $y = -0{,}25x + 3$.

a) Tabellarisiere die Parabel p für $x \in [-2; 10]$ in Schritten von $\Delta x = 1$ und zeichne die Graphen zu p und g in ein Koordinatensystem.
Platzbedarf: $-2 \leqq x \leqq 12$; $-3 \leqq y \leqq 8$

b) Berechne die Koordinaten der Schnittpunkte P und Q der Parabel p mit der Geraden g, wobei $x_P < x_Q$ gelten soll.

Punkte $C_n(x \mid -0{,}25x^2 + 2x + 3)$ auf der Parabel p liegen zwischen den Punkten P und Q und besitzen dieselbe Abszisse x wie die Punkte A_n auf der Geraden g. Die Punkte A_n und C_n sind die Eckpunkte von rechtwinkligen Dreiecken $A_nB_nC_n$ mit Hypotenuse $[B_nC_n]$.
$[A_nB_n]$ ist parallel zur x-Achse und immer 3 LE lang.

c) Zeichne die Dreiecke $A_1B_1C_1$ für $x = 3$ und $A_2B_2C_2$ für $x = 8$ in das Koordinatensystem ein.

d) Berechne die Länge der Kathete $[C_nA_n]$ in Abhängigkeit von x und anschließend den Flächeninhalt der Dreiecke $A_nB_nC_n$ in Abhängigkeit von x.

e) Berechne die x-Koordinate für das flächengrößte Dreieck und gib A_{max} an.

f) Für welche x-Koordinaten ist das Dreieck gleichschenklig-rechtwinklig?

Lösung:

a)

x	−2	−1	0	1	2	3	4	5	6	7	8	9	10
$-0{,}25x^2 + 2x + 3$	−2	0,75	3	4,75	6	6,75	7	6,75	6	4,75	3	0,75	−2

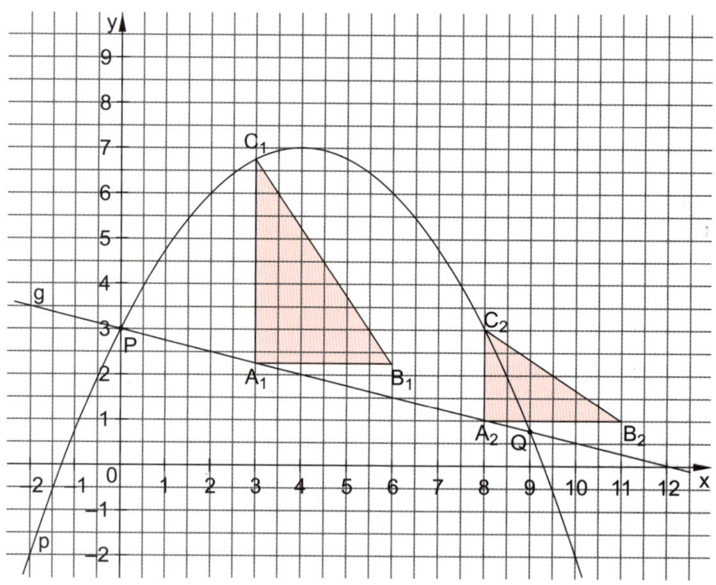

- Zeichne A_1 und C_1 mit der x-Koordinate $x = 3$ auf g bzw. p ein.
- Zeichne die Strecke $[A_1B_1]$ parallel zur x-Achse mit einer Länge von 3 LE ein. Achte auf den Umlaufsinn! B_1 muss rechts von A_1 liegen.
- Verfahre ebenso für $A_2B_2C_2$.

b) Die Schnittpunkte liegen auf der Parabel p **und zugleich** auf der Geraden g. Für die Koordinaten der Schnittpunkte P und Q müssen also beide Gleichungen erfüllt sein:

$$\begin{array}{l|l} p: & y=-0,25x^2+2x+3 \\ g: & \wedge\ y=-0,25x+3 \end{array}$$

Gleichungssystem aufstellen

$\Rightarrow\ -0,25x^2+2x+3=-0,25x+3\quad (I=II)\quad |+0,25x-3$

$\Leftrightarrow\ -0,25x^2+2,25x=0$ — In die allgemeine Form bringen

$D=b^2-4ac$ — Wert der Diskriminante berechnen

$D=2,25^2-4\cdot(-0,25)\cdot 0$

$D=5,0625$ — $D>0$: es gibt 2 Lösungselemente

$\Leftrightarrow\ x_{1/2}=\dfrac{-b\pm\sqrt{D}}{2a}$ — Lösungsformel anwenden

$\Leftrightarrow\ x_{1/2}=\dfrac{-2,25\pm\sqrt{5,0625}}{2\cdot(-0,25)}$

$x_1=0\ \vee\ x_2=9$

$\mathbb{L}=\{0;9\}$

In eine der beiden Gleichungen (die einfachere!) einsetzen:

$P(\mathbf{0}\,|\,-0,25\cdot\mathbf{0}+3)$ $\quad Q(\mathbf{9}\,|\,-0,25\cdot\mathbf{9}+3)$ — Beachte: $x_P<x_Q$

$P(0\,|\,3)$ $\quad Q(9\,|\,0,75)$

c) Zeichnung siehe Teilaufgabe a

d) $A_n(x\,|\,-0,25x+3)$

$C_n(x\,|\,-0,25x^2+2x+3)$

Berechnung der Kathetenlänge:

Die Punkte A_n und C_n haben die gleiche Abszisse x, also ist die Länge der Strecke $[A_nC_n]$ durch die Differenz ihrer y-Koordinaten gegeben.

$\overline{C_nA_n}=(y_{C_n}-y_{A_n})$ LE

$\overline{C_nA_n}(x)=[-0,25x^2+2x+3-(-0,25x+3)]$ LE

$\overline{C_nA_n}(x)=[-0,25x^2+2,25x]$ LE

Berechnung des Flächeninhalts:

$\overline{A_nB_n}$ ist stets 3 LE lang.

$A_\Delta=\frac{1}{2}\cdot g\cdot h$

$A_{\Delta A_nB_nC_n}(x)=\frac{1}{2}\cdot\overline{A_nB_n}\cdot\overline{C_nA_n}(x)$

$A_{\Delta A_nB_nC_n}(x)=\frac{1}{2}\cdot 3\cdot(-0,25x^2+2,25x)$ FE

$A_{\Delta A_nB_nC_n}(x)=1,5\cdot(-0,25x^2+2,25x)$ FE

$A_{\Delta A_nB_nC_n}(x)=(-0,375x^2+3,375x)$ FE

e) Lösungsweg 1:

Berechnung von A_{max}:

$A_{\Delta A_nB_nC_n}(x)=(-0,375x^2+3,375x)$ FE

$A_{\Delta A_nB_nC_n}(x)=-0,375[x^2-9x]$ FE — Ergänze quadratisch.

$A_{\Delta A_nB_nC_n}(x)=-0,375[x^2-9x\,\mathbf{+4,5^2-4,5^2}]$ FE

$A_{\Delta A_nB_nC_n}(x)=-0,375[(x-4,5)^2-20,25]$ FE

$A_{\Delta A_nB_nC_n}(x)=[-0,375(x-4,5)^2+7,59375]$ FE

$A_{max}=7,59375$ FE für $x=4,5$

Lösungsweg 2:
Da stets gilt $g = \overline{A_nB_n} = 3$ LE, ist der Flächeninhalt am größten, wenn die Höhe $h = \overline{C_nA_n}$ am größten ist. Es genügt also zu bestimmen, für welche x-Koordinate die Kathete $[C_nA_n]$ am längsten ist:

$\overline{C_nA_n}(x) = [-0,25x^2 + 2,25x]$ LE

$\overline{C_nA_n}(x) = -0,25[x^2 - 9x]$ LE

$\overline{C_nA_n}(x) = -0,25[x^2 - 9x + \mathbf{4,5^2 - 4,5^2}]$ LE

$\overline{C_nA_n}(x) = -0,25[(x-4,5)^2 - 20,25]$ LE

$\overline{C_nA_n}(x) = [-0,25(x-4,5)^2 + 5,0625]$ LE

$\overline{C_nA_n}_{max} = 5,0625$ LE für $x = 4,5$

$\Rightarrow \quad A_{max} = \frac{1}{2} \cdot 3 \cdot 5,0625$ FE $= 7,59375$ FE (vgl. Lösungsweg 1)

f) Da sich die Länge von $[A_nB_n]$ nicht verändert (stets 3 LE), ist das Dreieck genau dann gleichschenklig, wenn auch $[C_nA_n]$ eine Länge von 3 LE hat:

$\overline{C_nA_n} = [-0,25x^2 + 2,25x]$ LE $\wedge$ $\overline{C_nA_n} = 3$ LE

Gleichsetzen:

$\Rightarrow \quad -0,25x^2 + 2,25x = 3 \quad |-3$

$\Leftrightarrow \quad -0,25x^2 + 2,25x - 3 = 0$

$D = b^2 - 4ac$ — Wert der Diskriminante berechnen

$D = 2,25^2 - 4 \cdot (-0,25) \cdot (-3)$

$D = 2,0625$ — $D > 0$: es gibt 2 Lösungselemente

$\Leftrightarrow \quad x_{1/2} = \frac{-b \pm \sqrt{D}}{2a}$ — Lösungsformel anwenden

$\Leftrightarrow \quad x_{1/2} = \frac{-2,25 \pm \sqrt{2,0625}}{2 \cdot (-0,25)}$

$x_1 = 1,63 \quad \vee \quad x_2 = 7,37$

$\mathbb{L} = \{1,63; 7,37\}$ — Lösungsmenge angeben

Es gibt also zwei gleichschenklig-rechtwinklige Dreiecke, nämlich dann, wenn die x-Koordinaten von A und C die Werte $x_1 = 1,63$ oder $x_2 = 7,37$ annehmen.

Aufgabe 122

Interaktive Aufgaben
14. Funktionale Abhängigkeit: Parallelogramme
15. Funktionale Abhängigkeit: Dreiecke

Gegeben sind die beiden Parabeln p_1: $y = -(x-4)^2 + 2$ und p_2: $y = \frac{1}{4}x^2 - x + 5$.

a) Berechne die Koordinaten des Scheitelpunkts der Parabel p_2, gib die Koordinaten des Scheitelpunkts der Parabel p_1 an und bringe die Gleichung der Parabel p_1 in die allgemeine Form $y = ax^2 + bx + c$.
(Zwischenergebnis: p_1: $y = -x^2 + 8x - 14$)

b) Erstelle Wertetabellen und zeichne die Parabeln in ein Koordinatensystem.
Für p_1: $x \in [2; 6]$; $\Delta x = 1$; für p_2: $x \in [-1; 5]$; $\Delta x = 1$
Platzbedarf: $-2 \leqq x \leqq 7$; $-2 \leqq y \leqq 7$

c) Die Punkte $P_n(x\,|\,?)$ liegen auf der Parabel p_1, die Punkte $Q_n(x\,|\,?)$ auf der Parabel p_2.
Zeichne $[P_1Q_1]$ für $x = 2$ und $[P_2Q_2]$ für $x = 4$.

d) Berechne die Länge der Strecken $[P_nQ_n]$ in Abhängigkeit von der x-Koordinate der Punkte P_n und Q_n.
[Zwischenergebnis: $\overline{P_nQ_n}(x) = (1,25x^2 - 9x + 19)$ LE]

e) Berechne die minimale Streckenlänge $\overline{P_0Q_0}$ und gib die Koordinaten der Punkte P_0 und Q_0 an.

Schnitt von Parabel und Parallelenschar – Parabeltangente

Merke

Um aus einer Parallelenschar mit der Gleichung $g(d) = mx + d$ die Tangente t an eine Parabel p mit der Gleichung $y = ax^2 + bx + c$ zu ermitteln, löst man das folgende Gleichungssystem unter der **Tangentenbedingung D = 0:**

Parabel p: $y = ax^2 + bx + c$

Parallelenschar g(d): $\wedge\ y = mx + d$

Gleichsetzen: $ax^2 + bx + c = mx + d$

Die Tangente t hat mit der Parabel p nur einen Berührpunkt gemeinsam, sodass für die Diskriminante $D = 0$ gelten muss (Tangentenbedingung). Auflösen nach d liefert die gesuchte Tangentengleichung g(d) nach Einsetzen von d.

Hinweis: Zu jeder Parabel gibt es in einer Parallelenschar genau eine Tangente.

Beispiel

a) Bestimme aus der Parallelenschar g(d) mit der Gleichung $y = -x + d$ mit $d \in \mathbb{R}$ die Gleichung der Tangente t an die Parabel p mit der Gleichung $y = x^2 + 2x + 3$.

b) Berechne die Koordinaten des Berührpunktes B von Tangente und Parabel.

Lösung:

a) Schnittpunktbedingung:

p: $y = x^2 + 2x + 3$ — Gleichung der Parabel p

g(d): $\wedge\ y = -x + d$ — Gleichung der Parallelenschar

$\Rightarrow\quad x^2 + 2x + 3 = -x + d \quad (\text{I} = \text{II}) \quad | + x - d$ — Gleichsetzen der Funktionsterme von p und g(d)

$\Leftrightarrow\quad \underbrace{1}_{a}x^2 + \underbrace{3}_{b}x + \underbrace{3 - d}_{c} = 0$

$D = b^2 - 4ac$ — Berechnung der Diskriminante in Abhängigkeit von d

$D(d) = 3^2 - 4 \cdot 1 \cdot (3 - d)$

$D(d) = 9 - 12 + 4d$

$D(d) = -3 + 4d$

Tangentenbedingung $D(d) = 0$: — Berechnung von d mithilfe der Tangentenbedingung $D(d) = 0$

$-3 + 4d = 0 \quad | + 3$

$\Leftrightarrow\quad 4d = 3 \quad | \cdot \frac{1}{4}$

$\Leftrightarrow\quad d = \frac{3}{4}$

$\mathbb{L} = \left\{\frac{3}{4}\right\}$

also: t: $y = -x + \frac{3}{4}$

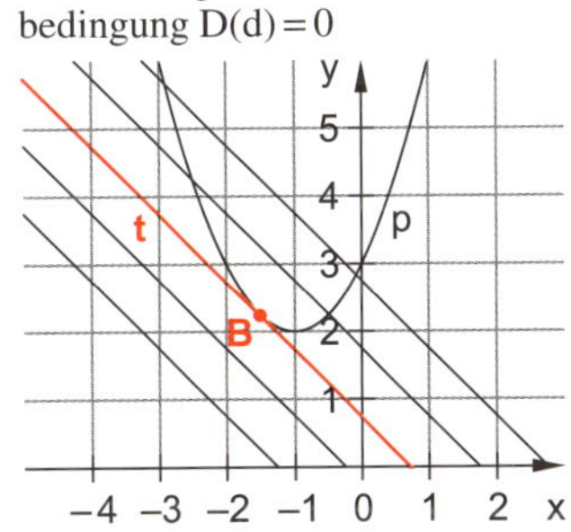

Die Gleichung der Tangente erhält man, wenn man die Variable d in der Schargleichung $y = -x + d$ mit der Zahl $\frac{3}{4}$ belegt.

b) Berechnung der Berührpunktkoordinaten:
Einsetzen von $d = \frac{3}{4}$ in die Gleichung $x^2 + 3x + 3 - d = 0$:

$x^2 + 3x + 3 - \frac{3}{4} = 0$ — Um die x-Koordinate des Berührpunktes B zu berechnen, belegt man die Variable d in der Gleichung $x^2 + 3x + 3 - d = 0$ mit der Zahl $\frac{3}{4}$.

$\Leftrightarrow\quad x^2 + 3x + 2\frac{1}{4} = 0$

$D = 0$ — Da t Tangente an p ist, gilt $D = 0$.

$x_B = \frac{-b \pm \sqrt{D}}{2a}$ — Berechnung der x-Koordinate des Berührpunktes

$x_B = \frac{-3 \pm \sqrt{0}}{2 \cdot 1}$ — D = 0, folglich hat die quadratische Gleichung nur eine Lösung x_B.

$x_B = -1\frac{1}{2}$

$\mathbb{L} = \left\{-1\frac{1}{2}\right\}$

Einsetzen in $B(x \mid -x + d)$: — Die y-Koordinate des Berührpunktes wird durch Einsetzen der x-Koordinate und des berechneten Werts für d in die (einfachere) Funktionsgleichung der Tangente berechnet.

$B\left(-1\frac{1}{2} \,\middle|\, -\left(-1\frac{1}{2}\right) + \frac{3}{4}\right)$

$B\left(-1\frac{1}{2} \,\middle|\, 2\frac{1}{4}\right)$

Aufgabe 123

Für welche Belegung der Formvariablen $d \in \mathbb{R}$ erhält man Tangenten an die Parabel? Berechne die Gleichung der Tangente t sowie die Koordinaten des Berührpunktes B. Überprüfe die Ergebnisse zeichnerisch.

a) p: $y = x^2 + 3x - 1$ g(d): $y = x + d$

b) p: $y = -\frac{1}{4}x^2 - 2$ g(d): $y = -\frac{1}{2}x - 2d$

c) p: $y = -6x^2 - 8\frac{1}{2}x + 4$ g(d): $y = -\frac{1}{2}x - 2d$

Interaktive Aufgabe

16. Parabeltangente

Schnitt von Parabel und Geradenbüschel

Merke

Um aus einem Geradenbüschel mit Büschelpunkt $P(x_P | y_P)$ und der Gleichung $g(m) = m(x - x_P) + y_P$ die Tangenten an eine Parabel p mit der Gleichung $y = ax^2 + bx + c$ zu ermitteln, löst man das folgende Gleichungssystem unter der **Tangentenbedingung D = 0:**

$$\begin{array}{l|l} \text{Parabel p:} & y = ax^2 + bx + c \\ \text{Geradenbüschel g(m):} & \wedge\ y = m(x - x_P) + y_P \end{array}$$

Gleichsetzen: $ax^2 + bx + c = m(x - x_P) + y_P$

Die Tangenten haben mit der Parabel p nur jeweils einen Berührpunkt gemein, sodass für die Diskriminante $D = 0$ gelten muss (Tangentenbedingung). Auflösen nach m liefert die gesuchte(n) Tangentengleichung(en) nach Einsetzen von m (m_1 und m_2).

Für die Anzahl der Tangenten an eine Parabel in einem Geradenbüschel ist die Lage des Büschelpunktes P des Geradenbüschels entscheidend:

- Liegt **P im Inneren der Parabel**, gibt es **keine Tangente** an die Parabel im Büschel.
- Liegt **P auf der Parabel**, gibt es **genau eine Tangente** an die Parabel im Büschel.
- Liegt **P außerhalb der Parabel**, gibt es **zwei Tangenten** an die Parabel im Büschel.

Beispiel

a) Bestimme aus dem Geradenbüschel g(m) mit dem Büschelpunkt $P(-3 | 8)$ und $m \in \mathbb{R}$ die Gleichungen der Tangenten t_1 und t_2 an die Parabel p mit der Gleichung $y = -2x^2 - 12x - 12$.

b) Bestimme die Berührpunkte der Tangenten mit der Parabel.

Lösung:

a) Bestimmung der Gleichung von g(m):

$P(-3 | 8) \in g(m)$: $y = m(x + 3) + 8$ — Punkt-Steigungs-Form anwenden

Schnittpunktbedingung:

$$\begin{array}{r|l} \text{p:} & y = -2x^2 - 12x - 12 \\ \text{g(m):} & \wedge\ y = m(x + 3) + 8 \end{array}$$

Gleichung der Parabel; Gleichung des Geradenbüschels

$$\Rightarrow \quad -2x^2 - 12x - 12 = m(x + 3) + 8 \quad (\text{I} = \text{II}) \quad \big| -m(x + 3) - 8$$

Gleichsetzen der Funktionsterme

$$\Leftrightarrow \quad -2x^2 - 12x - 12 - m(x + 3) - 8 = 0$$

$$\Leftrightarrow \quad -2x^2 - 12x - mx - 3m - 20 = 0$$

$$\Leftrightarrow \quad \underbrace{-2}_{a}x^2 + \underbrace{(-12 - m)}_{b}x \underbrace{- 3m - 20}_{c} = 0$$

$$D = b^2 - 4ac$$

$$D(m) = (-12 - m)^2 - 4 \cdot (-2) \cdot (-3m - 20)$$

$$D(m) = 144 + 24m + m^2 + 8 \cdot (-3m - 20)$$

$$D(m) = 144 + 24m + m^2 - 24m - 160$$

$$D(m) = m^2 - 16$$

Berechnung der Diskriminante in Abhängigkeit von m

Tangentenbedingung $D(m) = 0$:

Berechnung von m mithilfe der Tangentenbedingung $D(m) = 0$

$$m^2 - 16 = 0$$

$$\Leftrightarrow \quad (m + 4) \cdot (m - 4) = 0$$

$$\Leftrightarrow \quad m_1 = -4 \ \vee \ m_2 = 4$$

$m^2 - 16$ in Linearfaktoren zerlegt (3. binomische Formel)

$$\mathbb{L} = \{-4; 4\}$$

also:

t_1: $y = -4(x+3)+8$ — $m_1 = -4$ in $y = m(x+3)+8$ eingesetzt

$y = -4x - 4$

und

t_2: $y = 4(x+3)+8$ — $m_2 = 4$ in $y = m(x+3)+8$ eingesetzt

$y = 4x + 20$

b) Berechnung der Berührpunktkoordinaten:

Einsetzen von $m_1 = -4$ in die Gleichung $-2x^2 + (-12 - m)x - 3m - 20 = 0$:

$$-2x^2 + (-12-(-4))x - 3\cdot(-4) - 20 = 0$$
$$\Leftrightarrow \quad -2x^2 - 8x - 8 = 0$$
$$\Leftrightarrow \quad -2(x^2 + 4x + 4) = 0$$
$$\Leftrightarrow \quad -2(x+2)^2 = 0$$
$$\Leftrightarrow \quad x = -2$$

Die Berechnung von x ist auch mit der Lösungsformel möglich.

also: $B_1(-2\,|\,-4\cdot(-2)-4) = B_1(-2\,|\,4)$ — $x = -2$ eingesetzt in $B_1(x\,|\,-4x-4)$

Einsetzen von $m_2 = 4$ in die Gleichung $-2x^2 + (-12 - m)x - 3m - 20 = 0$:

$$-2x^2 + (-12-4)x - 3\cdot 4 - 20 = 0$$
$$\Leftrightarrow \quad -2x^2 - 16x - 32 = 0$$
$$\Leftrightarrow \quad -2(x^2 + 8x + 16) = 0$$
$$\Leftrightarrow \quad -2(x+4)^2 = 0$$
$$\Leftrightarrow \quad x = -4$$

also: $B_2(-4\,|\,4\cdot(-4)+20) = B_2(-4\,|\,4)$

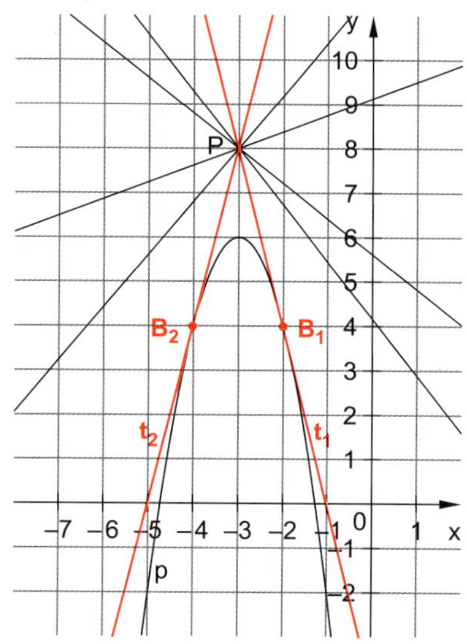

Aufgabe 124

Berechne die Gleichungen der Tangenten an die Parabel p, die vom Büschelpunkt P aus an die Parabel p gezeichnet werden können. Berechne ferner die Koordinaten der Berührpunkte und zeichne p und die Tangenten in ein Koordinatensystem.

a) p: $y = x^2 - 1$ und $P(0\,|\,-5)$

b) p: $y = -\frac{1}{2}x^2 + 1$ und $P(0\,|\,3)$

c) p: $y = x^2 - 6x + 7$ und $P(2\,|\,-5)$

d) p: $y = \frac{1}{2}x^2 + x - 1\frac{1}{2}$ und $P(-2\,|\,0)$

Interaktive Aufgabe

17. Geradenbüschel

Quadratische Ungleichungen

Wird in quadratischen Gleichungen der Form $ax^2+bx+c=0$ mit $a \neq 0$ das Gleichheitszeichen durch eines der Ungleichheitszeichen >, <, ≧ oder ≦ ersetzt, entstehen **quadratische Ungleichungen**. Die Lösungsmenge einer quadratischen Ungleichung kann grafisch oder algebraisch ermittelt werden.

Grafisches Lösungsverfahren

Merke

- Forme die Ungleichung entsprechend der Normalform für quadratische Gleichungen um, sodass die 0 isoliert auf einer Seite steht.
- Ersetze das Ungleichheitszeichen der Ungleichung durch ein Gleichheitszeichen und zeichne die zugehörige Parabel.
- Bestimme anhand der Zeichnung die Nullstellen der Parabel. Diese liegen auf/an den Grenzen des Lösungsintervalls/der Lösungsintervalle.

Beispiel

Bestimme die Lösungsmenge der quadratischen Ungleichung $x^2+0{,}5x<3$ mit $\mathbb{G}=\mathbb{R}$ grafisch.

Lösung:

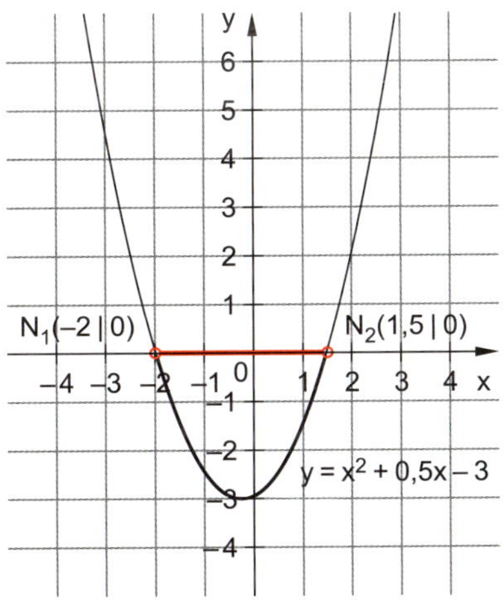

$\mathbb{L}=\{x\,|\,-2<x<1{,}5\}=]-2;\,1{,}5[$

- Forme die Ungleichung in die „Normalform" um:
  $x^2+0{,}5x<3 \quad |-3$
  $x^2+0{,}5x-3<0$
- Ersetze „<" durch „=":
  $x^2+0{,}5x-3=0$
- Zeichne die Parabel mit der Gleichung $y=x^2+0{,}5x-3$.
- Bestimme die Nullstellen der Parabel anhand der Zeichnung: $x_1=-2$; $x_2=1{,}5$
  Zur Überprüfung zerlege die Parabelgleichung in Linearfaktoren:
  $y=x^2+0{,}5x-3=(x+2)\cdot(x-1{,}5)$
- Es sind diejenigen Belegungen von x gesucht, für die der Term $x^2+0{,}5x-3$ Werte annimmt, die kleiner als null sind. Die x-Koordinaten der Punkte auf der Parabel, deren y-Koordinaten kleiner als null sind, bilden die Lösungsmenge:
  $\mathbb{L}=\{x\,|\,-2<x<1{,}5\}=]-2;\,1{,}5[$

Bemerkung: Da die Grundmenge $\mathbb{R}$ durch die x-Achse als Zahlengerade veranschaulicht wird, sind die Bereiche auf ihr zu bestimmen, für deren Belegung von x die Termwerte des Terms $x^2+0{,}5x-3$ negativ sind.

Aufgabe 125

Bestimme die Lösungsmenge der quadratischen Ungleichung $x^2-12>x$ grafisch.

Interaktive Aufgabe

18. Quadratische Ungleichung (grafisch)

Algebraisches Lösungsverfahren

Merke

- Forme die quadratische Ungleichung entsprechend der Normalform für quadratische Gleichungen um, sodass die 0 isoliert auf einer Seite steht.
- Ersetze das Ungleichheitszeichen der Ungleichung durch ein Gleichheitszeichen und löse die entstandene quadratische Gleichung mithilfe der Lösungsformel.
- Zerlege die ursprüngliche quadratische Ungleichung in Linearfaktoren und löse sie, indem du folgende Regeln beachtest:
  - Ein Produkt aus zwei Faktoren hat genau dann einen positiven Wert, wenn beide Faktoren zugleich einen positiven Wert haben, oder auch, wenn beide Faktoren zugleich einen negativen Wert haben:
    $\mathbf{T_1 \cdot T_2 > 0 \Leftrightarrow (T_1 > 0 \wedge T_2 > 0) \vee (T_1 < 0 \wedge T_2 < 0)}$
    $\mathbf{T_1 \cdot T_2 \geqq 0 \Leftrightarrow (T_1 \geqq 0 \wedge T_2 \geqq 0) \vee (T_1 \leqq 0 \wedge T_2 \leqq 0)}$
  - Ein Produkt aus zwei Faktoren hat genau dann einen negativen Wert, wenn der 1. Faktor einen positiven Wert und zugleich der 2. Faktor einen negativen Wert hat, oder auch, wenn der 1. Faktor einen negativen Wert und zugleich der 2. Faktor einen positiven Wert hat:
    $\mathbf{T_1 \cdot T_2 < 0 \Leftrightarrow (T_1 > 0 \wedge T_2 < 0) \vee (T_1 < 0 \wedge T_2 > 0)}$
    $\mathbf{T_1 \cdot T_2 \leqq 0 \Leftrightarrow (T_1 \geqq 0 \wedge T_2 \leqq 0) \vee (T_1 \leqq 0 \wedge T_2 \geqq 0)}$

Beispiele

1. Löse die quadratische Ungleichung $x^2 + 8x + 12 > 0$ algebraisch ($\mathbb{G} = \mathbb{R}$).

   Lösung:

   - Quadratische Ungleichung in „Normalform":
     $x^2 + 8x + 12 > 0$
   - Bestimmung der Lösungsmenge $\mathbb{L}^*$ der zugehörigen quadratischen Gleichung in Normalform:
     $x^2 + 8x + 12 = 0$
     $D = 8^2 - 4 \cdot 1 \cdot 12 = 16$
     $x_{1/2} = \dfrac{-8 \pm \sqrt{16}}{2}$
     $x_1 = -2 \vee x_2 = -6$
     $\mathbb{L}^* = \{-6; -2\}$
   - Linearfaktorzerlegung und Lösung der quadratischen Ungleichung:
     $(x+6) \cdot (x+2) > 0$
     $\Leftrightarrow (x+6 > 0 \quad \wedge \; x+2 > 0) \quad \vee \; (x+6 < 0 \quad \wedge \; x+2 < 0)$
     $\Leftrightarrow \quad (x > -6 \; \wedge \quad x > -2) \; \vee \quad (x < -6 \; \wedge \quad x < -2)$

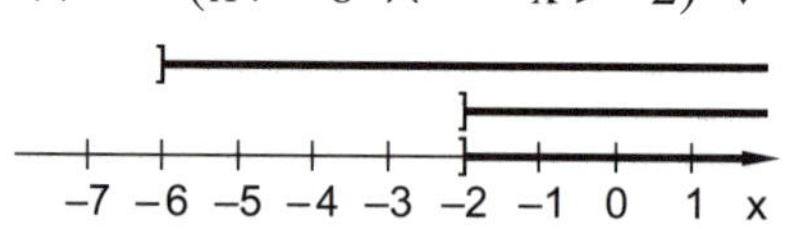

$\mathbb{L}_1 = \{x \mid x > -2\}$

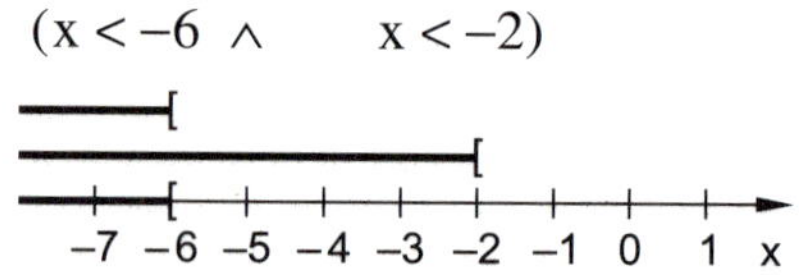

$\mathbb{L}_2 = \{x \mid x < -6\}$

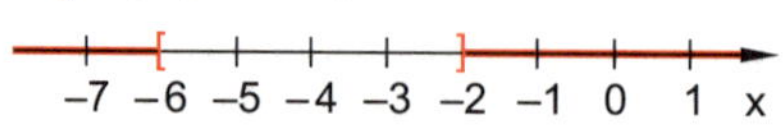

$\mathbb{L} = \mathbb{L}_1 \cup \mathbb{L}_2 = \{x \mid x < -6 \vee x > -2\}$
$= \mathbb{R} \setminus [-6; -2]$

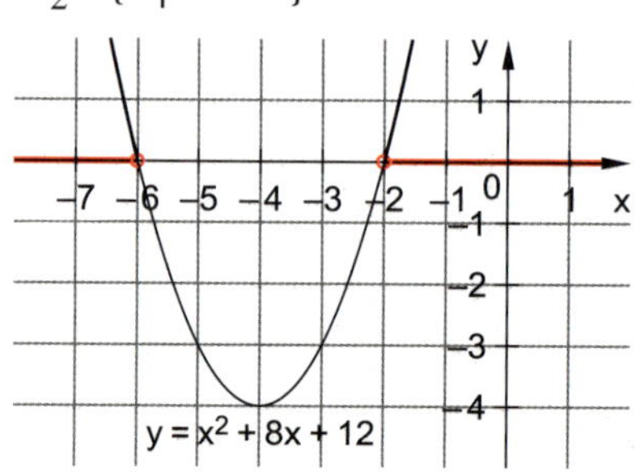

2. Löse die Ungleichung $12 < -x^2 - 8x$ algebraisch ($\mathbb{G} = \mathbb{R}$).

Lösung:

$$12 < -x^2 - 8x$$

Forme in die „Normalform" um.

$$\Leftrightarrow \quad x^2 + 8x + 12 < 0$$

Mithilfe des obigen Beispiels ($x_1 = -6$; $x_2 = -2$) gelingt die Zerlegung in Linearfaktoren.

$$\Leftrightarrow \quad (x+6) \cdot (x+2) < 0$$

$$\Leftrightarrow \quad (x+6>0 \ \wedge \ x+2<0) \ \vee \ (x+6<0 \ \wedge \ x+2>0)$$

$$\Leftrightarrow \quad (x>-6 \ \wedge \ x<-2) \ \vee \ (x<-6 \ \wedge \ x>-2)$$

Ein Produkt aus zwei Faktoren hat genau dann einen negativen Wert, wenn …

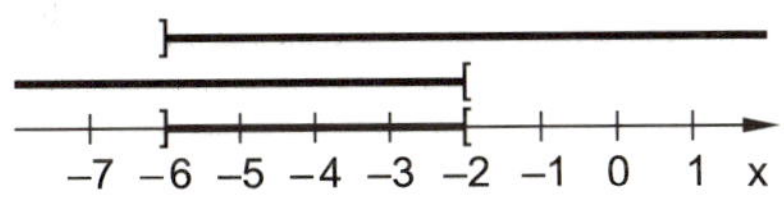

$\mathbb{L}_1 = \{x \mid -6 < x < -2\}$

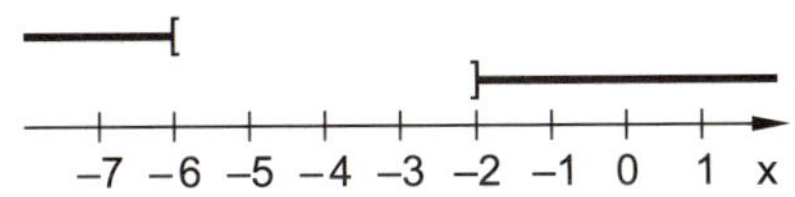

$\mathbb{L}_2 = \emptyset$

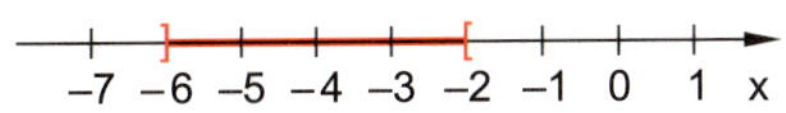

$\mathbb{L} = \mathbb{L}_1 \cup \mathbb{L}_2 = \{x \mid -6 < x < -2\} =]-6; -2[$

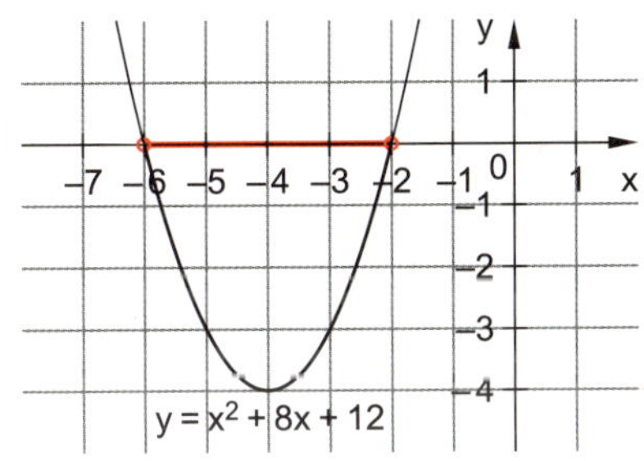

Aufgabe 126

Interaktive Aufgabe
19. Quadratische Ungleichung (algebraisch)

Bestimme die Lösungsmenge durch Linearfaktorenzerlegung ($\mathbb{G} = \mathbb{R}$).

a) $x^2 - 9{,}5x + 21 > 0$

b) $x^2 + 7x + 10 < 0$

c) $x^2 + 3x \leqq 0$

d) $30x - 24 \leqq 6x^2$

e) $1{,}5x^2 + 6x + 6 > 0$

f) $x^2 + 4x > 2x + 15$

Wurzelgleichungen

Wurzelgleichungen sind Gleichungen, in denen Wurzelterme auftreten, wobei mindestens ein Radikand eine Variable enthält.

Beispiele

Wurzelgleichungen:	$\sqrt{x+5} = x$	$\sqrt{y-3} = \sqrt{4+2y}$	$2a - \sqrt{a} = 4$
Keine Wurzelgleichungen:	$\sqrt{5} = x$	$\sqrt{7-3} = 2y^2$	$2a - \sqrt{3} = 4$

Merke

Lösungsschema für Wurzelgleichungen

- Bestimme die Definitionsmenge $\mathbb{D}$.
- Beseitige die Wurzeln durch **Quadrieren** der Gleichung.
- Ermittle die **Lösungselemente** der quadrierten Gleichung.
- Ermittle durch eine **Probe**, welche Elemente die Wurzelgleichung lösen. Diese bilden die **Lösungsmenge**. (Dabei ist Definitionsmenge zu beachten.)

Hinweis: Das **Quadrieren** einer Gleichung ist **keine Äquivalenzumformung**. Die Elemente der Lösungsmenge müssen durch eine **Probe** bestätigt werden!

Beispiel

$x+2=\sqrt{10-x}$ $\qquad \mathbb{G}=\mathbb{R}$

Beachte: $\sqrt{a}$ ist nur für alle $a \geqq 0$ definiert.

Bestimmung der Definitionsmenge $\mathbb{D}$ des Wurzelterms $\sqrt{10-x}$:

$10-x \geqq 0 \qquad |+x$

$\Leftrightarrow \quad x \leqq 10$

also: $\mathbb{D}=\{x \mid x \leqq 10\}$

Da der Radikand nicht negativ sein darf, muss die Definitionsmenge $\mathbb{D}$ bestimmt werden. Tritt in der Gleichung mehr als ein Wurzelterm auf, so ergibt sich die Definitionsmenge als Schnittmenge der einzelnen Teildefinitionsmengen: $\mathbb{D}=\mathbb{D}_1 \cap \mathbb{D}_2 \cap \ldots$

$x+2=\sqrt{10-x} \qquad |\,^2$

Um die Wurzel zu beseitigen, werden Links- und Rechtsterm quadriert.

$\Rightarrow \quad (x+2)^2=10-x$

Da es sich beim Quadrieren nicht um eine Äquivalenzumformung handelt, darf hier nur ein Folgepfeil stehen.

$\Leftrightarrow \quad x^2+4x+4=10-x \qquad |-10+x$

$\Leftrightarrow \quad x^2+5x-6=0$

Löse nach null auf und fasse zusammen.

$D=b^2-4ac$

$D=5^2-4\cdot 1\cdot(-6)$

$D=25+24$

$D=49$

Löse die quadratische Gleichung durch Anwendung der Lösungsformel.

Da $D>0$ ist, existieren zwei Lösungselemente.

$\Leftrightarrow \quad x_{1/2}=\dfrac{-b\pm\sqrt{D}}{2a}$

$\Leftrightarrow \quad x_{1/2}=\dfrac{-5\pm\sqrt{49}}{2}$

$\Leftrightarrow \quad x_{1/2}=\dfrac{-5\pm 7}{2}$

$x_1=1 \vee x_2=-6$

Probe: $x_1=1$: $\quad \mathbf{1}+2=\sqrt{10-\mathbf{1}}$

$\Leftrightarrow \quad 3=3 \qquad$ (w)

$\Rightarrow \quad 1 \in \mathbb{L}$

$x_2=-6$: $\quad \mathbf{-6}+2=\sqrt{10-(\mathbf{-6})}$

$\Leftrightarrow \quad -4=4 \qquad$ (f)

$\Rightarrow \quad -6 \notin \mathbb{L}$

$\mathbb{L}=\{1\}$

Aufgabe 127

Bestimme für $\mathbb{G}=\mathbb{R}$ die Definitions- und die Lösungsmenge der Wurzelgleichungen.

a) $3-x=\sqrt{2x-6}$

b) $\sqrt{2x+19}=\sqrt{7x+4}$

c) $\sqrt{x^2-6x+9}=2\sqrt{3x-17}$

d) $-5+\sqrt{25+x}=x$

e) $\sqrt{12-4x}=0$

f) $\sqrt{4-1\frac{1}{2}x}-\sqrt{-2x+5}=0$

g) $\sqrt{x-1}-\sqrt{6+x}=-1$

h) $\sqrt{7-2x}+\sqrt{5x+6}=4$

Interaktive Aufgabe

20. Wurzelgleichung

2.6 Abbildung durch zentrische Streckung

Vierstreckensätze

Merke

Bei einer **zentrischen Streckung** mit **Zentrum Z** und **Streckungsfaktor** $\mathbf{k} \in \mathbb{R}\setminus\{0\}$ wird jeder Urpunkt P so auf einen Bildpunkt P' auf der Geraden ZP abgebildet, dass gilt:

$\overline{ZP'} = |k| \cdot \overline{ZP}$

Für $k > 0$ liegen Bild- und Urpunkt auf derselben Seite von Z.
Für $k < 0$ liegen Bild- und Urpunkt auf verschiedenen Seiten von Z.
Strecken werden durch zentrische Streckung auf **parallele** Strecken abgebildet.

Beispiele

$k = 1{,}5$

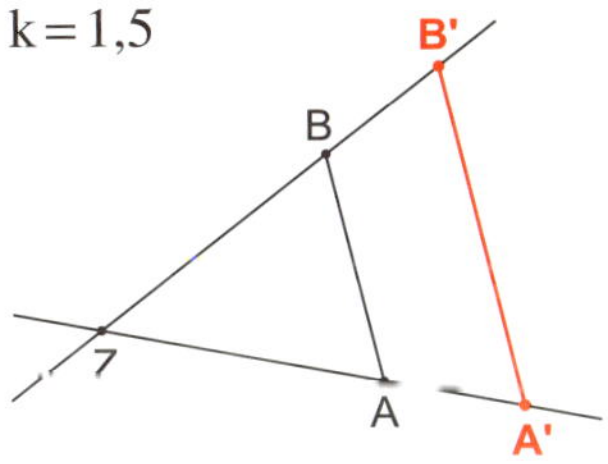

$k = -0{,}5$

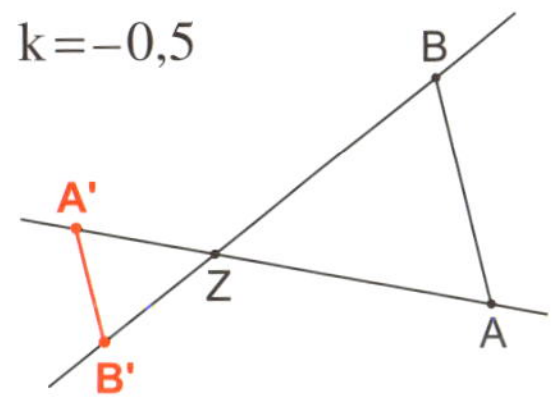

Die **Vierstreckensätze** stellen auf der Grundlage der zentrischen Streckung Zusammenhänge zwischen den **Streckenlängen** von Ur- und Bildstrecken her.

Merke

Vierstreckensätze

Werden zwei sich schneidende Geraden von 2 Parallelen in 4 Punkten geschnitten, gilt:

1. Die Längen zweier Strecken auf der einen Geraden verhalten sich wie die Längen der entsprechenden Strecken auf der anderen Geraden.

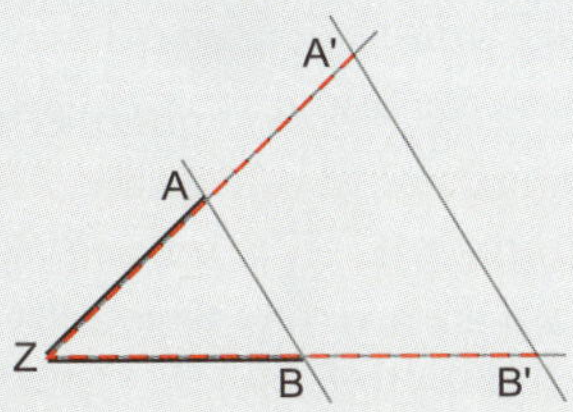

$$\frac{\overline{ZA'}}{\overline{ZA}} = \frac{\overline{ZB'}}{\overline{ZB}}$$

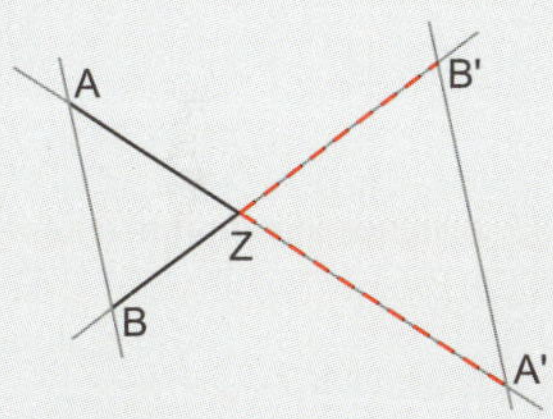

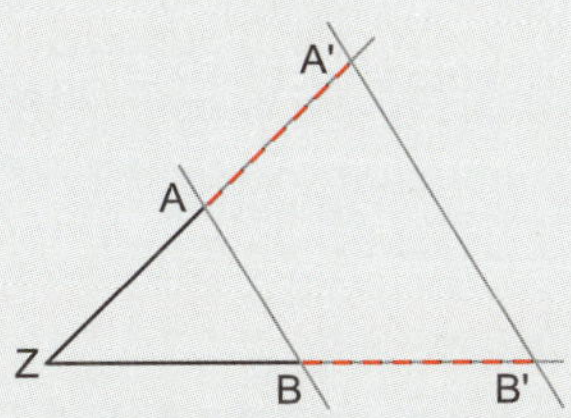

$$\frac{\overline{AA'}}{\overline{ZA}} = \frac{\overline{BB'}}{\overline{ZB}}$$

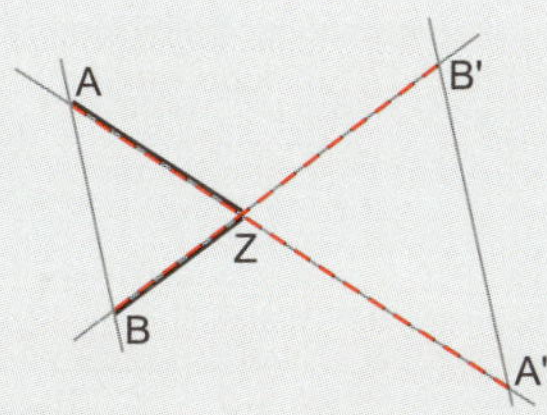

2. Die Längen der Strecken auf den Parallelen verhalten sich wie die Längen der entsprechenden Strecken auf den sich schneidenden Geraden.

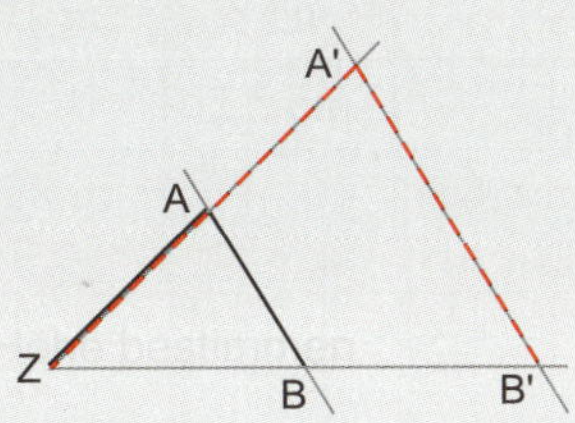

$$\frac{\overline{A'B'}}{\overline{AB}} = \frac{\overline{ZA'}}{\overline{ZA}}$$

bzw.

$$\frac{\overline{A'B'}}{\overline{AB}} = \frac{\overline{ZB'}}{\overline{ZB}}$$

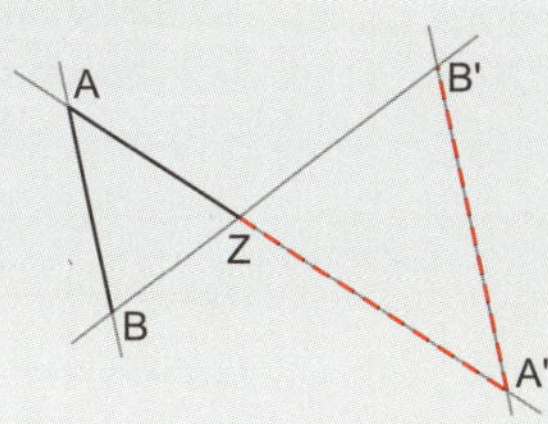

Beispiele

1. Berechne die fehlenden Streckenlängen.
Es gilt: [AB] || [A'B']

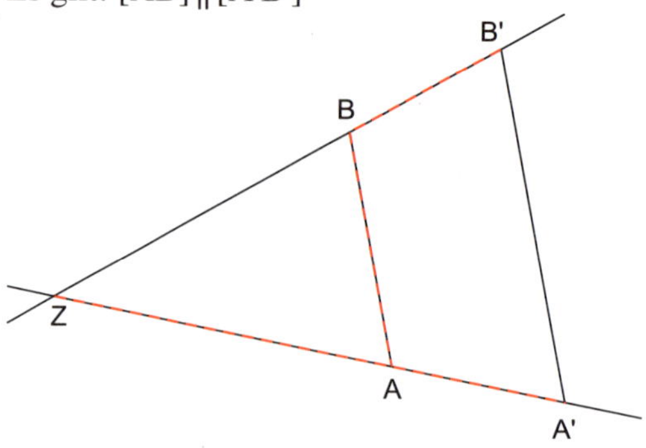

$\overline{AB} = 4$ cm

$\overline{ZA'} = 9$ cm

$\overline{ZA} = 6$ cm

$\overline{BB'} = 2{,}5$ cm

Tipp

Generell gilt: Je mehr Größen bekannt sind, desto mehr Berechnungsmöglichkeiten stehen zur Verfügung.

Lösung:

Berechne zunächst $\overline{AA'}$:

$\overline{AA'} = \overline{ZA'} - \overline{ZA} = 9\text{ cm} - 6\text{ cm} = 3\text{ cm}$

Berechnung von $\overline{A'B'}$:

$$\frac{\overline{A'B'}}{\overline{AB}} = \frac{\overline{ZA'}}{\overline{ZA}}$$

Ansatz mit dem 2. Vierstreckensatz (Zentrum = Z)
Löse die Verhältnisgleichung nach der gesuchten Größe auf.

$$\Leftrightarrow \quad \overline{A'B'} = \frac{\overline{ZA'} \cdot \overline{AB}}{\overline{ZA}}$$

Setze die bekannten Streckenlängen ein.

$$\Leftrightarrow \quad \overline{A'B'} = \frac{9\text{ cm} \cdot 4\text{ cm}}{6\text{ cm}}$$

$$\Leftrightarrow \quad \overline{A'B'} = 6\text{ cm}$$

Berechnung von $\overline{ZB}$:

$$\frac{\overline{AA'}}{\overline{ZA}} = \frac{\overline{BB'}}{\overline{ZB}}$$

Ansatz mit dem 1. Vierstreckensatz (Zentrum = Z)
Löse die Verhältnisgleichung nach der gesuchten Größe auf.
Hier empfiehlt sich die „Über-Kreuz-Multiplikation“.

$$\Leftrightarrow \quad \overline{AA'} \cdot \overline{ZB} = \overline{BB'} \cdot \overline{ZA}$$

$$\Leftrightarrow \quad \overline{ZB} = \frac{\overline{BB'} \cdot \overline{ZA}}{\overline{AA'}}$$

Setze die bekannten Streckenlängen ein.

$$\Leftrightarrow \quad \overline{ZB} = \frac{2{,}5\text{ cm} \cdot 6\text{ cm}}{3\text{ cm}}$$

$$\Leftrightarrow \quad \overline{ZB} = 5\text{ cm}$$

Berechne schließlich $\overline{ZB'}$:

$\overline{ZB'} = \overline{ZB} + \overline{BB'} = 5\text{ cm} + 2{,}5\text{ cm} = 7{,}5\text{ cm}$

2. Einem gleichschenkligen Dreieck EFG mit der Basislänge $\overline{EF} = 3$ cm und der zugehörigen Höhe h = 4 cm ist ein Quadrat PQRS so einzubeschreiben, dass gilt: $[PQ] \subset [EF]$; $S \in [GE]$; $R \in [FG]$
Zeichne zunächst das Dreieck und das einbeschriebene Quadrat und berechne anschließend die Seitenlänge $\overline{PQ} = x$ cm des Quadrats.

Lösung:

Zeichenanleitung:

1. Schritt:

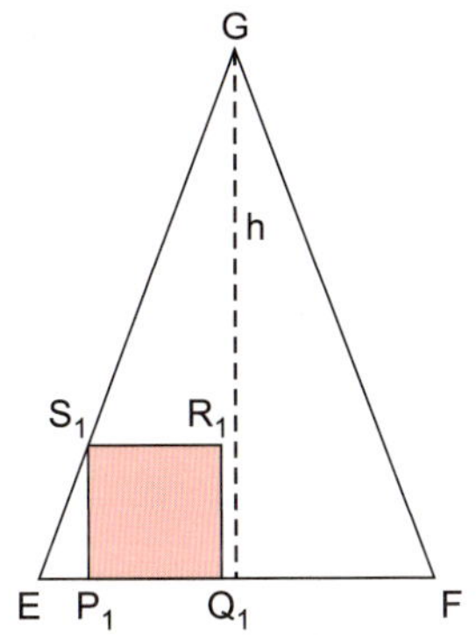

Zeichne das Dreieck EFG und beschreibe ein Probierquadrat $P_1Q_1R_1S_1$ ein, sodass $[P_1Q_1] \subset [EF]$ und $S_1 \in [GE]$ erfüllt sind.

2. Schritt:

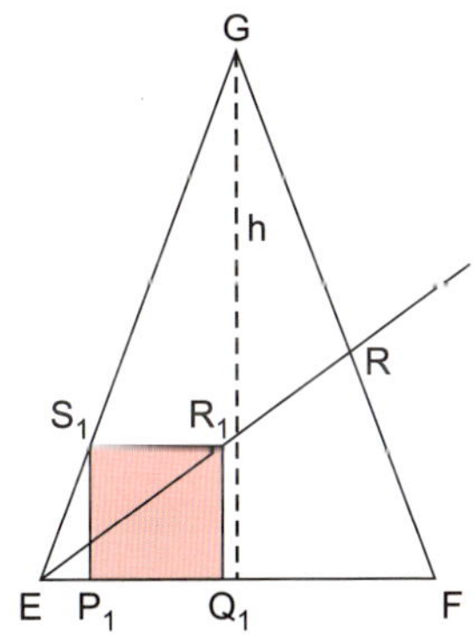

Das Quadrat $P_1Q_1R_1S_1$ wird vom Punkt E aus zentrisch gestreckt, sodass der Punkt R_1 auf den gesuchten Punkt R der Strecke [FG] abgebildet wird.

3. Schritt:

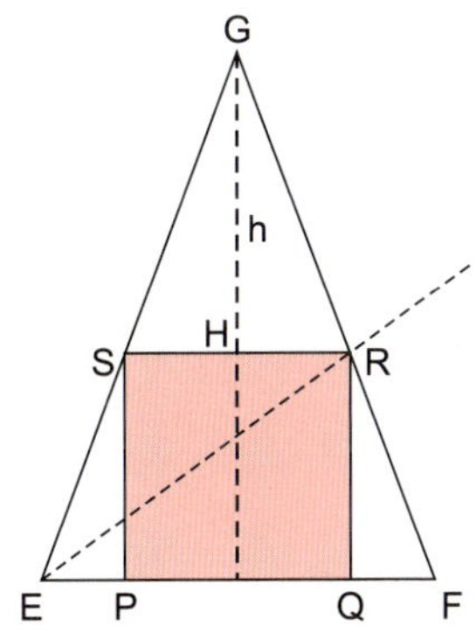

Der Punkt S ist der Schnittpunkt der Parallelen zu EF durch den Punkt R mit [GE].
Die Punkte P und Q erhält man als Fußpunkte der Lote zu EF durch den Punkt S bzw. den Punkt R.

Berechnung von $\overline{PQ} = \overline{SR} = \overline{SP} = x$ cm:

$$\frac{\overline{EF}}{\overline{SR}} = \frac{h}{\overline{GH}}$$ Ansatz mit dem 2. Vierstreckensatz (Zentrum = G)

$$\Leftrightarrow \quad \overline{EF} \cdot \overline{GH} = h \cdot \overline{SR}$$ Setze die bekannten Streckenlängen ein ($\overline{GH} = h - \overline{SP}$).

$$\Leftrightarrow \quad 3 \cdot (4 - x)\ \text{cm}^2 = 4 \cdot x\ \text{cm}^2$$

$$\Leftrightarrow \quad 12 - 3x = 4x$$

$$\Leftrightarrow \quad 7x = 12$$

$$\Leftrightarrow \quad x = 1\frac{5}{7}$$

$$\mathbb{L} = \left\{1\frac{5}{7}\right\}$$

Aufgaben

128 Kreuze richtige Aussagen an. Es gilt: [FE] || [AD] || [BC]

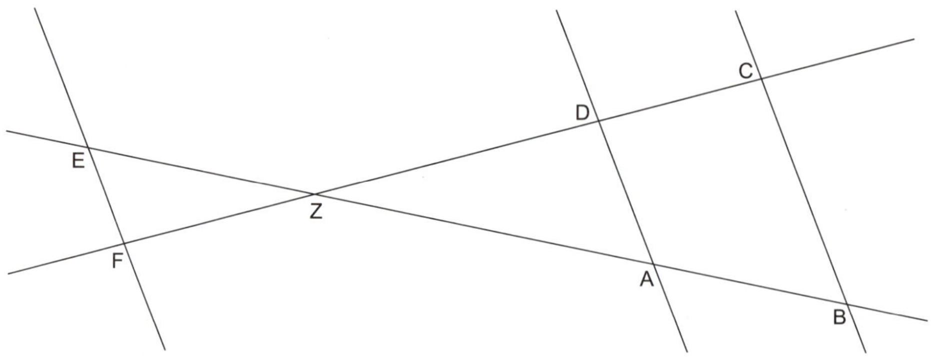

☐ $\frac{\overline{ZC}}{\overline{ZD}} = \frac{\overline{ZA}}{\overline{ZB}}$	☐ $\frac{\overline{EF}}{\overline{BC}} = \frac{\overline{ZF}}{\overline{ZC}}$	☐ $\frac{\overline{ZD}}{\overline{ZE}} = \frac{\overline{ZA}}{\overline{ZF}}$	☐ $\frac{\overline{AD}}{\overline{EF}} = \frac{\overline{ZA}}{\overline{ZE}}$
☐ $\frac{\overline{DC}}{\overline{ZD}} = \frac{\overline{AB}}{\overline{ZB}}$	☐ $\frac{\overline{EF}}{\overline{BC}} = \frac{\overline{ZE}}{\overline{ZA}}$	☐ $\frac{\overline{AB}}{\overline{ZA}} = \frac{\overline{BC}}{\overline{AD}}$	☐ $\frac{\overline{ZE}}{\overline{ZB}} = \frac{\overline{ZF}}{\overline{ZC}}$
☐ $\frac{\overline{AB}}{\overline{ZE}} = \frac{\overline{CD}}{\overline{ZF}}$	☐ $\frac{\overline{AD}}{\overline{BC}} = \frac{\overline{ZA}}{\overline{ZB}}$	☐ $\frac{\overline{ZA}}{\overline{AE}} = \frac{\overline{ZD}}{\overline{DF}}$	☐ $\frac{\overline{ZC}}{\overline{ZD}} = \frac{\overline{ZA}}{\overline{ZB}}$

129 Die Breite $\overline{E'F'}$ eines Flusses soll bestimmt werden.
Es gilt:
$\overline{EF} = 4{,}5$ m
$\overline{GE'} = 7$ m
$\overline{GE} = 2$ m
[E'F'] || [EF]

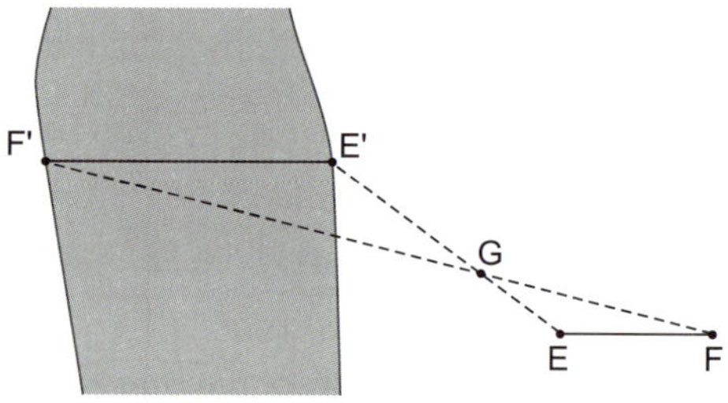

130 Ein Tourist peilt den Olympiaturm in München (Höhe 291,28 m) über seinen 8 cm langen Daumen, der dabei 40 cm von seinen Augen entfernt ist, an. Wie weit ist der Tourist vom Turm entfernt?

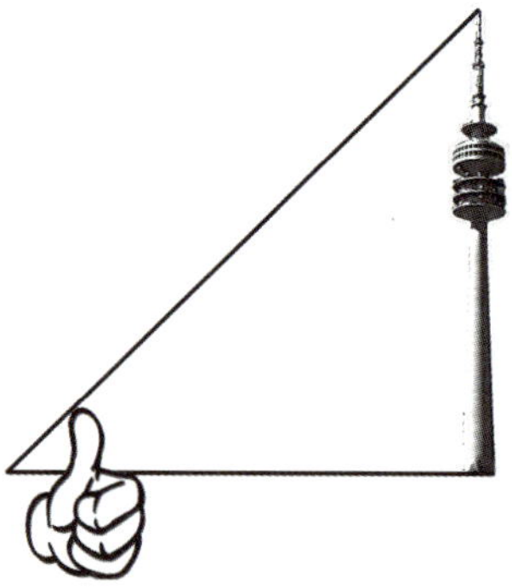

131 Ein Fußballtor ist 7,32 m breit. Der Tormann hat eine Spannweite von 2,05 m. Wie weit muss er aus dem Tor laufen, wenn der Schütze an der Strafraumgrenze 16 m vor dem Tor schießt und er das Tor komplett abdecken will?

Extremwertaufgaben

132 Dem gleichschenkligen Dreieck ABC mit der Basislänge $\overline{AB} = 4$ cm und der zur Basis [AB] gehörigen Höhe $\overline{CM} = 8$ cm werden gleichschenklige Dreiecke E_nF_nM mit der Basis $[E_nF_n]$ so einbeschrieben, dass die Spitze M aller Dreiecke E_nF_nM der Mittelpunkt von [AB] ist. Für die zur Basis $[E_nF_n]$ zugehörigen Höhe $\overline{MD_n}$ gilt: $\overline{MD_n} = x$ cm

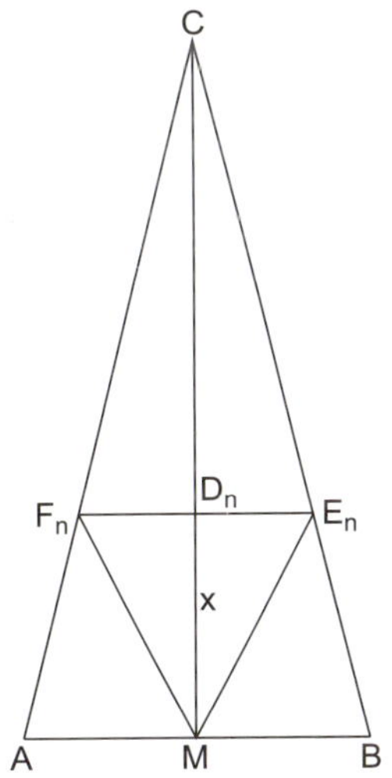

a) Gib das Intervall zulässiger Werte für x an.
b) Berechne den Flächeninhalt der einbeschriebenen Dreiecke E_nF_nM in Abhängigkeit von x.
c) Berechne den Wert für x, für den das Dreieck E_1F_1M mit maximalem Flächeninhalt entsteht.

133 Dem gleichschenkligen Dreieck ABC mit Basis [AB] werden Trapeze $D_nE_nF_nG_n$ einbeschrieben. Es gilt: $\overline{AB} = 8$ cm; $h_c = 6$ cm
$[D_nE_n]$ liegt auf [AB], wobei D_n 0,5x cm von A entfernt ist und E_n 0,5x cm von B entfernt ist. F_n liegt auf [BC], G_n liegt auf [CA]. Die Strecke $[F_nG_n]$ ist parallel zu [AB] und hat einen Abstand von 1,5x cm zur Basis [AB].
a) Zeichne das Dreieck und das einbeschriebene Trapez für x = 3.
b) Berechne den Flächeninhalt der einbeschriebenen Trapeze in Abhängigkeit von x.
c) Für welchen x-Wert entsteht das Trapez mit dem größten Flächeninhalt?

Interaktive Aufgaben

1. Strecke bestimmen
2. Strecke bestimmen
3. Strecke bestimmen
4. Strecke bestimmen
5. Maximum bestimmen

Schwerpunkt im Dreieck

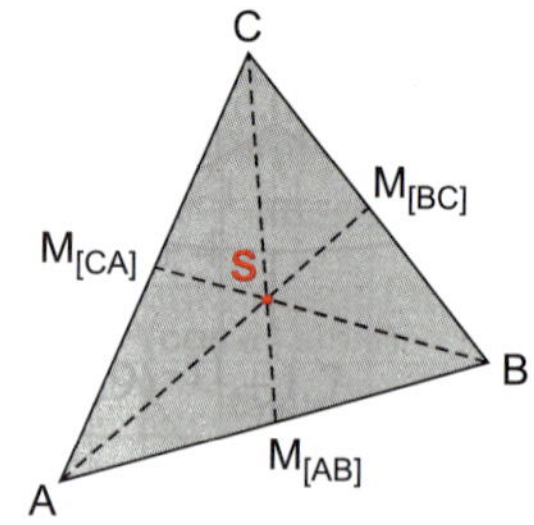

Die drei Seitenhalbierenden eines Dreiecks schneiden sich in einem Punkt, dem sogenannten **Schwerpunkt S** des Dreiecks. Der Schwerpunkt teilt jede Seitenhalbierende im Verhältnis 2 : 1, wobei der längere Abschnitt jeweils am Eckpunkt des Dreiecks anliegt:
$(\overline{AS}:\overline{SM_{[BC]}}=2:1, \overline{BS}:\overline{SM_{[CA]}}=2:1, \overline{CS}:\overline{SM_{[AB]}}=2:1)$

Merke

Die Formel zur Berechnung der **Schwerpunktkoordinaten** des Schwerpunkts S im Dreieck ABC mit $A(x_A|y_A)$, $B(x_B|y_B)$, $C(x_C|y_C)$ lautet:

$$S\left(\frac{x_A+x_B+x_C}{3}\,\middle|\,\frac{y_A+y_B+y_C}{3}\right)$$

Beispiel

Bestimme die Koordinaten des Schwerpunkts S des Dreiecks ABC mit $A(-2|-3)$, $B(5|-1)$ und $C(1|4)$.

Lösung:

$$S\left(\frac{x_A+x_B+x_C}{3}\,\middle|\,\frac{y_A+y_B+y_C}{3}\right)$$
$$=S\left(\frac{-2+5+1}{3}\,\middle|\,\frac{-3-1+4}{3}\right)$$
$$=S\left(1\frac{1}{3}\,\middle|\,0\right)$$

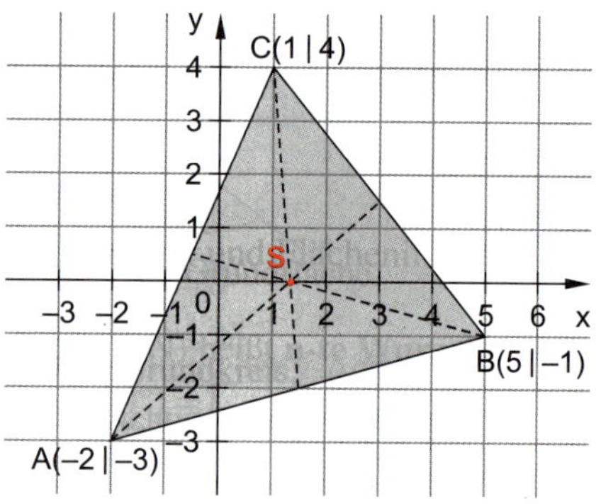

Sind zwei Eckpunkte eines Dreiecks und sein Schwerpunkts S bekannt, lassen sich daraus mithilfe der Schwerpunktformel die Koordinaten des dritten Eckpunkts bestimmen.

Beispiel

Gegeben sind die Eckpunkte $B(5|-2)$ und $C(-1|3)$ eines Dreiecks ABC und sein Schwerpunkt $S\left(\frac{1}{3}\middle|-1\right)$. Bestimme die Koordinaten des Punktes A.

Lösung:

Berechnung der Koordinaten von A:

$$x_S=\frac{x_A+x_B+x_C}{3} \qquad y_S=\frac{y_A+y_B+y_C}{3}$$
$$\Leftrightarrow\ 3x_S=x_A+x_B+x_C \qquad \Leftrightarrow\ 3y_S=y_A+y_B+y_C$$
$$\Leftrightarrow\ x_A=3x_S-x_B-x_C \qquad \Leftrightarrow\ y_A=3y_S-y_B-y_C$$
$$\Leftrightarrow\ x_A=3\cdot\frac{1}{3}-5-(-1) \qquad \Leftrightarrow\ y_A=3\cdot(-1)-(-2)-3$$
$$\Leftrightarrow\ x_A=-3 \qquad \Leftrightarrow\ y_A=-4$$

also: $A(-3|-4)$

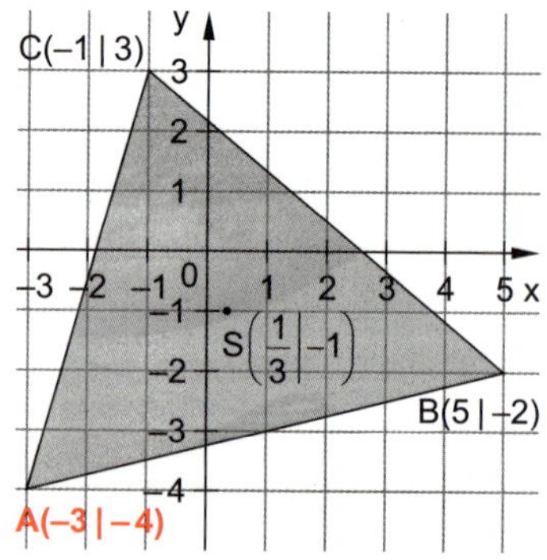

Aufgaben

134 Gegeben sind die Eckpunkte eines Dreiecks.
Bestimme die Koordinaten seines Schwerpunkts S.

a) $U(-4|-3)$; $V(1|-6)$; $W(4|0)$ b) $A(3{,}5|-0{,}5)$; $B(2|5)$; $C(-2{,}5|1{,}5)$

135 Gegeben sind zwei Eckpunkte des Dreiecks ABC und sein Schwerpunkt S.
Bestimme die Koordinaten des dritten Eckpunkts.

a) $B(8|2)$, $C(3|6)$ und $S(4|3)$ b) $A(-2|-4)$, $B(4|-2)$ und $S\left(1\,\middle|\,-\frac{1}{3}\right)$

Interaktive Aufgabe
6. Schwerpunkt im Dreieck

Zentrische Streckung von Pfeilen – Skalar-Multiplikation

Zentrische Streckung eines Vektors

Bei einer zentrischen Streckung mit dem Streckungsfaktor k wird jede Strecke und somit auch jeder Pfeil $\overrightarrow{AB}$ auf einen parallelen Bildpfeil $\overrightarrow{A'B'}$ der $|k|$-fachen Länge abgebildet.

- Für $k>0$ sind die Pfeile gleich gerichtet.
- Für $k<0$ sind die Pfeile entgegengesetzt gerichtet.

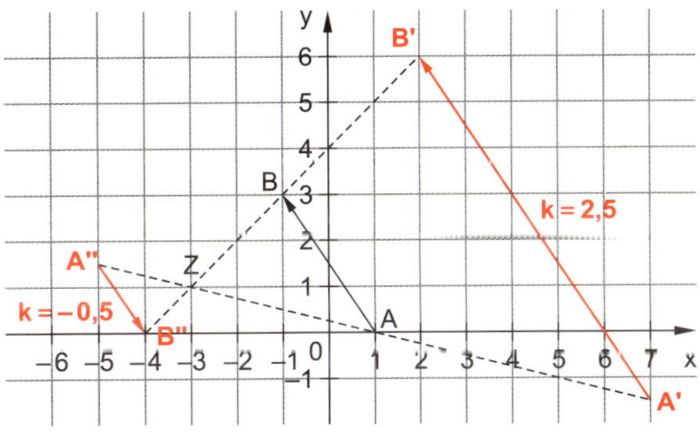

Die Koordinaten des Bildpfeils lassen sich durch Multiplikation der Koordinaten des Urpfeils mit dem Streckungsfaktor k berechnen. Dadurch ist für jeden Repräsentanten eines Vektors eine Multiplikation definiert. Diese Multiplikation eines Vektors mit einer Zahl **(Skalar)** wird auch als **Skalar-Multiplikation** bzw. **S-Multiplikation** bezeichnet.

Merke

Skalar-Multiplikation (S-Multiplikation)

Multipliziert man einen Vektor $\vec{v} = \begin{pmatrix} v_x \\ v_y \end{pmatrix}$ mit einer Zahl $k \neq 0$, so erhält man einen Vektor $\vec{v}\,'$ mit den k-fachen Koordinaten:

$$\mathbf{k} \cdot \vec{v} = \mathbf{k} \cdot \begin{pmatrix} v_x \\ v_y \end{pmatrix} = \begin{pmatrix} \mathbf{k} \cdot v_x \\ \mathbf{k} \cdot v_y \end{pmatrix} = \vec{v}\,'$$

Beispiel

Multipliziere den Vektor $\vec{v} = \begin{pmatrix} 4 \\ 3 \end{pmatrix}$ mit den Skalaren $k_1 = 1{,}5$ und $k_2 = -0{,}5$.

Lösung:

$$\vec{v}_1 = k_1 \cdot \vec{v} = \mathbf{1{,}5} \cdot \begin{pmatrix} 4 \\ 3 \end{pmatrix} = \begin{pmatrix} \mathbf{1{,}5} \cdot 4 \\ \mathbf{1{,}5} \cdot 3 \end{pmatrix} = \begin{pmatrix} 6 \\ 4{,}5 \end{pmatrix}$$

$$\vec{v}_2 = k_2 \cdot \vec{v} = \mathbf{-0{,}5} \cdot \begin{pmatrix} 4 \\ 3 \end{pmatrix} = \begin{pmatrix} \mathbf{-0{,}5} \cdot 4 \\ \mathbf{-0{,}5} \cdot 3 \end{pmatrix} = \begin{pmatrix} -2 \\ -1{,}5 \end{pmatrix}$$

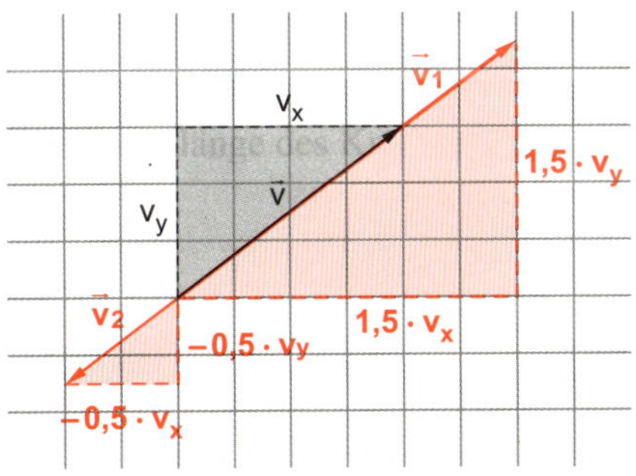

Berechnung von Punktkoordinaten und Streckungsfaktor

Bei einer zentrischen Streckung mit Streckungszentrum $Z(x_Z \mid y_Z)$ und Streckungsfaktor $k \neq 0$ wird der (Ur-)Punkt $P(x \mid y)$ auf den Bildpunkt $P'(x' \mid y')$ abgebildet.
Kurzschreibweise: $P \xmapsto{Z;\,k} P'$
Es gilt dann die Vektorgleichung $\overrightarrow{ZP'} = k \cdot \overrightarrow{ZP}$.
Sind von den 4 Werten Z, k, P und P' in dieser Gleichung 3 bekannt, lässt sich der 4. Wert stets berechnen. Die Rechnung führt auf ein lineares Gleichungssystem.

Merke

Für eine zentrische Streckung mit $P(x \mid y) \xmapsto{Z;\,k} P'(x' \mid y')$ $(k \neq 0)$ gilt:

$$\overrightarrow{ZP'} = k \cdot \overrightarrow{ZP}$$

$$\Leftrightarrow \begin{pmatrix} x' - x_Z \\ y' - y_Z \end{pmatrix} = k \cdot \begin{pmatrix} x - x_Z \\ y - y_Z \end{pmatrix}$$

$$\Leftrightarrow \left| \begin{array}{l} x' - x_Z = k \cdot (x - x_Z) \\ \wedge\ y' - y_Z = k \cdot (y - y_Z) \end{array} \right.$$

Dieses lineare Gleichungssystem lässt sich immer lösen, wenn höchstens 2 Variablen unbekannt sind. Insbesondere lassen sich folgende Fälle lösen:

- Berechnung eines **Bildpunkts** bei gegebenem Urpunkt, Streckungszentrum und Streckungsfaktor.
- Berechnung eines **Urpunkts** bei gegebenem Bildpunkt, Streckungszentrum und Streckungsfaktor.
- Berechnung des **Streckungszentrums** bei gegebenem Urpunkt, Bildpunkt und Streckungsfaktor.
- Berechnung des **Streckungsfaktors** bei gegebenem Urpunkt, Bildpunkt und Streckungszentrum.

Beispiele

1. **Berechnung der Koordinaten eines Bildpunkts**
   Der Punkt $A(-2{,}5 \mid 6)$ wird durch zentrische Streckung mit $Z(-1 \mid 3)$ als Zentrum und dem Streckungsfaktor $k = -3$ auf den Bildpunkt $A'(x' \mid y')$ abgebildet.
   Berechne die Koordinaten von A'.

   Lösung:

   Es gilt: $\overrightarrow{ZA'} = k \cdot \overrightarrow{ZA}$ mit $A'(x' \mid y')$

   $$\begin{pmatrix} x' - x_Z \\ y' - y_Z \end{pmatrix} = k \cdot \begin{pmatrix} x - x_Z \\ y - y_Z \end{pmatrix}$$ Einsetzen der gegebenen Werte

   $$\Leftrightarrow \begin{pmatrix} x' - (-1) \\ y' - 3 \end{pmatrix} = -3 \cdot \begin{pmatrix} -2{,}5 - (-1) \\ 6 - 3 \end{pmatrix}$$

   $$\Leftrightarrow \begin{pmatrix} x' + 1 \\ y' - 3 \end{pmatrix} = -3 \cdot \begin{pmatrix} -1{,}5 \\ 3 \end{pmatrix}$$ Skalarmultiplikation

   $$\Leftrightarrow \begin{pmatrix} x' + 1 \\ y' - 3 \end{pmatrix} = \begin{pmatrix} (-3) \cdot (-1{,}5) \\ (-3) \cdot 3 \end{pmatrix}$$

   $$\Leftrightarrow \left| \begin{array}{l} x' + 1 = 4{,}5 \quad | -1 \\ \wedge\ y' - 3 = -9 \quad | +3 \end{array} \right.$$

   $$\Leftrightarrow \left| \begin{array}{l} x' = 3{,}5 \\ \wedge\ y' = -6 \end{array} \right.$$

   $\mathbb{L} = \{(3{,}5 \mid -6)\}$
   also: $A'(3{,}5 \mid -6)$

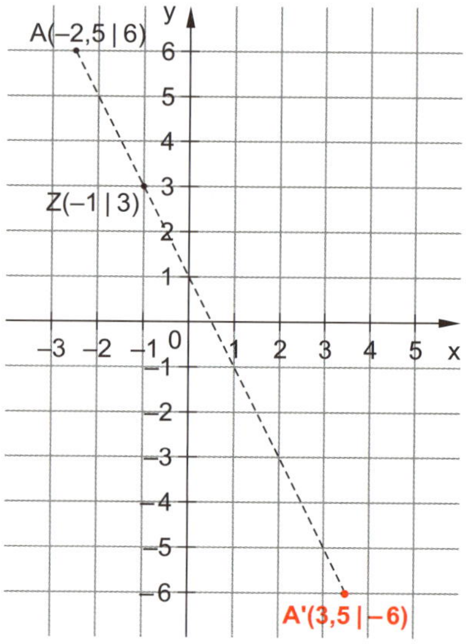

2. **Berechnung der Koordinaten eines Urpunkts**
Der Punkt B(x | y) wird durch zentrische Streckung mit Z(4 | 3) als Zentrum und dem Streckungsfaktor k = 0,5 auf den Bildpunkt B'(1,5 | 0,5) abgebildet.
Berechne die Koordinaten von B.

Lösung:

Es gilt: $\overrightarrow{ZB'} = k \cdot \overrightarrow{ZB}$ mit B(x | y)

$$\begin{pmatrix} x' - x_Z \\ y' - y_Z \end{pmatrix} = k \cdot \begin{pmatrix} x - x_Z \\ y - y_Z \end{pmatrix}$$ Einsetzen der gegebenen Werte

$$\Leftrightarrow \begin{pmatrix} 1{,}5 - 4 \\ 0{,}5 - 3 \end{pmatrix} = 0{,}5 \cdot \begin{pmatrix} x - 4 \\ y - 3 \end{pmatrix}$$ Skalarmultiplikation

$$\Leftrightarrow \begin{pmatrix} -2{,}5 \\ -2{,}5 \end{pmatrix} = \begin{pmatrix} 0{,}5 \cdot (x-4) \\ 0{,}5 \cdot (y-3) \end{pmatrix}$$

$$\Leftrightarrow \left| \begin{array}{ll} -2{,}5 = 0{,}5x - 2 & | +2 \\ \wedge\ -2{,}5 = 0{,}5y - 1{,}5 & | +1{,}5 \end{array} \right.$$

$$\Leftrightarrow \left| \begin{array}{ll} -0{,}5 = 0{,}5x & | \cdot 2 \\ \wedge\ -1 = 0{,}5y & | \cdot 2 \end{array} \right.$$

$$\Leftrightarrow \left| \begin{array}{l} x = -1 \\ \wedge\ y = -2 \end{array} \right.$$

$\mathbb{L} = \{(-1 | -2)\}$
also: B(–1 | –2)

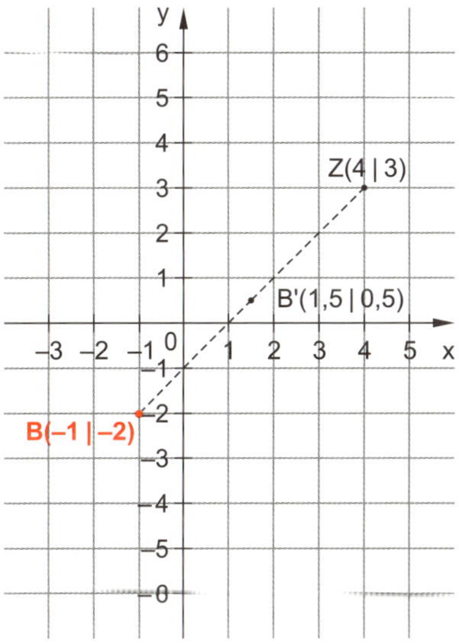

3. **Berechnung der Koordinaten des Streckungszentrums**
Der Punkt C(–5 | –4) wird durch zentrische Streckung mit $Z(x_Z | y_Z)$ als Zentrum und dem Streckungsfaktor k = –2 auf den Bildpunkt C'(–0,5 | 6,5) abgebildet.
Berechne die Koordinaten von Z.

Lösung:

Es gilt: $\overrightarrow{ZC'} = k \cdot \overrightarrow{ZC}$ mit $Z(x_Z | y_Z)$

$$\begin{pmatrix} x' - x_Z \\ y' - y_Z \end{pmatrix} = k \cdot \begin{pmatrix} x - x_Z \\ y - y_Z \end{pmatrix}$$ Einsetzen der gegebenen Werte

$$\Leftrightarrow \begin{pmatrix} -0{,}5 - x_Z \\ 6{,}5 - y_Z \end{pmatrix} = -2 \cdot \begin{pmatrix} -5 - x_Z \\ -4 - y_Z \end{pmatrix}$$ Skalarmultiplikation

$$\Leftrightarrow \begin{pmatrix} -0{,}5 - x_Z \\ 6{,}5 - y_Z \end{pmatrix} = \begin{pmatrix} (-2) \cdot (-5 - x_Z) \\ (-2) \cdot (-4 - y_Z) \end{pmatrix}$$

$$\Leftrightarrow \left| \begin{array}{ll} -0{,}5 - x_Z = 10 + 2x_Z & | +x_Z - 10 \\ \wedge\ 6{,}5 - y_Z = 8 + 2y_Z & | +y_Z - 8 \end{array} \right.$$

$$\Leftrightarrow \left| \begin{array}{ll} -10{,}5 = 3x_Z & | :3 \\ \wedge\ -1{,}5 = 3y_Z & | :3 \end{array} \right.$$

$$\Leftrightarrow \left| \begin{array}{l} x_Z = -3{,}5 \\ \wedge\ y_Z = -0{,}5 \end{array} \right.$$

$\mathbb{L} = \{(-3{,}5 | -0{,}5)\}$
also: Z(–3,5 | –0,5)

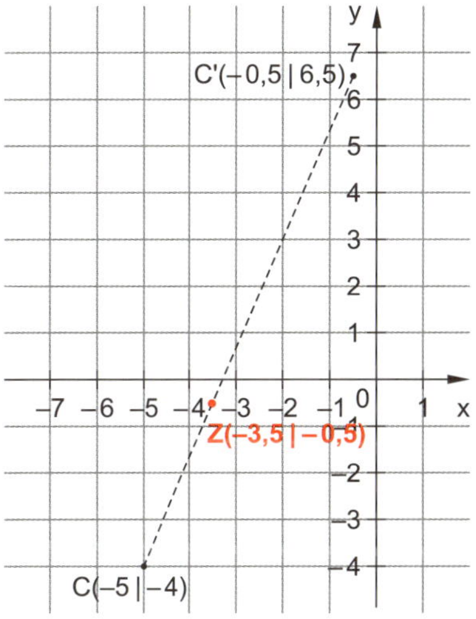

4. **Berechnung des Streckungsfaktors**
Der Punkt D(3 | –2) wird durch zentrische Streckung mit Z(0 | –1) als Zentrum und dem Streckungsfaktor k auf den Bildpunkt D'(–4,5 | 0,5) abgebildet.
Berechne den Wert von k.

Lösung:

Es gilt: $\overrightarrow{ZD'} = k \cdot \overrightarrow{ZD}$

$$\begin{pmatrix} x' - x_Z \\ y' - y_Z \end{pmatrix} = k \cdot \begin{pmatrix} x - x_Z \\ y - y_Z \end{pmatrix}$$

Einsetzen der gegebenen Werte

$$\Leftrightarrow \begin{pmatrix} -4{,}5 - 0 \\ 0{,}5 - (-1) \end{pmatrix} = k \cdot \begin{pmatrix} 3 - 0 \\ -2 - (-1) \end{pmatrix}$$

Skalarmultiplikation

$$\Leftrightarrow \begin{pmatrix} -4{,}5 \\ 1{,}5 \end{pmatrix} = k \cdot \begin{pmatrix} 3 \\ -1 \end{pmatrix}$$

$$\Leftrightarrow \begin{pmatrix} -4{,}5 \\ 1{,}5 \end{pmatrix} = \begin{pmatrix} 3k \\ -k \end{pmatrix}$$

$$\Leftrightarrow \begin{array}{|l} -4{,}5 = 3k \quad |:3 \\ \wedge \quad 1{,}5 = -k \quad |\cdot(-1) \end{array}$$

$$\Leftrightarrow \begin{array}{|l} k = -1{,}5 \\ \wedge \quad k = -1{,}5 \end{array}$$

Zur Berechnung von k genügt eine Gleichung. Das Einsetzen in die zweite Gleichung kann als Probe dienen.

$\mathbb{L} = \{-1{,}5\}$
also: $k = -1{,}5$

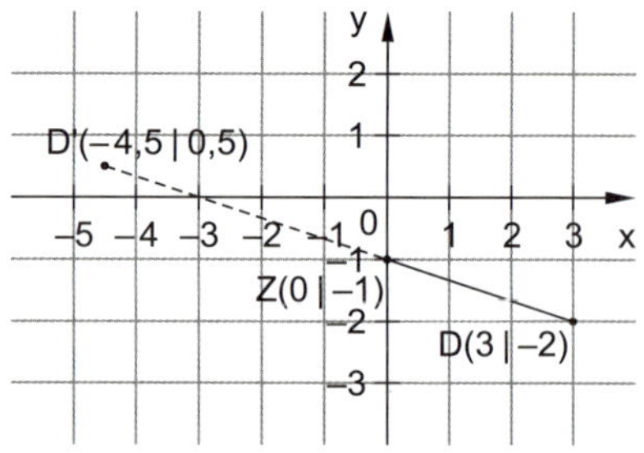

Aufgaben

136 Die Strecke [PQ] mit P(7 | 3) und Q(6 | 5) wird durch zentrische Streckung mit dem Zentrum Z und dem Streckungsfaktor k = –3 auf die Bildstrecke [P'Q'] mit P'(–5 | 7) und Q' abgebildet.
Berechne zunächst die Koordinaten des Streckungszentrums Z und anschließend die Koordinaten des Punktes Q'.

137 Die Punkte P(–3 | 2) und Q(6 | 5) werden durch zentrische Streckung mit dem Zentrum Z und dem Streckungsfaktor k auf P'(–5 | 2) bzw. Q'(1 | 4) abgebildet.
Berechne den Streckungsfaktor k sowie die Koordinaten des Zentrums Z.

138 Das Dreieck ABC mit B(1 | –2) und C(6 | 4) wird durch zentrische Streckung mit dem Zentrum Z(3 | 2) auf das Dreieck A'B'C' mit A'(–7,5 | 0,5), B'(0 | –4) abgebildet.

a) Zeichne die gegebenen Punkte in ein Koordinatensystem ein.
b) Berechne den Wert des Streckungsfaktors k.
c) Berechne die Koordinaten des Urpunktes A.
d) Ermittle zeichnerisch die Koordinaten des Bildpunktes C'.

139 Die Gerade g: $y = 0{,}5x - 3$ wird durch zentrische Streckung mit dem Streckungszentrum Z(–1 | –2) und dem Streckungsfaktor k = 3 auf die Bildgerade g' abgebildet.

a) Berechne die Koordinaten des Punktes P(0 | ?) auf der Geraden g und ermittle anschließend die Koordinaten des Bildpunktes P' auf der Bildgeraden.
b) Gib die Gleichung der Bildgeraden g' an.
c) Führe die Abbildung zeichnerisch aus. Platzbedarf: $-4 \leqq x \leqq 7$; $-6 \leqq y \leqq 0$

Interaktive Aufgaben
7. Streckungsfaktor 8. Punktkoordinaten

Bei einer zentrischen Streckung mit dem Streckungsfaktor k werden die aufspannenden Vektoren eines Dreiecks auf Bildvektoren der k-fachen Länge abgebildet. Da jede Figur in Dreiecke zerlegt werden kann, folgt daraus:

Merke

> Jede Figur wird bei einer zentrischen Streckung mit dem **Streckungsfaktor k** auf eine Bildfigur mit **k^2-fachem Flächeninhalt** abgebildet.

Beispiel

Das Dreieck ABC wird von den Vektoren $\vec{v}=\begin{pmatrix} v_x \\ v_y \end{pmatrix}$ und $\vec{w}=\begin{pmatrix} w_x \\ w_y \end{pmatrix}$ aufgespannt.

Das nach einer zentrischen Streckung mit Streckungsfaktor k entstandene Bilddreieck A'B'C' wird dann von den Vektoren $k\cdot\vec{v}=\begin{pmatrix} k\cdot v_x \\ k\cdot v_y \end{pmatrix}$ und $k\cdot\vec{w}=\begin{pmatrix} k\cdot w_x \\ k\cdot w_y \end{pmatrix}$ aufgespannt.

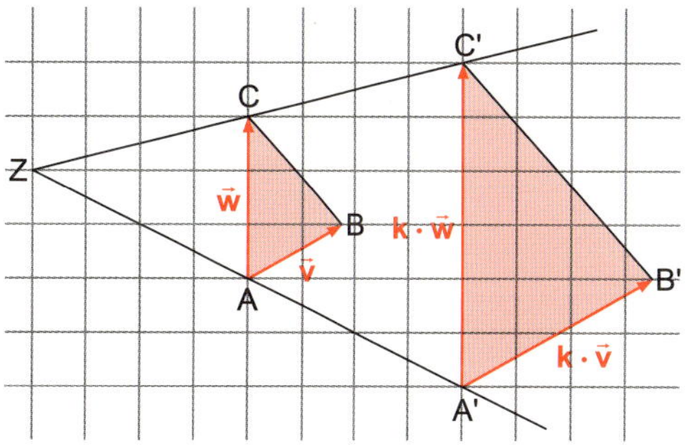

Es gilt also:

$$A_{\Delta ABC}=\frac{1}{2}\cdot\begin{vmatrix} v_x & w_x \\ v_y & w_y \end{vmatrix}\text{ FE}$$

$$A_{\Delta ABC}=\frac{1}{2}\cdot(v_x\cdot w_y - v_y\cdot w_x)\text{ FE}$$

$$A_{\Delta A'B'C'}=\frac{1}{2}\cdot\begin{vmatrix} kv_x & kw_x \\ kv_y & kw_y \end{vmatrix}\text{ FE}$$

$$A_{\Delta A'B'C'}=\frac{1}{2}\cdot(kv_x\cdot kw_y - kv_y\cdot kw_x)\text{ FE}$$

$$A_{\Delta A'B'C'}=\frac{1}{2}\cdot(k^2v_x\cdot w_y - k^2v_y\cdot w_x)\text{ FE}$$

$$A_{\Delta A'B'C'}=k^2\cdot\frac{1}{2}\cdot(v_x\cdot w_y - v_y\cdot w_x)\text{ FE}$$

$$A_{\Delta A'B'C'}=k^2\cdot A_{\Delta ABC}$$

Aufgabe 140

Das Dreieck ABC mit A(–4 | –1), B(2 | –2) und C(1 | 3) wird durch zentrische Streckung mit dem Zentrum Z(2 | 1) und dem Streckungsfaktor $k=-2$ auf das Dreieck A'B'C' abgebildet.

a) Berechne die Koordinaten der Bildpunkte A', B' und C'.

b) Zeichne beide Dreiecke in ein gemeinsames Koordinatensystem.
Platzbedarf: $-5\leqq x\leqq 15$; $-5\leqq y\leqq 8$

c) Berechne den Flächeninhalt des Dreiecks ABC und ermittle mithilfe des Ergebnisses den Flächeninhalt des Dreiecks A'B'C'.

Abbildung von Geraden und Parabeln

Für eine zentrische Streckung mit der Vorschrift $P \xmapsto{Z;\,k} P'$ gilt: $\overrightarrow{ZP'}=k\cdot\overrightarrow{ZP}$

Parametrisiert man diese Vektorgleichung, indem man für P

- den allgemeinen Geradenpunkt (x | g(x)) der Geraden g einsetzt,
- den allgemeinen Parabelpunkt (x | p(x)) der Parabel p einsetzt,

führt dies auf ein Gleichungssystem (mit dessen Hilfe der allgemeine Bildpunkt P'(x' | y') berechnet werden kann). Um die Gleichung der Bildgeraden g' bzw. der Bildparabel p' zu erhalten, genügt es, eine Gleichung dieses Gleichungssystems so umzustellen, dass y' nur in Abhängigkeit von x' ausgedrückt wird. Dieses Verfahren heißt **Parameterverfahren**.

Merke

Parameterverfahren für Geraden

Wird die Gerade g durch die Abbildung $g \xmapsto{Z;\,k} g'$ zentrisch gestreckt, so erhält man die Gleichung der Bildgeraden g' folgendermaßen:

- Setze den allgemeinen Geradenpunkt $P(x\,|\,g(x))$ in die Vektorgleichung $\overrightarrow{ZP'} = k \cdot \overrightarrow{ZP}$ mit $P'(x'\,|\,y')$ ein.
- Löse im entstehenden linearen Gleichungssystem Gleichung I nach x und Gleichung II nach y' auf. Setze dann Gleichung I in Gleichung II ein.

Beispiel

Die Gerade g: $y = -0{,}25x - 2$ wird durch zentrische Streckung mit $Z(2\,|-1)$ als Zentrum und dem Streckungsfaktor $k = 3$ auf die Bildgerade g' abgebildet. Berechne die Gleichung der Bildgeraden g' mit dem Parameterverfahren.

Lösung:

$$P(x\,|-0{,}25x-2) \xmapsto{Z(2|-1);\,k=3} P'(x'\,|\,y')$$

Es gilt: $\overrightarrow{ZP'} = k \cdot \overrightarrow{ZP}$ mit $P(x|-0{,}25x-2) \in g$ und $P'(x'\,|\,y') \in g'$

$$\Leftrightarrow \begin{pmatrix} x'-x_Z \\ y'-y_Z \end{pmatrix} = k \cdot \begin{pmatrix} x-x_Z \\ y-y_Z \end{pmatrix}$$ Setze die Werte für P, Z und k ein.

$$\Leftrightarrow \begin{pmatrix} x'-2 \\ y'-(-1) \end{pmatrix} = 3 \cdot \begin{pmatrix} x-2 \\ -0{,}25x-2-(-1) \end{pmatrix}$$ Vereinfache die Vektorgleichung.

$$\Leftrightarrow \begin{pmatrix} x'-2 \\ y'+1 \end{pmatrix} = 3 \cdot \begin{pmatrix} x-2 \\ -0{,}25x-1 \end{pmatrix}$$

$$\Leftrightarrow \begin{pmatrix} x'-2 \\ y'+1 \end{pmatrix} = \begin{pmatrix} 3x-6 \\ -0{,}75x-3 \end{pmatrix}$$

$$\Leftrightarrow \left| \begin{array}{ll} x'-2 = 3x-6 & |+6 \\ \wedge\ y'+1 = -0{,}75x-3 & |-1 \end{array} \right.$$ Löse Gleichung I nach x auf. Löse Gleichung II nach y' auf.

$$\Leftrightarrow \left| \begin{array}{ll} x'+4 = 3x & |\cdot\frac{1}{3} \\ \wedge\ y' = -0{,}75x-4 & \end{array} \right.$$

$$\Leftrightarrow \left| \begin{array}{l} x = \frac{1}{3}x' + \frac{4}{3} \\ \wedge\ y' = -\frac{3}{4}x - 4 \end{array} \right.$$ Setze $x = \frac{1}{3}x' + \frac{4}{3}$ in Gleichung II ein.

$$\Leftrightarrow \left| \begin{array}{l} x = \frac{1}{3}x' + \frac{4}{3} \\ \wedge\ y' = -\frac{3}{4}\left(\frac{1}{3}x' + \frac{4}{3}\right) - 4 \end{array} \right.$$

$$\Leftrightarrow \left| \begin{array}{l} x = \frac{1}{3}x' + \frac{4}{3} \\ \wedge\ y' = -\frac{1}{4}x' - 1 - 4 \end{array} \right.$$

$$\Leftrightarrow \left| \begin{array}{l} x = \frac{1}{3}x' + \frac{4}{3} \\ \wedge\ y' = -\frac{1}{4}x' - 5 \end{array} \right.$$

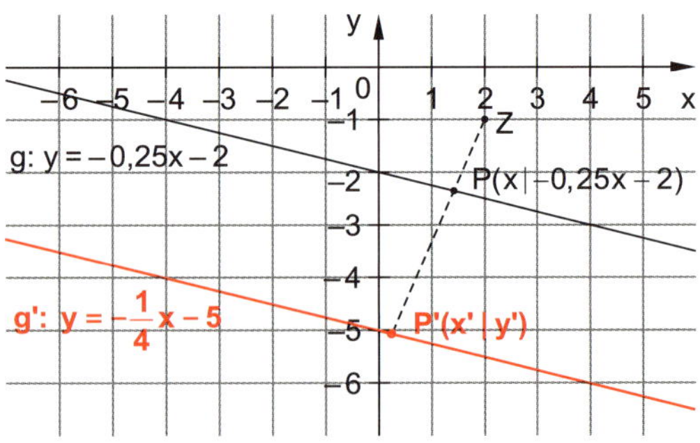

Beachte, dass die Bildgerade wegen der Parallelentreue der zentrischen Streckung die gleiche Steigung wie die Urgerade haben muss.

Gleichung der Bildgeraden:

g': $y = -\frac{1}{4}x - 5$

Merke

Parameterverfahren für Parabeln

Wird die Parabel p durch die Abbildung $p \xmapsto{Z;\,k} p'$ zentrisch gestreckt, so erhält man die Gleichung der Bildparabel p' folgendermaßen:

- Setze den allgemeinen Parabelpunkt $P(x \mid p(x))$ in die Vektorgleichung $\overrightarrow{ZP'} = k \cdot \overrightarrow{ZP}$ mit $P'(x' \mid y')$ ein.
- Löse im entstehenden linearen Gleichungssystem Gleichung I nach x und Gleichung II nach y' auf. Setze dann Gleichung I in Gleichung II ein.

Beispiel

Die Parabel p: $y = x^2 + 4x - 1$ wird durch zentrische Streckung mit $Z(1 \mid -3)$ als Zentrum und dem Streckungsfaktor $k = 1{,}5$ auf die Bildparabel p' abgebildet.
Berechne die Gleichung der Bildparabel p' mit dem Parameterverfahren.

Lösung:

$$P(x \mid x^2 + 4x - 1) \xmapsto{Z(1 \mid -3);\ k = 1{,}5} P'(x' \mid y')$$

Es gilt: $\overrightarrow{ZP'} = k \cdot \overrightarrow{ZP}$ mit $P(x \mid x^2 + 4x - 1) \in p$ und $P'(x' \mid y') \in p'$

$$\Leftrightarrow \begin{pmatrix} x' - x_Z \\ y' - y_Z \end{pmatrix} = k \cdot \begin{pmatrix} x - x_Z \\ y - y_Z \end{pmatrix}$$ Setze die Werte für P, Z und k ein.

$$\Leftrightarrow \begin{pmatrix} x' - 1 \\ y' - (-3) \end{pmatrix} = 1{,}5 \cdot \begin{pmatrix} x - 1 \\ x^2 + 4x - 1 - (-3) \end{pmatrix}$$ Vereinfache die Vektorgleichung.

$$\Leftrightarrow \begin{pmatrix} x' - 1 \\ y' + 3 \end{pmatrix} = 1{,}5 \cdot \begin{pmatrix} x - 1 \\ x^2 + 4x + 2 \end{pmatrix}$$

$$\Leftrightarrow \begin{pmatrix} x' - 1 \\ y' + 3 \end{pmatrix} = \begin{pmatrix} 1{,}5 \cdot (x - 1) \\ 1{,}5 \cdot (x^2 + 4x + 2) \end{pmatrix}$$

$$\Leftrightarrow \begin{vmatrix} x' - 1 = 1{,}5x - 1{,}5 & \mid +1{,}5 \\ \wedge\ y' + 3 = 1{,}5x^2 + 6x + 3 & \mid -3 \end{vmatrix}$$ Löse Gleichung I nach x auf. Löse Gleichung II nach y' auf.

$$\Leftrightarrow \begin{vmatrix} x' + 0{,}5 = 1{,}5x & \mid :1{,}5 \\ \wedge\ y' = 1{,}5x^2 + 6x & \end{vmatrix}$$

$$\Leftrightarrow \begin{vmatrix} x = \frac{2}{3}x' + \frac{1}{3} \\ \wedge\ y' = \frac{3}{2}\left(\frac{2}{3}x' + \frac{1}{3}\right)^2 + 6\left(\frac{2}{3}x' + \frac{1}{3}\right) \end{vmatrix}$$ Setze $x = \frac{2}{3}x' + \frac{1}{3}$ in Gleichung II ein. Beachte, dass du x hier 2-mal einsetzen musst!

$$\Leftrightarrow \begin{vmatrix} x = \frac{2}{3}x' + \frac{1}{3} \\ \wedge\ y' = \frac{3}{2}\left(\frac{4}{9}x'^2 + \frac{4}{9}x' + \frac{1}{9}\right) + 4x' + 2 \end{vmatrix}$$

$$\Leftrightarrow \begin{vmatrix} x = \frac{2}{3}x' + \frac{1}{3} \\ \wedge\ y' = \frac{2}{3}x'^2 + \frac{2}{3}x' + \frac{1}{6} + 4x' + 2 \end{vmatrix}$$

$$\Leftrightarrow \begin{vmatrix} x = \frac{2}{3}x' + \frac{1}{3} \\ \wedge\ y' = \frac{2}{3}x'^2 + 4\frac{2}{3}x' + 2\frac{1}{6} \end{vmatrix}$$

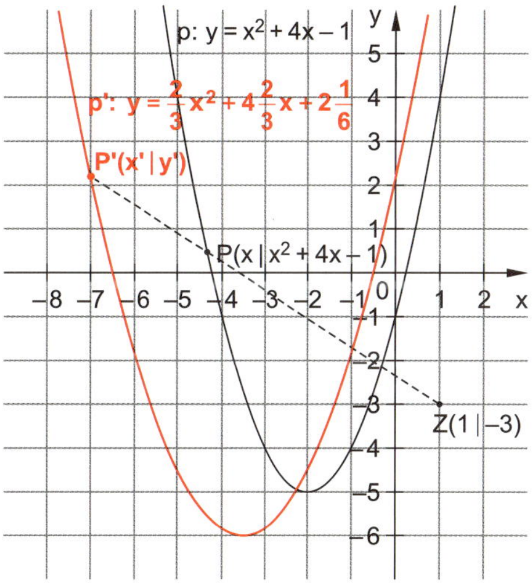

Gleichung der Bildparabel:

$$\mathbf{p': y = \frac{2}{3}x^2 + 4\frac{2}{3}x + 2\frac{1}{6}}$$

Aufgaben

141 Die Gerade g mit $y=-2x+4$ wird durch zentrische Streckung mit dem Streckungszentrum $Z(-1\,|\,2)$ und dem Streckungsfaktor $k=-0{,}5$ auf die Bildgerade g' abgebildet.
Ermittle die Gleichung der Bildgeraden g' mithilfe des Parameterverfahrens.

142 Die Gerade g mit $y=\frac{2}{3}x-1$ wird durch zentrische Streckung mit dem Streckungszentrum $Z(4\,|\,1)$ und dem Streckungsfaktor $k=-4$ auf die Bildgerade g' abgebildet.
Ermittle die Gleichung der Bildgeraden g' mithilfe des Parameterverfahrens.

143 Die Parabel p mit $y=x^2+5$ wird durch zentrische Streckung mit dem Streckungszentrum $Z(-1\,|\,3)$ und dem Streckungsfaktor $k=0{,}5$ auf die Bildparabel p' abgebildet.
Ermittle die Gleichung der Bildparabel p' mithilfe des Parameterverfahrens.

144 Die Parabel p mit $y=\frac{1}{2}x^2$ wird durch zentrische Streckung mit dem Streckungszentrum $Z(0\,|\,4)$ und dem Streckungsfaktor $k=-\frac{3}{2}$ auf die Bildparabel p' abgebildet.
Ermittle die Gleichung der Bildparabel p' mithilfe des Parameterverfahrens.

Interaktive Aufgaben

9. Zentrische Streckung von Geraden
10. Zentrische Streckung von Parabeln

Komplexe Aufgaben

145 Gegeben ist die Parabel p mit der Funktionsgleichung $y=-0{,}5x^2+bx+c$. Der Graph zu p verläuft durch die Punkte $P(-6\,|\,1)$ und $Q(0\,|\,-5)$.

a) Berechne die Gleichung von p in allgemeiner Form.
b) Bestimme die Scheitelform der Parabel p und gib die Koordinaten des Scheitelpunkts S an.
c) Zeichne die Parabel p in ein Koordinatensystem. Platzbedarf: $-11 \leqq x \leqq 1$; $-6 \leqq y \leqq 6$
d) Der Punkt P der Parabel p wird durch zentrische Streckung mit dem Zentrum $Z(-6\,|\,-1)$ auf den Punkt $P'(-6\,|\,-2)$ abgebildet. Berechne den Streckungsfaktor k.
e) Die Punkte S und Q werden durch die zentrische Streckung aus Teilaufgabe d auf die Punkte S' und Q' abgebildet. Berechne die Koordinaten der Bildpunkte.
f) Die Punkte S' und Q' liegen auf der Parabel p'. Berechne die Gleichung von p' und zeichne den Graphen von p' in das Koordinatensystem.
g) Berechne den Flächeninhalt der Dreiecke PQS und P'Q'S'.

146 Die Parabel p mit $y=-0{,}5x^2+4{,}5$ wird mittels zentrischer Streckung mit dem Zentrum $Z(4\,|\,0{,}5)$ und dem Streckungsfaktor $k=0{,}5$ auf die Parabel p' abgebildet.

a) Berechne mithilfe des Parameterverfahrens die Gleichung der Bildparabel p'.
b) Berechne die Koordinaten der Scheitelpunkte S bzw. S' der Parabeln p und p' und zeichne die Graphen von p und p' in ein Koordinatensystem.
Platzbedarf: $-7 \leqq x \leqq 7$; $-9 \leqq y \leqq 6$
c) Bestätige rechnerisch, dass vom Punkt $P(0\,|\,-1{,}5)$ keine Tangente an die Parabel p gezeichnet werden kann.
d) Berechne die Gleichung der Tangente s an die Parabel p', die der Parallelenschar $g(t)\colon y=2x+t$ angehört, und zeichne die Tangente in das Koordinatensystem.
e) Die Parabel p' gehört zu der Parabelschar p(a) mit der Gleichung
$y=-x^2-4ax-6a^2+4{,}5$ $(a \in \mathbb{R})$. Bestätige dies rechnerisch.

f) Bringe die Schargleichung auf die Scheitelform und stelle die Scheitelkoordinaten S_a der Scharparabeln in Abhängigkeit von a dar.

g) Berechne die Scheitelkoordinaten für $a \in \{-2; 1; 2\}$ und zeichne die Parabeln in das Koordinatensystem.

h) Bestätige rechnerisch, dass die Parabel p Trägergraph der Scheitelpunkte aller Scharparabeln ist.

i) Bestimme rechnerisch das Intervall für a, in dem die x-Werte der Scheitel der Scharparabeln kleiner sind als die dazugehörigen y-Werte.

2.7 Flächensätze am rechtwinkligen Dreieck

Das Lot [CD] auf die Hypotenuse [AB] eines rechtwinkligen Dreiecks ABC zerlegt die Hypotenuse [AB] in die Strecken [AD] und [DB]. Man nennt diese Strecken **Hypotenusenabschnitte** und bezeichnet ihre Längen mit q und p.

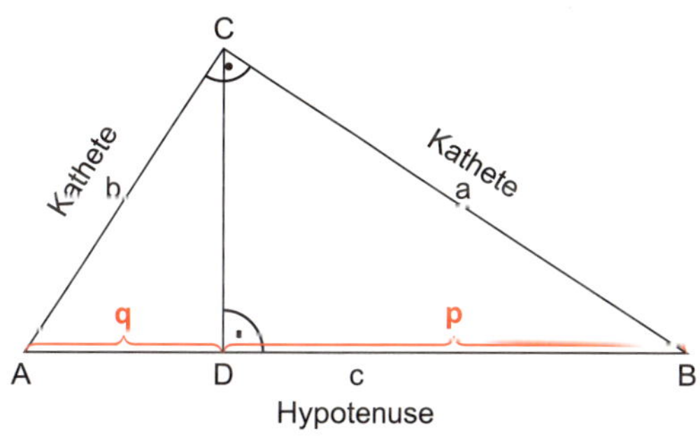

In rechtwinkligen Dreiecken gilt die sogenannte **Satzgruppe des Pythagoras**, zu der der **Kathetensatz**, der **Höhensatz** und der **Satz des Pythagoras** gehören.

Der Kathetensatz

Merke

Kathetensatz
Im rechtwinkligen Dreieck ist das Quadrat der Länge einer Kathete gleich dem Produkt der Längen des der Kathete anliegenden Hypotenusenabschnitts und der Hypotenuse.
$a^2 = p \cdot c$ bzw. $b^2 = q \cdot c$

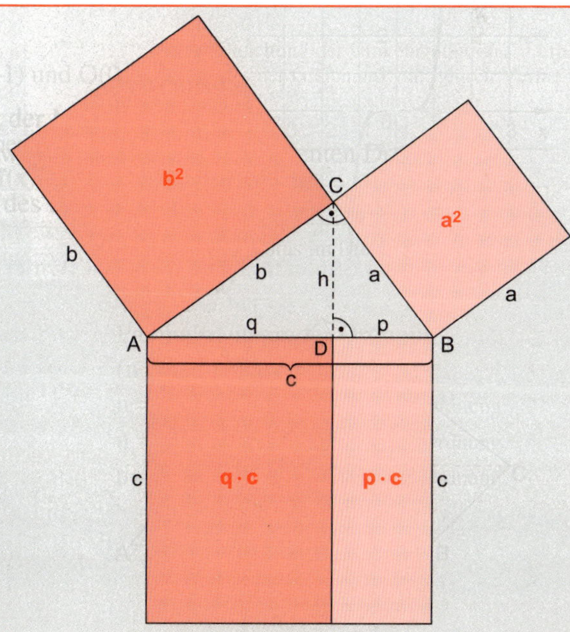

Beispiel

Im in C rechtwinkligen Dreieck ABC gilt:
$\overline{AB} = 9$ cm und $\overline{AD} = 3{,}5$ cm. Berechne $\overline{AC}$.

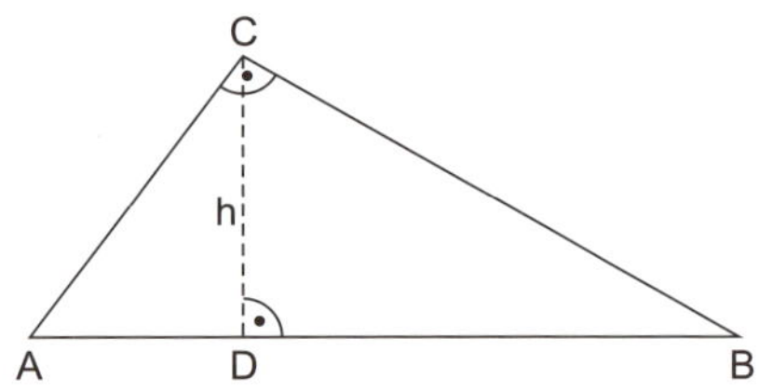

Lösung:

$$\overline{AC}^2 = \overline{AD} \cdot \overline{AB}$$
$$\Leftrightarrow \quad \overline{AC}^2 = 3{,}5 \cdot 9\ \text{cm}^2$$
$$\Leftrightarrow \quad \overline{AC}^2 = 31{,}5\ \text{cm}^2 \quad |\sqrt{}$$
$$\Rightarrow \quad \overline{AC} = \sqrt{31{,}5\ \text{cm}^2}$$
$$\Leftrightarrow \quad \overline{AC} = 5{,}61\ \text{cm}$$

Die negative Lösung $\overline{AC} = -\sqrt{31{,}5\ \text{cm}^2}$ kommt als Seitenlänge nicht infrage.

Es ist üblich, trotz Verwendung von Näherungswerten das Gleichheitszeichen zu verwenden.

Aufgaben

147 Im in C rechtwinkligen Dreieck ABC gilt:

a) $a = 6{,}4$ cm und $p = 3{,}2$ cm. Berechne c.
b) $c = 8$ cm und $q = 3$ cm. Berechne b.
c) $c = 9$ cm und $b = 4{,}5$ cm. Berechne q.
d) $c = 15$ dm und $p = 6{,}5$ dm. Berechne a.
e) $b = 1{,}24$ dm und $c = 35{,}75$ cm. Berechne q.

148 Die Entfernung von U zu einem unzugänglichen Punkt V kann bestimmt werden, indem ein rechtwinkliges Hilfsdreieck markiert wird und die Längen der Seiten [UW] und [US] gemessen werden.

Berechne $\overline{UV}$, wenn $\overline{UW} = 250$ m und $\overline{US} = 94$ m bekannt sind.

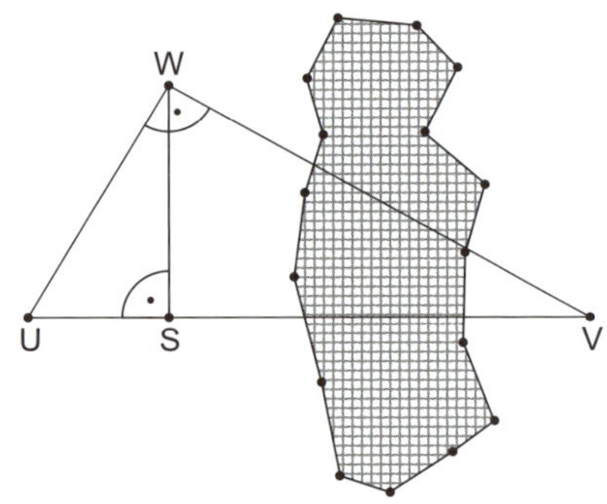

Interaktive Aufgaben

1. Kathete bestimmen
2. Fläche bestimmen

Der Höhensatz

Merke

Höhensatz
Im rechtwinkligen Dreieck ist das Quadrat der Höhe auf die Hypotenuse gleich dem Produkt der Längen der Hypotenusenabschnitte.
$h^2 = p \cdot q$

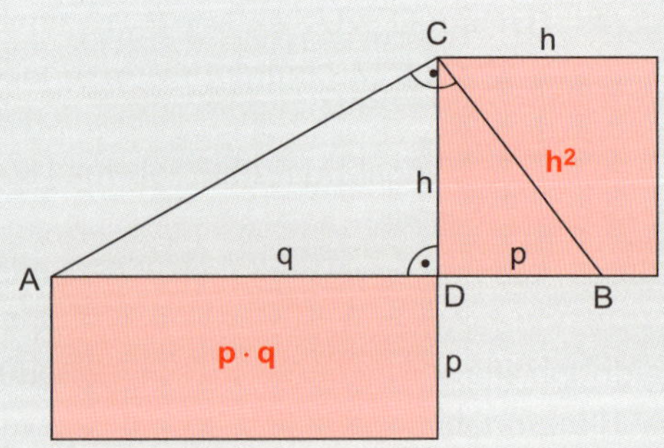

Beispiel

Im in C rechtwinkligen Dreieck ABC gilt:
h = 4 cm und q = 1,6 cm.
Berechne den Flächeninhalt des Dreiecks.

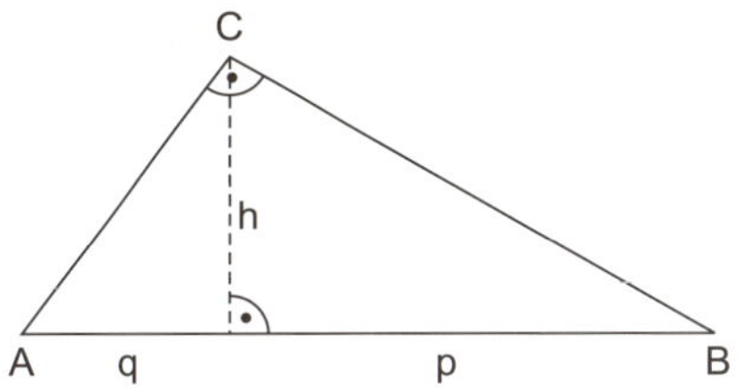

Lösung:
Um den Flächeninhalt $A_{\Delta ABC}$ mit der Formel

$$A_{\Delta ABC} = \underbrace{\frac{1}{2}\cdot g\cdot h}_{\text{allgemeine Formel}} = \underbrace{\frac{1}{2}\cdot \overline{AB}\cdot h}_{\text{aufgabenbezogene Formel}}$$

berechnen zu können, wird zunächst p berechnet, um dann $\overline{AB} = p + q$ bestimmen zu können.

Berechnung von p:

$h^2 = p\cdot q$ — Forme den Höhensatz um.

$\Leftrightarrow \quad p = \frac{h^2}{q}$ — Setze die gegebenen Werte ein.

$\Leftrightarrow \quad p = \frac{(4\text{ cm})^2}{1{,}6\text{ cm}}$ — Kürze beim Ausrechnen die Maßeinheit cm.

$\Leftrightarrow \quad p = \frac{16\text{ cm}^{\not 2}}{1{,}6\not{\text{cm}}}$

$\Leftrightarrow \quad p = 10\text{ cm}$

Berechnung von $\overline{AB}$:

$\overline{AB} = p + q$

$\overline{AB} = 10\text{ cm} + 1{,}6\text{ cm}$ — Maßzahlen zusammenfassen

$\overline{AB} = 11{,}6\text{ cm}$

Berechnung von $A_{\Delta ABC}$:

$A_{\Delta ABC} = \frac{1}{2}\cdot \overline{AB}\cdot h$ — Setze die Größen in den aufgabenbezogenen Ansatz ein.

$A_{\Delta ABC} = \frac{1}{2}\cdot 11{,}6\text{ cm}\cdot 4\text{ cm}$

$A_{\Delta ABC} = \frac{1}{2}\cdot 11{,}6\cdot 4\text{ cm}^2$ — Es empfiehlt sich immer, die Maßeinheiten am Ende der Zeile zusammenzufassen, um nur noch die Maßzahlen im Blick behalten zu müssen.

$A_{\Delta ABC} = 23{,}2\text{ cm}^2$

Aufgabe 149

Das Dreieck ABC ist rechtwinklig in C. Berechne die fehlenden Größen.

	p	q	h	c
a)	7 cm	8 cm		
b)		2,5 cm		102 mm
c)	6,8 m		14,5 m	

Interaktive Aufgabe

3. Höhe bestimmen

Der Satz des Pythagoras

Merke

Satz des Pythagoras

Im rechtwinkligen Dreieck ist die Summe der Quadrate der Längen der Katheten gleich dem Quadrat der Länge der Hypotenuse.

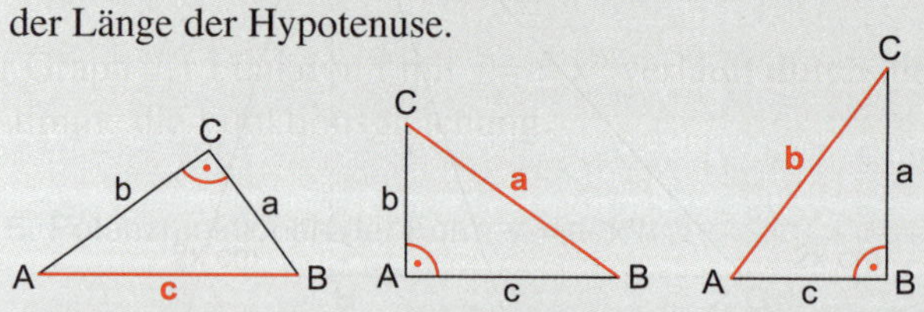

$a^2 + b^2 = c^2$ $\qquad b^2 + c^2 = a^2$ $\qquad a^2 + c^2 = b^2$

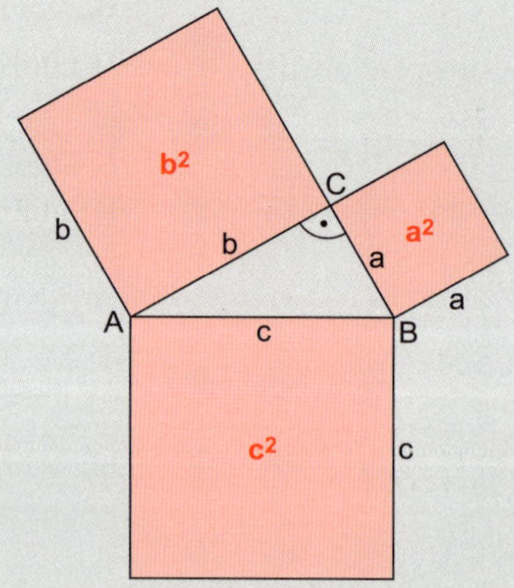

Es gilt auch umgekehrt: Gilt der Satz des Pythagoras in einem Dreieck, ist das ein Beweis für die Rechtwinkligkeit dieses Dreiecks.

Beispiele

1. Im rechtwinkligen Dreieck ABC mit $\overline{AB} = 8$ cm und $\overline{BC} = 5$ cm hat der Winkel CBA das Maß $\beta = 90°$.
   Berechne $\overline{CA}$.

   Lösung:
   $\overline{CA}$ ist die Hypotenuse.

   $\overline{CA}^2 = \overline{AB}^2 + \overline{BC}^2 \qquad |\sqrt{\ }$

   $\Rightarrow \overline{CA} = \sqrt{(8\text{ cm})^2 + (5\text{ cm})^2}$ oder: $\overline{CA} = \sqrt{8^2 + 5^2}$ cm

   $\Leftrightarrow \overline{CA} = \sqrt{89\text{ cm}^2}$ $\qquad \overline{CA} = \sqrt{89}$ cm

   $\Leftrightarrow \overline{CA} = 9{,}43$ cm

   Planfigur:

   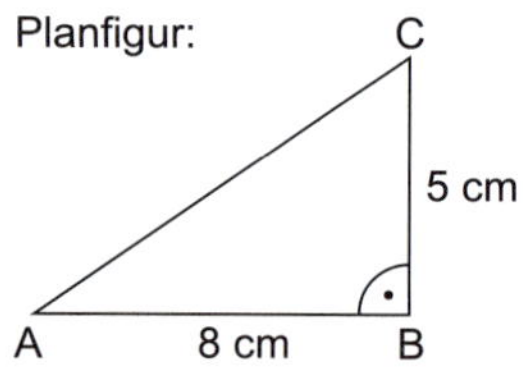

2. Eine Leiter ist 6 m lang. Sie ist 1,2 m entfernt von der Wand angelehnt.
   Wie hoch reicht die Leiter?

   Lösung:
   Gesucht ist h (Kathete!). Es gilt:

   $(6\text{ m})^2 = (1{,}2\text{ m})^2 + h^2 \qquad |-(1{,}2\text{ m})^2$

   $\Leftrightarrow h^2 = (6\text{ m})^2 - (1{,}2\text{ m})^2 \qquad |\sqrt{\ }$

   $\Rightarrow h = \sqrt{6^2 - 1{,}2^2}$ m

   $\Leftrightarrow h = 5{,}88$ m

   Planfigur:

   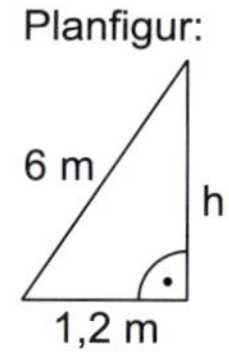

Aufgaben

150 Überprüfe rechnerisch, ob das Dreieck EFG mit $\overline{EF} = 13$ cm, $\overline{FG} = 12$ cm und $\overline{GE} = 5$ cm rechtwinklig ist.

151 Berechne die Länge der fehlenden Dreiecksseite der rechtwinkligen Dreiecke ABC. Zeichne eine Planfigur.

a) $a = 12$ cm; $b = 5$ cm; $\gamma = 90°$

b) $b = 3$ dm; $c = 12$ cm; $\beta = 90°$

152 Von den sechs Streckenlängen a, b, c, p, q und h eines rechtwinkligen Dreiecks sind jeweils 2 gegeben. Berechne die fehlenden Streckenlängen mithilfe von Höhensatz, Kathetensatz und Satz des Pythagoras. Runde auf eine Nachkommastelle.

a) $a = 6{,}4$ cm; $p = 3{,}2$ cm
b) $p = 5{,}4$ cm; $h = 8{,}2$ cm
c) $p = 5$ cm; $q = 4$ cm

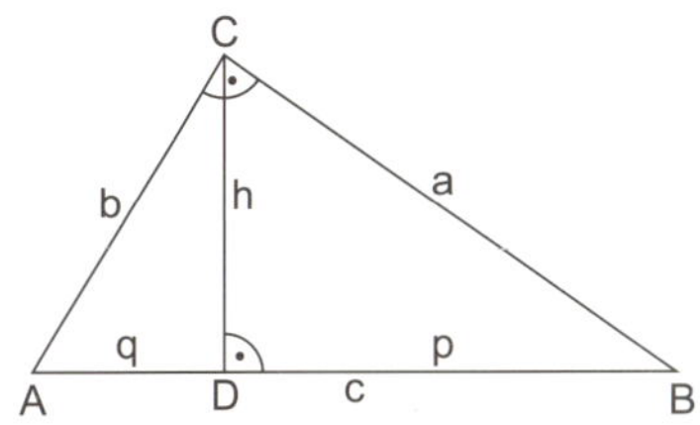

153 Berechne den Umfang eines gleichschenkligen Trapezes mit den Grundseitenlängen 14 cm und 9 cm und einer Höhe von 8 cm. Zeichne zunächst eine Planfigur.

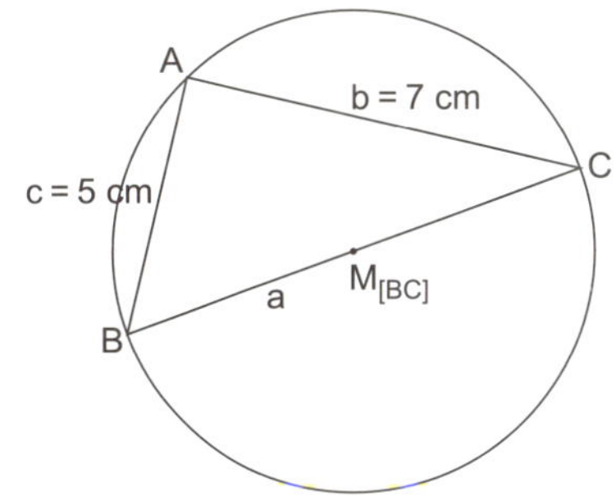

154 Begründe, dass das abgebildete Dreieck ABC rechtwinklig ist, und berechne die fehlende Seitenlänge.

155 In einer Raute ABCD beträgt die Seitenlänge $a = 5$ cm und die Länge der Diagonale $\overline{AC} = e = 3$ cm.
Berechne die Länge der anderen Diagonale f und den Flächeninhalt.

Tipp In einer Raute halbieren sich die Diagonalen gegenseitig und stehen senkrecht aufeinander.

156 Ein Tunnel mit halbkreisförmigem Querschnitt hat einen Radius von 5 m. Er besitzt nur eine Fahrspur.

a) Wie hoch kann ein Lkw, der den Tunnel passieren soll, maximal sein, wenn er 2,50 m breit ist?
b) Löse die Aufgabe auch für den Fall, dass ein Sicherheitsabstand von 50 cm zur Tunneldecke eingehalten werden soll.

Interaktive Aufgaben

4. Hypotenuse bestimmen
5. Kathete bestimmen
6. Zweimal Pythagoras
7. Rechtwinkliges Dreieck?
8. Seite gesucht
9. Spielplatz
10. Fernseher
11. Eisenbahn

Folgerungen aus dem Satz des Pythagoras

Merke

Länge der Diagonale im Quadrat

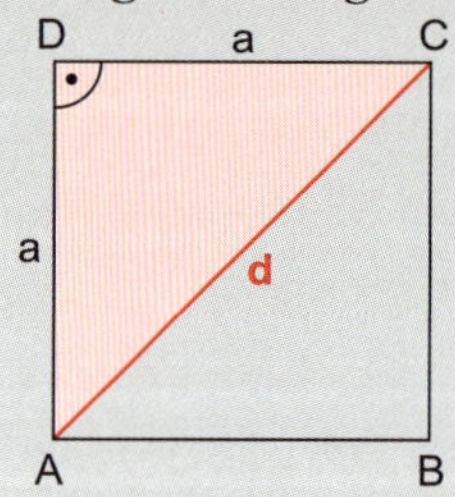

$$d = a\sqrt{2}$$

Höhe im gleichseitigen Dreieck

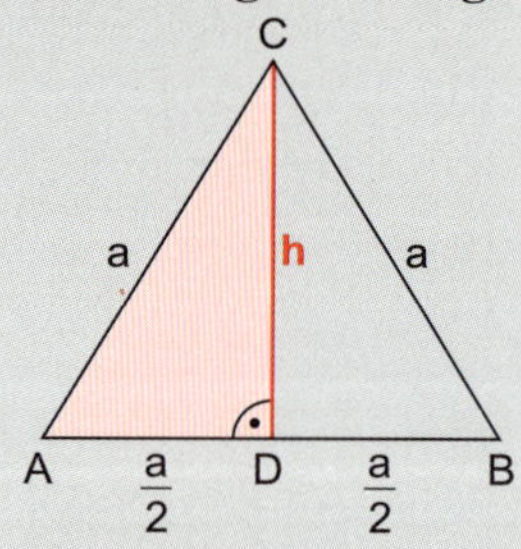

$$h = \frac{a}{2}\sqrt{3}$$

Länge der Diagonale im Rechteck

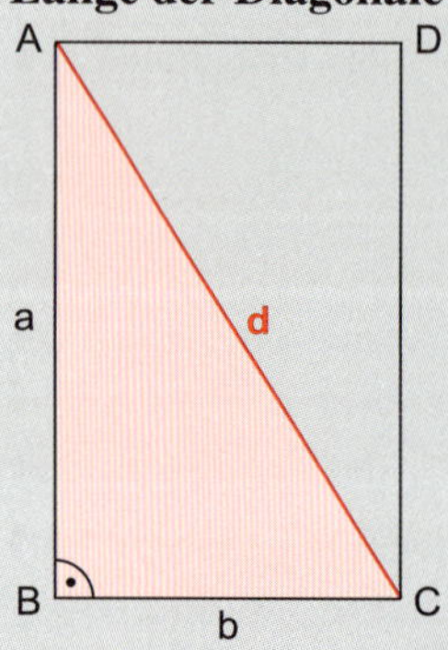

$$d = \sqrt{a^2 + b^2}$$

Länge der Raumdiagonale im Würfel

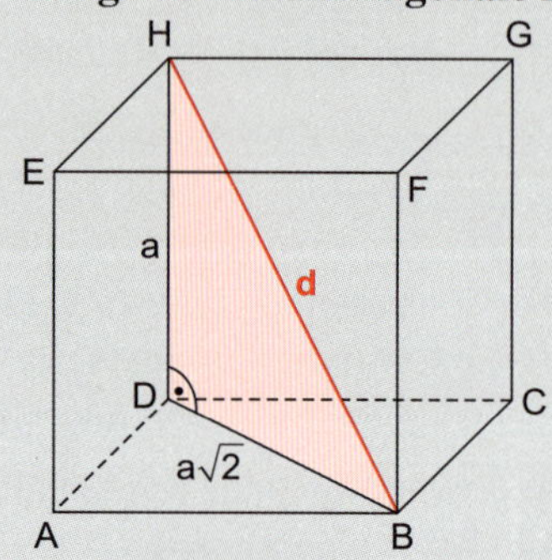

$$d = a\sqrt{3}$$

Länge der Raumdiagonale im Quader

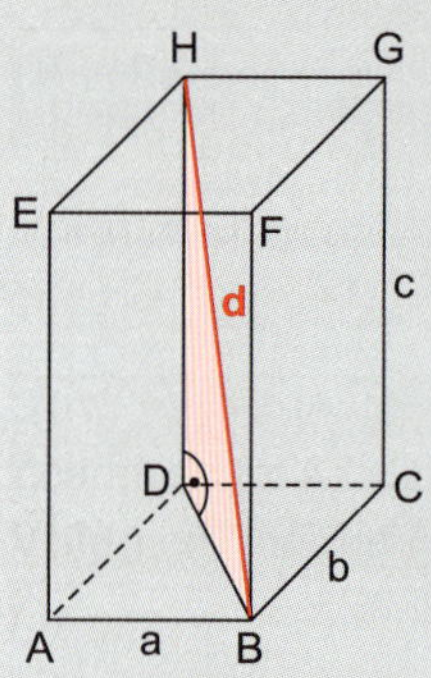

$$d = \sqrt{a^2 + b^2 + c^2}$$

Länge der Mantellinie beim Kegel

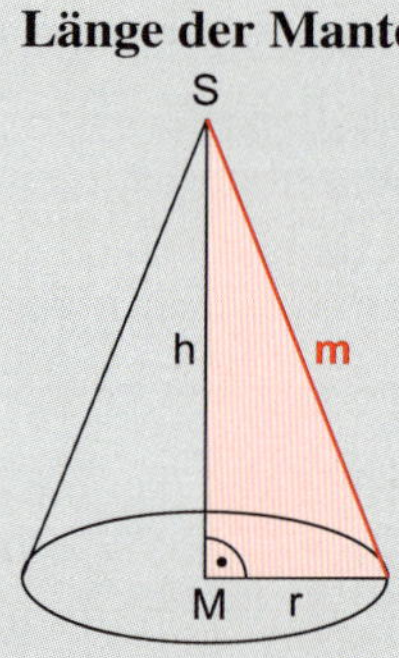

$$m = \sqrt{r^2 + h^2}$$

Aufgaben

157 Ein gleichseitiges Dreieck hat die Seitenlänge a = 6 cm.
Berechne die Höhe und den Flächeninhalt.

158 Das nebenstehende Schrägbild zeigt eine Pyramide mit quadratischer Grundfläche. Die Spitze S liegt senkrecht über dem Diagonalenschnittpunkt E. Der Punkt M ist der Mittelpunkt der Strecke [BC]. Es gilt: $\overline{AB} = 6$ cm; $\overline{ES} = 10$ cm
Berechne folgende Streckenlängen.

a) $\overline{AC}$; $\overline{AE}$; $\overline{SA}$; $\overline{MS}$

b) $\overline{GH}$ und $\overline{GS}$, wenn $\overline{FS} = 4$ cm

Interaktive Aufgabe
12. Abstand von Quadereckpunkten

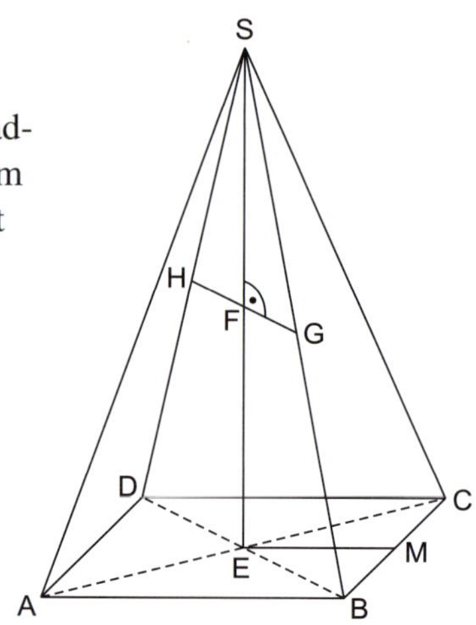

Merke

Länge einer Strecke im Koordinatensystem (Betrag eines Vektors)

$A(x_A \mid y_A);\ B(x_B \mid y_B)$

$\overrightarrow{AB} = \begin{pmatrix} x_B - x_A \\ y_B - y_A \end{pmatrix}$

$\overline{\mathbf{AB}} = \sqrt{(x_B - x_A)^2 + (y_B - y_A)^2}$ **LE**

$\overrightarrow{AB} = \begin{pmatrix} v_x \\ v_y \end{pmatrix}$

$|\overrightarrow{\mathbf{AB}}| = \sqrt{v_x^2 + v_y^2}$

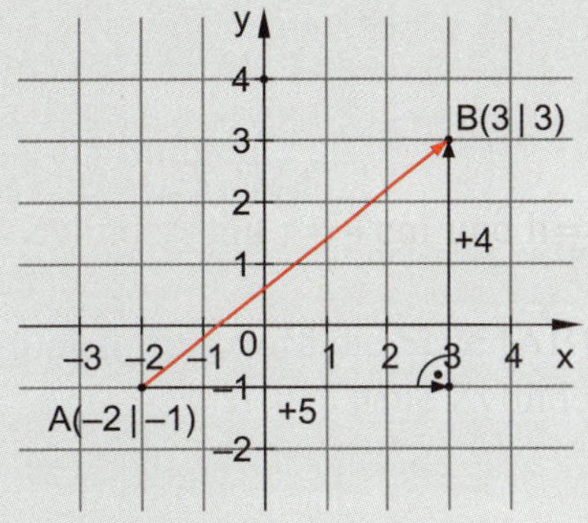

Beispiel

Berechne die Länge der Strecke [AB] mit A(–6 | 2) und B(2 | 8).

Lösung:
Man wendet den Satz des Pythagoras auf das rechtwinklige Koordinatendreieck an.

Berechne die Koordinaten von $\overrightarrow{AB}$:

$\overrightarrow{AB} = \begin{pmatrix} 2-(-6) \\ 8-2 \end{pmatrix} = \begin{pmatrix} 8 \\ 6 \end{pmatrix}$

Berechne den Betrag des Vektors $\overrightarrow{AB}$:

$|\overrightarrow{AB}| = \sqrt{8^2 + 6^2}$

$|\overrightarrow{AB}| = \sqrt{100}$

$|\overrightarrow{AB}| = 10$

oder:

Berechne die Länge der Strecke [AB]:

$\overline{AB} = \sqrt{(x_B - x_A)^2 + (y_B - y_A)^2}$ LE

$\overline{AB} = \sqrt{(2-(-6))^2 + (8-2)^2}$ LE

$\overline{AB} = \sqrt{8^2 + 6^2}$ LE

$\overline{AB} = \sqrt{64 + 36}$ LE

$\overline{AB} = \sqrt{100}$ LE

$\overline{AB} = 10$ LE

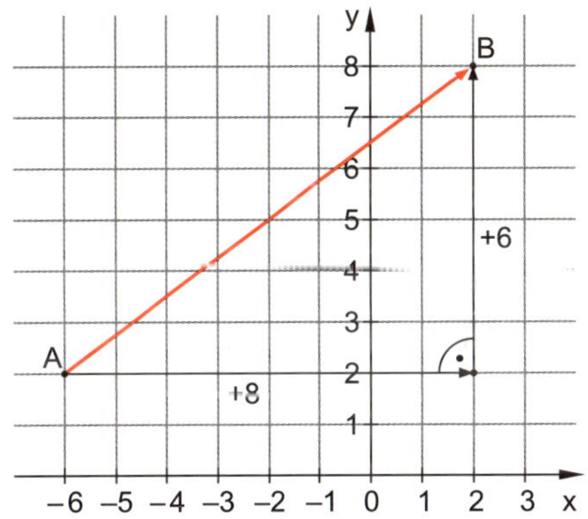

Aufgaben

159 Bestimme den Betrag des Vektors.

a) $\vec{a} = \begin{pmatrix} -2 \\ 3 \end{pmatrix}$ b) $\vec{b} = \begin{pmatrix} 12 \\ -5 \end{pmatrix}$

160 Bestimme die Länge der Strecke [EF].

a) E(–4 | 3); F(10 | 5) b) $E\left(1\frac{1}{2} \,\middle|\, -6\frac{3}{4}\right); F\left(-9\frac{1}{4} \,\middle|\, 2\frac{1}{8}\right)$

161 Der Kreis k mit dem Mittelpunkt M(1 | 2) verläuft durch den Punkt P(5 | 5).
Berechne den Radius von k.
Überprüfe, ob der Punkt Q(–4 | 2) auf, innerhalb oder außerhalb des Kreises liegt.

162 Bestimme den Umfang des Dreiecks ABC mit A(–3 | –2), B(5 | 0) und C(4 | 6).

Interaktive Aufgaben

13. Abstand von zwei Punkten bestimmen 14. Gleichschenkliges Dreieck?

2.8 Berechnungen am Kreis

Flächeninhalt und Umfang eines Kreises

Merke

- Für jeden Kreis hat das Verhältnis aus Umfang u und Durchmesser d den gleichen Wert. Dieser wird mit der **Kreiszahl π** bezeichnet.
  $\frac{u}{d} = \pi$
- Die Kreiszahl π ist eine **irrationale Zahl** (lässt sich nicht als Bruch darstellen) und besitzt unendlich viele Nachkommastellen, weshalb sie oft gerundet angegeben wird:
  $\pi = 3{,}141592653\ldots \approx 3{,}14$
- Mithilfe der Kreiszahl π berechnet man den Umfang u (= Länge der Kreislinie) und den Flächeninhalt A:
  Kreisumfang: $u = d \cdot \pi = 2 \cdot r \cdot \pi$
  Kreisfläche: $A = r^2 \cdot \pi$

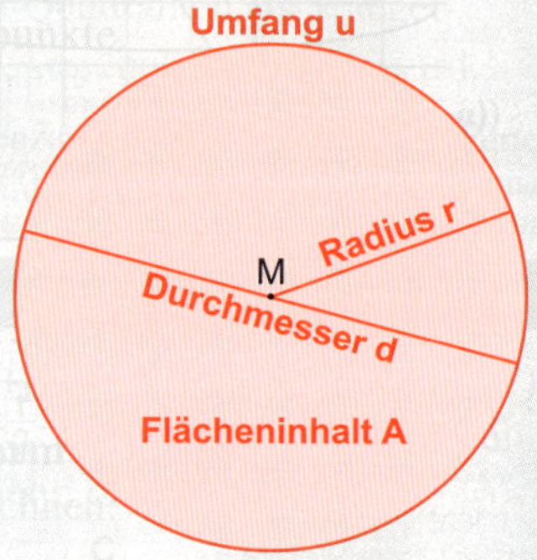

Beispiel

Ein Kreis hat einen Durchmesser von 5 cm. Berechne Umfang und Flächeninhalt.

Lösung:

Berechnung des Umfangs:
$u = d \cdot \pi = 5 \text{ cm} \cdot \pi = 15{,}71 \text{ cm}$ gerundet

Berechnung des Flächeninhalts:
$A = r^2 \cdot \pi = (2{,}5 \text{ cm})^2 \cdot \pi = 19{,}63 \text{ cm}^2$ gerundet

Aufgaben

163 Ein Kreis hat den Flächeninhalt 20 cm^2. Berechne den Durchmesser und den Umfang des Kreises.

164 Der Erdradius beträgt ca. 6 370 km. Welche Strecke hat man zurückgelegt, wenn man die Erde einmal entlang des Äquators umrundet?

165 Eine Schnur ist 10 m lang. Bestimme den Radius des Kreises, den man mit ihr umspannen kann.

Interaktive Aufgaben

1. Winkelmaß bestimmen
2. Torwand
3. Kamerawagen

Kreisteile – Kreissektor und Kreisbogen

Die beiden Schenkel des Mittelpunktswinkels AMB mit dem Maß φ schneiden aus der Kreisfläche einen **Kreissektor AMB** und aus der Kreislinie einen **Kreisbogen $\overset{\frown}{AB}$** aus.
Ein Kreisbogen wird immer gegen den Uhrzeigersinn orientiert bezeichnet (von A aus gegen den Uhrzeigersinn nach B). Der Mittelpunktswinkel BMA des Bogens $\overset{\frown}{BA}$ hat somit das Maß $360° - \varphi$.

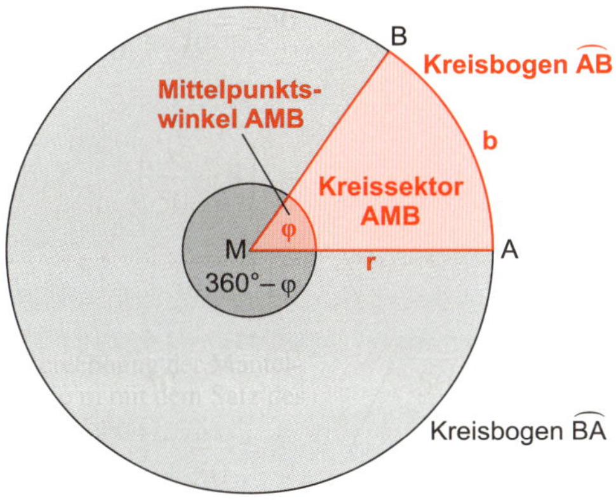

Die **Bogenlänge b** des Kreisbogens $\overset{\frown}{AB}$ ist abhängig vom Maß des Mittelpunktswinkels φ.
Es besteht folgende direkte Proportionalität:

$\frac{b}{u} = \frac{\varphi}{360°}$ und damit $b = \frac{\varphi}{360°} \cdot u$

Mit $u = 2 \cdot r \cdot \pi$ gilt dann:

Merke

Bogenlänge b eines Kreisbogens:

$b = \frac{\varphi}{360°} \cdot 2 \cdot r \cdot \pi$ oder gekürzt: $b = \frac{\varphi}{180°} \cdot r \cdot \pi$

Der Flächeninhalt des Kreissektors AMB ist ebenso abhängig vom Maß des Mittelpunktswinkels φ. Es besteht folgende direkte Proportionalität:

$\frac{A_{Sektor}}{A_{Kreis}} = \frac{\varphi}{360°}$ und damit $A_{Sektor} = \frac{\varphi}{360°} \cdot A_{Kreis}$

Mit $A_{Kreis} = r^2 \cdot \pi$ gilt dann:

Merke

Fläche eines Kreissektors:

$A_{Sektor} = \frac{\varphi}{360°} \cdot r^2 \cdot \pi$

Es besteht ein Zusammenhang zwischen der Bogenlänge des Kreisbogens und dem Flächeninhalt des Kreissektors: Betrachtet man die Formel für den Flächeninhalt des Kreissektors genauer, so findet sich darin die Formel für die Bogenlänge.

$$A_{Sektor} = \frac{\varphi}{360°} \cdot r^2 \cdot \pi = \frac{\varphi}{2 \cdot 180°} \cdot r \cdot r \cdot \pi = \frac{1}{2} \cdot \frac{\varphi}{180°} \cdot r \cdot \pi \cdot r = \frac{1}{2} \cdot b \cdot r$$

Merke

Zusammenhang zwischen Flächeninhalt des Sektors und Bogenlänge des Kreisbogens:

$A_{Sektor} = \frac{1}{2} \cdot b \cdot r$

Beispiel

Berechne die Bogenlängen der Kreisbögen $\overset{\frown}{AB}$ und $\overset{\frown}{BA}$ und den Flächeninhalt des abgebildeten Kreissektors mit Radius r = 2,5 cm.

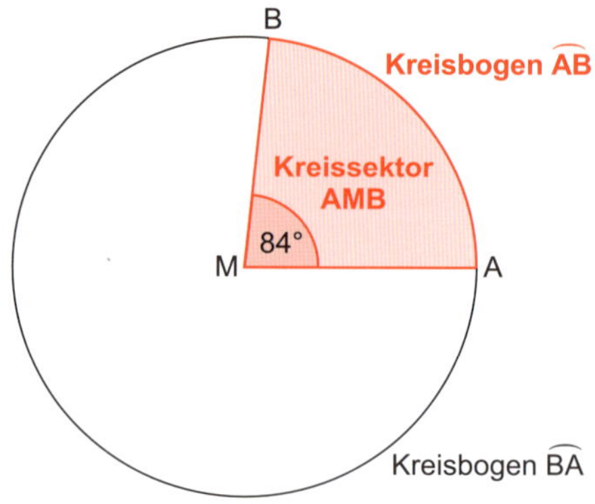

Lösung:

Bogenlänge b des Bogens $\overset{\frown}{AB}$:

$$b = \frac{\varphi}{180°} \cdot r \cdot \pi$$

$$b = \frac{84°}{180°} \cdot 2{,}5\ \text{cm} \cdot \pi$$

$$b = 3{,}67\ \text{cm}$$

Die Bogenlänge b' des Bogens $\overset{\frown}{BA}$ lässt sich auf zwei verschiedene Arten berechnen:

$$b' = \frac{276°}{180°} \cdot 2{,}5\ \text{cm} \cdot \pi$$

Mittelpunktswinkel des Bogens $\overset{\frown}{BA}$: $360° - 84° = 276°$

$$b' = 12{,}04\ \text{cm}$$

oder:

Berechnung des Umfangs:

$$u = 2 \cdot r \cdot \pi$$

$$u = 2 \cdot 2{,}5\ \text{cm} \cdot \pi$$

$$u = 15{,}71\ \text{cm}$$

Bogenlänge b' des Bogens $\overset{\frown}{BA}$:

$$b' = u - b$$

Umfang des Kreises – Bogenlänge des Bogens $\overset{\frown}{AB}$

$$b' = 15{,}71\ \text{cm} - 3{,}67\ \text{cm}$$

$$b' = 12{,}04\ \text{cm}$$

Berechnung des Flächeninhalts:

$$A = \frac{\varphi}{360°} \cdot r^2 \cdot \pi$$

$$A = \frac{84°}{360°} \cdot (2{,}5\ \text{cm})^2 \cdot \pi$$

$$A = 4{,}58\ \text{cm}^2$$

Aufgaben

166 Die Bogenlänge eines Halbkreises beträgt 100 cm.
Berechne den Radius, den Flächeninhalt und den Umfang des Halbkreises.

167 Die Fläche eines Kreissektors beträgt 50 cm^2.
Wie groß ist der Radius und der Mittelpunktswinkel des Kreissektors, wenn die zugehörige Bogenlänge 10 cm beträgt?
Berechne auch den Umfang des Sektors.

Tipp Verwende die Formel $A_{\text{Sektor}} = \frac{1}{2} \cdot b \cdot r$ und berechne daraus den Radius r.

Interaktive Aufgaben

- 4. Kreisbogenlänge
- 5. Radius berechnen
- 6. Fläche berechnen
- 7. Fläche berechnen
- 8. Fläche berechnen

Das Kreissegment

Ein **Kreissegment** entsteht durch eine Kreissehne, die das Kreissegment aus der Kreisfläche ausschneidet. Die Berechnung des Flächeninhalts erfolgt mithilfe des Dreiecks MAB und des Kreissektors AMB.

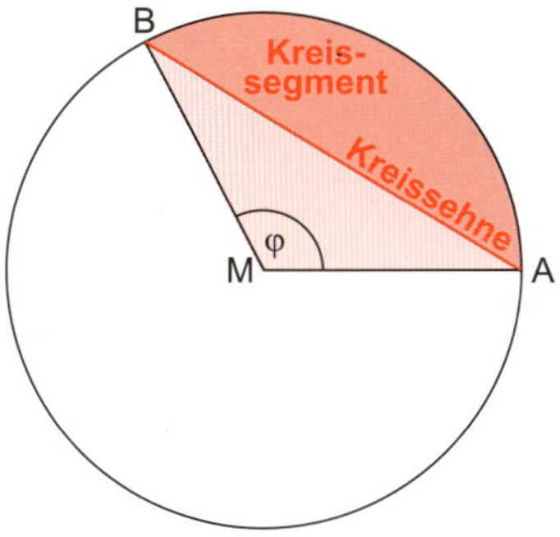

Merke

Fläche eines Kreissegments:

$A_{Segment} = A_{Sektor} - A_{gleichschenkliges\ Dreieck}$

Beispiel

In den nebenstehenden gotischen Torbogen soll ein Holztor eingepasst werden. Das eingezeichnete Hilfsdreieck ist gleichseitig.
Berechne die Fläche des Tores.

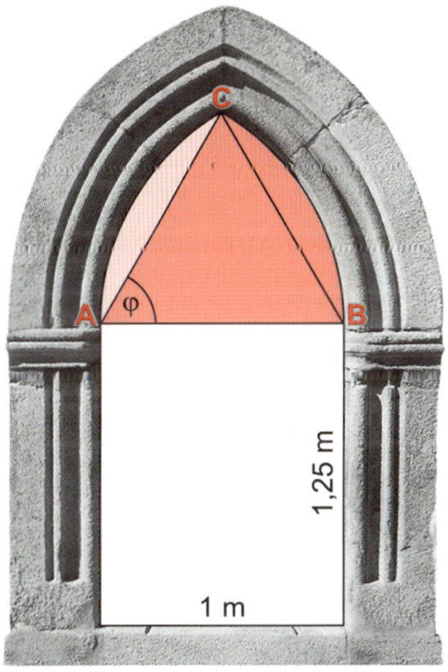

Lösung:

Der obere Teil des Tores setzt sich aus einem Kreissektor und einem Kreissegment zusammen (oder auch: einem Dreieck und zwei Segmenten). Der untere Teil ist ein Rechteck von 1 m Breite und 1,25 m Höhe.

Berechnung des Kreissektors BAC:

$$A_{Sektor} = \frac{\varphi}{360°} \cdot r^2 \cdot \pi$$

Radius r = 1 m
Mittelpunktswinkel φ = 60°
(gleichseitiges Dreieck!)

$$A_{Sektor} = \frac{60°}{360°} \cdot (1\text{ m})^2 \cdot \pi$$

$$A_{Sektor} = \frac{1}{6}\pi\text{ m}^2 = 0{,}52\text{ m}^2$$

Berechnung des Kreissegments:

$$A_{Segment} = A_{Sektor} - A_{Dreieck}$$

$$A_{Segment} = A_{Sektor} - \frac{(1\text{ m})^2}{4}\sqrt{3}$$

Siehe Kapitel 2.6 – Folgerungen aus dem Satz des Pythagoras:
Höhe im gleichseitigen Dreieck: $h = \frac{a}{2}\sqrt{3}$; Fläche: $A = \frac{a^2}{4}\sqrt{3}$

$$A_{Segment} = 0{,}52\text{ m}^2 - 0{,}43\text{ m}^2 = 0{,}09\text{ m}^2$$

Berechnung der Torfläche:

$$A_{Tor} = A_{Rechteck} + A_{Sektor} + A_{Segment}$$

$$A_{Tor} = 1{,}25\text{ m}^2 + 0{,}52\text{ m}^2 + 0{,}09\text{ m}^2 = 1{,}86\text{ m}^2$$

Aufgabe 168

Interaktive Aufgabe
9. Kreissegment

Die Seitenlänge des Quadrats ABCD beträgt 4 cm. F und E sind Seitenmittelpunkte. Die Mittelpunkte der Kreisbögen $\overset{\frown}{FG}$, $\overset{\frown}{HE}$ und $\overset{\frown}{BD}$ sind die Punkte D, B bzw. A.
Berechne den Flächeninhalt und den Umfang der schraffierten Fläche (Pilz mit Linienzug FEHBDGF).

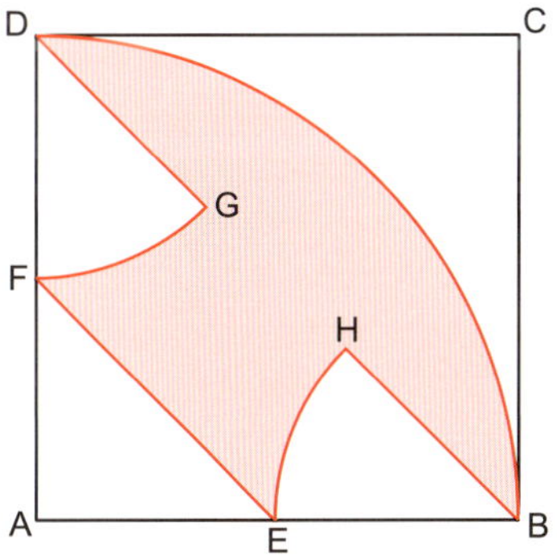

2.9 Raumgeometrie

Zeichnen von Schrägbildern

Merke

Ein **Schrägbild** dient zur räumlichen Darstellung dreidimensionaler Objekte auf einer zweidimensionalen Zeichenebene.
- Strecken, Flächen und Winkel, die zur Zeichenebene **parallel** verlaufen, werden in **wahrer Größe** dargestellt.
- Strecken, die **senkrecht** zur Zeichenebene verlaufen, werden unter dem **Verzerrungswinkel ω** gegen die **Schrägbildachse s** und unter dem **Verkürzungsfaktor q** immer **verzerrt und verkürzt** dargestellt.

Beispiele

1. Konstruiere das Schrägbild eines Würfels mit der Kantenlänge 2 cm, dem Verkürzungsfaktor $q = \frac{1}{2}$ und dem Verzerrungswinkel mit dem Maß $\omega = 45°$. Dabei soll [CD] auf der Schrägbildachse s liegen.

   Lösung:
   - Zeichne eine Schrägbildachse s und die Grundfläche ABCD in wahrer Größe. Bezeichne die Ecken mit $A_0B_0C_0D_0$. Beachte, dass $[C_0D_0]$ auf s liegen soll.

   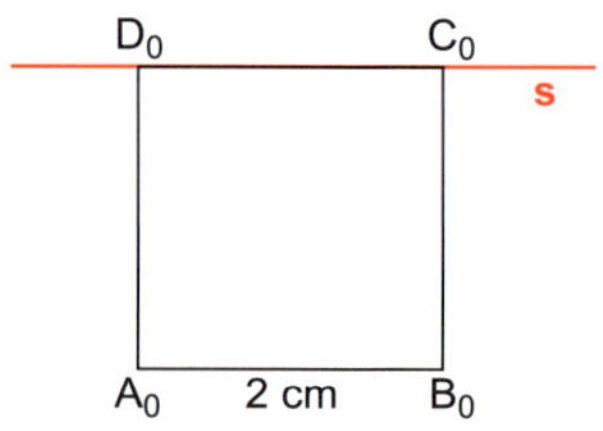

   - Die Punkte $C_0 = C$ und $D_0 = D$ liegen auf s. $[A_0D_0]$ und $[B_0C_0]$ verlaufen senkrecht zur Schrägbildachse s. Damit verlaufen [AD] und [BC] senkrecht zur Zeichenebene und sind verkürzt und verzerrt darzustellen.

   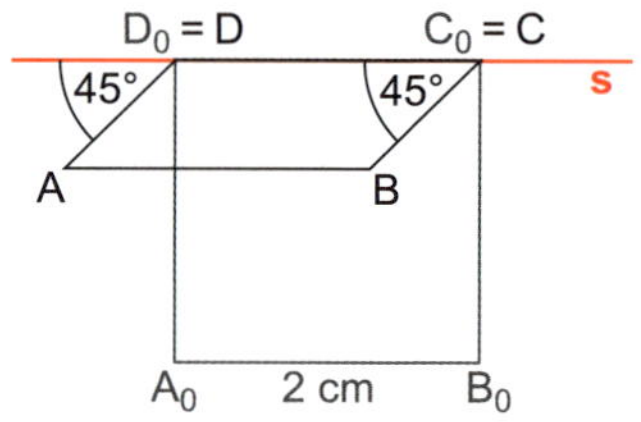

   - Die Seitenkanten [AE], [BF], [CG] und [DH] verlaufen parallel zur Zeichenebene, also sind sie in wahrer Länge darzustellen. Die in der Realität nicht sichtbaren Kanten des Würfels werden gestrichelt gezeichnet.

   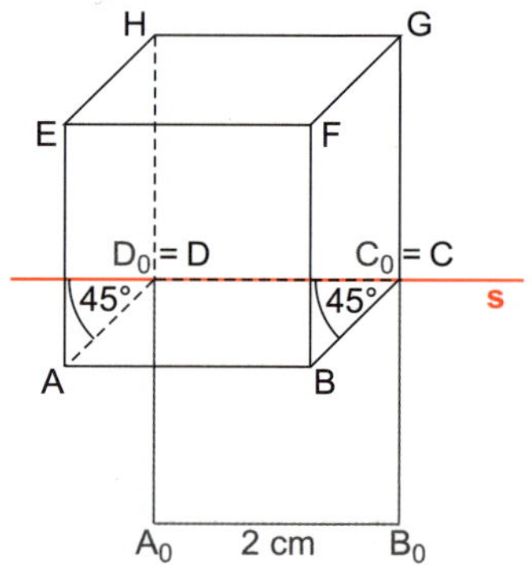

2. Das Quadrat ABCD mit der Diagonalenlänge 4 cm ist die Grundfläche einer geraden Pyramide ABCDS. Die Spitze S liegt senkrecht über dem Diagonalenschnittpunkt M mit $\overline{MS} = 3$ cm.
   Zeichne ein Schrägbild der Pyramide ABCDS, wobei [AC] auf der Schrägbildachse s liegen soll. Es gilt: $q = \frac{1}{2}$ und $\omega = 60°$.

Lösung:

- Schrägbildachse s zeichnen
- Zeichne die Grundfläche AB_0CD_0 des Schrägbildes in wahrer Größe. [AC] liegt dabei auf der Schrägbildachse.

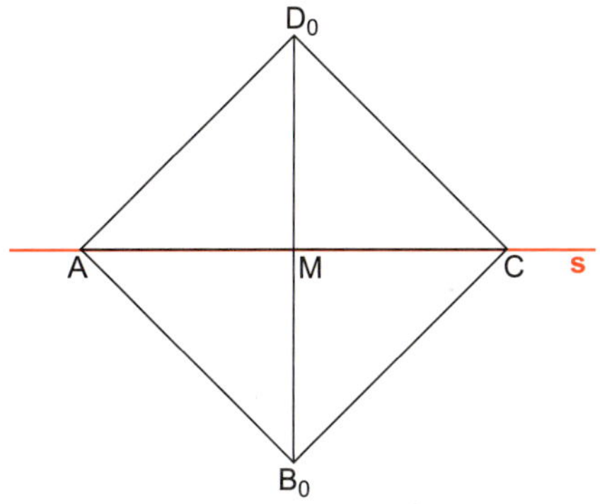

- $[B_0D_0]$ verläuft senkrecht zur Schrägbildachse, [BD] wird also mit dem Faktor $q = \frac{1}{2}$ verkürzt und um 60° verzerrt.

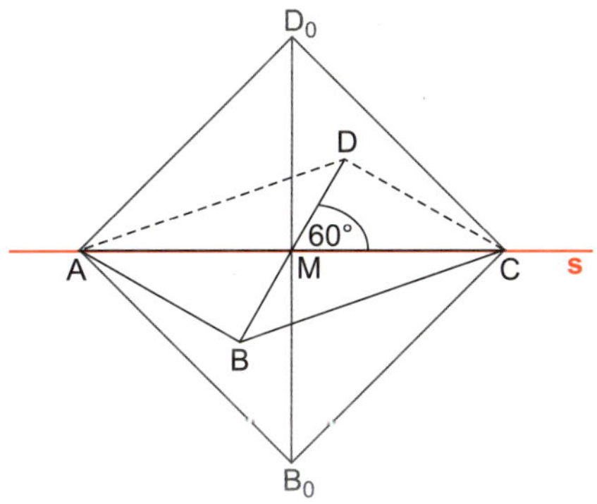

- Die Höhe [MS] verläuft in der Zeichenebene und wird in Originalgröße angetragen.

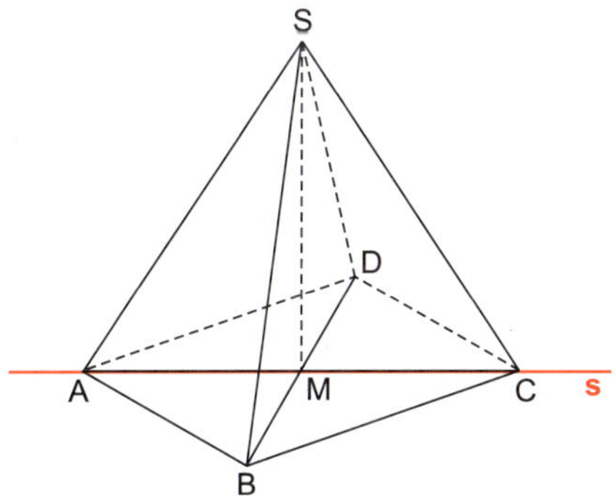

Tipp

- Die Grundfläche in wahrer Größe dient als Orientierungshilfe.
- Zeichne sie dünn mit Bleistift und radiere sie nach dem Verzerren wieder aus.

Aufgaben

169 Das gleichschenklige Dreieck ABC mit der Basis [BC] ist die Grundfläche der Pyramide ABCS. D ist der Mittelpunkt der Basis [BC]. Die Spitze S liegt senkrecht über dem Punkt $E \in [AD]$. Es gilt: $\overline{BC} = 12$ cm, $\overline{AD} = 9$ cm, $\overline{DE} = 3$ cm und $\overline{ES} = 9$ cm.
Zeichne ein Schrägbild der Pyramide ABCS, wobei [AD] auf der Schrägbildachse s liegen soll. Für die Zeichnung gilt: $q = \frac{1}{2}$; $\omega = 60°$.

170 Das Drachenviereck ABCD mit AC als Symmetrieachse und M als Diagonalenschnittpunkt ist die Grundfläche der Pyramide ABCDS. Die Spitze S liegt senkrecht über dem Punkt A und es gilt: $\overline{AC} = 10$ cm, $\overline{BD} = 6$ cm, $\overline{AM} = 4$ cm und $\overline{AS} = 6$ cm.
Zeichne ein Schrägbild der Pyramide ABCDS, wobei [AC] auf der Schrägbildachse s liegen soll. Für die Zeichnung gilt: $q = \frac{1}{2}$; $\omega = 45°$.

Prisma

Ein Körper, der durch Parallelverschiebung der Grundfläche entsteht, heißt **Prisma**. Ein Prisma, dessen Seitenkanten senkrecht auf Grund- und Deckfläche stehen, heißt **gerades Prisma**.

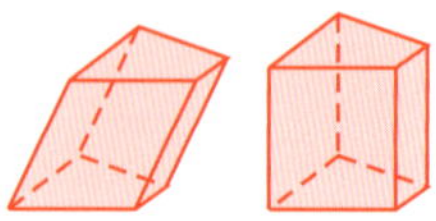

Merke

Eigenschaften von Prismen

- Grundfläche G und Deckfläche sind deckungsgleich.
- Die Höhe h eines Prismas ist der Abstand der kongruenten Grund- und Deckfläche.
- Die **Oberfläche O** besteht aus allen begrenzenden Flächen des Prismas.
- Die **Mantelfläche M** ist die Oberfläche ohne Grundfläche und Deckfläche.
- Die Mantelfläche von **geraden Prismen** besteht aus **Rechtecken**.
- Prismen, die im Grundflächeninhalt A_G und in der Höhe h übereinstimmen, besitzen das **gleiche Volumen**.

Volumen: $V = A_G \cdot h$

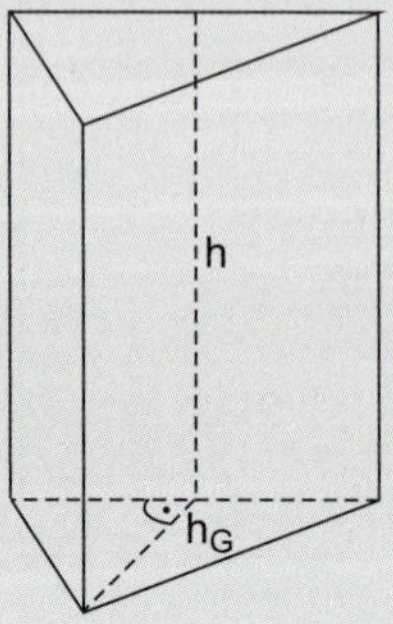

Beispiel

Die Grundfläche des Prismas ABCDEF ist ein gleichseitiges Dreieck mit Seitenlänge 6 cm. Die Höhe h des Prismas beträgt 8 cm.
Berechne das Volumen, die Oberfläche und die Mantelfläche des Prismas.

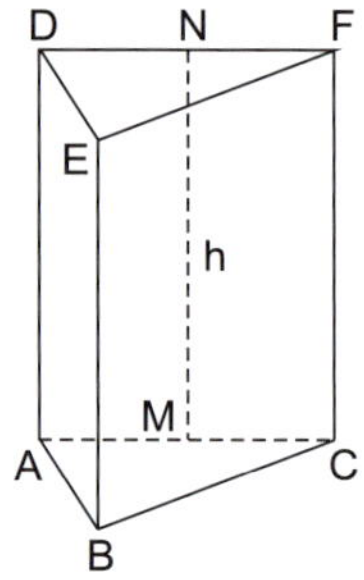

Lösung:
Volumen V:

$V = A_G \cdot h$

A_G: Flächeninhalt des Dreiecks ABC mit $A_{\Delta ABC} = \frac{1}{2} \cdot g \cdot h$

$V = \frac{1}{2} \cdot \overline{AC} \cdot h_G \cdot h$

Wende den Satz des Pythagoras im rechtwinkligen Dreieck MBC an:

$h_G = \overline{MB}$

$\overline{MB} = \sqrt{\overline{BC}^2 - \overline{CM}^2}$

$\overline{MB} = \sqrt{6^2 - 3^2}\ \text{cm}$

$\overline{MB} = \sqrt{27}\ \text{cm}$

$V = \frac{1}{2} \cdot 6 \cdot \sqrt{6^2 - 3^2} \cdot 8\ \text{cm}^3$

$V = \frac{1}{2} \cdot 6 \cdot \sqrt{27} \cdot 8\ \text{cm}^3$

$V = 124{,}71\ \text{cm}^3$

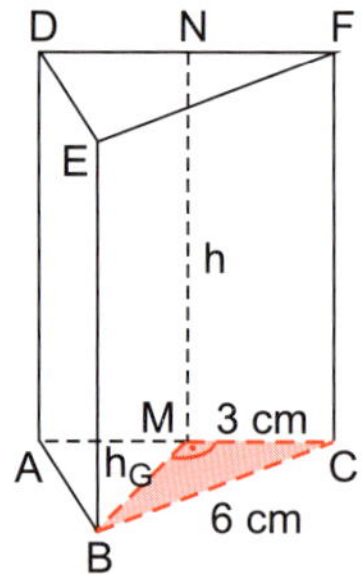

Oberflächeninhalt A_O:

$A_O = 2 \cdot A_G + 3 \cdot A_{ACFD}$

$A_O = 2 \cdot \frac{1}{2} \cdot 6\ \text{cm} \cdot \sqrt{27}\ \text{cm} + 3 \cdot 6\ \text{cm} \cdot 8\ \text{cm}$

$A_O = 175{,}18\ \text{cm}^2$

Netz des Prismas:

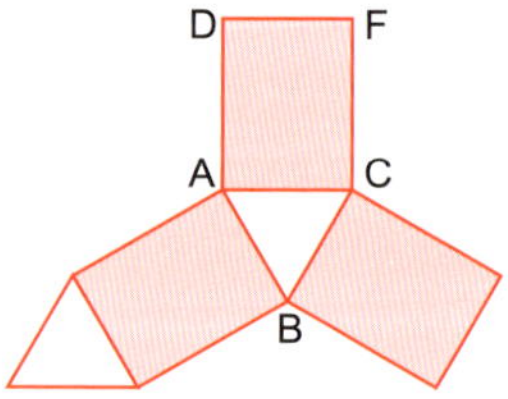

Mantelflächeninhalt A_M:

$A_M = 3 \cdot A_{ACFD} = 3 \cdot 6\ \text{cm} \cdot 8\ \text{cm} = 144\ \text{cm}^2$

Funktionale Abhängigkeiten und Extremwertberechnungen

Durch Verlängern oder Verkürzen von Strecken in Abhängigkeit einer Variablen x entstehen aus gegebenen Körpern neue Körper. Deren Volumen, Mantel- und Oberfläche kann dann in Abhängigkeit von x berechnet werden.

Beispiel

Gegeben ist wieder das Prisma ABCDEF aus obigem Beispiel mit einem gleichseitigen Dreieck der Seitenlänge 6 cm als Grundfläche und der Höhe h = 8 cm.
Die Strecke [AC] des Prismas wird an beiden Enden um x cm verlängert. Gleichzeitig wird die Höhe h des Prismas um jeweils x cm verkürzt. Dadurch entstehen neue Prismen $A_nBC_nD_nE_nF_n$.

a) Zeichne das ursprüngliche Prisma mit [AC] auf der Schrägbildachse und $q = \frac{1}{2}$ und $\omega = 45°$. Zeichne nun das veränderte Prisma für x = 2 ein und berechne anschließend das Volumen der veränderten Prismen $A_nBC_nD_nE_nF_n$ in Abhängigkeit von x.
b) Für welchen x-Wert erhält man das Prisma mit dem größten Volumen?
c) Für welche x-Werte entstehen Prismen mit einem Rauminhalt von 145,6 cm³?

Lösung:

a)

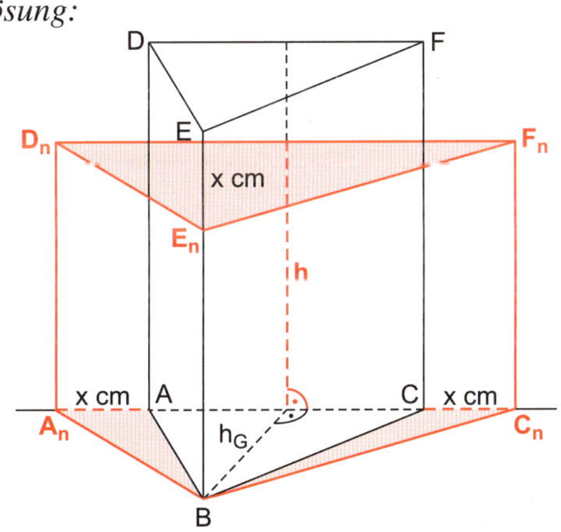

(Zeichnung im Maßstab 1 : 2)

Verwende den im obigen Beispiel berechneten Wert von h_G zum Zeichnen der Grundfläche. Da h_G senkrecht auf der Schrägbildachse steht und $q = \frac{1}{2}$, ist h_G mit $\sqrt{27} = 5{,}20$ cm : 2 = 2,60 cm Länge einzuzeichnen.
(Da nebenstehende Zeichnung im Maßstab 1 : 2 angefertigt ist, beträgt h_G hier nur 1,30 cm.)

Formel der gesuchten Größe:

$V = A_G \cdot h$

$V = \frac{1}{2} \cdot \overline{A_nC_n} \cdot h_G \cdot h$

Überlege: Welche Streckenlängen in der Formel sind abhängig von x?

Ansatz in Abhängigkeit von x:

$V(x) = \frac{1}{2} \cdot (6 + 2x) \cdot 5{,}20 \cdot (8 - x)\text{ cm}^3$

Die Höhe $h_G = \sqrt{27}$ cm = 5,20 des Dreiecks (Grundfläche) ändert sich nicht!

$V(x) = (3 + x) \cdot (41{,}60 - 5{,}20x)\text{ cm}^3$

$V(x) = (124{,}80 - 15{,}60x + 41{,}60x - 5{,}20x^2)\text{ cm}^3$

$V(x) = (-5{,}20x^2 + 26{,}00x + 124{,}80)\text{ cm}^3$

b) Quadratische Ergänzung:

$V(x) = (-5{,}2x^2 + 26x + 124{,}8)\text{ cm}^3$

$V(x) = -5{,}2(x^2 - 5x - 24)\text{ cm}^3$

$V(x) = -5{,}2(x^2 - 5x + 2{,}5^2 - 2{,}5^2 - 24)\text{ cm}^3$

$V(x) = -5{,}2[(x - 2{,}5)^2 - 30{,}25]\text{ cm}^3$ $\quad 6{,}25 = 2{,}5^2$

$V(x) = [-5{,}2(x - 2{,}5)^2 + 157{,}3]\text{ cm}^3$

$V_{max} = 157{,}3\text{ cm}^3$ für x = 2,5

c) $\begin{array}{|l} V(x) = (-5{,}2x^2 + 26x + 124{,}8)\ \text{cm}^3 \\ \wedge \quad V = 145{,}6\ \text{cm}^3 \end{array}$ Gleichsetzen der Volumenbedingungen

$\Rightarrow\ -5{,}2x^2 + 26x + 124{,}8 = 145{,}6 \quad (I = II) \quad |-145{,}6$

$\Leftrightarrow\ -5{,}2x^2 + 26x - 20{,}8 = 0$ Allgemeine Form $ax^2 + bx + c = 0$

$D = b^2 - 4ac$
$D = 26^2 - 4 \cdot (-5{,}2) \cdot (-20{,}8)$
$D = 243{,}36$

$\Leftrightarrow\ x_{1/2} = \dfrac{-26 \pm \sqrt{243{,}36}}{-10{,}4}$ Anwendung der Lösungsformel für quadratische Gleichungen

$\Leftrightarrow\ x_{1/2} = \dfrac{-26 \pm 15{,}6}{-10{,}4}$

$x_1 = 1 \ \vee\ x_2 = 4$

$\mathbb{L} = \{1; 4\}$

Für die x-Werte 1 und 4 entstehen Prismen mit dem angegebenen Volumen.

Aufgabe 171

Das gerade Prisma ABCDEFGH hat die Raute ABCD als Grundfläche. Der Punkt E liegt senkrecht über A. Die Diagonale [AC] ist 5 cm lang. Die Diagonale [BD] hat eine Länge von 8 cm. Das Prisma besitzt die Höhe h = 6 cm.

a) Zeichne das Prisma im Schrägbild mit [AC] auf der Schrägbildachse, q = 0,5 und ω = 45°.
b) Berechne die Längen der Raumdiagonalen [AG] und [HB].
c) Berechne das Volumen und die Oberfläche des Prismas.
d) Die Diagonale [AC] wird über C hinaus um x cm verlängert und gleichzeitig wird die Diagonale [BD] von beiden Enden um 0,5x cm verkürzt.
Zeichne das veränderte Prisma für x = 2 in die Zeichnung ein.
e) Berechne das Volumen der veränderten Prismen in Abhängigkeit von x.
f) Für welchen x-Wert erhält man das Prisma mit dem größten Volumen?
g) Für welchen x-Wert erhält man ein Prisma mit einem Volumen von 126 cm^3?

Interaktive Aufgaben

1. Prisma mit rechteckiger Grundfläche
2. Prisma mit dreieckiger Grundfläche
3. Netz
4. Veränderte Prismen

Pyramide

Verbindet man die Eckpunkte eines Vielecks mit einem Punkt S, der nicht in der gleichen Ebene wie das Vieleck liegt, so entsteht eine **Pyramide**.
Eine Pyramide, deren Seitenkanten (Kanten, die von der Spitze S ausgehen) alle gleich lang sind, heißt **gerade Pyramide**.

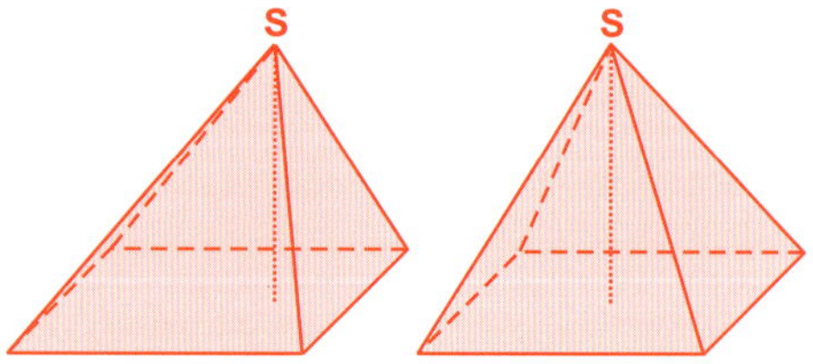

Merke

Eigenschaften von Pyramiden

- Die Höhe h einer Pyramide ist der Abstand der Spitze S von der Grundfläche G.
- Die **Mantelfläche M** besteht aus Dreiecken.
- Die Mantelfläche von **geraden Pyramiden** besteht aus **gleichschenkligen Dreiecken**.
- Die **Oberfläche O** setzt sich aus der Mantelfläche und der Grundfläche zusammen.
- Pyramiden, die im Grundflächeninhalt A_G und in der Höhe h übereinstimmen, besitzen das **gleiche Volumen**.

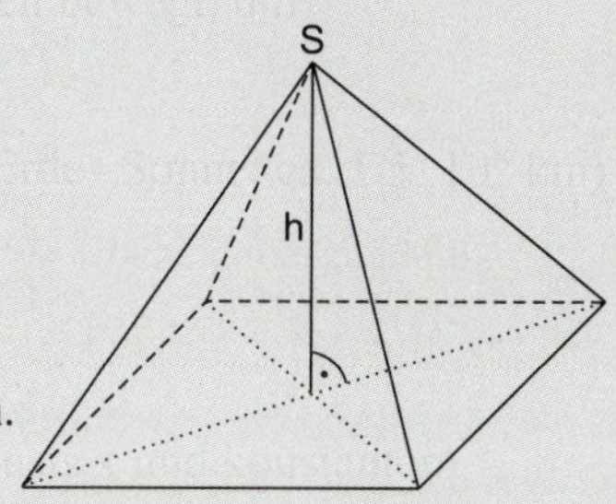

Volumen: $V = \frac{1}{3} \cdot A_G \cdot h$

Beispiel

Die Pyramide ABCDS hat als Grundfläche das Rechteck ABCD mit $\overline{AB} = 8$ cm und $\overline{BC} = 6$ cm.
Die Spitze S liegt senkrecht über dem Diagonalenschnittpunkt M der Grundfläche. Dabei ist $\overline{MS} = 5$ cm.

a) Berechne Volumen, Mantelfläche und Oberflache der Pyramide.
b) Berechne die Länge der Kante [CS] im Dreieck MCS (rechtwinklig!).

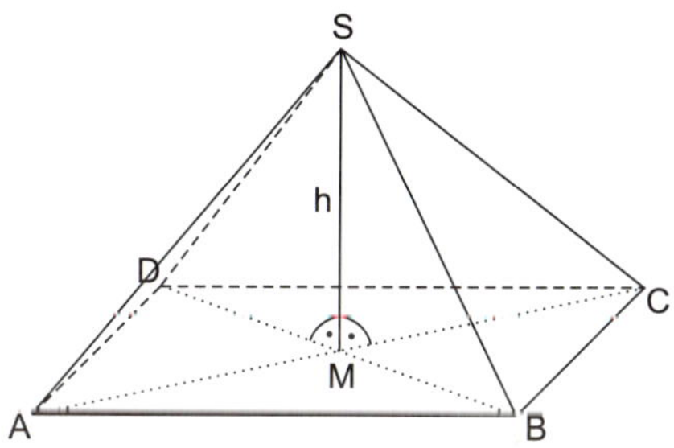

Lösung:

a) Berechnung des Volumens:

$$V = \frac{1}{3} \cdot A_G \cdot h$$

$$V = \frac{1}{3} \cdot \overline{AB} \cdot \overline{BC} \cdot \overline{MS}$$

$$V = \frac{1}{3} \cdot 8 \cdot 6 \cdot 5 \text{ cm}^3$$

$$V = 80 \text{ cm}^3$$

Vorüberlegung zur Berechnung der Mantelfläche:
Die Mantelfläche besteht aus jeweils 2 zueinander kongruenten Dreiecken.

Berechnung des Flächeninhalts des Dreiecks ABS mithilfe der Höhe [SN]:

$$\overline{SN} = \sqrt{\overline{NM}^2 + \overline{MS}^2}$$

Satz des Pythagoras im Dreieck NMS
$\overline{NM} = \frac{1}{2} \cdot \overline{BC}$

$$\overline{SN} = \sqrt{3^2 + 5^2} \text{ cm}$$

$$\overline{SN} = \sqrt{34} \text{ cm}$$

$$A_{\Delta ABS} = \frac{1}{2} \cdot \overline{AB} \cdot \overline{SN}$$

$$A_{\Delta ABS} = \frac{1}{2} \cdot 8 \text{ cm} \cdot \sqrt{34} \text{ cm}$$

$$A_{\Delta ABS} = 23{,}32 \text{ cm}^2$$

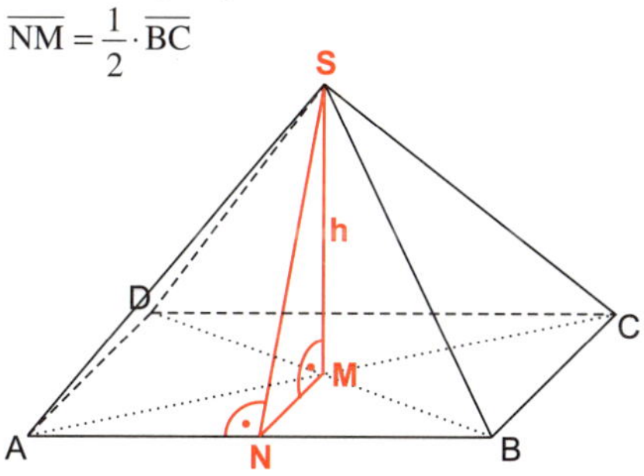

Berechnung des Flächeninhalts des Dreiecks BCS mithilfe der Höhe [PS]:

$\overline{PS} = \sqrt{\overline{MP}^2 + \overline{SM}^2}$ Satz des Pythagoras im Dreieck MPS

$\overline{MP} = \frac{1}{2} \cdot \overline{AB}$

$\overline{PS} = \sqrt{4^2 + 5^2}$ cm

$\overline{PS} = \sqrt{41}$ cm

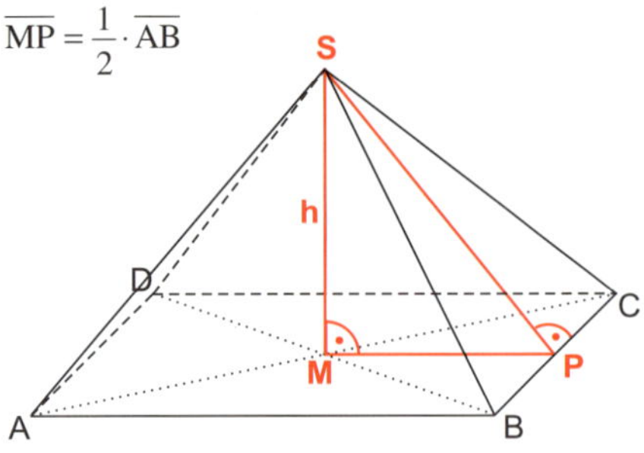

$A_{\Delta BCS} = \frac{1}{2} \cdot \overline{BC} \cdot \overline{PS}$

$A_{\Delta BCS} = \frac{1}{2} \cdot 6\text{ cm} \cdot \sqrt{41}\text{ cm}$

$A_{\Delta BCS} = 19{,}21\text{ cm}^2$

Berechnung des Mantelflächeninhalts:

$A_M = 2 \cdot A_{\Delta ABS} + 2 \cdot A_{\Delta BCS}$

$A_M = 2 \cdot 23{,}32\text{ cm}^2 + 2 \cdot 19{,}21\text{ cm}^2$

$A_M = 85{,}06\text{ cm}^2$

Netz der Pyramide ABCDS:

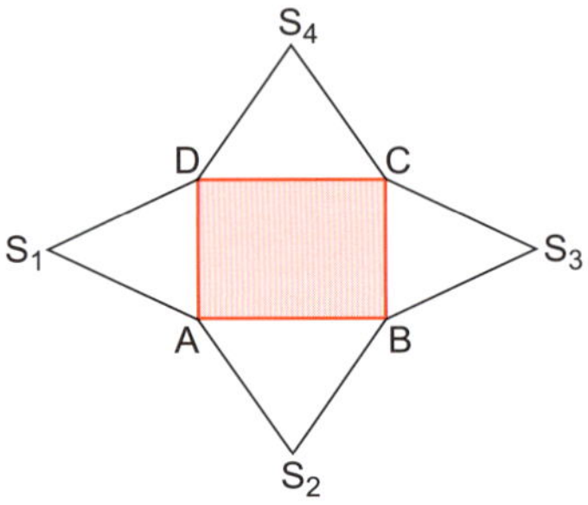

Berechnung des Oberflächeninhalts:

$A_O = M + A_G$

$A_O = 85{,}06\text{ cm}^2 + 8\text{ cm} \cdot 6\text{ cm}$

$A_O = 85{,}06\text{ cm}^2 + 48\text{ cm}^2$

$A_O = 133{,}06\text{ cm}^2$

b) $\overline{CS} = \sqrt{\overline{MC}^2 + \overline{SM}^2}$ Satz des Pythagoras im Dreieck MCS

[MC] ist halb so lange wie die Diagonale [CA]:

$\overline{CA} = \sqrt{\overline{AB}^2 + \overline{BC}^2}$ Satz des Pythagoras im Dreieck ABC

$\overline{CA} = \sqrt{8^2 + 6^2}$ cm

$\overline{CA} = 10\text{ cm} \Rightarrow \overline{MC} = 5\text{ cm}$

also:

$\overline{CS} = \sqrt{5^2 + 5^2}$ cm

$\overline{CS} = \sqrt{50}$ cm

$\overline{CS} = 7{,}07$ cm

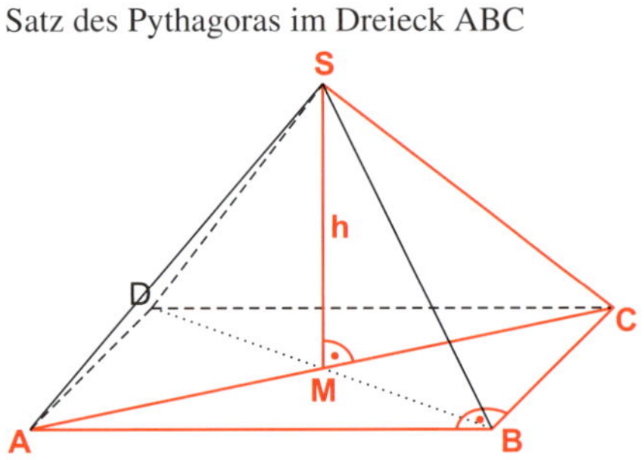

Aufgaben

172 Die gerade Pyramide $ABCDS_1$ hat als Grundfläche das Rechteck ABCD mit $\overline{AB} = 4$ cm und $\overline{BC} = 6$ cm. Die Spitze S_1 liegt senkrecht über dem Mittelpunkt M der Diagonalen der Grundfläche mit $\overline{MS_1} = 5$ cm.

a) Zeichne das Schrägbild der Pyramide mit [AB] auf der Schrägbildachse, $q = 0{,}5$ und $\omega = 45°$.

b) Berechne die Länge der Seitenkanten. Berechne dann die Oberfläche und das Volumen.

173 Die schiefe Pyramide $ABCDS_2$ hat dieselbe Grundfläche wie die Pyramide aus der obigen Aufgabe. Die Spitze S_2 liegt aber 5 cm senkrecht über dem Mittelpunkt E der Seite [DA].

a) Zeichne das Schrägbild der Pyramide mit [AB] auf der Schrägbildachse, $q = 0{,}5$ und $\omega = 45°$.

b) Berechne die Länge der Seitenkanten. Berechne dann die Oberfläche und das Volumen.

Interaktive Aufgaben

- 5. Volumen quadratische Pyramide
- 6. Volumen rechteckige Pyramide
- 7. Höhe quadratische Pyramide
- 8. Volumen quadratische Pyramide
- 9. Grundkante bestimmen

Funktionale Abhängigkeiten und Extremwertberechnungen

In vielen Aufgaben mit Pyramiden lässt sich der Vierstreckensatz anwenden. Suche gezielt nach folgenden Figuren:

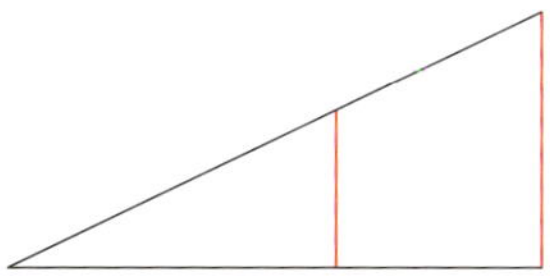

Vorkommen:
Höhe von einbeschriebenen Körpern ...

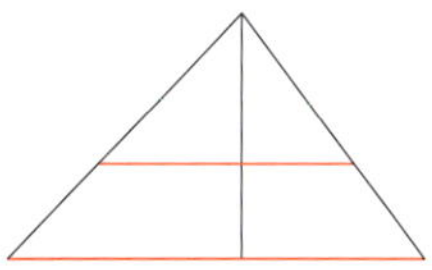

Vorkommen:
Pyramidenstumpf, Schnittebenen ...

Beispiel

Gegeben ist die Pyramide EFGHS, die das Rechteck EFGH mit $\overline{EF} = 7$ cm und $\overline{FG} = 9$ cm als Grundfläche hat. Die Spitze S liegt senkrecht über dem Punkt H in 8 cm Höhe.
Die Punkte S_n liegen auf der Strecke [HS] in x cm Entfernung vom Punkt S. Sie sind die Spitzen von Pyramiden $EFG_nH_nS_n$.
Die Punkte G_n erhält man durch Verlängerung von [HG] über G hinaus um 2x cm und die Punkte H_n durch Verlängerung von [HG] um 2x cm über H hinaus.

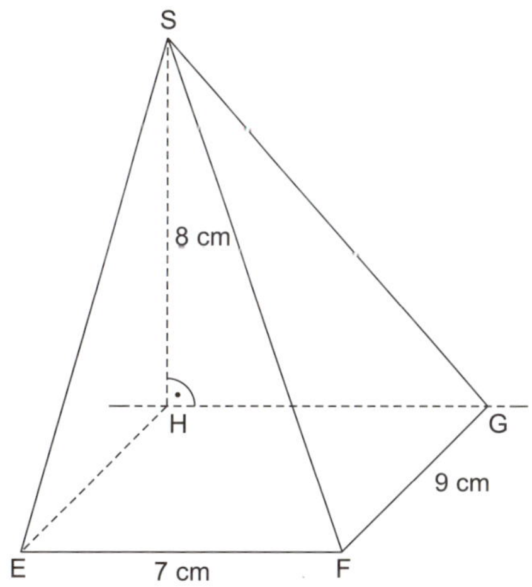

(Schrägbild im Maßstab 1 : 2 mit q = 0,5, ω = 45° und [HG] auf der Schrägbildachse)

a) Zeichne die Pyramide $EFG_1H_1S_1$ für $x = 2$ in das Schrägbild ein.
b) Bestätige durch Rechnung, dass für das Volumen V der Pyramiden $EFG_nH_nS_n$ in Abhängigkeit von x gilt:
$V(x) = (-6x^2 + 27x + 168)\ \text{cm}^3$
c) Berechne den x-Wert, für den die Pyramide mit dem größten Volumen entsteht.
d) Berechne den x-Wert, für den eine Pyramide mit 100 cm^3 Volumen entsteht.
e) Welchen prozentualen Anteil hat das Volumen der Pyramide EFGHS am Volumen der Pyramide $EFG_1H_1S_1$?

Lösung:

a)

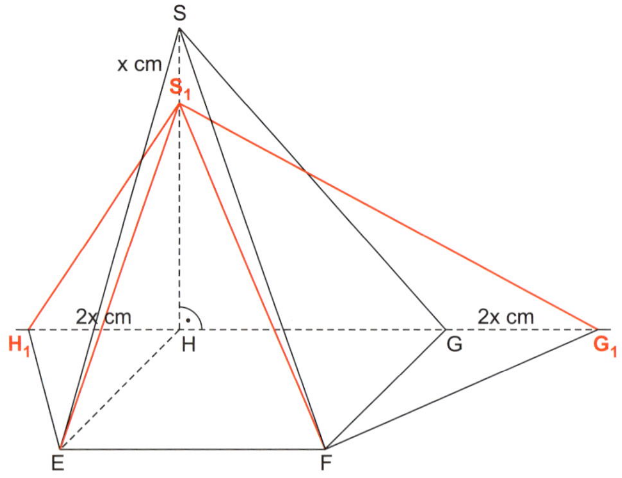

(Zeichnung im Maßstab 1 : 2)

b) Formel für das Pyramidenvolumen:

Überlege, welche Streckenlängen in der Formel von x abhängig sind. Die Grundfläche G ist ein Trapez.

$$V = \frac{1}{3} \cdot A_G \cdot h$$

Fläche des Trapezes EFG_nH_n:

$$A_G = \frac{1}{2} \cdot (\overline{EF} + \overline{G_nH_n}) \cdot \overline{FG}$$

$$A_G(x) = \frac{1}{2} \cdot (\overline{EF} + \overline{GH} + 2 \cdot 2x \text{ cm}) \cdot \overline{FG}$$

Höhe der Pyramide EFG_nH_nS:

$$h(x) = \overline{S_nH}$$

$$h(x) = \overline{SH} - x \text{ cm}$$

Einsetzen in die Formel:

$$V(x) = \frac{1}{3} \cdot \left[\frac{1}{2} \cdot (\overline{EF} + \overline{GH} + 2 \cdot 2x \text{ cm}) \cdot \overline{FG}\right] \cdot (\overline{SH} - x \text{ cm})$$

$$V(x) = \frac{1}{3} \cdot \left[\frac{1}{2} \cdot (7 \text{ cm} + 7 \text{ cm} + 4x \text{ cm}) \cdot 9 \text{ cm}\right] \cdot (8 \text{ cm} - x \text{ cm})$$

$$V(x) = \frac{3}{2} \cdot (14 + 4x) \cdot (8 - x) \text{ cm}^3$$

$$V(x) = \frac{3}{2} \cdot (112 - 14x + 32x - 4x^2) \text{ cm}^3$$

$$V(x) = \frac{3}{2} \cdot (-4x^2 + 18x + 112) \text{ cm}^3$$

$$V(x) = (-6x^2 + 27x + 168) \text{ cm}^3$$

c) Quadratische Ergänzung:

$$V(x) = (-6x^2 + 27x + 168) \text{ cm}^3$$

$$V(x) = -6(x^2 - 4{,}5x - 28) \text{ cm}^3$$

$$V(x) = -6(x^2 - 4{,}5x + 2{,}25^2 - 2{,}25^2 - 28) \text{ cm}^3 \qquad 2{,}25^2 = 5{,}0625$$

$$V(x) = -6[(x - 2{,}25)^2 - 33{,}0625] \text{ cm}^3$$

$$V(x) = [-6(x - 2{,}25)^2 + 198{,}375] \text{ cm}^3$$

$$V_{max} = 198{,}375 \text{ cm}^3 \text{ für } x = 2{,}25$$

d) $\left| \begin{array}{ll} & V(x) = (-6x^2 + 27x + 168)\ cm^3 \\ \wedge & V = 100\ cm^3 \end{array} \right.$

$\Rightarrow\ -6x^2 + 27x + 168 = 100 \quad (I = II) \quad | -100$

$\Leftrightarrow\ -6x^2 + 27x + 68 = 0$

Bringe die quadratische Gleichung in die allgemeine Form $ax^2 + bx + c = 0$.
$a = -6;\ b = 27;\ c = 68$

Diskriminante:

$D = b^2 - 4 \cdot a \cdot c = 27^2 - 4 \cdot (-6) \cdot 68 = 2\,361$

$\Leftrightarrow\ x_{1/2} = \frac{-b \pm \sqrt{D}}{2 \cdot a}$

Anwendung der Lösungsformel für quadratische Gleichungen

$\Leftrightarrow\ x_{1/2} = \frac{-27 \pm \sqrt{2\,361}}{2 \cdot (-6)}$

$(x_1 = -1{,}80\ \vee)\ x_2 = 6{,}30$

$\mathbb{L} = \{6{,}30\}$

$x = -1{,}80$ ist wegen der Aufgabenstellung keine Lösung.

e) Volumen der Pyramide $EFG_1H_1S_1$:

$V_{EFG_1H_1S_1} = V(2)$

$V_{EFG_1H_1S_1} = (-6 \cdot 2^2 + 27 \cdot 2 + 168)\ cm^3$

$V_{EFG_1H_1S_1} = 198\ cm^3$

Setze $x = 2$ in $V(x) = (-6x^2 + 27x + 168)\ cm^3$ ein.

Volumen der Pyramide EFGHS:

$V_{EFGHS} = V(0)$

$V_{EFGHS} = (-6 \cdot 0^2 + 27 \cdot 0 + 168)\ cm^3$

$V_{EFGHS} = 168\ cm^3$

Setze $x = 0$ in $V(x) = (-6x^2 + 27x + 168)\ cm^3$ ein oder berechne V direkt über:
$V = \frac{1}{3} \cdot A_G \cdot h = \frac{1}{3} \cdot 7\ cm \cdot 9\ cm \cdot 8\ cm = 168\ cm^3$

Prozentualer Anteil:

PW: 168

GW: 198

$\frac{PW}{GW} = \frac{p}{100} \quad | \cdot 100$

$p = \frac{PW}{GW} \cdot 100$

$p = \frac{168}{198} \cdot 100$

$p = 84{,}85$

Aufgabe 174

Interaktive Aufgaben

10. Tetraeder
11. Quadratische Pyramide

Die Raute ABCD ist Grundfläche einer geraden Pyramide ABCDS mit 12 cm Höhe. Die Diagonale [AC] der Grundfläche ist 8 cm lang. Die Diagonale [BD] ist 6 cm lang.

a) Zeichne das Schrägbild mit [BD] auf der Schrägbildachse, wobei $\omega = 45°$ und $q = 0{,}5$.

b) Der Punkt M_n liegt x cm über dem Diagonalenschnittpunkt M der Grundfläche ABCD. Eine zur Grundfläche parallele Ebene durch den Punkt M_n schneidet die Pyramide. Es entsteht so ein Pyramidenstumpf $ABCDE_nF_nG_nH_n$, wobei $E_n \in [AS]$.
Zeichne den Pyramidenstumpf $ABCDE_1F_1G_1H_1$ für $x = 5$ in die Zeichnung ein.

c) Berechne mithilfe des Vierstreckensatzes die Länge der Diagonalen und der Seiten der Schnittfläche $E_1F_1G_1H_1$.
[Teilergebnis $\overline{G_1H_1} = 2{,}92\ cm$]

d) Berechne das Volumen des Pyramidenstumpfes $ABCDE_1F_1G_1H_1$. (Differenz zweier Pyramiden!)

e) Berechne die Länge der Seiten $[G_nH_n]$ in Abhängigkeit von x.

f) Berechne die Länge der Seiten $[H_nD]$ in Abhängigkeit von x.

Zylinder

Lässt man eine zweidimensionale Figur um eine Rotationsachse rotieren, so entsteht dabei ein dreidimensionaler **Rotationskörper**.
Nimmt man als Ausgangsfigur ein Rechteck und lässt es um eine seiner Seiten rotieren, so entsteht dabei als Rotationskörper ein **Zylinder**.

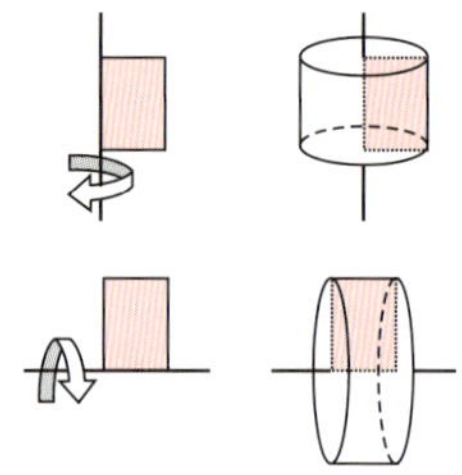

Der Axialschnitt durch einen Zylinder ist ein Rechteck mit den Seitenlängen d (Durchmesser) und h (Höhe).

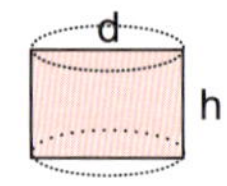

Die Abwicklung der Mantelfläche eines Zylinders ist ein Rechteck. Die Seitenlängen dieses Rechtecks entsprechen dem Umfang des Grundkreises und der Höhe des Zylinders.

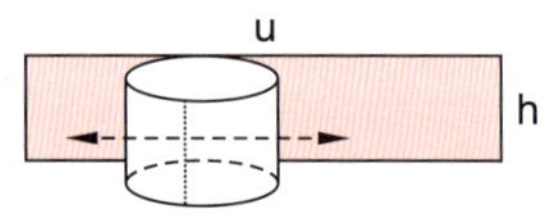

Merke

Eigenschaften von Zylindern

- Die Höhe h eines Zylinders ist der Abstand der Grundfläche G von der Deckfläche.
- Die **Mantelfläche M** ist ein Rechteck.
- Die **Oberfläche O** besteht aus der Mantelfläche und 2 kongruenten (deckungsgleichen) Kreisflächen.

Mantelfläche: $A_M = u \cdot h$
$A_M = 2 \cdot r \cdot \pi \cdot h$

Oberfläche: $A_O = M + 2 \cdot A_G$
$A_O = 2 \cdot r \cdot \pi \cdot (h + r)$

Volumen: $V = A_G \cdot h$
$V = r^2 \cdot \pi \cdot h$

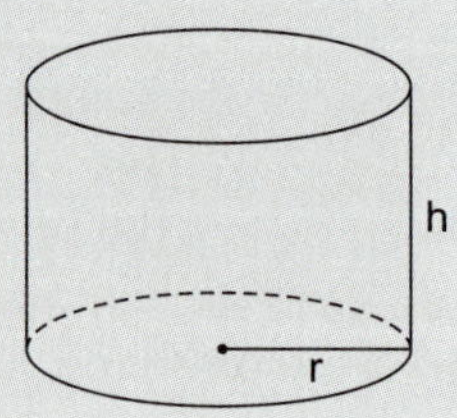

Beispiel

Zeichne den Axialschnitt eines Zylinders mit r = 5 cm und h = 8 cm und berechne das Volumen und die Mantelfläche.

Lösung:

$V = r^2 \cdot \pi \cdot h$
$V = (5\text{ cm})^2 \cdot \pi \cdot 8\text{ cm}$
$V = 200\pi\text{ cm}^3$

$A_M = 2 \cdot r \cdot \pi \cdot h$
$A_M = 2 \cdot 5\text{ cm} \cdot \pi \cdot 8\text{ cm}$
$A_M = 80\pi\text{ cm}^2$

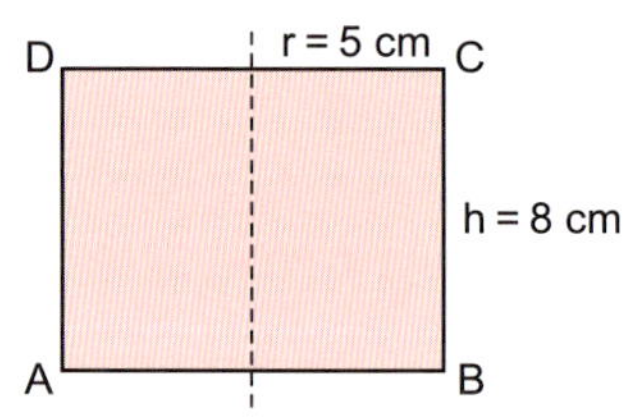

(Zeichnung im Maßstab 1 : 4)

Aufgaben

175

Ein Rohr hat den abgebildeten Querschnitt und eine Länge von 1 m. Berechne das Fassungsvermögen und die Oberfläche des Rohrs bei dieser Länge.

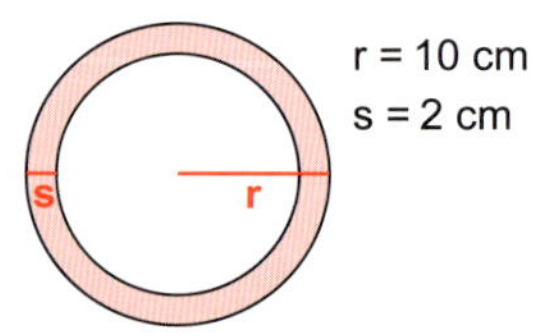

176

Eine Dose enthält 0,33 ℓ. Sie ist 12 cm hoch, aber abfüllbedingt nicht randvoll. Berechne die Füllhöhe der Dose und zu welchem Prozentsatz sie gefüllt ist, wenn die Banderole (Klebeetikett) von 23 cm Länge nur 1 cm überlappt?

Interaktive Aufgaben

- 12. Kakaodose
- 13. Einbeschriebener Zylinder
- 14. Farbeimer

Funktionale Abhängigkeiten und Extremwertberechnungen

Beispiel

Das Rechteck ABCD ist der Axialschnitt eines Zylinders mit r = 4 cm und h = 6 cm.

a) Zeichne den Axialschnitt des Zylinders.

b) Die Seite [BC] wird um x cm verkürzt und gleichzeitig wird die Seite [AB] an beiden Enden um jeweils x cm verlängert. Dadurch entstehen neue Zylinder mit dem Axialschnitt $A_nB_nC_nD_n$.
Zeichne den Axialschnitt für x = 2 ein.

c) Berechne die Mantelfläche der Zylinder mit Axialschnitt $A_nB_nC_nD_n$ in Abhängigkeit von x.

d) Berechne die maximale Mantelfläche und den zugehörigen x-Wert der Zylinder mit dem Axialschnitt $A_nB_nC_nD_n$ ohne zu runden.

Lösung:

a) und b)

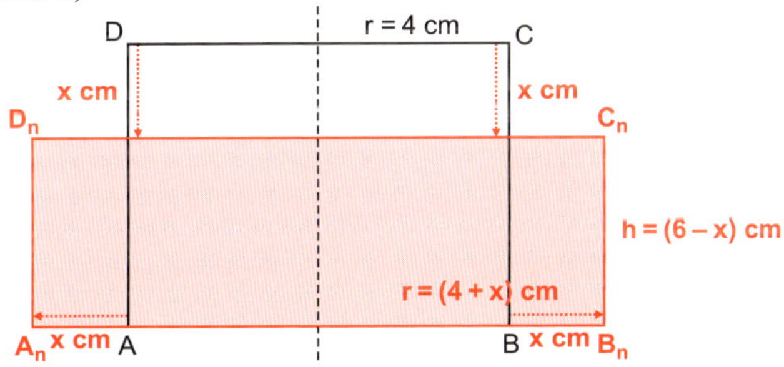

(Zeichnung im Maßstab 1 : 2)

c) $A_M = 2 \cdot r \cdot \pi \cdot h$

$A_M(x) = 2 \cdot (4 + x) \cdot \pi \cdot (6 - x)\ cm^2$

$A_M(x) = (8 + 2x) \cdot (6 - x) \cdot \pi\ cm^2$

$A_M(x) = (48 - 8x + 12x - 2x^2) \cdot \pi\ cm^2$

$A_M(x) = (-2x^2 + 4x + 48) \cdot \pi\ cm^2$

Um Rundungen zu vermeiden, wird π üblicherweise ausgeklammert.

d) Berechnung des Extremwerts (ohne zu runden):

$A_M(x) = (-2x^2 + 4x + 48) \cdot \pi\ cm^2$

$A_M(x) = \{-2 \cdot [x^2 - 2x - 24]\} \cdot \pi\ cm^2$

$A_M(x) = \{-2 \cdot [x^2 - 2x + 1^2 - 1^2 - 24]\} \cdot \pi\ cm^2$

$A_M(x) = \{-2 \cdot [(x - 1)^2 - 25]\} \cdot \pi\ cm^2$

$A_M(x) = \{-2(x - 1)^2 + 50\} \cdot \pi\ cm^2$

$A_{M_{max}} = 50\pi\ cm^2$ für $x = 1\ cm$

Da nicht gerundet werden soll, setze eine zusätzliche geschweifte Klammer und führe die quadratische Ergänzung wie gewohnt innerhalb der geschweiften Klammer durch.

Bei der Angabe des Extremwerts darf man den Faktor π nicht vergessen.

Aufgabe 177

Interaktive Aufgabe
15. Zwei Zylinder

Ein Zylinder ist 4 cm hoch und hat einen Durchmesser von 12 cm. Der Radius wird um x cm verkürzt und gleichzeitig wird die Höhe um 2x cm verlängert.

a) Zeichne den Axialschnitt des ursprünglichen Zylinders und zeichne den Axialschnitt des Zylinders für x = 3 ein.

b) Berechne die Mantelfläche des entstandenen Zylinders in Abhängigkeit von x.
(Teilergebnis: $A_M(x) = (-4x^2 + 16x + 48) \cdot \pi\ cm^2$)

c) Berechne den Extremwert der Mantelfläche und den zugehörigen x-Wert.

d) Für welchen x-Wert beträgt die Mantelfläche 150 cm^2?

Kegel

Ein **Kegel** (genauer: Kreiskegel) entsteht, wenn ein rechtwinkliges Dreieck um eine seiner beiden Katheten rotiert.

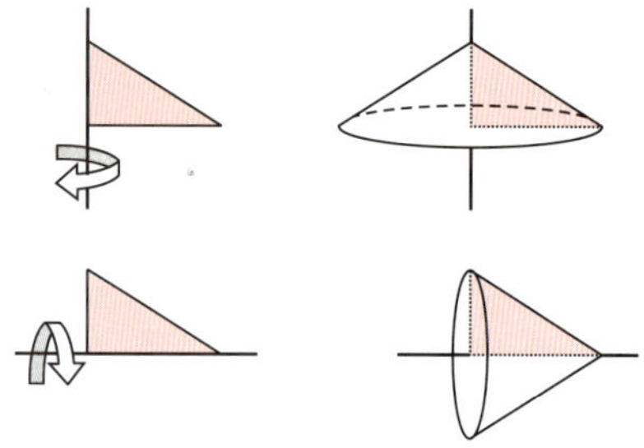

Der Axialschnitt eines Kegels ist ein gleichschenkliges Dreieck. Dessen gleich lange Schenkel werden als **Mantellinien m** bezeichnet. Sie schließen den sogenannten **Öffnungswinkel α** an der Spitze des Kegels ein.

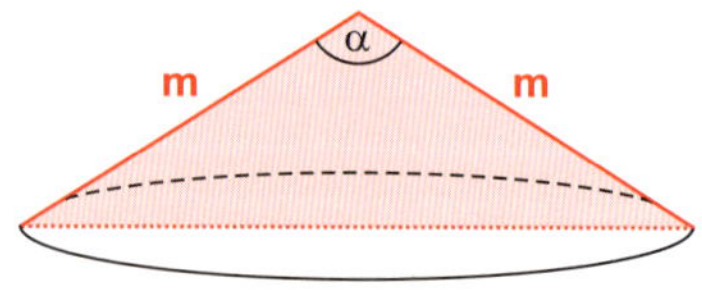

Die Abwicklung der Mantelfläche eines Kreiskegels ist ein **Kreissektor** mit **Mittelpunktswinkel φ**. Der Radius dieses Sektors ist die Mantellinie m des Kegels. Die Länge des Kreisbogens b entspricht dem Umfang u des Grundkreises. Die Mantelfläche M des Kegels entspricht der Fläche des Kreissektors.

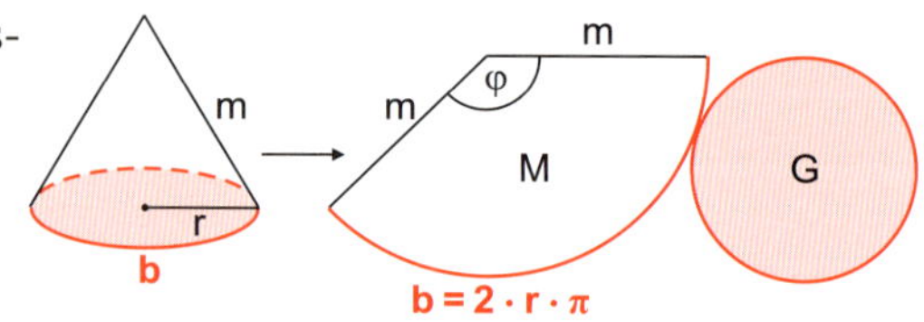

Merke

Eigenschaften von Kegeln

- Die Höhe h eines Kegels ist der Abstand der Spitze S von der Grundfläche.
- Die Abwicklung der **Mantelfläche M** ist ein Kreissektor.
- Die **Oberfläche O** besteht aus der Mantelfläche und dem Grundkreis.

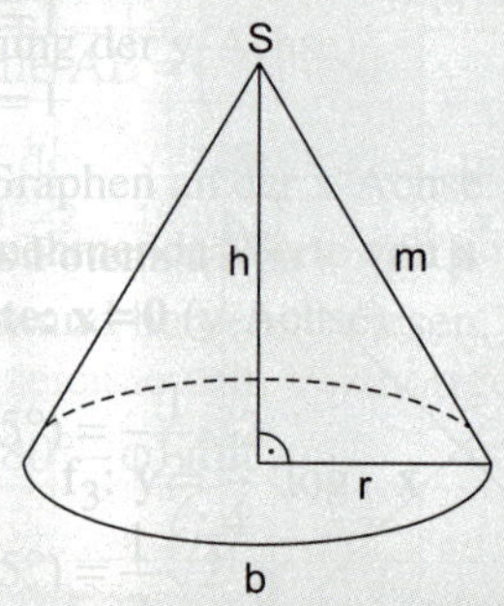

Volumen: $V = \frac{1}{3} \cdot A_G \cdot h$

$V = \frac{1}{3} \cdot r^2 \cdot \pi \cdot h$

Mantelfläche: $A_M = \frac{1}{2} \cdot b \cdot m$ oder: $A_M = \frac{\varphi}{360°} \cdot m^2 \cdot \pi$

$A_M = r \cdot \pi \cdot m$

Oberfläche: $A_O = A_M + A_G$

$A_O = r \cdot \pi \cdot (m + r)$

Mittelpunktswinkel φ der Abwicklung der Mantelfläche:

$\varphi = \frac{r}{m} \cdot 360°$

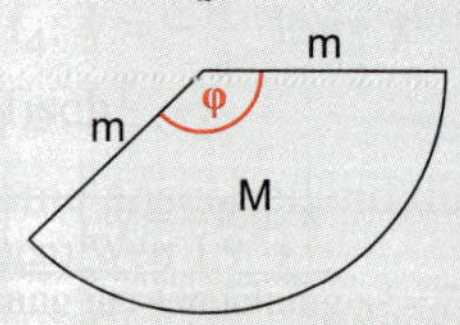

Beispiel

Berechne das Volumen, die Mantelfläche und den Mittelpunktswinkel φ der abgewickelten Mantelfläche für einen Kegel mit den Maßen r = 5 cm und h = 8 cm.

Lösung:

Berechnung des Volumens:

$$V = \frac{1}{3} \cdot r^2 \cdot \pi \cdot h$$

$$V = \frac{1}{3} \cdot (5\text{ cm})^2 \cdot \pi \cdot 8\text{ cm}$$

$$V = 209{,}44\text{ cm}^3$$

Berechnung der Mantelfläche:

$$A_M = r \cdot \pi \cdot m$$

$$A_M = 5\text{ cm} \cdot \pi \cdot \sqrt{(5\text{ cm})^2 + (8\text{ cm})^2}$$

$$A_M = 5 \cdot \pi \cdot 9{,}43\text{ cm}^2$$

$$A_M = 148{,}13\text{ cm}^2$$

Berechnung der Mantellinie m mit dem Satz des Pythagoras

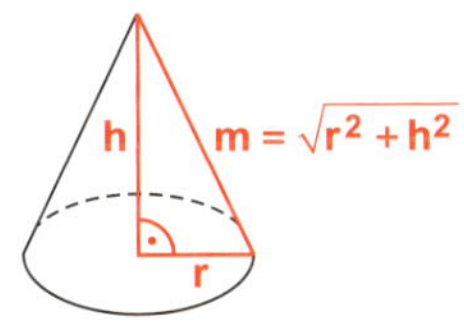

Berechnung des Mittelpunktswinkels:

$$A_M = \frac{\varphi}{360°} \cdot m^2 \cdot \pi \quad \Big| \cdot \frac{360°}{m^2 \cdot \pi}$$

$$\varphi = \frac{M \cdot 360°}{m^2 \cdot \pi}$$

$$\varphi = \frac{148{,}13\text{ cm}^2 \cdot 360°}{(9{,}43\text{ cm})^2 \cdot \pi}$$

$$\varphi = 190{,}89°$$

Abwicklung der Mantelfläche:

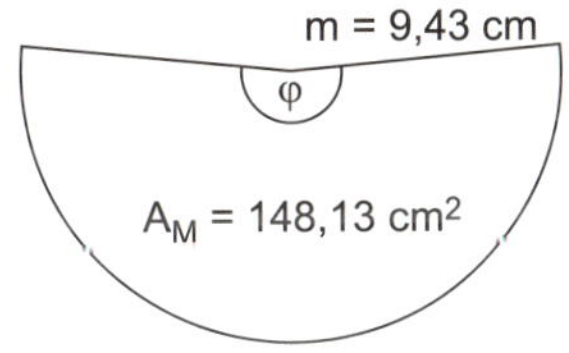

oder:

$$\varphi = \frac{r}{m} \cdot 360°$$

$$\varphi = \frac{5\text{ cm}}{9{,}43\text{ cm}} \cdot 360°$$

$$\varphi = 190{,}88°$$

Aufgaben

178 Ein Kegel hat die Mantellinie m = 5 cm und den Radius r = 2,5 cm.

a) Zeige, dass die Abwicklung der Mantelfläche ein Halbkreis ist.

b) Zeige allgemein, dass die Mantelfläche immer ein Halbkreis ist, wenn der Axialschnitt ein gleichseitiges Dreieck ergibt.

179 Ein Kegel mit Radius r = 5 cm und Höhe h = 8 cm wird von einer zur Grundfläche parallelen Ebene in einem Abstand von 3 cm geschnitten. Dabei entsteht ein 3 cm hoher Kegelstumpf.
Berechne Volumen und Mantelfläche des entstandenen Kegelstumpfes.

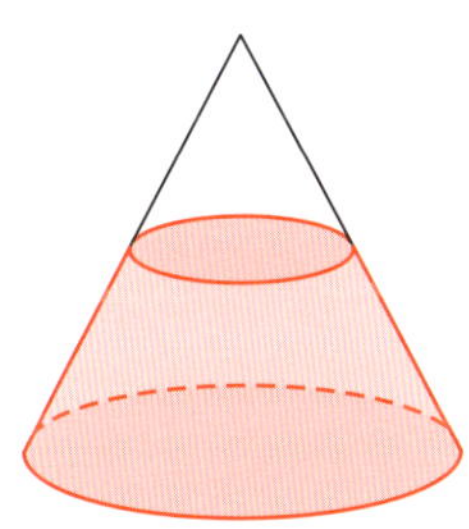

Tipp Differenz zweier Kegel

Interaktive Aufgaben

- 16. Mantellinie Kegel
- 17. Oberfläche Kegel
- 18. Tipi

Funktionale Abhängigkeiten und Extremwertberechnungen – Schnitt durch einen Kegel

Beispiel

Ein Kegel hat einen Radius von 3 cm und eine Höhe von 12 cm. Dieser Kegel wird durch eine zur Grundfläche parallele Ebene in einem Abstand von x cm zum Mittelpunkt M der Grundfläche geschnitten. Die Schnittfläche ist ein Kreis mit Radius r_K. Mit der Spitze S bildet dieser Kreis wieder neue Kegel mit dem Axialschnitt A_nB_nS.

a) Zeichne den Axialschnitt A_1B_1S des Kegels für $x = 5$ cm.
b) Berechne den Radius r_K der abgeschnittenen Kegel in Abhängigkeit von x.
c) Berechne die Mantelfläche der abgeschnittenen Kegel in Abhängigkeit von x.
d) Für welchen x-Wert beträgt die Mantelfläche des abgeschnittenen Kegels 2π cm²?

Lösung:

a)

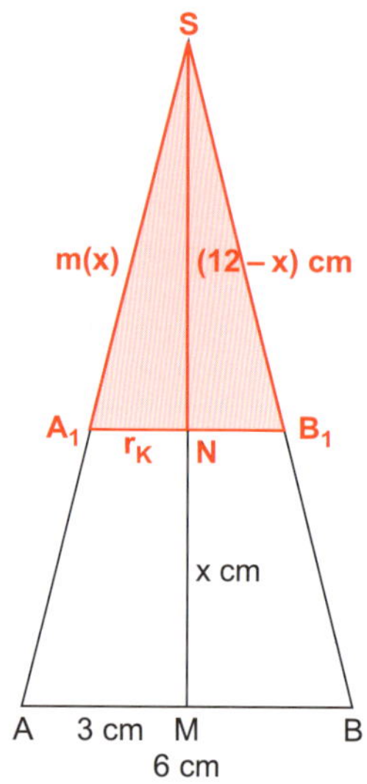

(Zeichnung im Maßstab 1 : 2)

b) Vierstreckensatz mit Zentrum S:

$$\frac{r_K}{\overline{AM}} = \frac{\overline{SN}}{\overline{SM}} \qquad |\cdot \overline{AM}$$

$$r_K = \frac{\overline{SN}}{\overline{SM}} \cdot \overline{AM}$$

$$r_K(x) = \frac{(12-x)\text{ cm}}{12\text{ cm}} \cdot 3\text{ cm}$$

$$r_K(x) = \frac{(12-x)}{4}\text{ cm}$$

$$r_K(x) = \left(3 - \frac{1}{4}x\right)\text{ cm}$$

c) Bestimme zunächst die Mantellinie $\overline{SA_n} = m(x)$.

Vierstreckensatz mit Zentrum S:

$$\frac{m}{\overline{SA}} = \frac{\overline{SN}}{\overline{SM}} \qquad |\cdot \overline{SA}$$

$$m = \frac{\overline{SN}}{\overline{SM}} \cdot \overline{SA}$$

$$m(x) = \frac{(12-x)\text{ cm}}{12\text{ cm}} \cdot \overline{SA}$$

Bestimme $\overline{SA}$ im rechtwinkligen Dreieck AMS.

$$m(x) = \frac{12-x}{12} \cdot \sqrt{\overline{AM}^2 + \overline{MS}^2}$$

$$m(x) = \left(1 - \frac{1}{12}x\right) \cdot \sqrt{3^2 + 12^2}\ \text{cm}$$

$$m(x) = (12{,}37 - 1{,}03x)\ \text{cm}$$

Mantelfläche der abgeschnittenen Kegel:

$$A_M = r_K(x) \cdot \pi \cdot m(x)$$

$$A_M(x) = \left(3 - \frac{1}{4}x\right) \cdot \pi \cdot (12{,}37 - 1{,}03x)\ \text{cm}^2$$

$$A_M(x) = (37{,}11 - 3{,}09x - 3{,}09x + 0{,}26x^2) \cdot \pi\ \text{cm}^2$$

$$A_M(x) = (0{,}26x^2 - 6{,}18x + 37{,}11) \cdot \pi\ \text{cm}^2$$

d)
$$\begin{array}{|l} A_M(x) = (0{,}26x^2 - 6{,}18x + 37{,}11) \cdot \pi\ \text{cm}^2 \\ \wedge \quad A_M = 2\pi\ \text{cm}^2 \\ \hline \end{array}$$

$$\Rightarrow (0{,}26x^2 - 6{,}18x + 37{,}11) \cdot \pi = 2\pi \quad (\text{I} = \text{II}) \quad |:\pi$$

π lässt sich durch Division beseitigen.

$$\Leftrightarrow \quad 0{,}26x^2 - 6{,}18x + 37{,}11 = 2 \quad |-2$$

$$\Leftrightarrow \quad 0{,}26x^2 - 6{,}18x + 35{,}11 = 0$$

Allgemeine Form der quadratischen Gleichung

$$D = (-6{,}18)^2 - 4 \cdot 0{,}26 \cdot 35{,}11 = 1{,}678$$

Diskriminante $D = b^2 - 4ac$

$$\Leftrightarrow \quad x_{1/2} = \frac{6{,}18 \pm \sqrt{1{,}678}}{2 \cdot 0{,}26}$$

$$(x_1 = 14{,}38) \quad \vee \quad x_2 = 9{,}39$$

x_1 ist keine Lösung, da der Kegel nur 12 cm hoch ist und er daher im Abstand von 14,38 cm von der Grundfläche nicht von einer Ebene geschnitten werden kann.

$$\mathbb{L} = \{9{,}39\}$$

Für $x = 9{,}39$ beträgt die Mantelfläche 2π cm².

Aufgaben

180 Einem Kegel mit Radius 4 cm und Höhe 10 cm sind Zylinder mit Radius x cm einbeschrieben.

a) Zeichne den Axialschnitt des Kegels und des einbeschriebenen Zylinders für $x = 2$ ein.
b) Berechne die Höhe der Zylinder in Abhängigkeit von x.
c) Berechne die Mantelfläche der Zylinder in Abhängigkeit von x.
d) Berechne den x-Wert, für den der Zylinder mit der größten Mantelfläche entsteht.
e) Prüfe rechnerisch, ob es einen Zylinder gibt, dessen Mantelfläche halb so groß ist wie die Mantelfläche des Kegels.

181 Ein Kegel hat eine Höhe von 10 cm. Der Radius beträgt 2 cm. Die Höhe wird um x cm verkürzt und der Radius um x cm verlängert.

a) Zeichne den Axialschnitt ABS des Kegels und den Axialschnitt $A_1B_1S_1$ des veränderten Kegels für $x = 2$.
b) Berechne die Länge der Mantellinie m der veränderten Kegel mit Axialschnitt $A_nB_nS_n$ in Abhängigkeit von x.
c) Für welchen x-Wert erhält man die kürzeste Mantellinie?
d) Für welchen x-Wert ist die Mantellinie 9 cm lang?

Interaktive Aufgabe

19. Mantelfläche Kegel

Kugel

Eine **Kugel** entsteht, wenn ein Halbkreis um seinen Durchmesser rotiert. Der Mittelpunkt M des Durchmessers ist gleichzeitig auch der Mittelpunkt der Kugel.

Der Axialschnitt einer Kugel ist ein Kreis mit Radius r. Schneidet man die Kugel mit einer beliebigen Ebene, so entstehen als Schnitte Kreise mit Radien $r' \leqq r$.

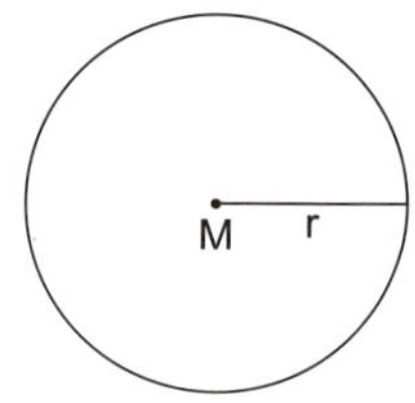

Merke

Eigenschaften von Kugeln
Jeder Punkt auf der **Oberfläche O** einer Kugel ist gleich weit vom **Mittelpunkt M** der Kugel entfernt.

Oberfläche: $A_O = 4 \cdot r^2 \cdot \pi$

Volumen: $V = \frac{4}{3} \cdot r^3 \cdot \pi$

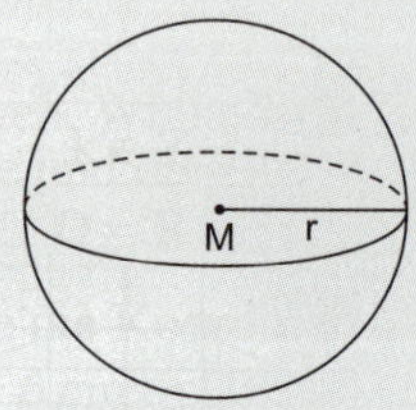

Beispiel

Ein Fußball hat einen Radius von 11 cm.
Berechne Oberfläche und Volumen. Vernachlässige dabei, dass ein Fußball nur näherungsweise eine Kugel ist.

Lösung:

Berechnung der Oberfläche:

$A_O = 4 \cdot r^2 \cdot \pi$

$A_O = 4 \cdot (11\,\text{cm})^2 \cdot \pi$

$A_O = 484\pi\,\text{cm}^2$

$A_O = 1\,520{,}53\,\text{cm}^2$

Berechnung des Volumens:

$V = \frac{4}{3} \cdot (11\,\text{cm})^3 \cdot \pi$

$V = 1\,774\frac{2}{3}\pi\,\text{cm}^3$

$V = 5{,}58\,\text{dm}^3 \quad (V = 5{,}58\,\ell)$

Aufgaben

182

Die Abbildung zeigt den Axialschnitt einer Designer-Glasschüssel. Er rotiert um die Symmetrieachse f.

a) Welches Fassungsvermögen besitzt die Schüssel?
b) Welches Volumen besitzt die Schüssel?
c) Welche Oberfläche besitzt die Schüssel?

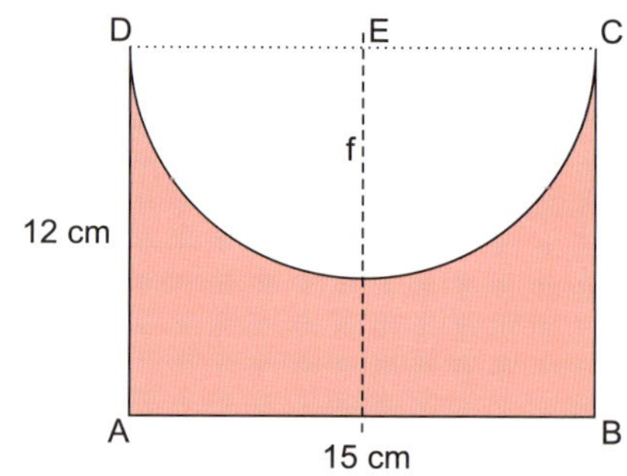

Tipp

Zerlege die Oberfläche in Teilflächen verschiedener Grundkörper.

183 In einem Zylinder mit Radius r = 5 cm und Höhe h = 8 cm befindet sich eine Kugel.

a) Berechne die Oberfläche und das Volumen der größtmöglichen Kugel und zeichne einen Axialschnitt.

b) Welchen prozentualen Anteil am Volumen des Zylinders nimmt das Kugelvolumen ein?

184 Einer Kugel mit Radius 5 cm wird ein Zylinder mit 6 cm Höhe einbeschrieben. Berechne das Volumen des einbeschriebenen Zylinders (Axialschnitt ABCD).

Interaktive Aufgaben

20. Bowlingkugel
21. Planet

Funktionale Abhängigkeiten und Extremwertberechnungen

185 Aus einem rechteckigen Stück Blech ABCD mit $\overline{AB} = 5$ cm und $\overline{BC} = 3$ cm werden zwei Viertelkreise ausgeschnitten. Es gilt $r_1 = \overline{CF_n}$ und $r_2 = \overline{BF_n} = x$ cm.
Dieses Blech rotiert um die Achse [BC].

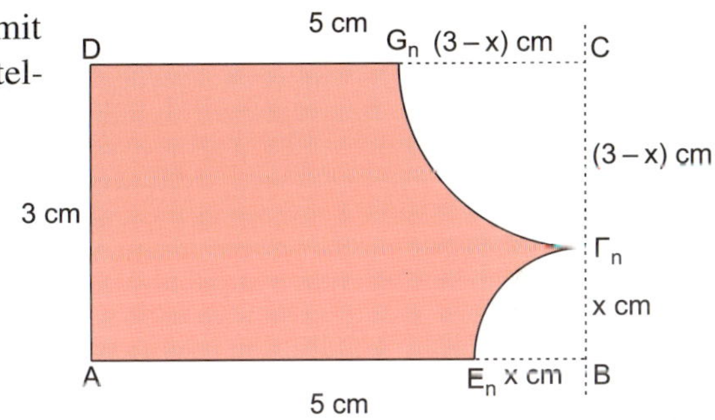

a) Skizziere den Rotationskörper, der dabei entsteht.

b) Berechne die Oberfläche des Körpers in Abhängigkeit von x.

c) Für welchen x-Wert entsteht der Körper mit der kleinsten Oberfläche?

d) Für welchen x-Wert entsteht ein Körper mit 100π cm^2 Oberfläche?

3 Grundwissen 10. Klasse

3.1 Potenzen und Potenzfunktionen

Merke

Die Potenzschreibweise ist die **abgekürzte** Schreibweise für die **Multiplikation gleicher Faktoren**.

Basis ↘ a^n ↙ Exponent, Potenz

Multiplizieren: $\underbrace{a \cdot a \cdot a \cdot a \cdot \ldots \cdot a}_{\text{n-mal}} =$ Potenzieren: a^n

Die Zahl, die sich nach dem Ausmultiplizieren einer Potenz ergibt, heißt **Potenzwert**.

Für alle $a, b \in \mathbb{R} \setminus \{0\}$ gilt:

$a^0 = 1 \quad a^{-1} = \frac{1}{a} \quad a^{-n} = \frac{1}{a^n} \quad \left(\frac{a}{b}\right)^{-n} = \left(\frac{b}{a}\right)^n \quad n \in \mathbb{N}$ (Beachte: „0^0“ ist nicht definiert)

Potenzen mit negativen Exponenten sind also eine andere Schreibweise für Brüche mit dem Zähler 1.

Beispiele

1. $\underbrace{\frac{x}{4} \cdot \frac{x}{4} \cdot \frac{x}{4} \cdot \frac{x}{4} \cdot \frac{x}{4}}_{\text{5-mal}} = \left(\frac{x}{4}\right)^5 = \frac{x^5}{4^5}$ — Zähler und Nenner werden je 5-mal mit sich selbst multipliziert.
2. $123^0 = 1$ — Eine 0 als Exponent liefert immer den Potenzwert 1.
3. $4^{-3} = \frac{1}{4^3} = \frac{1}{64} = 64^{-1}$
4. $\left(\frac{3}{8}\right)^{-4} = \frac{1}{\left(\frac{3}{8}\right)^4} = \left(\frac{8}{3}\right)^4$

Aufgaben

186 Ein Quadrat hat den Umfang $u = 3{,}6$ m. Berechne den zugehörigen Flächeninhalt.

187 Berechne den Potenzwert.

a) $\left(-\frac{2}{3}\right)^3$

b) 15^0

c) 10^6

d) -3^6

e) $(-2)^3$

f) $(-2)^4$

188 Berechne die folgenden Potenzen.

a) 10^{-3}

b) $\left(\frac{1}{5}\right)^{-3}$

c) $\left(\frac{2}{3}\right)^{-4}$

d) $\frac{9}{3^{-2}}$

189 Schreibe als Bruch und berechne den Wert des Bruchs.

a) 4^{-3} b) 8^{-2}
c) $(-2)^{-3}$ d) -2^{-3}

190 Bestimme den Wert von x.

a) $1\ \text{mm} = 10^x\ \text{m}$ b) $1\ \text{mm}^2 = 10^x\ \text{m}^2$
c) $1\ \text{mm}^3 = 10^x\ \text{m}^3$ d) $1\ \text{mg} = 10^x\ \text{t}$

Potenzgesetze

Merke

Die 5 Potenzgesetze

Für $a, b \in \mathbb{R}\setminus\{0\}$ und $n, m \in \mathbb{Z}$ gilt:

1. Potenzen mit **gleicher Basis** werden multipliziert, indem man die Exponenten addiert und die Basis beibehält. $a^n \cdot a^m = a^{n+m}$
2. Potenzen mit **gleicher Basis** werden dividiert, indem man die Exponenten subtrahiert und die Basis beibehält. $\frac{a^n}{a^m} = a^{n-m}$
3. Potenzen mit **gleichem Exponenten** werden multipliziert, indem man die Basen multipliziert und den Exponenten beibehält. $a^n \cdot b^n = (a \cdot b)^n$
4. Potenzen mit **gleichem Exponenten** werden dividiert, indem man die Basen dividiert und den Exponenten beibehält. $\frac{a^n}{b^n} = \left(\frac{a}{b}\right)^n$
5. Eine Potenz wird potenziert, indem man die Exponenten multipliziert und die Basis beibehält. $(a^n)^m = a^{n \cdot m}$

Beispiele

1. $12^2 \cdot 12^5 - y^2 \cdot y^3 = 12^{2+5} - y^{2+3} = 12^7 - y^5$
   Multiplikation von Potenzen mit gleicher Basis: Anwendung des 1. Potenzgesetzes
2. $12^2 : 12^5 - y^2 : y^3 = 12^{2-5} - y^{2-3} = 12^{-3} - y^{-1} = \frac{1}{12^3} - \frac{1}{y}$
   Division von Potenzen mit gleicher Basis: Anwendung des 2. Potenzgesetzes
3. $18^3 \cdot 6^3 = (18 \cdot 6)^3 = 108^3$
   Multiplikation von Potenzen mit gleichen Exponenten: Anwendung des 3. Potenzgesetzes
4. $18^3 : 6^3 = (18 : 6)^3 = 3^3$
   Division von Potenzen mit gleichen Exponenten: Anwendung des 4. Potenzgesetzes
5. $(2^5)^3 - (a^4)^2 = 2^{5 \cdot 3} - a^{4 \cdot 2} = 2^{15} - a^8$
   Potenzieren von Potenzen: Anwendung des 5. Potenzgesetzes

Merke

Vielfache von **gleichen Potenzen** können zusammengefasst werden.

Beispiele

1. $3{,}5a^4 + 5b^2 - 1{,}9c^6 + 2{,}2a^4 - 2{,}7b^2$ Sortieren
$= 3{,}5\mathbf{a^4} + 2{,}2\mathbf{a^4} + 5\mathbf{b^2} - 2{,}7\mathbf{b^2} - 1{,}9\mathbf{c^6}$ Zusammenfassen
$= 5{,}7\mathbf{a^4} + 2{,}3\mathbf{b^2} - 1{,}9\mathbf{c^6}$

2. $301y^3 - 11y^2$ Lässt sich nicht zusammenfassen!

Aufgaben

191 Vereinfache mithilfe der Potenzgesetze.

Interaktive Aufgaben
1. Potenzen zusammenfassen
2. Potenzen vereinfachen

a) $(5^{-4} : 5^3) \cdot 5^9$ b) $\frac{3x^6 \cdot 2x^4}{2x^2 \cdot 5x^3}$

c) $\left(\frac{4}{ab}\right)^3 \cdot \left(\frac{a^3b^2}{4}\right)^3$ d) $\left(2x^2y^3\right)^3 \cdot \left(5x^3y\right)^2$

e) $\frac{36x^4}{6x^{-5}} + \frac{30x^2}{5x^{-3}}$ f) $(a^2 + 6a + 9) \cdot (a + 3)^3$

192 Vereinfache mithilfe der Potenzgesetze.

a) $\frac{x^{2n-1}}{x^{n+3}}$ b) $\frac{(xy)^{4n-2}}{(xy)^{2(n-1)}}$

c) $\frac{\left(a^2 - b^2\right)^{3x}}{(a+b)^{3x}}$ d) $\frac{(a+b)^{12x+5}}{(b+a)^{8x}}$

e) $a^x \cdot a^{x-1} : a^{2x}$ f) $(n + 0{,}25m)^{0{,}5x-1} \cdot (n + 0{,}25m)^{1+0{,}5x}$

g) $\left(\frac{1}{2}a\right)^b \cdot (16a^2)^b$ h) $\left(\frac{5}{x}\right)^{2a+1} \cdot (2x)^{2a+1}$

193 Fasse zu einer einzigen Potenz zusammen und berechne den Potenzwert.

a) $16^3 : \left[-\left(\frac{1}{4}\right)^{-3}\right]$ b) $(\sqrt{32})^{-1} : (\sqrt{72})^{-1}$

c) $\frac{6^{-2} \cdot 24^{-2}}{36^{-2}}$ d) $2^{-4} \cdot \frac{0{,}125}{8^{-3}}$

Merke

Potenzen mit der Basis 10 werden als **Zehnerpotenzen** bezeichnet. Die **Stufenzahlen** (1; 10; 100; 1 000; …) des Dezimalsystems lassen sich mittels der Potenzschreibweise kürzer darstellen:

$1 = 10^0$ $10 = 10^1$ $100 = 10^2$ … $1\,000\,000 = 10^6$ …

Jede Zahl lässt sich daher als Produkt aus einer Zahl zwischen 1 und 10 und einer Zehnerpotenz schreiben.

Beispiele

1. Entfernung Erde–Mond: $384\,000$ km $= 3{,}84 \cdot 10^5$ km
2. Masse der Erde: $6\,000\,000\,000\,000\,000\,000\,000\,000$ kg $= 6 \cdot 10^{24}$ kg

Aufgabe 194

Interaktive Aufgabe

3. Zehnerpotenzen

Licht breitet sich mit einer Geschwindigkeit von etwa $3 \cdot 10^5 \frac{\text{km}}{\text{s}}$ aus. Wie lange bräuchte ein Raumschiff, dass sich mit $\frac{1}{1\,000}$ der Lichtgeschwindigkeit bewegt, um

a) die Erde zu umrunden (Erdumfang ca. 40 000 km)?

b) von der Erde aus die Sonne zu erreichen? (Entfernung Erde – Sonne: ca. $1{,}5 \cdot 10^8$ km)

Potenzfunktionen

Gleichungen der Form $y = x^n$ in $\mathbb{G} = \mathbb{R} \times \mathbb{R}$ mit variabler Basis x und konstantem Exponenten $n \in \mathbb{N}$ legen **Potenzfunktionen** fest.

Potenzfunktionen der Form $y = x^n$

Merke

Die Graphen zu Funktionen f mit $y = x^n$ ($n \in \mathbb{N}$) heißen Parabeln n-ter Ordnung. Sie verlaufen durch den Ursprung O(0 | 0) und durch den Punkt (1 | 1).

Hinweis: $y = x^0$ und $y = x^1$ könnten auch als Gleichungen von Potenzfunktionen interpretiert werden. Dies ist aber nicht üblich.

Parabeln gerader Ordnung (n gerade)

- Definitionsmenge: $\mathbb{D} = \mathbb{R}$
- Wertemenge: $\mathbb{W} = \mathbb{R}_0^+$
- gemeinsame Punkte: (1 | 1), (−1 | 1) und O(0 | 0)
- Symmetrieeigenschaften:
  Der Graph ist achsensymmetrisch bezüglich der y-Achse, d. h.: **f(−x) = f(x)**
  (Gleichung der Symmetrieachse s: x = 0)

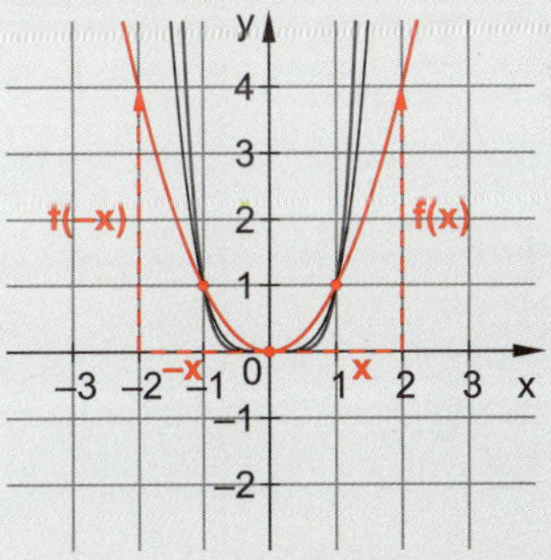

Parabeln ungerader Ordnung (n ungerade)

- Definitionsmenge: $\mathbb{D} = \mathbb{R}$
- Wertemenge: $\mathbb{W} = \mathbb{R}$
- gemeinsame Punkte: (1 | 1), (−1 | −1) und O(0 | 0)
- Symmetrieeigenschaften:
  Der Graph ist punktsymmetrisch bezüglich des Ursprungs O(0 | 0), d. h.: **f(−x) = −f(x)**

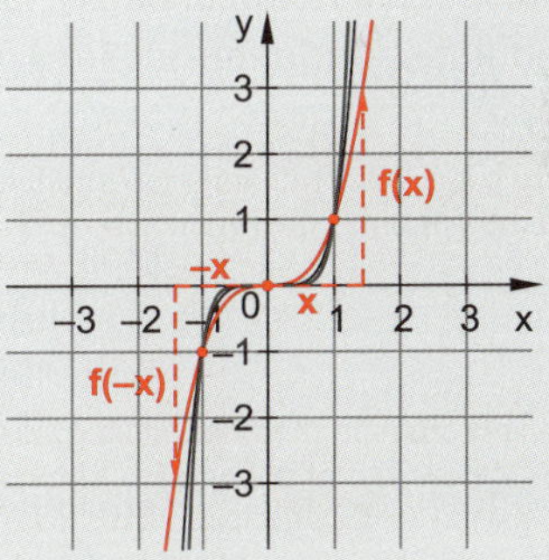

Beispiele

Parabeln gerader Ordnung (n ist eine gerade Zahl):

$n = 2$ f_1: $y = x^2$ Parabel 2. Ordnung
$n = 4$ f_2: $y = x^4$ Parabel 4. Ordnung
$n = 6$ f_3: $y = x^6$ Parabel 6. Ordnung

Parabeln ungerader Ordnung (n ist eine ungerade Zahl):

$n = 3$ f_4: $y = x^3$ Parabel 3. Ordnung
$n = 5$ f_5: $y = x^5$ Parabel 5. Ordnung
$n = 7$ f_6: $y = x^7$ Parabel 7. Ordnung

Wertetabellen

x	–3	–2	–1	0	1	2	3
f_1: $y=x^2$	9	4	1	0	1	4	9
f_2: $y=x^4$	81	16	1	0	1	16	81
f_3: $y=x^6$	729	64	1	0	1	64	729

x	–3	–2	–1	0	1	2	3
f_4: $y=x^3$	–27	–8	–1	0	1	8	27
f_5: $y=x^5$	–243	–32	–1	0	1	32	243
f_6: $y=x^7$	–2 187	–128	–1	0	1	128	2 187

Graphen

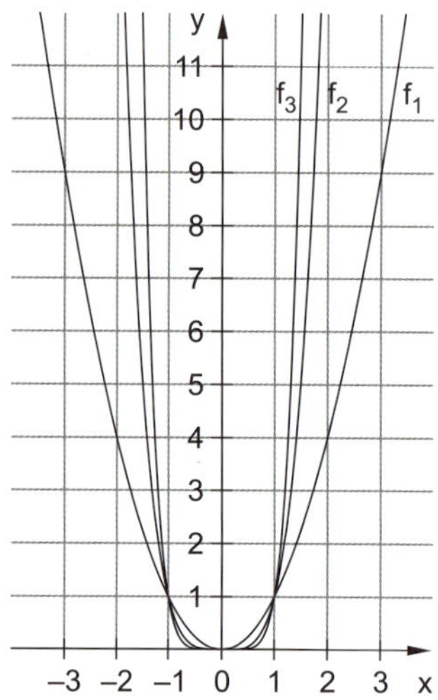

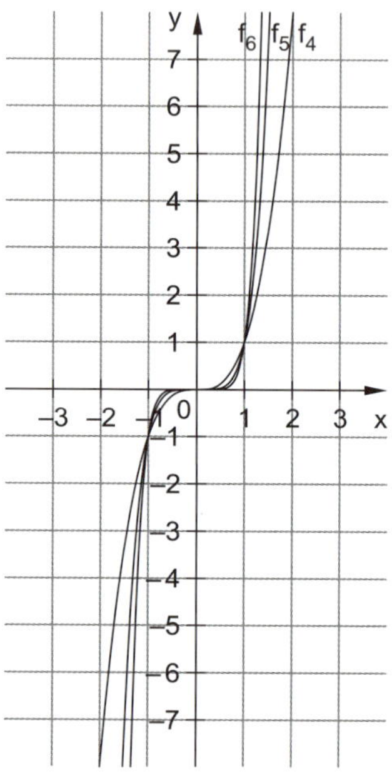

Aufgaben

195 Erstelle für die Funktion f_1 mit der Gleichung $y=x^5$ und die Funktion f_2 mit der Gleichung $y=x^6$ für $x \in [-1{,}2;\ 1{,}2]$ mit $\Delta x=0{,}2$ eine Wertetabelle und zeichne die zugehörigen Graphen in ein gemeinsames Koordinatensystem.
Was lässt sich über Definitions- und Wertemenge, Symmetrieeigenschaften und gemeinsame Punkte der beiden Funktionen aussagen?

196

a) Zeige rechnerisch, dass der Graph zu f: $y=x^5$ punktsymmetrisch bzgl. des Ursprungs $O(0|0)$ ist.
b) Zeige rechnerisch, dass der Graph zu f: $y=x^6$ achsensymmetrisch bzgl. der y-Achse ist.

197 Gegeben ist die Funktion f mit der Gleichung $y=x^{10}$.

Interaktive Aufgabe
4. Potenzfunktionen der Form $y = x^n$

a) Wie nennt man den Graphen dieser Funktion?
b) Gib die Definitionsmenge und die Wertemenge dieser Funktion an.
c) Welche Punkte hat die Funktion f mit der Normalparabel $y=x^2$ gemeinsam?
d) Für die Belegung $x=a$ hat die Funktion f den Wert $f(a)=b$.
Gib den Funktionswert für die Belegung $x=-a$ an.

Potenzfunktionen der Form: $y = a \cdot x^n$

Merke

Funktionen mit Gleichungen der Form $y = a \cdot x^n$ ($a \in \mathbb{R} \setminus \{0\}$, $n \in \mathbb{N}$) sind ebenfalls Potenzfunktionen. Auch ihre Graphen heißen **Parabeln**.

Form:

$|a| > 1$: Streckung der Parabel gegenüber $y = x^n$

$|a| < 1$: Stauchung der Parabel gegenüber $y = x^n$

Parabeln gerader Ordnung (n gerade)

- $a > 0$: Die Parabel ist nach oben geöffnet und verläuft im I. und II. Quadranten
- $a < 0$: Die Parabel ist nach unten geöffnet und verläuft im III. und IV. Quadranten
- Definitionsmenge: $\mathbb{D} = \mathbb{R}$
- Wertemenge: $\mathbb{W} = \mathbb{R}_0^+$ für $a > 0$
  $\mathbb{W} = \mathbb{R}_0^-$ für $a < 0$
- gemeinsamer Punkt: $O(0|0)$
- Symmetrieeigenschaften:
  Der Graph ist achsensymmetrisch bezüglich der y-Achse, d. h.: $\mathbf{f(-x) = f(x)}$
  (Gleichung der Symmetrieachse s: $x = 0$)

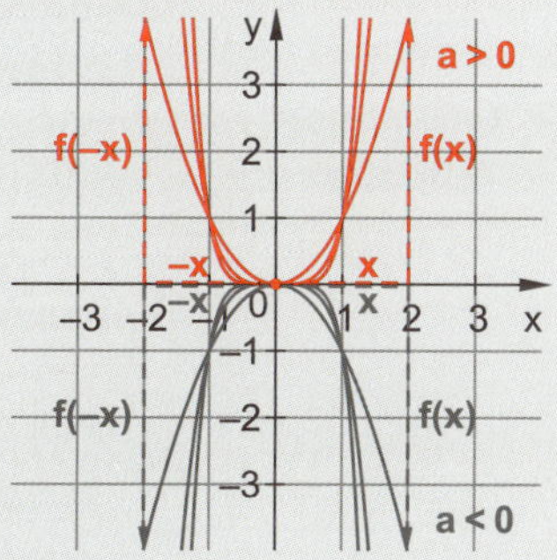

Parabeln ungerader Ordnung (n ungerade)

- $a > 0$: Der Funktionsgraph verläuft im I. und III. Quadranten
- $a < 0$: Der Funktionsgraph verläuft im II. und IV. Quadranten
- Definitionsmenge: $\mathbb{D} = \mathbb{R}$
- Wertemenge: $\mathbb{W} = \mathbb{R}$
- gemeinsamer Punkt: $O(0|0)$
- Symmetrieeigenschaften:
  Der Graph ist punktsymmetrisch bezüglich des Ursprungs $O(0|0)$, d. h.: $\mathbf{f(-x) = -f(x)}$

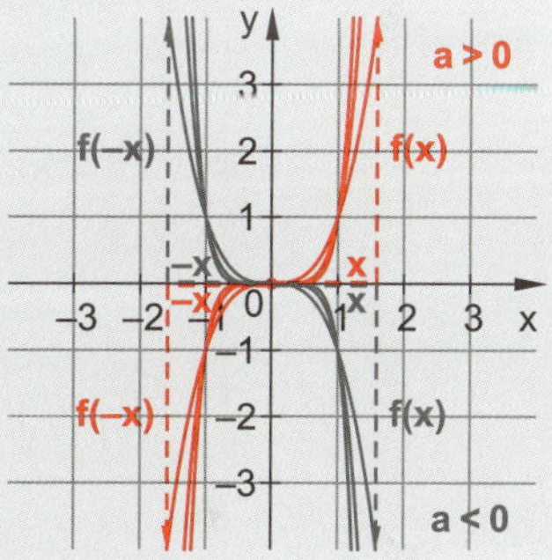

Beispiele

Parabeln gerader Ordnung:

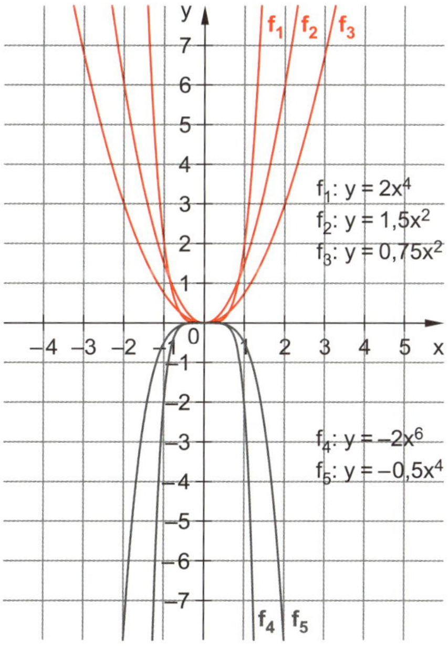

Parabeln ungerader Ordnung:

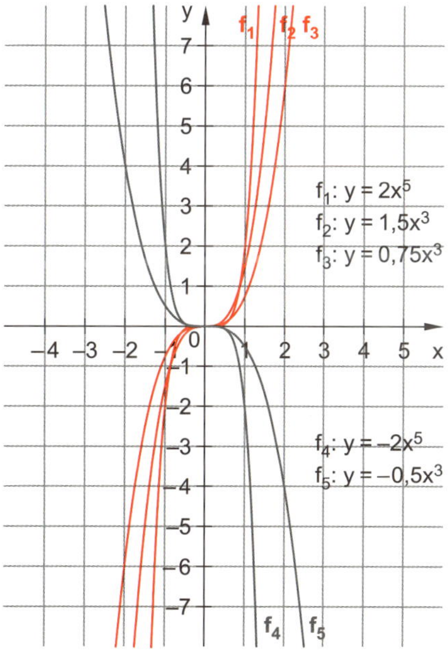

Aufgaben

198

a) Die Potenzfunktion f mit $y = a \cdot x^3$ verläuft durch den Punkt $P(-2\,|\,6)$.
Bestimme den zugehörigen Wert des Koeffizienten a.

b) Die Potenzfunktion f mit $y = a \cdot x^4$ verläuft durch den Punkt $P\left(1\frac{1}{2}\,\middle|\,-2\frac{1}{4}\right)$.
Bestimme den zugehörigen Wert des Koeffizienten a.

199

Der Graph der Funktion f mit $y = a \cdot x^n$ verläuft durch die Punkte $A(1\,|\,4)$ und $B(2\,|\,32)$. Bestimme die Funktionsgleichung.

Interaktive Aufgabe

5. Potenzfunktionen der Form $y = a \cdot x^n$

Potenzfunktionen der Form $y = x^{-n}$

Merke

Die Graphen zu Funktionen mit Gleichungen der Form $y = x^{-n}$ ($n \in \mathbb{N}$, $x \neq 0$) heißen **Hyperbeln**. Sie bestehen aus **zwei Hyperbelästen**. Die Geraden, denen die Hyperbeläste beliebig nahe kommen, ohne sie aber zu berühren, werden als **Asymptoten** bezeichnet. Die x-Achse ist die horizontale, die y-Achse die vertikale Asymptote der Hyperbel.

Hyperbeln gerader Ordnung (n gerade)

- Definitionsmenge: $\mathbb{D} = \mathbb{R} \setminus \{0\}$
- Wertemenge: $\mathbb{W} = \mathbb{R}^+$
- gemeinsame Punkte: $(1\,|\,1)$, $(-1\,|\,1)$
- Symmetrieeigenschaften:
  Der Graph ist achsensymmetrisch bezüglich der y-Achse, d. h.: $\mathbf{f(-x) = f(x)}$
  (Gleichung der Symmetrieachse s: $x = 0$)
- Horizontale Asymptote: a_1: $y = 0$ (x-Achse)
  Vertikale Asymptote: a_2: $x = 0$ (y-Achse)

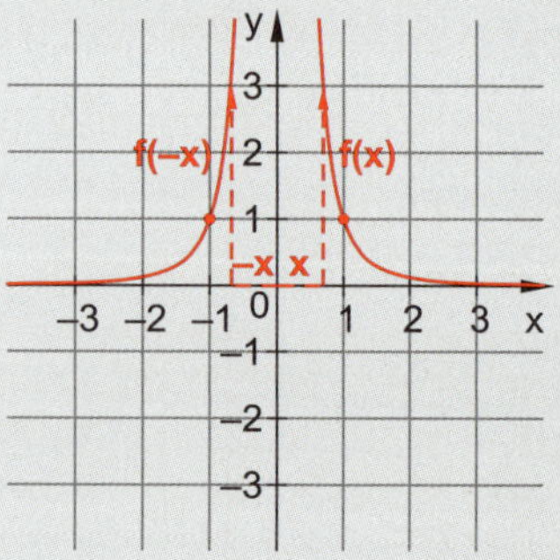

Hyperbeln ungerader Ordnung (n ungerade)

- Definitionsmenge: $\mathbb{D} = \mathbb{R} \setminus \{0\}$
- Wertemenge: $\mathbb{W} = \mathbb{R} \setminus \{0\}$
- gemeinsame Punkte: $(1\,|\,1)$, $(-1\,|\,-1)$
- Symmetrieeigenschaften:
  Der Graph ist punktsymmetrisch bezüglich des Ursprungs $O(0\,|\,0)$, d. h.: $\mathbf{f(-x) = -f(x)}$
  (Gleichung der Symmetrieachse s: $x = 0$)
- Horizontale Asymptote: a_1: $y = 0$ (x-Achse)
  Vertikale Asymptote: a_2: $x = 0$ (y-Achse)

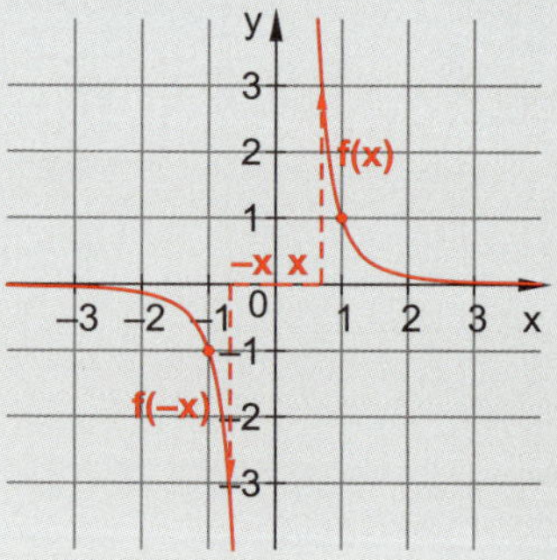

Beispiele

Hyperbel gerader Ordnung:
f_1: $y = x^{-2}$ $\left(\text{oder: } y = \frac{1}{x^2}\right)$

Hyperbel ungerader Ordnung:
f_2: $y = x^{-3}$ $\left(\text{oder: } y = \frac{1}{x^3}\right)$

Wertetabelle

x	−3	−2,5	−2	−1,5	−1	−0,5	0	0,5	1	1,5	2	2,5	3
f_1: $y = x^{-2}$	0,11	0,16	0,25	0,44	1	4	n. def.	4	1	0,44	0,25	0,16	0,11
f_2: $y = x^{-3}$	−0,04	−0,06	−0,13	−0,30	−1	−8	n. def.	8	1	0,30	0,13	0,06	0,04

Graphen

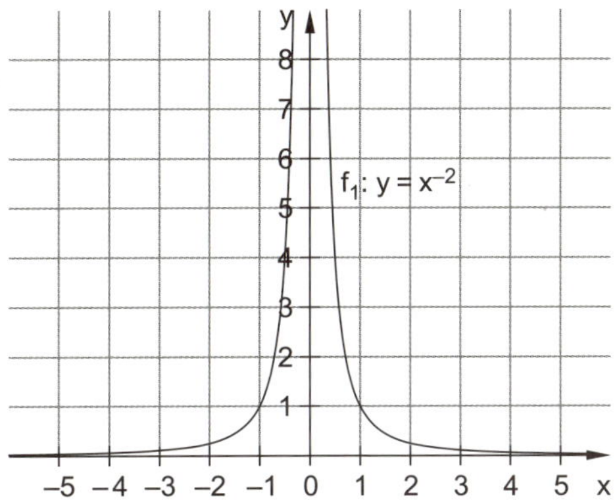

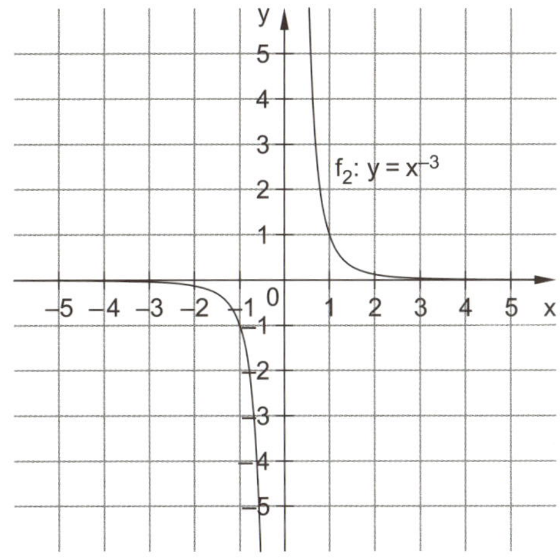

Aufgaben

200 Gegeben ist die Funktion h mit der Gleichung $y = 25x^{-1}$.

a) Gib zunächst die Definitionsmenge und die Wertemenge an.
Tabellarisiere die Funktion h sodann für $x \in [-10; 10]$ mit $\Delta x = 1$.

b) Zeichne den Graphen zu h in ein Koordinatensystem.

c) Die Punkte $O(0|0)$, $P_n(x_n|0)$, $R_n(0|y_n)$ bilden mit Punkten $Q_n(x_n|y_n) \in h$ Rechtecke $OP_nQ_nR_n$, wobei stets $x_n > 0$ gilt. Bestimme den Flächeninhalt der Rechtecke $OP_nQ_nR_n$.

201 a) Zeige rechnerisch, dass der Graph zu f: $y = x^{-4}$ achsensymmetrisch bezüglich der y-Achse ist.

b) Zeige rechnerisch, dass der Graph zu f: $y = x^{-5}$ punktsymmetrisch bezüglich des Ursprungs ist.

Interaktive Aufgabe
6. Potenzfunktionen der Form $y = x^{-n}$

Potenzfunktionen der Form $y = a \cdot x^{-n}$

Merke

Funktionen mit Gleichungen der Form $y = a \cdot x^{-n}$ ($a \in \mathbb{R} \setminus \{0\}$, $n \in \mathbb{N}$, $x \neq 0$) sind ebenfalls Potenzfunktionen mit **Hyperbeln** als Graphen.

- Der Faktor a bewirkt eine **Streckung für $|a| > 1$** bzw. **Stauchung für $0 < |a| < 1$** des zugehörigen Graphen gegenüber $y = x^{-n}$.
- Ein Vorzeichenwechsel von a entspricht der Spiegelung des Graphen an der x-Achse.

Beispiele

Hyperbeln gerader Ordnung:

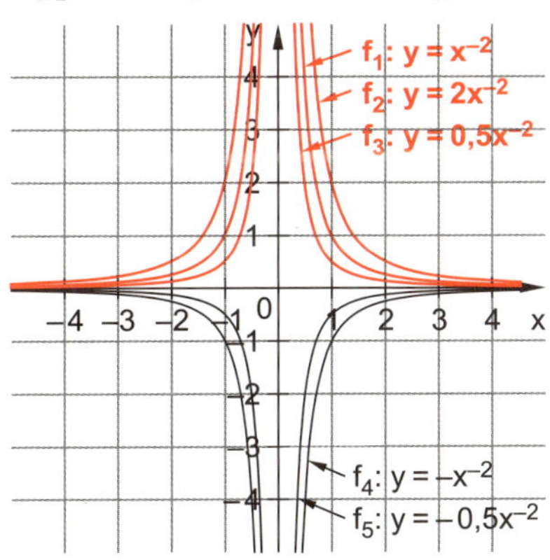

Hyperbeln ungerader Ordnung:

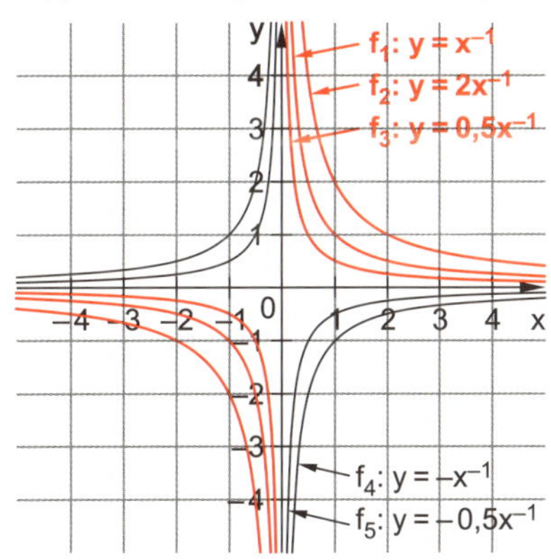

Aufgabe 202

Interaktive Aufgabe
7. Potenzfunktionen der Form $y = a \cdot x^{-n}$

a) Tabellarisiere die Funktionen f_1: $y = 2x^{-2}$, f_2: $y = \frac{1}{3}x^{-3}$ und f_3: $y = 8x^{-4}$ für $x \in [-3; 3]$ mit $\Delta x = 0{,}5$ und zeichne die Graphen in ein gemeinsames Koordinatensystem.

b) Bestimme jeweils Definitions- und Wertemenge sowie die Gleichungen der Asymptoten der Funktionen f_1 bis f_3.

Parallelverschiebung von Potenzfunktionen

Merke

Wird die Parabel p einer Potenzfunktion durch Parallelverschiebung mit dem Vektor $\vec{v} = \begin{pmatrix} v_x \\ v_y \end{pmatrix}$ auf die Bildparabel p' abgebildet, so schreibt man: $p \xmapsto{\vec{v}} p'$

Die Gleichung der Bildparabel p' lässt sich auf zwei Arten berechnen:

- **Vektorvergleich:**
  $\overrightarrow{PP'} = \vec{v}$ mit $P'(x' \mid y')$ und allgemeinem Parabelpunkt $P(x \mid p(x))$
- **Vektorkette:**
  $\overrightarrow{OP'} = \overrightarrow{OP} \oplus \vec{v}$ mit $P'(x' \mid y')$ und allgemeinem Parabelpunkt $P(x \mid p(x))$

Beide Methoden führen auf ein Gleichungssystem, in dem y' in Abhängigkeit von x' ausgedrückt werden kann.

Sonderfall: Ist die Gleichung der Parabel in der Form $y = a \cdot x^n$ gegeben, lässt sich die Gleichung der mit dem Vektor $\vec{v} = \begin{pmatrix} v_x \\ v_y \end{pmatrix}$ verschobenen Parabel p' sofort angeben:

$$p\colon y = a \cdot x^n \xmapsto{\vec{v} = \begin{pmatrix} v_x \\ v_y \end{pmatrix}} p'\colon y = a \cdot (x - v_x)^n + v_y$$

Beispiel

Die Parabel p mit der Gleichung $y = -\frac{1}{4}x^3$ wird mit $\vec{v} = \begin{pmatrix} 2 \\ 3 \end{pmatrix}$ parallel verschoben. Berechne die Gleichung der Bildparabel p' mithilfe von Vektorvergleich, Vektorkette und der Formel $y = a \cdot (x - v_x)^n + v_y$. Gib die Gleichung auch in allgemeiner Form an.

Lösung:

Es gilt:

$$p\colon y = -\frac{1}{4}x^3 \xmapsto{\vec{v} = \begin{pmatrix} 2 \\ 3 \end{pmatrix}} p'$$

$$P\left(x \,\middle|\, -\frac{1}{4}x^3\right) \xmapsto{\vec{v} = \begin{pmatrix} 2 \\ 3 \end{pmatrix}} P'(x' \mid y')$$

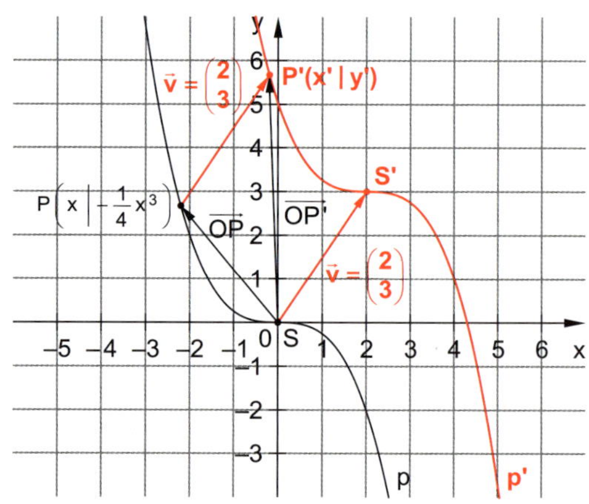

- Vektorvergleich:

$$\overrightarrow{PP'} = \vec{v} \quad \text{mit} \quad P'(x' \mid y')$$

$$\Leftrightarrow \begin{pmatrix} x' - x \\ y' + \frac{1}{4}x^3 \end{pmatrix} = \begin{pmatrix} 2 \\ 3 \end{pmatrix}$$

$$\Leftrightarrow \begin{vmatrix} x' - x = 2 \\ \wedge \; y' + \frac{1}{4}x^3 = 3 \end{vmatrix}$$

Nach x auflösen

Nach y' auflösen

$$\Leftrightarrow \begin{vmatrix} x = x' - 2 \\ \wedge \; y' = -\frac{1}{4}(x' - 2)^3 + 3 \end{vmatrix}$$

$x = x' - 2$ aus Gleichung I in Gleichung II eingesetzt

also: $p'\colon y = -\frac{1}{4}(x - 2)^3 + 3$

Durch Umbenennen von x' in x und y' in y erhält man die Gleichung der Bildparabel.

- Vektorkette:

$$\overrightarrow{OP'} = \overrightarrow{OP} \oplus \vec{v} \quad \text{mit} \quad P'(x' \mid y')$$

$$\Leftrightarrow \begin{pmatrix} x' \\ y' \end{pmatrix} = \begin{pmatrix} x \\ -\frac{1}{4}x^3 \end{pmatrix} \oplus \begin{pmatrix} 2 \\ 3 \end{pmatrix}$$

$$\Leftrightarrow \left| \begin{array}{l} x' = x + 2 \\ \wedge \ y' = -\frac{1}{4}x^3 + 3 \end{array} \right.$$

Nach x auflösen

$$\Leftrightarrow \left| \begin{array}{l} x = x' - 2 \\ \wedge \ y' = -\frac{1}{4}x^3 + 3 \end{array} \right.$$

$x = x' - 2$ aus Gleichung I in Gleichung II eingesetzt

$$\Leftrightarrow \left| \begin{array}{l} x = x' - 2 \\ \wedge \ y' = -\frac{1}{4}(x' - 2)^3 + 3 \end{array} \right.$$

also: $p'\colon y = -\frac{1}{4}(x - 2)^3 + 3$

Gleichung der Bildparabel

- Anwendung der Formel $y = a \cdot (x - v_x)^n + v_y$:

$$p\colon y = -\frac{1}{4}x^3 \xmapsto{\vec{v} = \binom{2}{3}} p'\colon y = -\frac{1}{4}(x - 2)^3 + 3$$

Bei der Parallelverschiebung wird der Punkt $S(0 \mid 0)$ der Parabel p durch den Vektor $\vec{v}$ auf den Punkt S' mit den Koordinaten $(v_x \mid v_y)$ abgebildet.

- Gleichung in allgemeiner Form:

$$p'\colon y = -\frac{1}{4}(x - 2)^3 + 3$$

$$y = -\frac{1}{4}(x - 2)^2(x - 2) + 3$$

$$y = -\frac{1}{4}(x^2 - 4x + 4)(x - 2) + 3$$

$$y = -\frac{1}{4}(x^3 - 2x^2 - 4x^2 + 8x + 4x - 8) + 3$$

$$y = -\frac{1}{4}x^3 + \frac{6}{4}x^2 - 3x + 2 + 3$$

$$y = -\frac{1}{4}x^3 + 1\frac{1}{2}x^2 - 3x + 5$$

Aufgaben

203

a) Tabellarisiere die Funktion p mit der Gleichung $y = -\frac{1}{2}x^3$ für $x \in [-2; 2]$ mit $\Delta x = 0{,}4$ und zeichne den Graphen von p.

b) Der Graph der Funktion p wird mit dem Vektor $\vec{v} = \binom{3}{2}$ verschoben. Berechne die Gleichung der Bildfunktion p' und zeichne den zugehörigen Graphen in das Koordinatensystem.

204

Interaktive Aufgabe

8. Verschobene Potenzfunktion

a) Der Graph der Funktion f: $y = \frac{1}{3}x^{-3} - 3$ wird durch eine Parallelverschiebung mit dem Vektor $\vec{v} = \binom{-2}{6}$ abgebildet. Bestimme die Gleichung des Bildgraphen f'.

b) Bestimme Definitions- und Wertemenge der Bildfunktion sowie die Asymptotengleichungen des Bildgraphen.

Vermischte Aufgaben

205 Gib zu nachfolgenden Funktionen jeweils die Definitions- und Wertemenge, die Asymptotengleichungen und die Symmetrieeigenschaften des Graphen an.

a) f: $y = 1{,}5 \cdot (x-2)^{-5} + 1$

b) f: $y = -3 \cdot (x+1)^{-6} + 4$

c) f: $y = \frac{1}{2} \cdot \left(x - \frac{3}{2}\right)^{-8} + \frac{5}{6}$

d) f: $y = 4{,}3 \cdot (x+2{,}9)^{-11} + 1{,}7$

206 Berechne die Nullstellen nachfolgender Funktionen.

a) f: $y = 2(x+3)^{-2} - 8$

b) f: $y = \frac{3}{(x-2)^2} - 1{,}5$

207 Die Parabeln p_1 mit $y = -0{,}25(x-3)^3 - 5$ und p_2 mit $y = -0{,}25(x-2)^3 - 1$ schneiden sich in den Punkten P und Q. Berechne die Koordinaten der Schnittpunkte.

Potenzen mit rationalen und reellen Exponenten

Potenzen mit Exponenten der Form $\frac{1}{n}$

Aus $a^{\frac{1}{2}} \cdot a^{\frac{1}{2}} = a^{\frac{1}{2}+\frac{1}{2}} = a$ 1. Potenzgesetz

und $\sqrt{a} \cdot \sqrt{a} = a$ Wurzeldefinition

folgt: $a^{\frac{1}{2}} = \sqrt{a}$ $(a \in \mathbb{R}_0^+)$

Entsprechend definiert man allgemein:

Merke

Die nichtnegative Lösung der Gleichung $x^n = a$ $(a \in \mathbb{R}_0^+, n \in \mathbb{N})$ heißt **n-te Wurzel** aus a.

- Man schreibt: $x = \sqrt[n]{a} = a^{\frac{1}{n}}$
- Für **gerades n** gilt: $x^n = a \Leftrightarrow x_1 = -\sqrt[n]{a} \vee x_2 = \sqrt[n]{a}$
- Für **ungerades n** gilt: $x^n = a \Leftrightarrow x = \sqrt[n]{a}$
- Bei Berechnungen ist es oft zweckmäßig, n-te Wurzeln $\sqrt[n]{a}$ als Potenz $a^{\frac{1}{n}}$ zu schreiben.
- Die 5 Potenzgesetze sind auch für Potenzen wie $a^{\frac{1}{n}}$ gültig.
- Beachte: $\sqrt[n]{a^n} = a$ $\sqrt[n]{a} \cdot \sqrt[n]{b} = \sqrt[n]{a \cdot b}$ $\frac{\sqrt[n]{a}}{\sqrt[n]{b}} = \sqrt[n]{\frac{a}{b}}$

Beispiele

1. Löse die Gleichung $x^3 = 7$ über der Grundmenge $\mathbb{G} = \mathbb{R}_0^+$ grafisch.

Lösung:

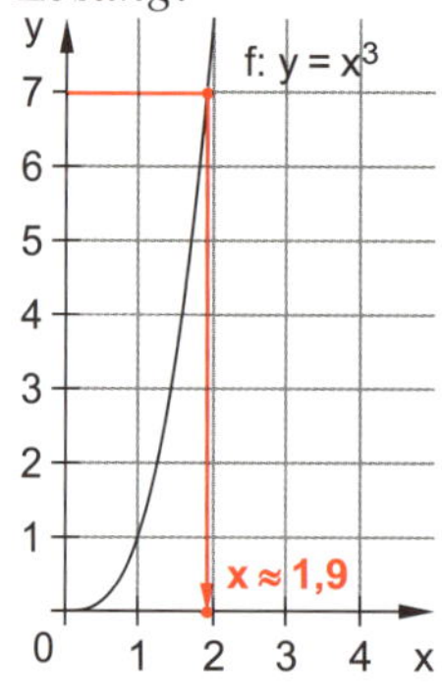

Die grafische Lösung liefert den (ungenauen) Wert 1,9.
Der exakte Wert ist die nichtnegative Lösung der Gleichung $x^3 = 7$, also die 3. Wurzel aus 7 bzw. $\sqrt[3]{7} = 7^{\frac{1}{3}}$. Statt „3. Wurzel aus 7" sagt man häufig auch „Kubikwurzel aus 7".

2. Bestimme die Lösungsmenge der Gleichung über der Grundmenge $\mathbb{G}=\mathbb{R}$.

a) $\left(4-\frac{x}{100}\right)^3=27$ b) $\left(\frac{x}{50}-4\right)^8=256$

Lösung:

a)
$$\left(4-\frac{x}{100}\right)^3=27 \quad \Big|\sqrt[3]{\ }$$
$$\Leftrightarrow \quad 4-\frac{x}{100}=\sqrt[3]{27} \quad |-4$$
$$\Leftrightarrow \quad -\frac{x}{100}=3-4 \quad |\cdot(-1)$$
$$\Leftrightarrow \quad \frac{x}{100}=1 \quad |\cdot 100$$
$$\Leftrightarrow \quad x=100$$
$\mathbb{L}=\{100\}$

b)
$$\left(\frac{x}{50}-4\right)^8=256 \quad \Big|\sqrt[8]{\ }$$
$$\Leftrightarrow \quad \left|\frac{x}{50}-4\right|=\sqrt[8]{256}$$
$$\Leftrightarrow \quad \frac{x_1}{50}-4=-2 \quad \vee \quad \frac{x_2}{50}-4=2$$
$$\Leftrightarrow \quad \frac{x_1}{50}=2 \quad \vee \quad \frac{x_2}{50}=6$$
$$\Leftrightarrow \quad x_1=100 \quad \vee \quad x_2=300$$
$\mathbb{L}=\{100; 300\}$

Beachte: Beim Beseitigen gerader Exponenten erhält man immer auch eine negative Wurzel.

3. Vereinfache die folgenden Terme.

a) $36^{\frac{1}{2}}$ b) $-27^{\frac{1}{3}}$

c) $(x^2)^{\frac{1}{8}}\cdot(x^6)^{\frac{1}{8}}$ d) $(x^5y^3)^{\frac{1}{4}}:(xy^{-1})^{\frac{1}{4}}$

Lösung:

a) $36^{\frac{1}{2}}=(6^2)^{\frac{1}{2}}=6^{2\cdot\frac{1}{2}}=6$ Anwendung des 5. Potenzgesetzes

b) $-27^{\frac{1}{3}}=-(3^3)^{\frac{1}{3}}=-3^{3\cdot\frac{1}{3}}=-3$ Anwendung des 5. Potenzgesetzes

c) $(x^2)^{\frac{1}{8}}\cdot(x^6)^{\frac{1}{8}}=(x^2\cdot x^6)^{\frac{1}{8}}=(x^8)^{\frac{1}{8}}=x^{8\cdot\frac{1}{8}}=x$

d) $(x^5y^3)^{\frac{1}{4}}:(xy^{-1})^{\frac{1}{4}}=(x^5y^3\cdot x^{-1}y)^{\frac{1}{4}}=(x^4y^4)^{\frac{1}{4}}=x^{4\cdot\frac{1}{4}}\cdot y^{4\cdot\frac{1}{4}}=xy$

Potenzen mit rationalen Exponenten

Jede rationale Zahl aus $\mathbb{Q}$ kann in der Form $\frac{m}{n}$ ($m\in\mathbb{Z}$; $n\in\mathbb{N}$) dargestellt werden. Somit lassen sich alle nichtnegativen Zahlen $a\in\mathbb{R}_0^+$ mit einem rationalen Exponenten in der Form $a^{\frac{m}{n}}$ darstellen. Dabei dürfen a und m nicht zugleich null sein (0^0 nicht definiert) und für $a=0$ darf m nicht negativ sein $\left(\frac{1}{0}\text{ nicht definiert}\right)$.
Mithilfe des 5. Potenzgesetzes lassen sich Potenzen mit rationalem Exponenten folgendermaßen umformen: $a^{\frac{m}{n}}=a^{m\cdot\frac{1}{n}}=(a^m)^{\frac{1}{n}}=\sqrt[n]{a^m}$. Allgemein gilt die Definition:

Merke

Die nichtnegative Lösung der Gleichung $x^n=a^m$ ($a\in\mathbb{R}_0^+$, $m\in\mathbb{Z}$, $n\in\mathbb{N}$) heißt **n-te Wurzel aus a^m**. (Dabei dürfen a und m nicht zugleich null sein und für $a=0$ darf m nicht negativ sein.)

- Man schreibt: $x=a^{\frac{m}{n}}=\sqrt[n]{a^m}$
- Für **gerades n** gilt: $x^n=a^m \Leftrightarrow x_1=-\sqrt[n]{a^m} \vee x_2=\sqrt[n]{a^m}$
- Für **ungerades n** gilt: $x^n=a^m \Leftrightarrow x=\sqrt[n]{a^m}$
- Bei Berechnungen ist es oft zweckmäßig, n-te Wurzeln $\sqrt[n]{a^m}$ als Potenz $a^{\frac{m}{n}}$ zu schreiben.
- Die 5 Potenzgesetze sind auch für Potenzen wie $a^{\frac{m}{n}}$ gültig.
- Beachte: $\sqrt[n]{a^m}=\left(\sqrt[n]{a}\right)^m$

Beispiel

Schreibe die Potenzen als Wurzeln und vereinfache.

a) $25^{0,5}$

b) $9^{\frac{3}{2}}$

c) $\left(p^2\right)^{\frac{1}{3}}\left(q^{\frac{2}{3}}\right)^{\frac{4}{5}}$

d) $(a^2 \cdot a^{\frac{1}{2}})^{\frac{1}{5}}$

Lösung:

a) $25^{0,5} = 25^{\frac{1}{2}} = \sqrt[2]{25} = 5$ Beachte: $\sqrt[2]{\ } = \sqrt{\ }$

b) $9^{\frac{3}{2}} = \sqrt[2]{9^3} = \left(\sqrt{9}\right)^3 = 3^3 = 27$ Beachte: $\sqrt[2]{\ } = \sqrt{\ }$

c) $\left(p^2\right)^{\frac{1}{3}}\left(q^{\frac{2}{3}}\right)^{\frac{4}{5}} = p^{2\cdot\frac{1}{3}} q^{\frac{2}{3}\cdot\frac{4}{5}} = p^{\frac{2}{3}} q^{\frac{8}{15}} = \sqrt[3]{p^2}\,\sqrt[15]{q^8}$

d) $(a^2 \cdot a^{\frac{1}{2}})^{\frac{1}{5}} = (a^{2+\frac{1}{2}})^{\frac{1}{5}} = (a^{2\frac{1}{2}})^{\frac{1}{5}} = (a^{\frac{5}{2}})^{\frac{1}{5}} = a^{\frac{5}{2}\cdot\frac{1}{5}} = a^{\frac{1}{2}} = \sqrt{a}$

Aufgaben

208 Schreibe die folgenden Wurzeln als Potenzen mit rationalen Exponenten.

a) $\sqrt{a}$

b) $\sqrt[4]{x^5}$

c) $\dfrac{1}{\sqrt{x}}$

d) $\dfrac{1}{\sqrt[11]{x^6}}$

209 Berechne ohne Taschenrechner. Wandle gegebenenfalls in einen Wurzelterm um.

a) $\sqrt[3]{8}$

b) $\sqrt[3]{1\,000}$

c) $\sqrt[4]{0,0016}$

d) $\sqrt[4]{625}$

e) $\sqrt[3]{\dfrac{8}{27}}$

f) $64^{\frac{1}{2}}$

g) $64^{\frac{1}{6}}$

h) $0,008^{\frac{1}{3}}$

i) $8^{\frac{2}{3}}$

j) $81^{0,75}$

k) $10\,000^{-\frac{3}{4}}$

l) $25^{-1,5}$

210 Bestimme die nichtnegative Lösung der Gleichungen in $\mathbb{G} = \mathbb{R}$.

a) $x^4 = 81$

b) $x^3 - 11 = 114$

c) $6x^{\frac{1}{3}} - 24 = 12$

d) $12x^3 - 8^2 = 2^{-1} + 4\,051\dfrac{1}{2}$

e) $-\dfrac{3}{2}x^4 - 68\dfrac{3}{4} = -1\,000 - \left(\dfrac{5}{2}\right)^2$

f) $(x^2 - 9)(x^2 + 9) = -65$

211 Vereinfache die Terme durch Umformung, wie im angegebenen Beispiel.

Beispiel: $\sqrt[3]{27 \cdot 8 \cdot x^3} = \sqrt[3]{3^3 \cdot 2^3 \cdot x^3} = \sqrt[3]{(3 \cdot 2 \cdot x)^3} = 3 \cdot 2 \cdot x = 6x$

a) $\sqrt[4]{16 \cdot 81 \cdot x^4}$

b) $\sqrt[3]{64 \cdot 0,008}$

c) $\sqrt[4]{10\,000 \cdot 625 \cdot y^4}$

d) $\sqrt[7]{x^{11} \cdot 128 \cdot x^{-4}}$

212 Vereinfache die Terme durch Umformung.

a) $\sqrt{144} \cdot \sqrt{32}$

b) $8^{\frac{1}{3}} : \sqrt[3]{125}$

c) $\sqrt[17]{11} \cdot 6^{\frac{1}{17}}$

d) $5 \cdot 343^{\frac{1}{3}} - 11 \cdot \sqrt[4]{81}$

e) $\sqrt[3]{3x^2} \cdot \sqrt[3]{9x}$

f) $\sqrt[3]{2xy^{-1}} : \sqrt[3]{16x^4y^2}$

Interaktive Aufgaben

9. Terme mit Exponenten der Form $\frac{1}{n}$

10. Terme mit Exponenten der Form $\frac{m}{n}$

Potenzen mit reellen Exponenten

Auch für Exponenten wie z. B. $\sqrt{2}$, die den reellen Zahlen, aber nicht den rationalen Zahlen angehören, sind die Potenzen mit Basis $a \in \mathbb{R}_0^+$ definiert und entsprechen einer reellen Zahl. Deshalb gelten auch für Potenzen mit reellen Exponenten die Potenzgesetze.

Merke

> Potenzen a^n mit nichtnegativen Basen $a \in \mathbb{R}_0^+$ sind für alle reellen Exponenten $n \in \mathbb{R}$ definiert, solange a und n nicht gleichzeitig gleich null sind.
> Für diese Potenzen gelten die Potenzgesetze ohne Einschränkung.

Beispiel

$\left(2^{\sqrt{2}}\right)^{\sqrt{2}} = 2^{\sqrt{2}\cdot\sqrt{2}} = 2^2 = 4$ Anwendung des 5. Potenzgesetzes

Aufgabe 213

Interaktive Aufgabe
11. Terme mit reellen Exponenten

Vereinfache die Terme durch Umformung.

a) $5^{-\sqrt{2}+2} \cdot 5^{\sqrt{2}}$ b) $10^{3\sqrt{5}} \cdot 10^{-2\sqrt{5}}$

c) $4^{\sqrt{2}} \cdot 3^{2\sqrt{2}}$ d) $(2^{-\sqrt{3}})^{2\sqrt{3}}$

e) $(12^{\sqrt{2}} : 4^{\sqrt{2}}) \cdot 3^{\sqrt{2}}$ f) $(7^{\sqrt{3}} \cdot 7^{\sqrt{5}})^{\sqrt{5}}$

Potenzfunktionen der Form $y = x^{\frac{m}{n}}$ $(m \in \mathbb{Z};\ n \in \mathbb{N})$

Merke

> **Die Quadratwurzelfunktion $y = x^{\frac{1}{2}}$**
> Die Funktion mit der Gleichung $y = x^{\frac{1}{2}}$ bzw. $y = \sqrt{x}$ wird als **Quadratwurzelfunktion** bezeichnet.
> - Es gilt: $\mathbb{D} = \mathbb{R}_0^+$ und $\mathbb{W} = \mathbb{R}_0^+$
> - Die Quadratwurzelfunktion ist die **Umkehrfunktion** der Quadratfunktion mit der Gleichung $y = x^2$.
>
> **Beachte:** Die maximale Definitionsmenge der Quadratfunktion $y = x^2$ ist $\mathbb{R}$.
> In dieser Definitionsmenge ist die Quadratfunktion **nicht** umkehrbar.

Beispiel

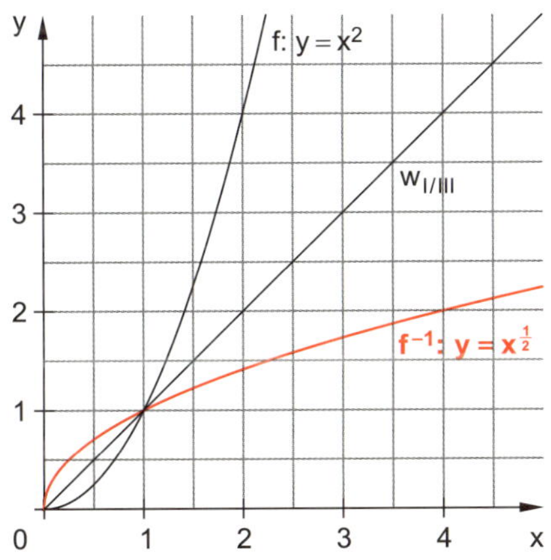

Spiegelt man den Graphen der Quadratfunktion mit der Gleichung $y = x^2$ im I. Quadranten an der Winkelhalbierenden des I. und III. Quadranten, erhält man den Graphen der zugehörigen Umkehrfunktion, der Quadratwurzelfunktion mit der Gleichung $y = x^{\frac{1}{2}}$. Ihr Graph ist ein gespiegelter Parabelast.

Bestimmung der Umkehrfunktion:
Die Gleichung der Umkehrfunktion f^{-1} erhält man, wenn man in der Gleichung $y = x^2$ der Funktion f die Variablen vertauscht:

f: $\quad y = x^2 \qquad \mathbb{D}_{f^{-1}} = \mathbb{W}_f = \mathbb{R}_0^+$

f^{-1}: $\quad x = y^2$ — Vertauschen von x und y

$\Leftrightarrow \quad y^2 = x \quad |\sqrt{}$ — Auflösen nach y

$\Leftrightarrow \quad y = \sqrt{x}$

$\Leftrightarrow \quad y = x^{\frac{1}{2}}$

$\mathbb{D}_{f^{-1}} = \mathbb{W}_f = \mathbb{R}_0^+$

$\mathbb{W}_{f^{-1}} = \mathbb{D}_f = \mathbb{R}_0^+$

Wegen $x, y \in \mathbb{R}_0^+$ lässt sich die Gleichung durch Wurzelziehen äquivalent umformen, wobei $-\sqrt{x} \notin \mathbb{R}_0^+$ als Lösung nicht infrage kommt.

Merke

Durch die Gleichung $y = x^k$ $(k \in \mathbb{Q})$ werden in $\mathbb{G} = \mathbb{R} \times \mathbb{R}$ Potenzfunktionen festgelegt. Für deren Definitions- bzw. Wertemenge gilt in Abhängigkeit von k:

$k > 0$		$k < 0$	
$k \in \mathbb{Z}$	$k \notin \mathbb{Z}$	$k \in \mathbb{Z}$	$k \notin \mathbb{Z}$
$\mathbb{D} = \mathbb{R}$	$\mathbb{D} = \mathbb{R}_0^+$	$\mathbb{D} = \mathbb{R} \setminus \{0\}$	$\mathbb{D} = \mathbb{R}^+$

$k > 0$		$k < 0$	
k gerade oder $\notin \mathbb{Z}$	k ungerade	k gerade oder $\notin \mathbb{Z}$	k ungerade
$\mathbb{W} = \mathbb{R}_0^+$	$\mathbb{W} = \mathbb{R}$	$\mathbb{W} = \mathbb{R}^+$	$\mathbb{W} = \mathbb{R} \setminus \{0\}$

Die Umkehrfunktion zu einer Potenzfunktion $y = x^k$ $(k \in \mathbb{Q})$ kann für jeden durchlaufenen Quadranten durch Spiegelung an der Winkelhalbierenden des I. und III. Quadranten gezeichnet werden. Zur Berechnung der Umkehrfunktion werden die Variablen x und y in der Funktionsgleichung vertauscht und die entstehende Gleichung nach y aufgelöst.

Beispiel

Berechne die Gleichung der Umkehrfunktion zu $f\colon y = x^{\frac{4}{5}}$ und gib die zugehörige Definitions- und Wertemenge an $(\mathbb{G} = \mathbb{R}_0^+ \times \mathbb{R}_0^+)$.

Lösung:

f: $\quad y = x^{\frac{4}{5}}$

f^{-1}: $\quad x = y^{\frac{4}{5}}$

$\Leftrightarrow \quad y^{\frac{4}{5}} = x \quad |^{\frac{5}{4}}$

$\Leftrightarrow \quad (y^{\frac{4}{5}})^{\frac{5}{4}} = x^{\frac{5}{4}}$

$\Leftrightarrow \quad y^{\frac{4}{5} \cdot \frac{5}{4}} = x^{\frac{5}{4}}$

$\Leftrightarrow \quad y = x^{\frac{5}{4}}$

$\mathbb{D}_{f^{-1}} = \mathbb{R}_0^+;\ \mathbb{W}_{f^{-1}} = \mathbb{R}_0^+$

Beide Seiten der Gleichung werden mit $\frac{5}{4}$ potenziert. Wegen $x, y \in \mathbb{R}_0^+$, erhält man dadurch eine äquivalente Gleichung.

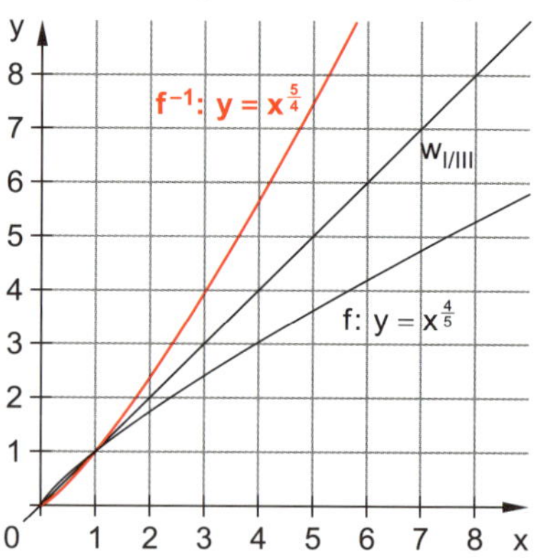

Aufgaben

214 Berechne die Gleichung der Umkehrfunktion und gib die zugehörige Definitions- und Wertemenge an $(\mathbb{G} = \mathbb{R}_0^+ \times \mathbb{R}_0^+)$.

a) $f\colon y = x^{0{,}25}$ b) $f\colon y = x^{-\frac{2}{3}}$ c) $f\colon y = x^{-0{,}6}$

215 Gegeben sind die nachfolgenden Funktionen. Es gilt jeweils $\mathbb{G} = \mathbb{R}_0^+ \times \mathbb{R}_0^+$.
Gib Definitions- und Wertemenge an und zeichne die Graphen der Funktionen und ihrer Umkehrfunktionen in ein gemeinsames Koordinatensystem.
Bestimme die Gleichung der Umkehrfunktion sowie Definitions- und Wertemenge der Umkehrfunktion und gib ggf. die Gleichungen der Asymptoten an.

a) $f\colon y = x^{-3}$ b) $f\colon y = x^{-\frac{3}{4}}$ c) $f\colon y = x^{\frac{2}{5}}$

216 Die Graphen nachfolgender Funktionen werden mit dem angegebenen Vektor abgebildet. Gib die Gleichung des Bildgraphen an.

a) $f\colon y = x^{\frac{1}{3}};\quad \vec{v} = \begin{pmatrix} 2 \\ 3 \end{pmatrix}$ b) $f\colon y = 5x^{-\frac{2}{7}};\quad \vec{v} = \begin{pmatrix} -1 \\ 6 \end{pmatrix}$

c) $f\colon y = \sqrt[6]{x};\quad \vec{v} = \begin{pmatrix} -3 \\ -4 \end{pmatrix}$ d) $f\colon y = \frac{1}{4}\sqrt[3]{x};\quad \vec{v} = \begin{pmatrix} 5 \\ -7 \end{pmatrix}$

217 Gib Definitions- und Wertemenge an sowie ggf. die Gleichungen der Asymptoten der Graphen.

a) $f\colon y = (x+3)^{\frac{1}{2}} - 4$ b) $f\colon y = -2(x-1)^{\frac{1}{5}} + 3$

c) $f\colon y = 4(x+6)^{\frac{1}{3}} - 3$ d) $f\colon y = 2(x+1{,}5)^{-\frac{2}{5}} + 0{,}5$

e) $f\colon y = -3(x-0{,}75)^{-\frac{1}{2}} - 2{,}5$ f) $f\colon y = 4x^{\frac{1}{4}} - 1$

g) $f\colon y = \frac{3}{\sqrt[5]{x+7}} - 0{,}8$ h) $f\colon y = -\frac{1}{\sqrt[3]{x-0{,}72}} + 1{,}86$

218 Durch welche Abbildung gehen die Graphen der Funktionen aus Aufgabe 217 aus den Graphen zu $y = x^{\frac{m}{n}}$ $(m \in \mathbb{Z};\ n \in \mathbb{N})$ hervor?

219 Gegeben ist die Funktion mit der Gleichung $y = (-2x+8)^{-1} - 3$ $(\mathbb{G} = \mathbb{R} \times \mathbb{R})$.

a) Bestimme die Definitions- und Wertemenge der Funktion.

b) Berechne die Gleichung der Umkehrfunktion f^{-1}.

c) Berechne die Koordinaten der Schnittpunkte von f und f^{-1}.

220 Gegeben ist die Funktion f mit der Gleichung $y = x^{-3} + 4$ $(\mathbb{G} = \mathbb{R}_0^+ \times \mathbb{R}_0^+)$.

a) Gib die Eigenschaften (Definitions- und Wertemenge, Asymptotengleichungen) an und zeichne den Graphen zu f in ein Koordinatensystem.
Für die Zeichnung: Längeneinheit 1 cm; $0 \leqq x \leqq 12$; $0 \leqq y \leqq 12$

b) Ermittle rechnerisch die Gleichung der Umkehrfunktion f^{-1}.

c) Der Graph zu f wird mit dem Vektor $\vec{v} = \begin{pmatrix} 0{,}5 \\ 3 \end{pmatrix}$ auf f' abgebildet. Gib die Gleichung zu f' an.

221 Gegeben ist die Funktion f mit der Gleichung $y = 2(x+2{,}5)^{-\frac{1}{3}} + 4$ $(\mathbb{G} = \mathbb{R} \times \mathbb{R})$.

a) Bestimme die Definitions- und Wertemenge sowie die Gleichungen der Asymptoten der Funktion f.

b) Berechne die Gleichung der Umkehrfunktion f^{-1} und gib die Definitions- und Wertemenge von f^{-1} an.

c) Zeichne die Graphen zu f und f^{-1} in ein gemeinsames Koordinatensystem.

Interaktive Aufgaben

12. Exponent bestimmen
13. Umkehrfunktion bestimmen

3.2 Exponential- und Logarithmusfunktionen

Beachte folgende Unterscheidung:

Potenzfunktion $y = x^2$
Die **Variable x** ist **Basis** der Potenz.

Exponentialfunktion $y = 2^x$
Die **Variable x** ist **Exponent** der Potenz.

Exponentialfunktionen der Form $y = a^x$

Merke

Funktionen mit Gleichungen der Form $y = a^x$ mit $a \in \mathbb{R}^+ \setminus \{1\}$ nennt man **Exponentialfunktionen** zur Basis a ($\mathbb{G} = \mathbb{R} \times \mathbb{R}$).

- **Definitionsmenge:** $\mathbb{D} = \mathbb{R}$
- **Wertemenge:** $\mathbb{W} = \mathbb{R}^+$ (Wegen $a \in \mathbb{R}^+ \setminus \{1\}$ ist a^x stets positiv.)
- **gemeinsamer Punkt:** $(0|1)$
- **Verlauf des Graphen – Einfluss von a:**
  $0 < a < 1$: Mit zunehmenden Werten von x werden die Funktionswerte y kleiner. Die Funktion beschreibt einen Abklingprozess.
  $1 < a$: Mit zunehmenden Werten von x werden die Funktionswerte y größer. Die Funktion beschreibt einen Wachstumsprozess.

  In beiden Fällen kommt der Funktionsgraph der x-Achse beliebig nahe, ohne sie aber zu berühren. Also haben alle Graphen von Exponentialfunktionen die **x-Achse** mit der Gleichung $y = 0$ zur **horizontalen Asymptote**.

Beispiele

$a = 2 \quad f_1\colon y = 2^x$ $\qquad a = \frac{1}{2} \quad f_2\colon y = \left(\frac{1}{2}\right)^x$

Wertetabelle

x	−4	−3	−2	−1	0	1	2	3	4
$y = 2^x$	0,0625	0,125	0,25	0,5	1	2	4	8	16
$y = \left(\frac{1}{2}\right)^x$	16	8	4	2	1	0,5	0,25	0,125	0,0625

Graphen

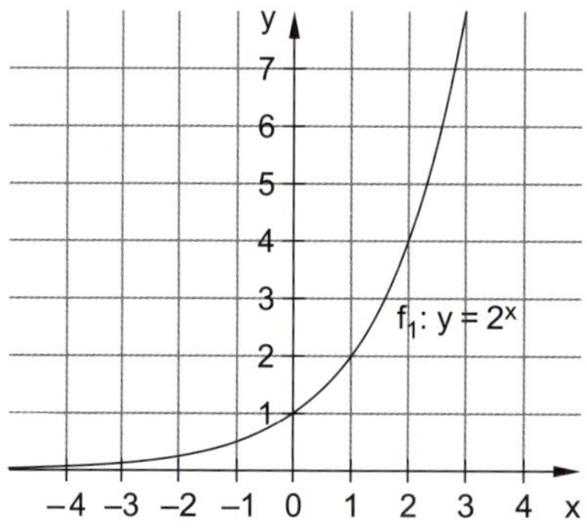

Die Funktion mit der Gleichung $y = 2^x$ heißt Exponentialfunktion zur Basis 2.

- 2^x ist für jeden Wert von x berechenbar und positiv: $\mathbb{D} = \mathbb{R}$; $\mathbb{W} = \mathbb{R}^+$
- Der Funktionsgraph nähert sich mit abnehmenden Werten von x der x-Achse, kommt ihr beliebig nahe, ohne sie aber zu berühren: Die x-Achse ist Asymptote a: $y = 0$

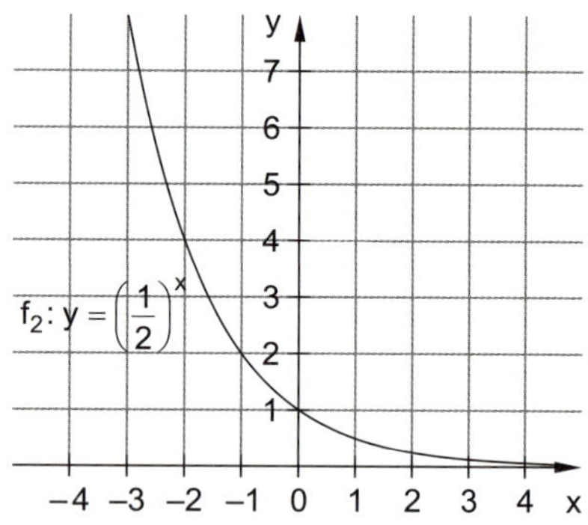

Die Funktion mit der Gleichung $y = \left(\frac{1}{2}\right)^x$ heißt Exponentialfunktion zur Basis $\frac{1}{2}$.

- $\left(\frac{1}{2}\right)^x$ ist für jeden Wert von x berechenbar und positiv: $\mathbb{D} = \mathbb{R}$; $\mathbb{W} = \mathbb{R}^+$
- Der Funktionsgraph nähert sich mit zunehmenden Werten von x der x-Achse, kommt ihr beliebig nahe, ohne sie aber zu berühren: Die x-Achse ist Asymptote a: $y = 0$

Exponentialfunktionen der Form $y = k \cdot a^x$

Merke

Bei Exponentialfunktionen mit Gleichungen der Form $y = k \cdot a^x$ mit $k \neq 0$ und $a \in \mathbb{R}^+ \setminus \{1\}$ beeinflusst das Vorzeichen des Faktors **k** die **Wertemenge**.

- **Definitionsmenge:** $\mathbb{D} = \mathbb{R}$
- **Form:**
  $|k| > 1$: Streckung des Graphen (in Richtung der y-Achse) gegenüber $y = a^x$
  $|k| < 1$: Stauchung des Graphen (in Richtung der y-Achse) gegenüber $y = a^x$
- **Wertemenge:**
  $k > 0$: $\mathbb{W} = \mathbb{R}^+$
  $k < 0$: $\mathbb{W} = \mathbb{R}^-$
- **gemeinsamer Punkt:** $(0|k)$
- **Verlauf des Graphen – Einfluss von k:**
  Ein Vorzeichenwechsel von k entspricht der Spiegelung des Graphen an der x-Achse. In allen Fällen kommt der Funktionsgraph der x-Achse beliebig nahe, ohne sie aber zu berühren. **Horizontale Asymptote: y = 0** (x-Achse)

Beispiele

$k = 3;\ a = 2 \quad f_1\colon y = 3 \cdot 2^x$

$k = -3;\ a = 2 \quad f_2\colon y = -3 \cdot 2^x$

$k = \frac{1}{4};\ a = \frac{1}{2} \quad f_3\colon y = \frac{1}{4} \cdot \left(\frac{1}{2}\right)^x$

$k = -\frac{1}{4};\ a = \frac{1}{2} \quad f_4\colon y = -\frac{1}{4} \cdot \left(\frac{1}{2}\right)^x$

Graphen

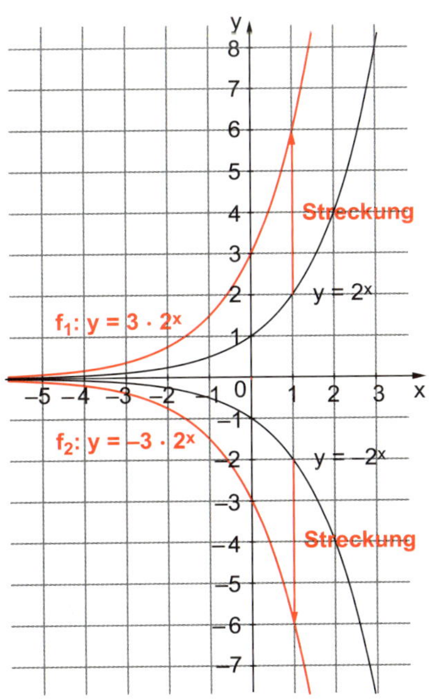

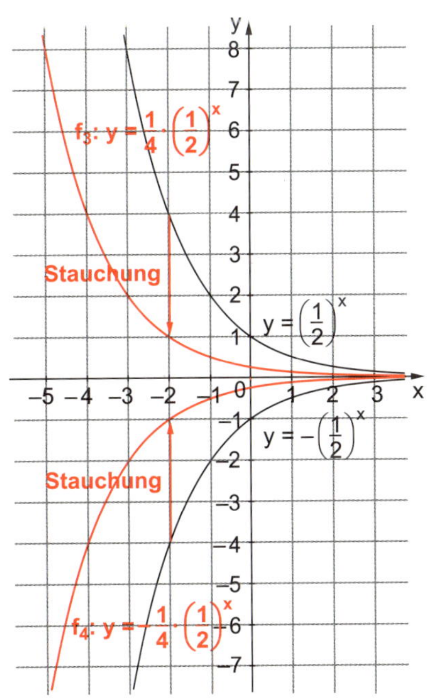

Aufgabe 222

Interaktive Aufgabe
1. Graph zuordnen

Bestimme die Funktionsgleichung der Exponentialfunktion f: $y = k \cdot a^x$, die durch die Punkte A und B verläuft.

a) $A(0|0{,}125)$; $B(2|18)$

b) $A(-2|10)$; $B(0|2{,}5)$

Abbildung durch Parallelverschiebung

Merke

Wird der Graph einer Exponentialfunktion f: $y = k \cdot a^x$ durch Parallelverschiebung mit dem Vektor $\vec{v} = \begin{pmatrix} v_x \\ v_y \end{pmatrix}$ auf den Graphen der Bildfunktion f' abgebildet, so gilt:

$$f\colon y = k \cdot a^x \xmapsto{\vec{v} = \begin{pmatrix} v_x \\ v_y \end{pmatrix}} f'\colon y = k \cdot a^{(x - v_x)} + v_y$$

Beispiel

Der Graph der Funktion mit der Gleichung $y = -3 \cdot 2^x$ wird durch Parallelverschiebung mit dem Vekor $\vec{v} = \begin{pmatrix} 3 \\ -1 \end{pmatrix}$ abgebildet. Berechne die Gleichung der Bildfunktion f'.

Lösung:

Es gilt:

$$f\colon y = -3 \cdot 2^x \xmapsto{\vec{v} = \begin{pmatrix} 3 \\ -1 \end{pmatrix}} f'$$

$$P(x \mid -3 \cdot 2^x) \xmapsto{\vec{v} = \begin{pmatrix} 3 \\ -1 \end{pmatrix}} P'(x' \mid y')$$

- Ausführliche Berechnung mithilfe des Parameterverfahrens:

$$\begin{pmatrix} x' \\ y' \end{pmatrix} = \begin{pmatrix} x \\ -3 \cdot 2^x \end{pmatrix} \oplus \begin{pmatrix} 3 \\ -1 \end{pmatrix}$$

$$\Leftrightarrow \begin{vmatrix} x' = x + 3 \\ \wedge \; y' = -3 \cdot 2^x - 1 \end{vmatrix}$$

$$\Leftrightarrow \begin{vmatrix} x = x' - 3 \\ \wedge \; y' = -3 \cdot 2^{(x' - 3)} - 1 \end{vmatrix}$$

also: f': $y = -3 \cdot 2^{(x-3)} - 1$

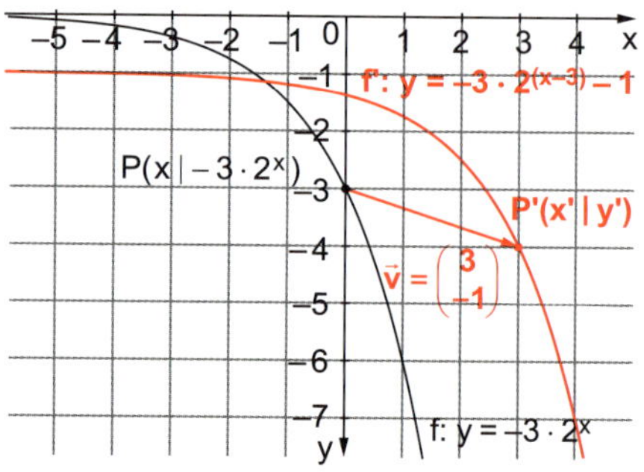

- Berechnung mithilfe der Formel:

$$f\colon y = -3 \cdot 2^x \xmapsto{\vec{v} = \begin{pmatrix} 3 \\ -1 \end{pmatrix}} f'\colon \; y = -3 \cdot 2^{(x - v_x)} + v_y$$

$$\Leftrightarrow \; y = -3 \cdot 2^{(x-3)} + (-1)$$

$$\Leftrightarrow \; y = -3 \cdot 2^{(x-3)} - 1$$

$\mathbb{D}_f = \mathbb{R}$; $\mathbb{W}_f = \mathbb{R}^-$; Asymptotengleichung: a: $y = 0$

$\mathbb{D}_{f'} = \mathbb{R}$; $\mathbb{W}_{f'} = \{y \mid y < -1\}$; Asymptotengleichung: a: $y = -1$

Aufgaben

223 Zeichne die Graphen folgender Funktionen mithilfe einer Wertetabelle ($-4 \leqq x \leqq 2$; $\Delta x = 1$) in ein Koordinatensystem. Gib die Definitionsmenge und die Wertemenge sowie die Gleichung der Asymptote an ($\mathbb{G} = \mathbb{R} \times \mathbb{R}$).

a) f: $y = 3^x$

b) f: $y = -2 \cdot 5^x$

c) f: $y = \frac{1}{4} \cdot 3^{x+2}$

d) f: $y = -5 + 4 \cdot 3^{x-1}$

e) f: $y = -0{,}5 \cdot 2^{1{,}5x} + 2{,}5$

f) f: $y = 1{,}4 \cdot 6^{0{,}5x} - 1{,}7$

224 Bilde den Graphen der Funktion f durch Parallelverschiebung mit dem Vektor $\vec{v}$ ab. Ermittle die Gleichung des Bildgraphen ($\mathbb{G} = \mathbb{R} \times \mathbb{R}$) mithilfe des Parameterverfahrens.

a) f: $y = 2^x$; $\vec{v} = \begin{pmatrix} 1 \\ -4 \end{pmatrix}$

b) e: $y = 5^{x+1}$; $\vec{v} = \begin{pmatrix} -2 \\ 3 \end{pmatrix}$

Interaktive Aufgaben

2. Verschobene Exponentialfunktion

3. Wertemenge bestimmen

Der Logarithmus

Merke

Die Lösung $x \in \mathbb{R}$ der Gleichung $a^x = b$ mit $a, b \in \mathbb{R}^+$ und $a \neq 1$ bezeichnet man als **Logarithmus** von b zur Basis a.

Schreibweise: $x = \log_a b$

Bezeichnungen: Logarithmus (x), Basis (a), Numerus (b)

Sprechweise: x ist der Logarithmus von b zur Basis a.

Merkregel: $\log_a b$ ist die Zahl, mit der man a potenzieren muss, um b zu erhalten.

- Beachte: $a^{\log_a b} = b$
  $\log_a 1 = 0$, da $a^0 = 1$
  $\log_a a = 1$, da $a^1 = a$
- Es gibt keinen Logarithmus von negativen Zahlen (negativen Numeri). Der Logarithmus selbst kann aber negativ sein.

Beispiele

1. $\log_3 81 = x$
   $\Leftrightarrow \quad 3^x = 81$
   $\Leftrightarrow \quad 3^x = 3^4$
   $\Leftrightarrow \quad x = 4$

   Der Wert von $\log_3 81$ ist die Lösung $x \in \mathbb{R}$ der Gleichung $3^x = 81$.

   $\log_3 81 = 4$, da $3^4 = 81$
   Somit gilt auch: $3^{\log_3 81} = 81$

   4 ist der Exponent, mit dem man die Zahl 3 potenzieren muss, um 81 zu erhalten.

2. Spiegelt man den Graphen der Funktion f: $y = 2^x$ an der Winkelhalbierenden des I. und III. Quadranten, so erhält man den Graphen der Umkehrfunktion f^{-1} mit der Gleichung $y = \log_2 x$.

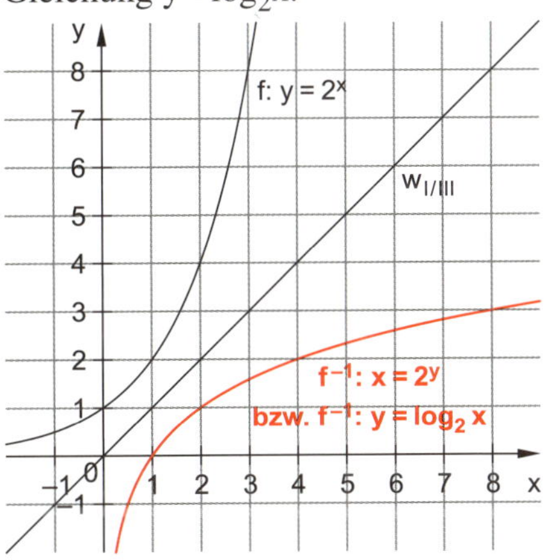

Die Gleichung der Umkehrfunktion f^{-1} erhält man aus der Gleichung von f durch Vertauschen der Variablen x und y:
$f: y = 2^x$
$f^{-1}: x = 2^y$
y ist der Exponent, mit dem man die Basis 2 potenzieren muss, um den Potenzwert x zu erhalten. Um die Gleichung $x = 2^y$ nach y aufzulösen, wird der Logarithmus verwendet:
$2^y = x \Leftrightarrow y = \log_2 x$

Aufgaben

225 Formuliere einen charakterisierenden Satz für die Zahl $\log_5 12$.

226 Berechne den Wert des Logarithmus.

a) $\log_2 16$ b) $\log_4 256$ c) $\log_8 \frac{1}{64}$

d) $\log_2 \frac{1}{8}$ e) $\log_2 0$ f) $\log_5 1$

227 Bestimme den Wert des Numerus ($\mathbb{G} = \mathbb{R}$).

a) $\log_{10} x = 4$ b) $\log_2 x = 5$ c) $\log_6 x = 3$

d) $\log_8 x = 0$ e) $\log_{0,5} x = 2$ f) $\log_{\frac{3}{2}} x = -2$

228 Bestimme den Wert der Basis ($\mathbb{G} = \mathbb{R}^+ \setminus \{1\}$).

a) $\log_x 125 = 3$ b) $\log_x \frac{4}{9} = 2$ c) $\log_x 2 = 2$

d) $\log_x 9 = 4$ e) $\log_x \frac{1}{5} = -1$ f) $\log_x \frac{1}{32} = -5$

Interaktive Aufgabe 4. Terme ergänzen

Der dekadische Logarithmus

Als Basis a eines Logarithmus $\log_a b$ kommt jede Zahl aus $\mathbb{R}^+ \setminus \{1\}$ infrage. Logarithmen mit Basis 10 haben eine besondere Bezeichnung.

Merke

> Logarithmen zur **Basis 10** bezeichnet man auch als **dekadische Logarithmen (Zehnerlogarithmen)**.
>
> Statt $\log_{10} x$ schreibt man kurz $\lg x$: $\mathbf{\lg x = \log_{10} x}$
>
> - Zehnerlogarithmen werden mit dem Taschenrechner mit den Tasten [LOG] bzw. [LG] bestimmt.
> - Beachte: $\lg 10^n = n$

Beispiele

1.
$$x = \lg 0{,}01$$
$$\Leftrightarrow \quad x = \log_{10} 0{,}01$$
$$\Leftrightarrow \quad x = -2$$
$$\mathbb{L} = \{-2\}$$

Der Wert von $\log_{10} 0{,}01$ ist der Exponent, mit dem man 10 potenzieren muss, um 0,01 zu erhalten.

2.
$$\lg x = 0{,}8$$
$$\Leftrightarrow \quad x = 10^{0{,}8}$$
$$\Leftrightarrow \quad x = 6{,}31$$
$$\mathbb{L} = \{6{,}31\}$$

x ist der Wert, den man erhält, wenn man die Basis 10 mit dem Exponenten 0,8 potenziert.

Aufgaben

229 Berechne mit dem Taschenrechner die Logarithmen und führe die Probe durch. Runde auf drei Stellen nach dem Komma.

a) $\lg 5$ b) $\lg 12$ c) $\lg \frac{4}{5}$

d) $\lg 23{,}45$ e) $\lg \sqrt[4]{4\,321}$ f) $\lg 10$

230 Interaktive Aufgabe – 5. Terme ergänzen (Zehnerlogarithmus)

Berechne mit dem Taschenrechner den Wert des Numerus und führe die Probe durch. Runde auf drei Stellen nach dem Komma.

a) $\lg x = 0{,}125$

b) $\lg x = -2{,}5$

c) $\lg x = \frac{3}{4}$

d) $\lg x = \sqrt{19}$

Logarithmen mit beliebiger Basis

Die Berechnung eines Logarithmus mit einer beliebigen Basis lässt sich auf die Berechnung des dekadischen Logarithmus oder eines Logarithmus mit frei wählbarer Basis $c \in \mathbb{R}^+ \setminus \{1\}$ zurückführen.

Merke

Für $a, c \in \mathbb{R}^+ \setminus \{1\}$ und $b \in \mathbb{R}^+$ gilt:

$\log_a b = \frac{\lg b}{\lg a}$ Logarithmus mit beliebiger Basis $= \frac{\text{Zehnerlogarithmus des Numerus}}{\text{Zehnerlogarithmus der Basis}}$

Umrechnung der Basis:

$\log_a b = \frac{\log_c b}{\log_c a}$ Logarithmus mit beliebiger Basis $= \frac{\text{Logarithmus des Numerus}}{\text{Logarithmus der Basis}}$

Beispiele

1. Berechne den Logarithmus und führe die Probe durch: $\log_{14} 8$

   Losung:

   $\log_{14} 8 = \frac{\lg 8}{\lg 14} = 0{,}788$

   Probe: $14^{0{,}788} = 8{,}000$

2. Forme $\log_{14} 8$ in einen Logarithmus mit der Basis 5 um.

   Lösung:

   $\log_{14} 8 = \frac{\log_5 8}{\log_5 14}$

Aufgaben

231 Berechne nachfolgende Logarithmenwerte (auf zwei Stellen nach dem Komma gerundet).

a) $\log_2 3$

b) $\log_3 \sqrt{8}$

c) $\log_{12} 3{,}5$

d) $\log_{1{,}4} 246$

e) $\log_{\frac{1}{2}} \frac{3}{4}$

f) $\log_{\sqrt{13}} (22 \cdot \sqrt{7})$

232 Forme in Logarithmen mit der Basis c um.

a) $\log_2 10;\quad c = 5$

b) $\log_{0{,}5} \frac{1}{64};\quad c = 9$

c) $\lg 4{,}5;\quad c = 3$

d) $\log_3 6;\quad c = \sqrt{2}$

Interaktive Aufgabe – 6. Basis bestimmen

Exponentialgleichungen

Merke

Eine Gleichung, bei der eine Variable im **Exponenten** einer Potenz steht, heißt **Exponentialgleichung**.

Lösung einer Exponentialgleichung

- Falls notwendig, wird die Gleichung so umgestellt, dass Terme mit und ohne Variablen auf verschiedenen Seiten stehen, und dann zusammengefasst.
- **Logarithmieren:** Die Gleichung wird nach der Variablen aufgelöst, indem man auf beiden Seiten den Logarithmus anwendet, der als Basis die Basis der Potenz (mit der Variablen im Exponenten) hat.

Beispiele

1. Berechne die Lösungsmenge der Exponentialgleichung $3^x = 81$ ($\mathbb{G} = \mathbb{R}$).

Lösung:

$3^x = 81$ — Logarithmiere

$\Leftrightarrow \log_3 3^x = \log_3 81$

$\Leftrightarrow x = \log_3 81$

$\Leftrightarrow x = \frac{\lg 81}{\lg 3}$ — Die Basisumrechnung ist hier nicht zwingend notwendig, da $\log_3 81$ auch im Kopf berechnet werden kann.

$\Leftrightarrow x = 4$

$\mathbb{L} = \{4\}$

2. $3^x - 5 = 0 \quad | +5$

$\Leftrightarrow 3^x = 5$ — Logarithmiere

$\Leftrightarrow x = \log_3 5$ — Wandle in Zehnerlogarithmen um und löse mit dem Taschenrechner.

$\Leftrightarrow x = \frac{\lg 5}{\lg 3}$

$\Leftrightarrow x = 1{,}46$ — Das Ergebnis ist auf zwei Stellen nach dem Komma gerundet.

$\mathbb{L} = \{1{,}46\}$

Aufgaben

233 Löse nachfolgende Exponentialgleichungen ($\mathbb{G} = \mathbb{R}$).
Runde auf zwei Stellen nach dem Komma.

a) $5^x = 1{,}2$

b) $\frac{1}{2} \cdot 7^x = 6$

c) $8^x + 123 = 321$

d) $5 \cdot 2^x - 19 = 3$

e) $-\frac{4}{3} \cdot 7^x + \frac{2}{9} = 0$

f) $\frac{2}{3} \cdot 2^{x+1} - 5 = 0$

g) $-\frac{1}{2}(3^{x+4} - 5) = -6$

h) $2\frac{1}{2} \cdot 3^{2x-1} = 4$

234 Gegeben ist die Funktion f mit $y = 2 \cdot 3^{x-2} - 0{,}5$.

a) Zeichne den Graphen der Funktion in ein Koordinatensystem. Bestimme die Definitions- und Wertemenge der Funktion sowie die Gleichung der Asymptote.
Platzbedarf: $-6 \leqq x \leqq 4$; $-2 \leqq y \leqq 8$

b) Berechne die Nullstelle x_0 der Funktion f.

235

Interaktive Aufgabe

7. Exponentialgleichung

Gegeben ist die Funktion f mit $y = -0{,}8 \cdot 4^{x-3} + 4$.

a) Zeichne den Graphen der Funktion. Bestimme die Definitionsmenge, die Wertemenge und die Gleichung der Asymptote.
Platzbedarf: $-5 \leqq x \leqq 5$; $-5 \leqq y \leqq 4$

b) Berechne die Nullstelle x_0 der Funktion f.

Die Logarithmensätze

Merke

Für $a, b, c \in \mathbb{R}^+$, $a \neq 1$ gilt:

1. Der Logarithmus eines Produkts ist gleich der Summe der Logarithmen der Faktoren. $\log_a (b \cdot c) = \log_a b + \log_a c$
2. Der Logarithmus eines Quotienten ist gleich der Differenz der Logarithmen von Dividend und Divisor. $\log_a \left(\frac{b}{c}\right) = \log_a b - \log_a c$
3. Der Logarithmus einer Potenz ist gleich dem Produkt aus dem Exponenten und dem Logarithmus der Basis der Potenz. $\log_a b^c = c \cdot \log_a b$

Beispiele

1. $\log_2 (10 \cdot a) = \log_2 10 + \log_2 a$ — Aus dem Produkt wird eine Summe.
2. $\log_{0,5} \left(\frac{4}{7}\right) = \log_{0,5} 4 - \log_{0,5} 7$ — Aus dem Quotienten wird eine Differenz.
3. $\log_3 4^5 = 5 \cdot \log_3 4$ — Aus der Potenz wird ein Produkt.
4. $\log_4 \sqrt[12]{a} = \log_4 a^{\frac{1}{12}} = \frac{1}{12} \cdot \log_4 a$ — Schreibe die Wurzel als Potenz und forme diese um in ein Produkt.
5. Fasse zusammen und vereinfache, wenn möglich.

   a) $\log_3 7 + \log_3 \frac{1}{2}$

   b) $\log_{19} 12 - \log_{19} 3$

   c) $2 \cdot \log_5 8 - \log_5 16$

   Lösung:

   a) $\log_3 7 + \log_3 \frac{1}{2} = \log_3 \left(7 \cdot \frac{1}{2}\right) = \log_3 3{,}5$ — Anwendung des 1. Logarithmensatzes

   b) $\log_{19} 12 - \log_{19} 3 = \log_{19} \frac{12}{3} = \log_{19} 4$ — Anwendung des 2. Logarithmensatzes

   c) $2 \cdot \log_5 8 - \log_5 16$ — Anwendung des 2. Logarithmensatzes

   $= \log_5 8^2 - \log_5 16$

   $= \log_5 64 - \log_5 16$ — Anwendung des 3. Logarithmensatzes

   $= \log_5 \left(\frac{64}{16}\right)$

   $= \log_5 4$

Aufgaben

236 Vereinfache mithilfe der Logarithmensätze.

a) $\lg 3 + \lg 4 + \lg 5$

b) $\lg 9 - \lg 8 - \lg 7$

c) $1 + \lg 2$

d) $\frac{1}{2}\lg x + 4\lg y$

e) $\frac{1}{3}(\lg 243 - \lg 9)$

f) $4\log_4 6 - \log_4 3$

g) $5\log_a x + \frac{1}{2}\log_a y$

h) $2 \cdot \log_3 5 + 5 \cdot \log_3 2$

i) $4 \cdot \log_8 3 - 2 \cdot \log_8 6$

j) $1 + \log_{19} 2$

237 Bestätige die Korrektheit folgender Gleichungen.

a) $\frac{1}{3}\log_2 27 - \frac{1}{4}\log_2 16 + 1 = \log_2 3$

b) $\frac{1}{2}\log_{0,25} x^{10} - 4\log_{0,25} x = \log_{0,25} x$

238 Berechne die Lösungsmenge ($\mathbb{G} = \mathbb{R}$).

a) $12 \cdot 0{,}5^{x-4} = 8$

b) $\frac{1}{4}\left(\frac{2}{5} \cdot 2^{x+7} - 10\right) = 5$

c) $6 \cdot \log_2(6x - x^2) - 4 = 15{,}02$

d) $\log_2(x-1) + 5 = \log_2(x+4)$

e) $5^{x-1} + \left(\frac{1}{4}\right)^{-1} = 5^{x+2} - 368$

f) $5 + 2 \cdot 1{,}5^{x+4} = 10 + 2 \cdot 1{,}5^{x}$

g) $\log_5(12 + x) + 6 = -\log_5(x-3) + 9$

h) $2 \cdot \log_4(x^2 + 10x - 9) - 7 = 1$

239 Bestimme die Lösungsmenge über $\mathbb{G} = \mathbb{R}$.

a) $\log_3(2x + 4) = 4 + \log_3(2x - 1)$

b) $\log_5(x-1) + \log_5(2 + x) = \log_5(3x - 2)$

c) $2\log_y x = \log_y 16 - 2\log_y 12$

d) $5\log_2 \sqrt{x} + \log_2 \sqrt[4]{x} = \frac{1}{4} + 2\log_2 x$

Interaktive Aufgaben

- 8. Logarithmen zusammenfassen
- 9. Logarithmus berechnen

Die Logarithmusfunktion

Zu jeder Exponentialfunktion f mit einer Gleichung der Form $y = a^x$ mit $a \in \mathbb{R}^+ \setminus \{1\}$ und $\mathbb{G} = \mathbb{R} \times \mathbb{R}$ lässt sich die zugehörige Umkehrfunktion f^{-1} bilden. Die Gleichung der Umkehrfunktion f^{-1} erhält man durch Vertauschen der Variablen in der Gleichung $y = a^x$:

$$f\colon\ y = a^x$$
$$f^{-1}\colon\ x = a^y$$
$$\Leftrightarrow\quad y = \log_a x$$

y ist der Exponent, mit dem die Basis a potenziert werden muss, um x zu erhalten.

Merke

Die Funktion mit der Gleichung $y = \log_a x$ mit $a \in \mathbb{R}^+ \setminus \{1\}$ heißt **Logarithmusfunktion** zur Basis a. Sie ist die **Umkehrfunktion der Exponentialfunktion** mit der Gleichung $y = a^x$.

- **Definitionsmenge:** $\mathbb{D} = \mathbb{R}^+$
- **Wertemenge:** $\mathbb{W} = \mathbb{R}$
- **gemeinsamer Punkt:** $(1\,|\,0)$
- **Verlauf des Graphen – Einfluss von a:**
  $0 < a < 1$: Mit zunehmenden Werten von x werden die Funktionswerte y kleiner.
  $1 < a$: Mit zunehmenden Werten von x werden die Funktionswerte y größer.
  In allen Fällen kommt der Funktionsgraph der y-Achse für abnehmende Werte von x beliebig nahe, ohne sie aber zu berühren. **Vertikale Asymptote: x = 0** (y-Achse)

Beispiel

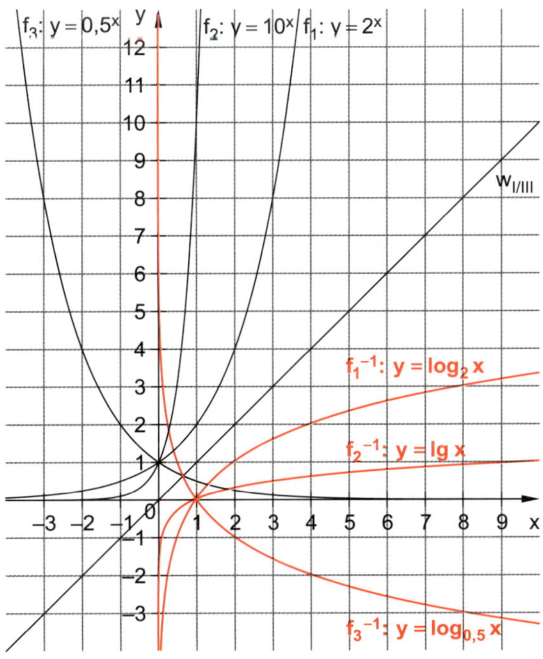

Die Graphen der Logarithmusfunktionen erhält man durch Spiegelung der Graphen der Exponentialfunktionen an der Winkelhalbierenden $w_{I/III}$ des I. und III. Quadranten.

Exponentialfunktion:
$f\colon\ y = a^x$
$\mathbb{D} = \mathbb{R}$
$\mathbb{W} = \mathbb{R}^+$

Logarithmusfunktion:
$f^{-1}\colon\ x = a^y$
$\Leftrightarrow\ y = \log_a x$
$\mathbb{D} = \mathbb{R}^+$
$\mathbb{W} = \mathbb{R}$

Die Graphen der Logarithmusfunktionen verlaufen im I. und IV. Quadranten und schneiden die x-Achse im Punkt $P(1\,|\,0)$.
Alle Graphen von Logarithmusfunktionen haben die Nullstelle $x_0 = 1$ und die y-Achse als Asymptote.

Aufgaben

240 Bestimme zu der gegebenen Gleichung der Exponentialfunktion f die Gleichung der Umkehrfunktion f^{-1}. Zeichne die Graphen zu f und f^{-1} in ein Koordinatensystem und gib Definitions- und Wertemenge sowie die Asymptotengleichung zu f und f^{-1} an.

a) f: $y = 5^x$ b) f: $y = 2{,}8^x$

241 Gegeben ist die Funktion f mit der Gleichung $y = 5^{4x-3} - 2$.

a) Gib die Definitions- und Wertemenge sowie die Gleichung der Asymptote a an.

b) Berechne die Nullstelle von f.

c) Bestimme die Gleichung der Umkehrfunktion von f.

d) Zeichne die Graphen zu f und f^{-1} in ein Koordinatensystem.
Platzbedarf: $-3 \leqq x \leqq 6$; $-2 \leqq y \leqq 8$

Interaktive Aufgabe 10. Logarithmusfunktion bestimmen

Logarithmusfunktionen der Form $y = k \cdot \log_a x$

Merke

Bei Logarithmusfunktionen mit Gleichungen der Form $y = k \cdot \log_a x$ mit $k \neq 0$ und $a \in \mathbb{R}^+ \setminus \{1\}$ beeinflusst das Vorzeichen des Faktors **k** die **Form** und die **Steigung** des Graphen.

- **Definitionsmenge:** $\mathbb{D} = \mathbb{R}^+$
- **Wertemenge:** $\mathbb{W} = \mathbb{R}$
- **gemeinsamer Punkt:** $(1\,|\,0)$
- **Form:**
  $|k| > 1$: Streckung des Graphen gegenüber $y = \log_a x$ (in Richtung der y-Achse)
  $|k| < 1$: Stauchung des Graphen gegenüber $y = \log_a x$ (in Richtung der y-Achse)
- **Verlauf des Graphen – Einfluss von k:**
  Ein Vorzeichenwechsel von k entspricht der Spiegelung des Graphen an der x-Achse. In allen Fällen kommt der Funktionsgraph der y-Achse für abnehmende Werte von x beliebig nahe, ohne sie aber zu berühren. **Vertikale Asymptote: x = 0** (y-Achse)

Beispiele

$k = 2;\ a = 3$ f_1: $y = 2 \cdot \log_3 x$

$k = -2;\ a = 3$ f_2: $y = -2 \cdot \log_3 x$

$k = \frac{1}{4};\ a = \frac{1}{2}$ f_3: $y = \frac{1}{4} \cdot \log_{\frac{1}{2}} x$

$k = -\frac{1}{4};\ a = \frac{1}{2}$ f_4: $y = -\frac{1}{4} \cdot \log_{\frac{1}{2}} x$

Graphen

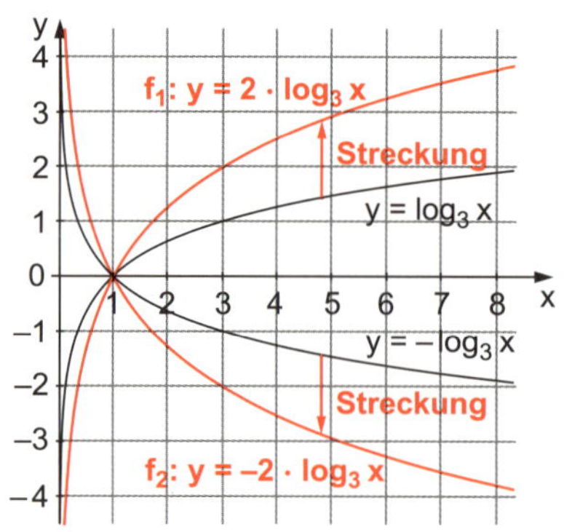

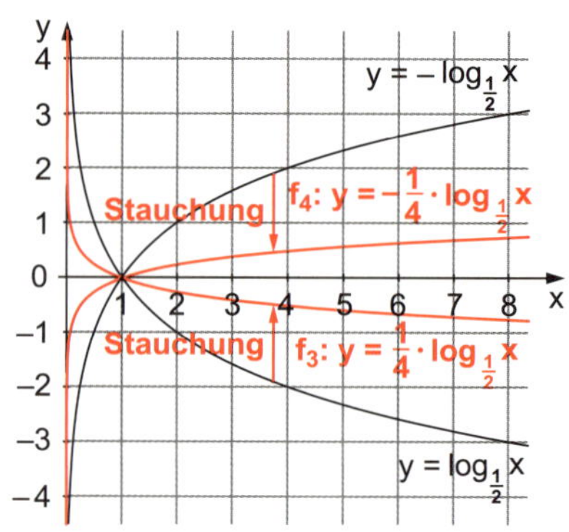

Abbildung durch Parallelverschiebung

Merke

Wird der Graph einer Logarithmusfunktion f: $y = k \cdot \log_a x$ durch Parallelverschiebung mit dem Vektor $\vec{v} = \begin{pmatrix} v_x \\ v_y \end{pmatrix}$ auf den Graphen der Bildfunktion f' abgebildet, so gilt:

$$f\colon y = k \cdot \log_a x \xmapsto{\vec{v} = \begin{pmatrix} v_x \\ v_y \end{pmatrix}} f'\colon y = k \cdot \log_a (x - v_x) + v_y$$

Hinweis: Verschiebt man den Graphen einer beliebigen Funktion f mit einem Vektor $\vec{v} = \begin{pmatrix} v_x \\ v_y \end{pmatrix}$, so erhält man die Gleichung der zugehörigen Bildfunktion f', indem man in der ursprünglichen Funktionsgleichung x durch $(x - v_x)$ und y durch $(y - v_y)$ ersetzt.

Beispiel

Der Graph der Funktion mit der Gleichung $y = \log_5 x$ wird durch Parallelverschiebung mit dem Vekor $\vec{v} = \begin{pmatrix} 3 \\ -2 \end{pmatrix}$ abgebildet. Berechne die Gleichung der Bildfunktion f'.

Lösung:

Es gilt:

$$f\colon y = \log_5 x \xmapsto{\vec{v} = \begin{pmatrix} 3 \\ -2 \end{pmatrix}} f'$$

$$P(x \mid \log_5 x) \xmapsto{\vec{v} = \begin{pmatrix} 3 \\ -2 \end{pmatrix}} P'(x' \mid y')$$

- Ausführliche Berechnung mithilfe des Parameterverfahrens:

$$\begin{pmatrix} x' \\ y' \end{pmatrix} = \begin{pmatrix} x \\ \log_5 x \end{pmatrix} \oplus \begin{pmatrix} 3 \\ -2 \end{pmatrix}$$

$$\Leftrightarrow \quad \begin{vmatrix} x' = x + 3 \\ \wedge \ y' = \log_5 x - 2 \end{vmatrix}$$

$$\Leftrightarrow \quad \begin{vmatrix} x = x' - 3 \\ \wedge \ y' = \log_5 (x' - 3) - 2 \end{vmatrix}$$

also: f': $y = \log_5 (x - 3) - 2$

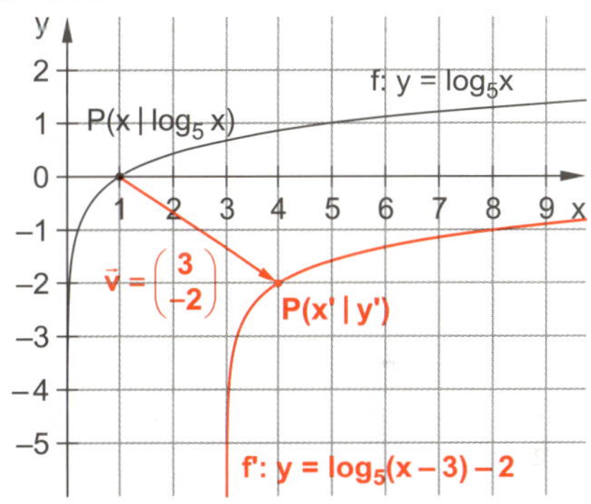

- Berechnung mithilfe der Formel:

$$f\colon y = \log_5 x \xmapsto{\vec{v} = \begin{pmatrix} 3 \\ -2 \end{pmatrix}} f'\colon \quad y = \log_5 (x - v_x) + v_y$$

$$\Leftrightarrow \quad y = \log_5 (x - 3) + (-2)$$

$$\Leftrightarrow \quad y = \log_5 (x - 3) - 2$$

$\mathbb{D}_f = \mathbb{R}^+$ $\quad \mathbb{W}_f = \mathbb{R}$ $\quad$ Vertikale Asymptote: a: $x = 0$

$\mathbb{D}_{f'} = \{x \mid x > 3\}$ $\quad \mathbb{W}_{f'} = \mathbb{R}$ $\quad$ Vertikale Asymptote: a: $x = 3$

Aufgabe 242

Interaktive Aufgabe
11. Verschobene Logarithmusfunktion

Bilde die Graphen nachfolgender Funktionen mit dem angegebenen Vektor ab. Zeichne Graph und Bildgraph in ein gemeinsames Koordinatensystem und gib die Eigenschaften von f und f' an. ($\mathbb{G} = \mathbb{R} \times \mathbb{R}$)

a) f: $y = -3 \cdot \log_{1,5} x$; $\quad \vec{v} = \begin{pmatrix} -4 \\ 5 \end{pmatrix}$

b) f: $y = \frac{1}{2} \cdot \log_{12} 4x$; $\quad \vec{v} = \begin{pmatrix} -2{,}5 \\ -1{,}5 \end{pmatrix}$

c) f: $y = \lg\left(x + \frac{3}{4}\right)$; $\quad \vec{v} = \begin{pmatrix} 7 \\ 5\frac{1}{2} \end{pmatrix}$

Bestimmung von Umkehrfunktionen

Merke

Die Umkehrfunktionen von Exponentialfunktionen sind Logarithmusfunktionen und die Umkehrfunktionen von Logarithmusfunktionen sind Exponentialfunktionen.
Die Gleichung der Umkehrfunktion f^{-1} einer Exponential- bzw. Logarithmusfunktion f erhält man folgendermaßen:

- **f ist eine Exponentialfunktion:** Man vertauscht die Variablen x und y und stellt die Funktionsgleichung so um, dass die Potenz isoliert steht. Dann logarithmiert man, indem man auf beiden Seiten den Logarithmus anwendet, der als Basis die Basis der Potenz hat. Anschließend wird nach y aufgelöst.
- **f ist eine Logarithmusfunktion:** Man vertauscht die Variablen x und y und stellt die Funktionsgleichung so um, dass der Logarithmus isoliert steht. Dann potenziert man, indem Links- und Rechtsterm jeweils in den Exponenten der Basis des Logarithmus geschrieben werden (Logarithmus fällt weg). Anschließend wird nach y aufgelöst.

Den Graphen der Umkehrfunktion f^{-1} erhält man durch Spiegelung des Graphen von f an der Winkelhalbierenden $w_{I/III}$ des I. und III. Quadranten.
Die Definitions- und Wertemenge der Umkehrfunktion f^{-1} erhält man, indem man Definitions- und Wertemenge der Funktion f miteinander vertauscht.

Beispiele

1. Bestimme die Gleichung der Umkehrfunktion f^{-1} zur Funktion f mit $y = 5 \cdot 2^{x-3} + 1$ $(\mathbb{G} = \mathbb{R} \times \mathbb{R})$ und gib die Definitions- und Wertemengen sowie die Asymptotengleichungen an.

Lösung:

$\mathbb{D}_f = \mathbb{R}$; $\mathbb{W}_f = \{x \mid x > 1\}$
Asymptotengleichung: a: $y = 1$

Für abnehmende Werte von x geht 2^{x-3} gegen 0 und somit f gegen 1.

f: $y = 5 \cdot 2^{x-3} + 1$

f^{-1}: $x = 5 \cdot 2^{y-3} + 1 \quad | -1$ — Vertauschen von x und y bzgl. der Gleichung von f

$\Leftrightarrow 5 \cdot 2^{y-3} = x - 1 \quad | \cdot \frac{1}{5}$ — Nach y auflösen

$\Leftrightarrow 2^{y-3} = \frac{1}{5}(x-1)$

$\Leftrightarrow y - 3 = \log_2 \frac{1}{5}(x-1) \quad | +3$ — Logarithmieren

$\Leftrightarrow y = \log_2 \frac{1}{5}(x-1) + 3$ — Gleichung von f^{-1}

$\mathbb{D}_{f^{-1}} = \{x \mid x > 1\}$ $\mathbb{W}_{f^{-1}} = \mathbb{R}$
Asymptotengleichung: a: $x = 1$

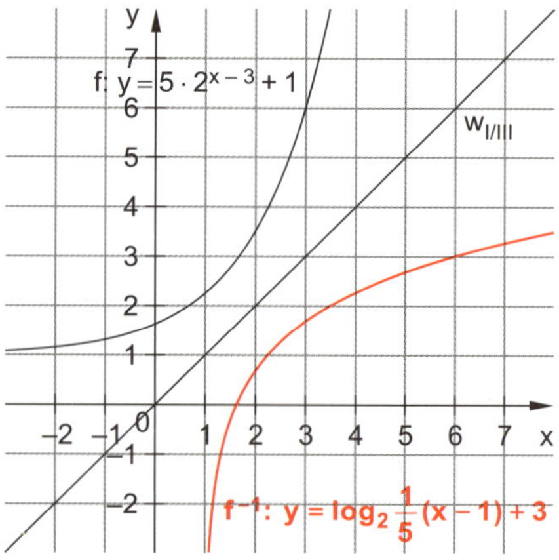

2. Bestimme die Gleichung der Umkehrfunktion f^{-1} zur Funktion f mit $y = \frac{1}{2}\log_3(x+4) - 5$ $(\mathbb{G} = \mathbb{R} \times \mathbb{R})$ und gib die Definitions- und Wertemengen sowie die Asymptotengleichungen an.

Lösung:

$\mathbb{D}_f = \{x \mid x > -4\}$; $\mathbb{W}_f = \mathbb{R}$

Asymptotengleichung: a: $x = -4$

Da der Numerus des Logarithmus stets positiv sein muss, muss gelten: $x + 4 > 0 \Leftrightarrow x > -4$

f: $y = \frac{1}{2}\log_3(x+4) - 5$

f^{-1}: $x = \frac{1}{2}\log_3(y+4) - 5 \quad | +5$ — Vertauschen von x und y bzgl. der Gleichung von f

$\Leftrightarrow \frac{1}{2}\log_3(y+4) = x + 5 \quad | \cdot 2$ — Nach y auflösen

$\Leftrightarrow \log_3(y+4) = 2(x+5)$ — Potenzieren

$\Leftrightarrow y + 4 = 3^{2(x+5)} \quad | -4$ — Es gilt: $3^{\log_3(y+4)} = y + 4$

$\Leftrightarrow y = 3^{2x+10} - 4$ — Gleichung von f^{-1}

$\mathbb{D}_{f^{-1}} = \mathbb{R}$

$\mathbb{W}_{f^{-1}} = \{y \mid y > -4\}$

Asymptotengleichung: a: $y = -4$

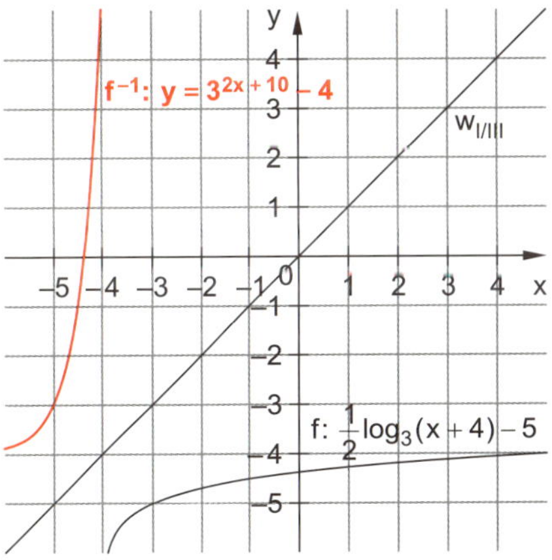

Aufgaben

243 Bestimme die Gleichung der Umkehrfunktion f^{-1} zu f und zeichne die Graphen zu f und f^{-1} in ein gemeinsames Koordinatensystem.
Bestimme ferner die Definitions- und Wertemenge.

a) f: $y = 2^{x+3}$

b) f: $y = \frac{2}{3} \cdot \log_4 x$

c) f: $y = \log_2(x + 1{,}5) + 3$

d) f: $y = \frac{1}{3} \cdot 7^{x-5} - 4$

Interaktive Aufgabe

12. Umkehrfunktion bestimmen

Vermischte Aufgaben

244 Gegeben ist die Funktion: f: $y = \frac{1}{4} \cdot 3^{x+1} + 2$ über $\mathbb{G} = \mathbb{R} \times \mathbb{R}$.

a) Gib zu f die Definitionsmenge, die Wertemenge und die Gleichung der Asymptote a an.

b) Berechne die Gleichung der Umkehrfunktion f^{-1}.

c) Die Funktion f wird mit dem Vektor $\vec{v} = \begin{pmatrix} 2 \\ -4 \end{pmatrix}$ verschoben.
Gib die Funktionsgleichung für die Bildfunktion f' an.

245 Gegeben sind die Funktionen f_1: $y = -\log_2(x+4) - 3$ und f_2: $y = \log_2(x+5) - 1$ ($\mathbb{G} = \mathbb{R} \times \mathbb{R}$).

a) Zeichne die Graphen zu f_1 und f_2 in ein Koordinatensystem.
Platzbedarf: $-5 \leqq x \leqq 10$; $-7 \leqq y \leqq 3$

b) Gib für die Funktion f_1 die Definitionsmenge, die Wertemenge und die Gleichung der Asymptote an.

c) Die Graphen zu f_1 und f_2 schneiden sich im Punkt S. Berechne die Koordinaten des Schnittpunktes S.

d) Die Punkte A_n der gleichseitigen Dreiecke $A_nB_nC_n$ liegen auf dem Graphen von f_1. Die Punkte C_n auf dem Graphen von f_2 haben die gleiche Abszisse x wie die Punkte A_n. Zeichne das Dreieck $A_1B_1C_1$ für $x_1 = 3$ in das Koordinatensystem ein.

e) Berechne den Umfang u der Dreiecke $A_nB_nC_n$ in Abhängigkeit von x und gib die Definitionsmenge des Umfangsterms an.

f) Berechne den Wert für x so, dass sich ein Dreieck mit einem Umfang von 15 LE ergibt.

246 Gegeben ist die Funktion f mit der Gleichung $y = -\log_4(-x+5) + 1{,}5$ ($\mathbb{G} = \mathbb{R} \times \mathbb{R}$).

a) Tabellarisiere f (auf zwei Stellen nach dem Komma gerundet) für $-7 \leqq x \leqq 5$ ($\Delta x = 1$) und zeichne den Graphen zu f in ein Koordinatensystem.

b) Berechne die Gleichung der Umkehrfunktion f^{-1}. [Ergebnis: f^{-1}: $y = -4^{-x+1{,}5} + 5$]

c) Gib die Definitions- und Wertemenge von f^{-1} an und berechne die Nullstelle von f^{-1}.

d) Die Eckpunkte $D_n(x \mid -\log_4(-x+5) + 1{,}5)$ von Parallelogrammen AB_nCD_n mit $A(-6 \mid -4)$ und $C(10 \mid 2)$ liegen auf dem Graphen zu f. Zeichne das Parallelogramm AB_1CD_1 für $x = 4$ in das Koordinatensystem ein.

e) Berechne die Gleichung des Trägergraphen t_{B_n} der Punkte B_n.

Wachstums- und Abklingprozesse

Merke

Exponentialfunktionen der Form $y = k \cdot a^x$ mit $\mathbb{G} = \mathbb{R} \times \mathbb{R}$, $k \neq 0$, $k > 0$ und $a > 0$ beschreiben **Wachstums-** bzw. **Abklingprozesse**.

- Für **a > 1** steigt der Graph: **exponentielles Wachstum**
  Beispiel: Der Zusammenhang von Kapital und Zeit wird in einer Exponentialgleichung beschrieben. Da mit wachsender Zeit auch das Kapital anwächst, spricht man von einem **Wachstumsprozess**.
- Für **0 < a < 1** fällt der Graph: **exponentielles Abklingen**
  Beispiel: Der Zusammenhang von radioaktivem Zerfall und Zeit wird in einer Exponentialgleichung beschrieben. Da mit wachsender Zeit die Masse abnimmt, spricht man von einem **Abklingprozess**.

Beispiele

1. Ein Kapital $K_0 = 12\,500$ € wird mit einem Zinssatz von 3 % pro Jahr und einer Laufzeit von 12 Jahren angelegt. Für das neue Kapital gilt die Gleichung:

$$K_n = K_0 \cdot \left(1 + \frac{p}{100}\right)^n \qquad (\mathbb{G} = \mathbb{R}_0^+ \times \mathbb{R}_0^+)$$

K_0 = Startkapital vor der Verzinsung
K_n = Kapital nach n Jahren
p = Zinssatz
n = Anzahl der Zinsjahre

a) Wie hoch ist das Kapital nach 5 Jahren bzw. nach der Gesamtlaufzeit von 12 Jahren?

b) Nach wie vielen Monaten (auf Ganze runden) beläuft sich das Guthaben auf 16 000 €?

c) Welchen Betrag müsste man bei einem Zinssatz von 3 % anlegen, um nach 12 Jahren ein Kapital von 20 000 € zu besitzen?

d) Nach 5 Jahren macht die Bank eine neues Angebot. Für die restliche Laufzeit kann das bereits angesparte Kapital mit einem Zinssatz von 4,5 % angelegt werden. Welcher Betrag ergäbe sich nach Beendigung der Gesamtlaufzeit?

e) Mit welchem Zinssatz hätten die ursprünglichen 12 500 € über 12 Jahre angelegt werden müssen, um den Endbetrag aus Teilaufgabe d zu erhalten?

Lösung:

a) Gegeben: Startkapital: $K_0 = 12\,500$ €
Zinssatz: $p = 3$
Anzahl der Zinsjahre: $n = 5$ bzw. $n = 12$
Gesucht: Kapital nach 5 bzw. 12 Jahren: K_5 bzw. K_{12}

Berechnung für 5 Jahre:	Berechnung für 12 Jahre:	
$K_n = K_0 \cdot \left(1 + \frac{p}{100}\right)^n$	$K_n = K_0 \cdot \left(1 + \frac{p}{100}\right)^n$	Gegebene Werte einsetzen
$K_5 = 12\,500\text{ €} \cdot \left(1 + \frac{3}{100}\right)^5$	$K_{12} = 12\,500\text{ €} \cdot \left(1 + \frac{3}{100}\right)^{12}$	Vereinfachen
$K_5 = 12\,500 \cdot 1{,}03^5$ €	$K_{12} = 12\,500 \cdot 1{,}03^{12}$ €	
$K_5 = 14\,490{,}93$ €	$K_{12} = 17\,822{,}01$ €	

A: Nach 5 Jahren beläuft sich das Guthaben auf 14 490,93 €, nach der Gesamtlaufzeit von 12 Jahren auf 17 822,01 €.

b) Gegeben: Startkapital: $K_0 = 12\,500$ €
Zinssatz: $p = 3$
Kapital nach n Jahren: $K_n = 16\,000$ €
Gesucht: Anzahl der Zinsjahre: n

$$K_n = K_0 \cdot \left(1 + \frac{p}{100}\right)^n \qquad \text{Gegebene Werte einsetzen}$$

$$\Leftrightarrow \quad 16\,000\,€ = 12\,500\,€ \cdot \left(1 + \frac{3}{100}\right)^n \quad |:12\,500\,€ \qquad \text{Vereinfachen}$$

$$\Leftrightarrow \quad 1{,}28 = 1{,}03^n \qquad \text{Logarithmieren}$$

$$\Leftrightarrow \quad \log_{1{,}03} 1{,}28 = n$$

$$\Leftrightarrow \quad n = 8{,}35$$

$\mathbb{L} = \{8{,}35\}$

A: Nach etwa 8,35 Jahren beläuft sich das Vermögen auf 16 000 €. Bis dahin vergehen also 101 Monate ($8{,}35 \cdot 12 = 100{,}2$).

c) Gegeben: Kapital nach 12 Jahren: $K_{12} = 20\,000$ €
Zinssatz: $p = 3$
Anzahl der Zinsjahre: $n = 12$
Gesucht: Startkapital: K_0

$$K_n = K_0 \cdot \left(1 + \frac{p}{100}\right)^n \qquad \text{Gegebene Werte einsetzen}$$

$$\Leftrightarrow \quad 20\,000\,€ = K_0 \cdot \left(1 + \frac{3}{100}\right)^{12} € \qquad \text{Vereinfachen}$$

$$\Leftrightarrow \quad 20\,000\,€ = 1{,}03^{12} \cdot K_0 \quad |:1{,}03^{12}$$

$$\Leftrightarrow \quad K_0 = 14\,027{,}60\,€$$

$\mathbb{L} = \{14\,027{,}60\,€\}$

A: Man müsste 14 027,60 € anlegen, um nach 12 Jahren bei 3 % Zins ein Kapital von 20 000 € zu besitzen.

d) Gegeben: Startkapital: $K_0 = 14\,490{,}93$ € (siehe Teilaufgabe a)
neuer Zinssatz: $p = 4{,}5$
Anzahl der restlichen Zinsjahre: $n = 7$
Gesucht: Kapital nach 7 Jahren: K_7

Das Startkapital wird für weitere 7 Jahre mit 4,5 % verzinst:

$$K_n = K_0 \cdot \left(1 + \frac{p}{100}\right)^n$$

$$K_7 = 14\,490{,}93 \cdot \left(1 + \frac{4{,}5}{100}\right)^7 €$$

$$K_7 = 14\,490{,}93 \cdot 1{,}045^7 €$$

$$K_7 = 19\,720{,}15\,€$$

A: Nach Beendigung der Gesamtlaufzeit beträgt das Kapital 19 720,15 €.

e) Gegeben: Startkapital: $K_0 = 12\,500$ €
Kapital nach 12 Jahren: $K_{12} = 19\,720{,}15$ €
Anzahl der Zinsjahre: $n = 12$
Gesucht: Zinssatz: p

$$K_n = K_0 \cdot \left(1 + \frac{p}{100}\right)^n$$

$$\Leftrightarrow \quad 19\,720{,}15\text{ €} = 12\,500 \cdot \left(1 + \frac{p}{100}\right)^{12} \text{ €} \qquad |:12\,500\text{ €}$$

$$\Leftrightarrow \quad 1{,}578 = \left(1 + \frac{p}{100}\right)^{12} \qquad |\sqrt[12]{\ }$$

$$\Leftrightarrow \quad 1{,}039 = 1 + \frac{p}{100} \qquad |-1$$

$$\Leftrightarrow \quad \frac{p}{100} = 0{,}039 \qquad |\cdot 100$$

$$\Leftrightarrow \quad p = 3{,}9$$

$\mathbb{L} = \{3{,}9\}$

A: Der Zinssatz hätte 3,9 % betragen müssen.

2. Nach dem Reaktorunfall in Fukushima (2011) wurden an der Küste vor Fukushima deutlich erhöhte Grenzwerte von Cäsium-137 (Cs-137) gemessen.

Das Isotop Cs-137 zerfällt mit einer Halbwertszeit von ca. 30 Jahren, d. h., nach ca. 30 Jahren ist von einer bestimmten Anfangsmasse dieses Isotops nur noch die Hälfte an Cs-137 vorhanden. Bei einer Anfangsmasse von N_0 lässt sich die noch vorhandene Masse N(t) an Cs-137 für den Zerfallszeitraum t in Jahren mithilfe der Gleichung $N(t) = N_0 \cdot 0{,}5^{\frac{t}{T}}$ für $\mathbb{G} = \mathbb{R}_0^+ \times \mathbb{R}^+$ berechnen. Dabei gibt T den Wert der Halbwertszeit in Jahren an.

a) Tabellarisiere den Abklingprozess bei einer Anfangsmasse N_0 von 1 g für $t \in [0;\, 60]$ mit $\Delta t = 5$ auf zwei Stellen nach dem Komma gerundet und zeichne den Graphen in ein Koordinatensystem.
Für die Zeichnung: Auf der x-Achse: 0,5 cm für 5 Jahre; $0 \leqq t \leqq 60$
Auf der y-Achse: 0,5 cm für 0,1 g; $0 \leqq N(t) \leqq 1$

b) Berechne, wie viel Gramm an strahlendem Material von ursprünglich 1 g Cs-137 nach 100 Jahren noch vorhanden ist.

c) Nach welcher Zeit ist noch 1 mg von dem strahlenden Material vorhanden?

d) Berechne die Zeit, nach der 25 % von 1 g Cs-137 zerfallen sind.

e) Neben Cs-137 gibt es noch das Cäsiumisotop Cs-134.
Welche Halbwertszeit hat Cäsium-134, wenn von 500 mg dieses Isotops nach einem Jahr noch 357,42 mg vorhanden sind? Berechne ohne Zwischenrundungen.

Lösung:

a)

t	0	5	10	15	20	25	30	35	40	45	50	55	60
$N(t)=1\cdot 0{,}5^{\frac{t}{30}}$	1	0,89	0,79	0,71	0,63	0,56	0,5	0,45	0,40	0,35	0,31	0,28	0,25

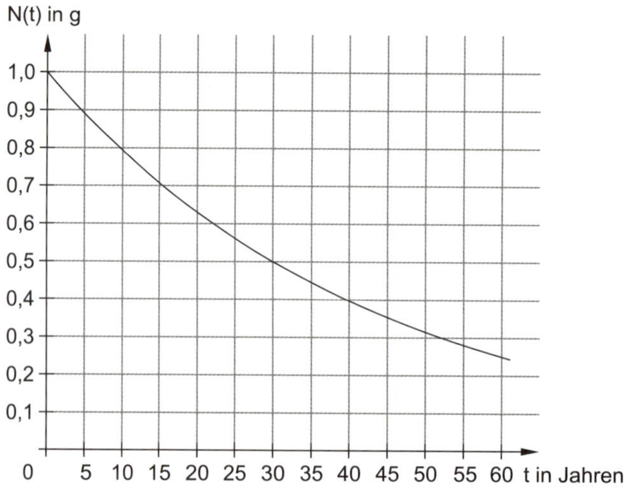

b) Berechnung der noch vorhandenen Masse nach 100 Jahren:
Gegeben: Anfangsmasse: $N_0 = 1$ g
Halbwertszeit in Jahren: $T = 30$
Zerfallszeitraum in Jahren: $t = 100$
Gesucht: Noch vorhandene Masse zum Zeitpunkt $t = 100$: $N(100)$

$$N(t) = N_0 \cdot 0{,}5^{\frac{x}{T}} \qquad \text{Gegebene Werte einsetzen}$$

$$\Leftrightarrow \quad N(100) = 1\,\text{g} \cdot 0{,}5^{\frac{100}{30}}$$

$$\Leftrightarrow \quad N(100) = 0{,}5^{\frac{100}{30}}\ \text{g}$$

$$\Leftrightarrow \quad N(100) = 0{,}10\ \text{g}$$

$\mathbb{L} = \{0{,}10\}$

A: Nach 100 Jahren sind noch 0,10 g strahlendes Material vorhanden.

c) Berechnung der Zeit, nach der noch 0,001 g (1 mg) Cs-137 vorhanden sind:
Gegeben: Anfangsmasse: $N_0 = 1$ g
Halbwertszeit in Jahren: $T = 30$
Noch vorhandene Masse zum Zeitpunkt t: $N(t) = 0{,}001$ g
Gesucht: Zerfallszeitraum in Jahren: t

$$N(t) = N_0 \cdot 0{,}5^{\frac{t}{T}} \qquad \text{Gegebene Werte einsetzen}$$

$$\Leftrightarrow \quad 0{,}001\,\text{g} = 1\,\text{g} \cdot 0{,}5^{\frac{t}{30}} \qquad |:1\,\text{g}$$

$$\Leftrightarrow \quad 0{,}001 = 0{,}5^{\frac{t}{30}} \qquad \text{Logarithmieren}$$

$$\Leftrightarrow \quad \log_{0{,}5} 0{,}001 = \frac{t}{30} \qquad |\cdot 30$$

$$\Leftrightarrow \quad t = 30 \cdot \log_{0{,}5} 0{,}001$$

$$\Leftrightarrow \quad t = 298{,}97$$

$\mathbb{L} = \{298{,}97\}$

A: Nach ca. 299 Jahren ist noch 1 mg vorhanden.

d) Berechnung des Zeitraums, nach dem 25 % von 1 g Cs-137 zerfallen sind:
Gegeben: Anfangsmasse: $N_0 = 1$ g
Halbwertszeit in Jahren: $T = 30$
Noch vorhandene Masse zum Zeitpunkt t:
75 % von N_0: $N(t) = 0{,}75 \cdot 1\text{ g} = 0{,}75$ g
Gesucht: Zerfallszeitraum: t

$$N(t) = N_0 \cdot 0{,}5^{\frac{t}{T}} \qquad \text{Gegebene Werte einsetzen}$$
$$\Leftrightarrow \quad 0{,}75\text{ g} = 1\text{ g} \cdot 0{,}5^{\frac{t}{30}} \quad |:1\text{ g} \qquad \text{75 % des radioaktiven Materials sind noch nicht zerfallen.}$$
$$\Leftrightarrow \quad 0{,}75 = 0{,}5^{\frac{t}{30}} \qquad \text{Logarithmieren}$$
$$\Leftrightarrow \quad \log_{0,5} 0{,}75 = \frac{t}{30} \quad |\cdot 30$$
$$\Leftrightarrow \quad t = 30 \cdot \log_{0,5} 0{,}75$$
$$\Leftrightarrow \quad t = 12{,}45$$
$\mathbb{L} = \{12{,}45\}$

A: Nach ca. 12,5 Jahren sind 25 % von 1 g Cs-137 zerfallen.

e) Berechnung der Halbwertszeit von Cs-134:
Gegeben: Anfangsmasse: $N_0 = 500$ mg
Zerfallszeitraum in Jahren: $t = 1$
Noch vorhandene Masse zum Zeitpunkt t: $N(1) = 357{,}42$ mg
Gesucht: Halbwertszeit in Jahren: T

$$N(t) = N_0 \cdot 0{,}5^{\frac{t}{T}} \qquad \text{Gegebene Werte einsetzen}$$
$$\Leftrightarrow \quad 357{,}42\text{ mg} = 500\text{ mg} \cdot 0{,}5^{\frac{1}{T}} \quad \left| \cdot \frac{1}{500\text{ mg}} \right.$$
$$\Leftrightarrow \quad \frac{357{,}42}{500} = 0{,}5^{\frac{1}{T}} \qquad \text{Logarithmieren}$$
$$\Leftrightarrow \quad \log_{0,5} \frac{357{,}42}{500} = \frac{1}{T} \quad \left| \cdot \frac{T}{\log_{0,5} \frac{357{,}42}{500}} \right.$$
$$\Leftrightarrow \quad T = 2{,}06$$
$\mathbb{L} = \{2{,}06\}$

A: Die Halbwertszeit von Cs-134 beträgt ca. 2,06 Jahre.

Aufgaben 247

Herr Ludolf legt Anfang 2012 als Hochzeitsgeschenk für seine Tochter Laura ein Kapital von 2 500 € an. Die Bank bietet einen jährlichen Zinssatz von 5 % an. Die Kapitalentwicklung kann durch die Gleichung $y = 2\,500 \cdot 1{,}05^x$ beschrieben werden.

a) Erstelle eine Wertetabelle, die die Kapitalentwicklung der nächsten 10 Jahre beschreibt.
b) Entnimm der Tabelle, ab welchem Jahr Laura über ein Kapital von 3 500 € verfügt.
c) Über welches Guthaben würde Laura zur goldenen Hochzeit nach 50 Ehejahren verfügen?
d) Für die Schlussrate ihres Autos benötigt Laura 4 500 €. Dieses Geld will sie von ihrem Sparkonto abheben. Berechne, nach wie vielen Jahren sie über diese Summe verfügt.

248 Ein Waldbestand von 52 000 fm (Festmeter) wächst mit einer jährlichen Zuwachsrate von 3,5 %. Dieser Wachstumsvorgang kann durch die Gleichung $V(x) = 52\,000 \cdot 1{,}035^x$ beschrieben werden.

a) Zeichne den Graphen der Funktion für $x \in [0;\, 50]$ mit $\Delta x = 5$ Jahre.
(x-Achse: 1 cm ≙ 5 Jahre; y-Achse: 1 cm ≙ 25 000 fm)

b) Bestimme aus der Zeichnung, nach wie vielen Jahren sich der Waldbestand vervierfacht hat. Überprüfe dein Ergebnis rechnerisch.

c) Berechne, nach wie vielen Jahren sich der Waldbestand um 25 % bezüglich des ursprünglichen Bestandes vergrößert hat.

249 Einem populären Diätratgeber folgend beschließt Herr Hochholzer, mit einem aktuellen Gewicht von 120 kg, wöchentlich um 1,5 % abzunehmen.

a) Stelle sein aktuelles Gewicht m in kg in Abhängigkeit der vergehenden x Wochen durch eine entsprechende Gleichung dar. [Ergebnis: $m(x) = 120 \cdot 0{,}985^x$]

b) Welches Gewicht hätte er nach 15 Wochen?

c) Stelle den Zusammenhang grafisch dar. Wähle zunächst sinnvolle Einteilungen für die Achsen.

d) Entnimm dem Graphen, wann Herr Hochholzer sein Wunschgewicht von 82 kg erreicht hätte.

e) Der gefürchtete Jo-Jo-Effekt tritt ein. 5 Monate nachdem Herr Hochholzer sein Wunschgewicht von 82 kg erreicht hatte, wiegt er wieder 106 kg.
Berechne mithilfe der Gleichung $m(x) = m_0 \cdot \left(1 + \frac{p}{100}\right)^x$ die prozentuale wöchentliche Gewichtszunahme (1 Monat ≙ 4 Wochen).

250 Im Jahr 1950 lebten etwa 2,5 Milliarden Menschen auf der Welt. Man ging damals von einer durchschnittlichen Wachstumsrate von ca. 1,8 % aus.

a) Stelle die Höhe der Weltbevölkerung y in Abhängigkeit von der Anzahl x der vergangenen Jahre dar und berechne anschließend, wie viele Menschen im Jahr 2012 auf der Erde leben würden, wenn die Wachstumsrate p % von 1,8 % konstant geblieben wäre. [Ergebnis: $y = 2{,}5 \cdot 1{,}018^x$]

b) Im Jahr 2011 lebten etwa 7 Milliarden Menschen auf der Welt. Berechne das Jahr, in dem die Weltbevölkerung diesen Wert erreicht hätte, wäre die prognostizierte Wachstumsrate von 1,8 % konstant geblieben.

c) Heute geht man davon aus, dass die Welt im Jahr 2050 von 10 Milliarden Menschen bevölkert sein wird. Berechne die angenommene Wachstumsrate ausgehend von einer Bevölkerung von 7 Milliarden Menschen im Jahr 2011.

251 Ein Kapital von 12 000 € wird als Festgeld mit 4,5 % verzinst. Die Zinsen werden am Ende jedes Jahres zum Kapital hinzugeschlagen. Für das Kapital K_n, das sich aus dem Startkapital K_0 bei einer Verzinsung von p % ($p \in \mathbb{R}^+$) nach n Jahren angesammelt hat, gilt die Gleichung $K_n = K_0 \cdot \left(1 + \frac{p}{100}\right)^n$ mit $\mathbb{G} = \mathbb{R}_0^+ \times \mathbb{R}_0^+$.

a) Berechne, nach wie vielen Jahren sich das Kapital verdoppelt hat.
b) Wie hoch müsste der Zinssatz sein, damit sich das Kapital bereits nach acht Jahren verdoppelt?
c) Zeige, dass das Ergebnis aus Teilaufgabe b unabhängig vom Anfangskapital ist.

252 In der Medizin (Radioiodtherapie) wird das radioaktive Iod-131 medikamentös eingesetzt. Der Patient muss eine Kapsel einnehmen, die radioaktives Iod enthält. Dieses reichert sich in der Schilddrüse an und führt dort zu einer Radioaktivitätsdosis, die überschüssiges und übermäßig hormonproduzierendes Gewebe zerstört.
Der Abbauprozess lässt sich durch die Funktionsgleichung $N(t) = N_0 \cdot 0{,}5^{\frac{t}{T}}$ mit $\mathbb{G} = \mathbb{R}^+ \times \mathbb{R}^+$ und $N_0 \in \mathbb{R}^+$ darstellen. Dabei steht N(t) für die noch vorhandene Masse zum Zeitpunkt t, N_0 für die Anfangsmasse des verabreichten Iods, t für den Zerfallszeitraum in Tagen und T für die Halbwertszeit in Tagen.

a) Berechne die Halbwertszeit von Iod-131 in ganzen Tagen, wenn nach einer Woche von ursprünglich 50,00 mg noch 27,31 mg vorhanden sind.
b) Wie viel Iod-131 ist nach 28 Tagen noch vorhanden?
c) Nach wie viel Tagen sind 75 % der Ausgangsmenge zerfallen? Folgere zunächst die Lösung logisch und bestätige diese anschließend rechnerisch.

253 Das radioaktive Bleiisotop Pb-214 hat eine Halbwertszeit von nur 27 Minuten, d. h., nach dieser Zeit ist von einer bestimmten Anfangsmasse N_0 dieses Isotops nur noch die Hälfte vorhanden.
Bei gegebener Anfangsmasse N_0 lässt sich die noch vorhandene Masse N(t) an Pb-214 für den Zerfallszeitraum t (in Minuten) mithilfe der folgenden Gleichung berechnen:
$N(t) = N_0 \cdot 0{,}5^{\frac{t}{T}}$ für $\mathbb{G} = \mathbb{R}_0^+ \times \mathbb{R}_0^+$. Dabei gibt T den Wert der Halbwertszeit in Minuten an.

a) Nach wie viel Minuten hat man von anfangs 1 250 g noch 200 g radioaktives Material?
b) In wie viel Minuten zerfällt Pb-214 auf 5 % seiner Anfangsmasse?

254 Zwei verschiedene Bakterienkulturen werden mit energiereicher Strahlung behandelt. Die erste Bakterienkultur, die anfangs 25 mg wog, wird pro Tag um 5 % schwerer, die zweite Kultur, welche anfangs 42 mg wog, wird pro Tag um 12 % leichter.

a) Bestimme die Funktionsgleichungen f_1 und f_2, mit der die Wachstums- bzw. Abklingprozesse beschrieben werden können (x: Anzahl der Tage; y: Masse in mg).
b) Tabellarisiere f_1 und f_2 für $x \in [0; 10]$ mit $\Delta x = 1$ und zeichne die zugehörigen Graphen. (x-Achse: 1 cm ≙ 1 Tag; y-Achse: 1 cm ≙ 5 mg).
c) Berechne die Masse der ersten Bakterienkultur nach 18 Tagen.
d) Ermittle rechnerisch, nach welcher Zeit sich die Masse der zweiten Kultur auf 5 mg beläuft.
e) Berechne, nach wie vielen Tagen die beiden Kulturen gleich schwer sind.

Interaktive Aufgaben

- 13. Zinssatz bestimmen
- 14. Erbe
- 15. Radioaktiver Zerfall
- 16. Seerosen

3.3 Trigonometrie

Polarkoordinaten

Um die Lage eines Punktes in der Ebene darzustellen, benutzt man in der Regel das **kartesische Koordinatensystem**. Die einem Punkt zugeordneten Zahlen, die seine Lage im Koordinatensystem eindeutig festlegen, nennt man **Koordinaten**.

Merke

Kartesisches Koordinatensystem
Im kartesischen Koordinatensystem verlaufen die Koordinatenachsen senkrecht zueinander und die Längeneinheiten auf den Achsen sind gleich groß.
Im kartesischen Koordinatensystem sind folgende Koordinaten gebräuchlich:

- **Kartesische Koordinaten**
  Die Lage eines Punktes P wird durch seine zugehörigen Einheiten x (Abszisse x) und y (Ordinate y) auf der x-Achse bzw. der y-Achse eindeutig festgelegt.
  x und y nennt man **kartesische Koordinaten** von P.
  Es gilt: $(x\,|\,y) \in \mathbb{R} \times \mathbb{R}$

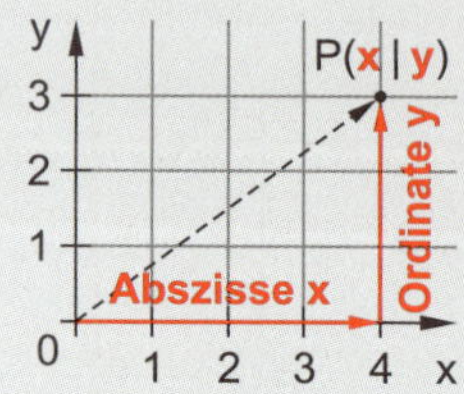

- **Polarkoordinaten**
  Die Lage eines Punktes P wird durch den Abstand $r = |\overline{OP}|$ des Punktes vom Ursprung O und die Maßzahl φ des Winkels zwischen x-Achse und $\overrightarrow{OP}$ eindeutig festgelegt.
  r und φ nennt man **Polarkoordinaten** von P.
  Es gilt: $(r\,|\,\varphi) \in \mathbb{R}_0^+ \times [0°; 360°[$

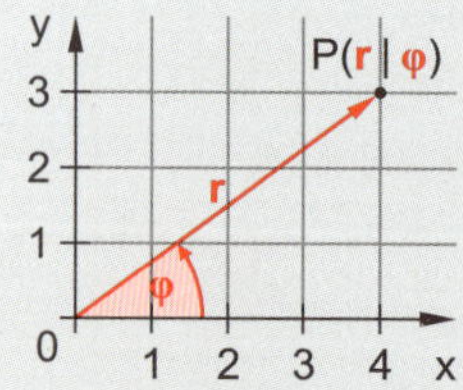

Beispiel

Zeichne die Punkte $P_1(4\,|\,-2)$ und $P_2(5\,|\,115°)$ in ein (kartesisches) Koordinatensystem und ermittle zunächst durch Messen die jeweils entsprechenden kartesischen Koordinaten bzw. Polarkoordinaten. Bestimme anschließend rechnerisch $\overline{OP_1} = r$.

Lösung:

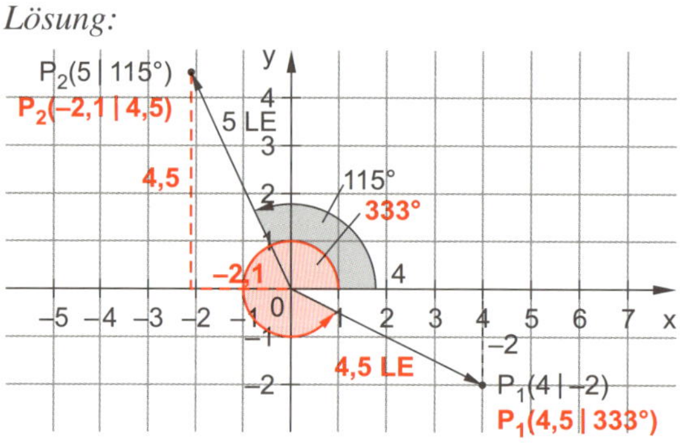

Berechnung der Koordinaten des Vektors $\overrightarrow{OP_1}$:

$\overrightarrow{OP_1} = \begin{pmatrix} 4-\mathbf{0} \\ -2-\mathbf{0} \end{pmatrix} = \begin{pmatrix} 4 \\ -2 \end{pmatrix}$ Für Ortsvektoren mit $P(x_P\,|\,y_P)$ gilt: $\overrightarrow{OP} = \begin{pmatrix} x_P \\ y_P \end{pmatrix}$

Berechnung der Länge der Strecke $[OP_1]$ mithilfe des Satzes von Pythagoras:

$\overline{OP_1} = r = \sqrt{4^2 + (-2)^2}\ \text{LE} = \sqrt{20}\ \text{LE}$ $\overrightarrow{OP} = \begin{pmatrix} x_P \\ y_P \end{pmatrix} \Rightarrow \overline{OP} = \sqrt{x_P{}^2 + y_P{}^2}\ \text{LE}$

$r = 2\sqrt{5}\ \text{LE}$ Teilweise radiziert

$r = 4,47\ \text{LE}$ Näherungswert

Aufgabe 255

Ermittle zeichnerisch die Polarkoordinaten der Punkte und überprüfe r durch Rechnung.

	P_1	P_2	P_3	P_4
$(x\,|\,y)$	$(5\,|\,3)$	$(0\,|\,-4)$	$(-6\,|\,-1)$	$(-2\sqrt{2}\,|\,\sqrt{6})$
$(r\,|\,\varphi)$				

Sinus, Kosinus und Tangens am Einheitskreis

Merke

Die Koordinaten eines Punktes P auf dem **Einheitskreis** (mit Radius 1 LE) hängen ab vom Winkel $\alpha \in [0°; 360°[$, den der **Einheitsvektor** $\overrightarrow{OP}$ mit $P(1|\alpha)$ mit der x-Achse einschließt. Man verwendet folgende Bezeichnungen:

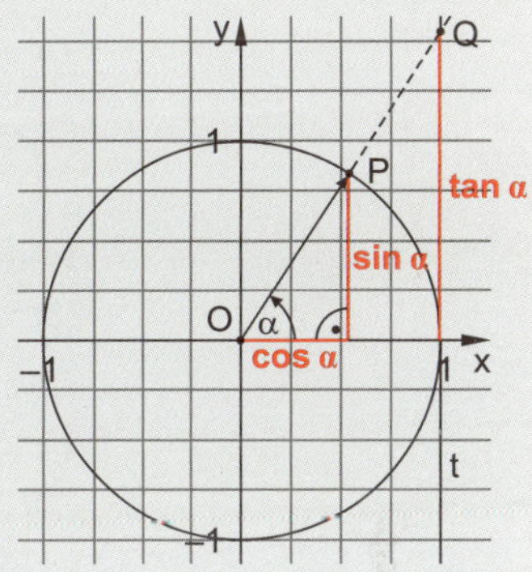

- Die **x-Koordinate** von P nennt man **cos α (Kosinus)**.
- Die **y-Koordinate** von P nennt man **sin α (Sinus)**. Die Werte von $\cos\alpha$ und $\sin\alpha$ liegen zwischen –1 und 1. (Das sind die Extremwerte der Koordinaten der Punkte auf dem Einheitskreis.)
- Das Verhältnis $\tan\alpha = \frac{\sin\alpha}{\cos\alpha}$ $(\alpha \in [0°; 360°[\setminus\{90°; 270°\})$ nennt man **tan α (Tangens)**. Der Tangens kann auf der Tangente t an den Einheitskreis durch den Punkt $(1\,|\,0)$ dargestellt werden. Durch Verlängern der Strecke [OP] mit $P(\cos\alpha\,|\,\sin\alpha)$ erhält man den Schnittpunkt $Q(1\,|\,\tan\alpha)$ mit der Tangente t. (Aus den Vierstreckensätzen folgt: $\frac{y_P}{x_P} = \frac{y_Q}{x_Q} \Rightarrow \frac{\sin\alpha}{\cos\alpha} = \tan\alpha = \frac{y_Q}{1}$)

Beispiel

In der nebenstehenden Zeichnung gilt:
$\alpha = 60°$, $P(0{,}5\,|\,0{,}87)$ und $Q(1\,|\,1{,}73)$.
Es folgt:
$\cos 60° = 0{,}5$
$\sin 60° = 0{,}87$ (gerundet)
$\tan 60° = 1{,}73$ (gerundet)

Überprüfe die Werte mit dem Taschenrechner.

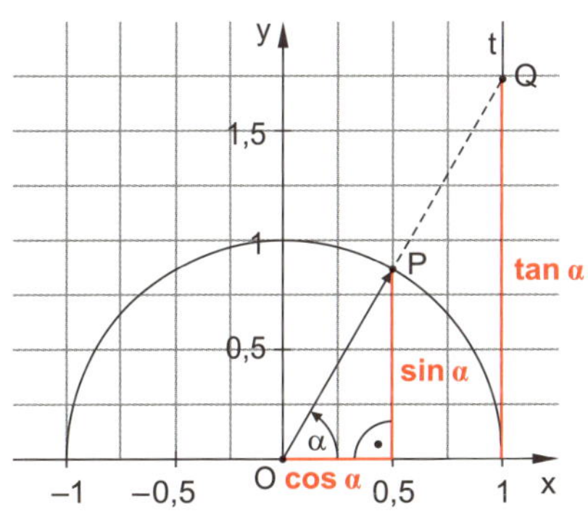

Merke

- Aus dem Satz des Pythagoras folgt (ohne Einschränkung für das Winkelmaß α):
  $\mathbf{\sin^2\alpha + \cos^2\alpha = 1}$
- Aufgelöst erhält man (ohne Einschränkung für das Winkelmaß α):
  $|\sin\alpha| = \sqrt{1-\cos^2\alpha}$ $\qquad$ $|\cos\alpha| = \sqrt{1-\sin^2\alpha}$
- Für Winkelmaße mit $\sin\alpha \in \mathbb{R}^+$ bzw. $\cos\alpha \in \mathbb{R}^+$ gilt:
  $\sin\alpha = \sqrt{1-\cos^2\alpha}$ $\qquad$ $\cos\alpha = \sqrt{1-\sin^2\alpha}$

Beispiel

$$\sin 60° = \sqrt{1-\cos^2 60°} = \sqrt{1-\left(\frac{1}{2}\right)^2} = \sqrt{\frac{3}{4}} = \frac{1}{2}\sqrt{3}$$

$$\sqrt{\frac{3}{4}} = \sqrt{\frac{1}{4}\cdot 3} = \sqrt{\left(\frac{1}{2}\right)^2}\cdot\sqrt{3} = \frac{1}{2}\sqrt{3}$$

Umrechnung: Polarkoordinaten – kartesische Koordinaten

Merke

Polarkoordinaten
P(r | φ)

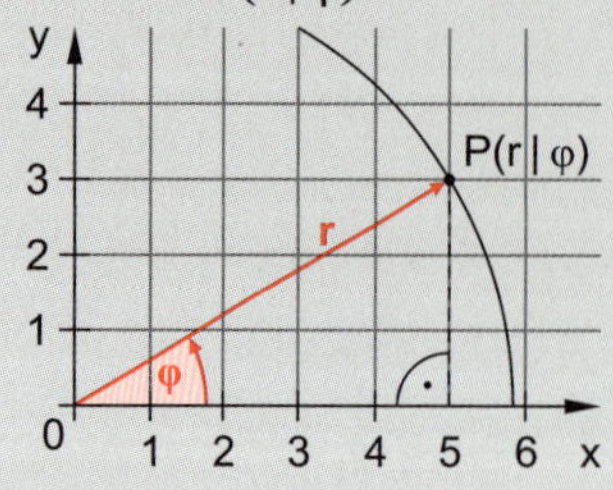

Kartesische Koordinaten
P(x | y)

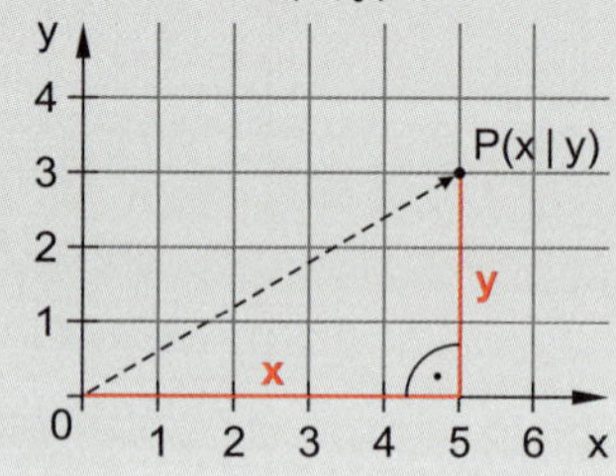

$x = r \cdot \cos\varphi$
$y = r \cdot \sin\varphi$

$r = \sqrt{x^2 + y^2}$
$\tan\varphi = \frac{y}{x}$

Hinweis:
Für $x = 0$ ist $\tan\varphi = \frac{y}{x}$ nicht definiert. Es gilt dann $\varphi = 90°$ $(y > 0)$ oder $\varphi = 270°$ $(y < 0)$.

Beispiel

Berechne die Polarkoordinaten von P(3 | 4) und die kartesischen Koordinaten von Q(5,2 | 38°).

Lösung:

Berechnung der Polarkoordinaten von P:

Für r gilt:

$r = \sqrt{x^2 + y^2}$

$r = \sqrt{3^2 + 4^2}$ LE

$r = \sqrt{25}$ LE

$r = 5$ LE

Für φ gilt:

$\tan\varphi = \frac{y}{x}$

$\tan\varphi_1 = \frac{4}{3}$

$\varphi_1 = 53{,}13°$

also: P(3 | 4) = P(5 | 53,13°)

Berechnung der kart. Koordinaten von Q:

$x = r \cdot \cos\varphi \wedge y = r \cdot \sin\varphi$

$\Leftrightarrow x = 5{,}2 \cdot \cos 38° \wedge y = 5{,}2 \cdot \sin 38°$

$\Leftrightarrow x = 4{,}10 \wedge y = 3{,}20$

$\mathbb{L} = \{(4{,}1 \mid 3{,}2)\}$

also: Q(5,2 | 38°) = Q(4,1 | 3,2)

Aufgaben

256 Interaktive Aufgabe 1. Polarkoordinaten

Berechne jeweils die fehlenden Koordinaten. Runde auf zwei Stellen nach dem Komma.

	P_1	P_2	P_3	P_4	P_5
(x | y)	(4 | 5)			(3 | y)	(9,40 | y)
(r | φ)		(2 | 110°)	(3,75 | –18°)	(r | 26°)	(9,40 | φ)

257

a) Zeichne das Dreieck ABC mit A (3 | 220°), B(5 | 10°) und C (6 | 75°) in ein Koordinatensystem und berechne anschließend die kartesischen Koordinaten der Punkte A, B und C.

b) Berechne den Flächeninhalt des Dreiecks ABC.

258

Die Gerade g = PQ verläuft durch die Punkte P(5 | 143,1°) und Q(4,5 | 11,5°).
Fertige zunächst eine Zeichnung an und berechne anschließend die zugehörige Geradengleichung in Normalform.

259

Gegeben ist das Dreieck ABC mit A(0 | 0), B(8 | 0) sowie C(5 | 3).
Berechne die Seitenlängen und die Maße der Innenwinkel des Dreiecks.
Runde dabei auf zwei Stellen nach dem Komma.

Kartesische Koordinaten spezieller Winkelmaße

Die kartesischen Koordinaten x und y eines Einheitsvektors $\overrightarrow{OP} = (1|\alpha)$ hängen nur von seiner **Polarkoordinate** φ ab $(r=1)$. Es gilt: $x=\cos\varphi$ und $y=\sin\varphi$.
Es ist für zahlreiche Aufgaben von großem Vorteil, die Werte der Terme $\cos\alpha$ und $\sin\alpha$ für spezielle Winkelmaße von α (auswendig!) zu kennen.

Merke

Zusammenfassung wichtiger spezieller Werte von sin α und cos α:

α	0°	30°	45°	60°	90°	180°	270°	360°
$\sin\alpha$	0	$\frac{1}{2}$	$\frac{1}{2}\sqrt{2}$	$\frac{1}{2}\sqrt{3}$	1	0	–1	0
$\cos\alpha$	1	$\frac{1}{2}\sqrt{3}$	$\frac{1}{2}\sqrt{2}$	$\frac{1}{2}$	0	–1	0	1

Beispiele

1.

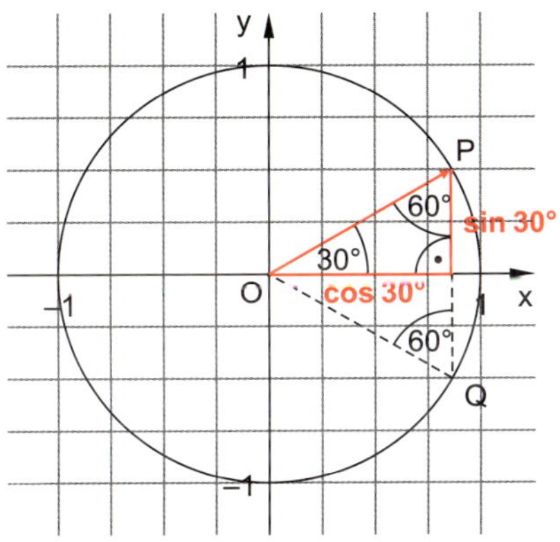

α = 30°:
Das Dreieck OQP ist ein gleichseitiges Dreieck mit der Seitenlänge 1 LE und der Höhe $h = \frac{1}{2}\sqrt{3}$ LE.

Es gilt also:

$$\overrightarrow{OP} = \begin{pmatrix} \cos 30° \\ \sin 30° \end{pmatrix} = \begin{pmatrix} \frac{1}{2}\sqrt{3} \\ \frac{1}{2} \end{pmatrix}$$

$$\overline{OP} = \sqrt{\left(\frac{1}{2}\sqrt{3}\right)^2 + \left(\frac{1}{2}\right)^2}\ \text{LE} = \sqrt{\frac{3}{4}+\frac{1}{4}}\ \text{LE} = 1\ \text{LE}$$

2.

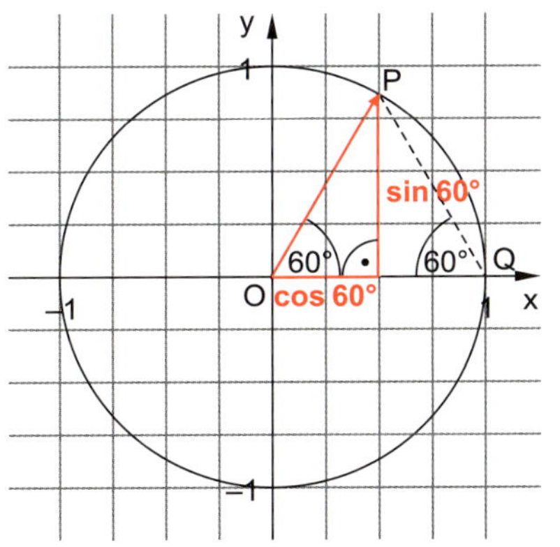

α = 60°:
Das Dreieck OQP ist ein gleichseitiges Dreieck mit der Seitenlänge 1 LE und der Höhe $h = \frac{1}{2}\sqrt{3}$ LE.

Es gilt also:

$$\overrightarrow{OP} = \begin{pmatrix} \cos 60° \\ \sin 60° \end{pmatrix} = \begin{pmatrix} \frac{1}{2} \\ \frac{1}{2}\sqrt{3} \end{pmatrix}$$

$$\overline{OP} = \sqrt{\left(\frac{1}{2}\right)^2 + \left(\frac{1}{2}\sqrt{3}\right)^2}\ \text{LE} = \sqrt{\frac{1}{4}+\frac{3}{4}}\ \text{LE} = 1\ \text{LE}$$

Aufgabe 260

Bestimme zeichnerisch (wie in den obigen Beispielen) die zugehörigen Werte von $\sin\alpha$ und $\cos\alpha$.

a) $\alpha=0°$
b) $\alpha=90°$
c) $\alpha=180°$
d) $\alpha=270°$
e) $\alpha=120°$
f) $\alpha=150°$

Sinus- und Kosinuswerte negativer Winkelmaße

Merke

- **Positive Winkelmaße:**
  Man misst von der positiven x-Achse **entgegen dem Uhrzeigersinn**. Vergleiche mit der Skizze:
  Der Pfeil $\overrightarrow{OP}$ schließt mit der positiven x-Achse den Winkel mit dem Maß α ein.
- **Negative Winkelmaße:**
  Man misst von der positiven x-Achse **im Uhrzeigersinn**. Vergleiche mit der Skizze:
  Der Pfeil $\overrightarrow{OQ}$ schließt mit der positiven x-Achse den Winkel mit dem Maß $-\alpha$ ein.
- Für $\alpha \in [0°; 360°[$ gilt:
  $\cos(-\alpha) = \cos\alpha$
  $\sin(-\alpha) = -\sin\alpha$
  $\tan(-\alpha) = -\tan\alpha \quad (\alpha \notin \{90°; 270°\})$

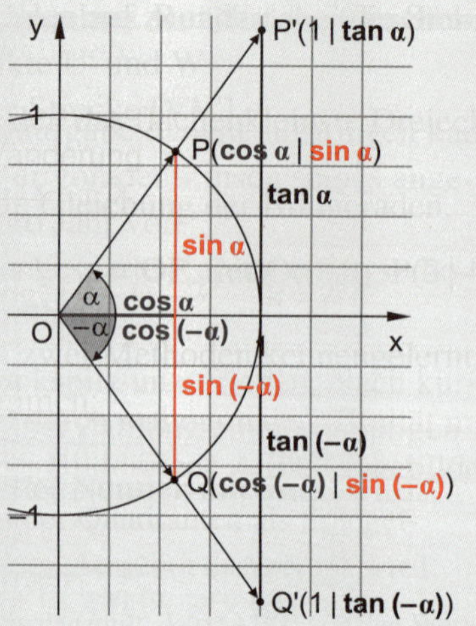

Beispiel

$$\tan(-60°) = \frac{\sin(-60°)}{\cos(-60°)} = \frac{-\sin 60°}{\cos 60°} = \frac{-\frac{1}{2}\sqrt{3}}{\frac{1}{2}} = -\sqrt{3} = -\frac{\frac{1}{2}\sqrt{3}}{\frac{1}{2}} = -\frac{\sin 60°}{\cos 60°} = -\tan(60°)$$

Aufgabe 261

Interaktive Aufgabe
2. Werte bestimmen

Überprüfe auf Korrektheit, verbessere Fehler.

a)
$$\cos 30° = \frac{1}{2}\sqrt{3}$$
$$-\sin 30° = \frac{1}{2}$$
$$\sin(-30°) = -\frac{1}{2}$$
$$\cos(-30°) = -\frac{1}{2}\sqrt{3}$$

b)
$$\cos 90° = 0$$
$$-\sin 90° = -1$$
$$\sin(-90°) = 1$$
$$-\cos(-90°) = 1$$

c)
$$\cos 60° = \frac{1}{2}\sqrt{2}$$
$$-\sin 60° = -\frac{1}{2}\sqrt{2}$$
$$\sin 60° = \frac{1}{2}$$
$$\cos(-60°) = -\frac{1}{2}$$

d)
$$\cos(2 \cdot 22{,}5°) = -\frac{1}{2}\sqrt{2}$$
$$\sin(2 \cdot 22{,}5°) = \frac{1}{2}\sqrt{2}$$
$$\sin(-2 \cdot 22{,}5°) = -\frac{1}{2}\sqrt{2}$$
$$-\cos(2 \cdot 22{,}5°) = \frac{1}{2}\sqrt{2}$$

e)
$$\cos(-30°) = -\frac{1}{2}\sqrt{3}$$
$$-\sin(-30°) = \frac{1}{2}$$
$$\sin(-30°) = \frac{1}{2}$$
$$-\cos 30° = -\frac{1}{2}\sqrt{3}$$

f)
$$\cos(-270°) = 0$$
$$-\sin(-270°) = 1$$
$$\sin(-270°) = 1$$
$$\cos(-270°) = 1$$

Die Supplementbeziehungen

Merke

Supplementbeziehungen
Zwei Winkel, deren Maße sich zu 180° ergänzen, nennt man **Supplementwinkel**.
Für sie gelten die **Supplementbeziehungen**:
$\sin(180° - \alpha) = \sin \alpha$ und $\cos(180° - \alpha) = -\cos \alpha$ für $\alpha \in [0°, 180°]$.

Beispiel

Wird der Pfeil $\overrightarrow{OP}$ mit $P(\cos 28° \mid \sin 28°)$ durch Achsenspiegelung an der y-Achse auf den Bildpfeil $\overrightarrow{OP'}$ abgebildet, so gilt:
$P'(\cos(180° - 28°) \mid \sin(180° - 28°))$

Da sich Punkt und Bildpunkt bei einer Achsenspiegelung an der y-Achse nur im Vorzeichen der x-Koordinate unterscheiden und sie in der y-Koordinate übereinstimmen, gilt:
$\cos(180° - 28°) = x_{P'} = -x_P = -\cos 28°$
$\sin(180° - 28°) = y_{P'} = y_P = \sin 28°$
kurz:
$\cos 152° = -\cos 28°$ und $\sin 152° = \sin 28°$

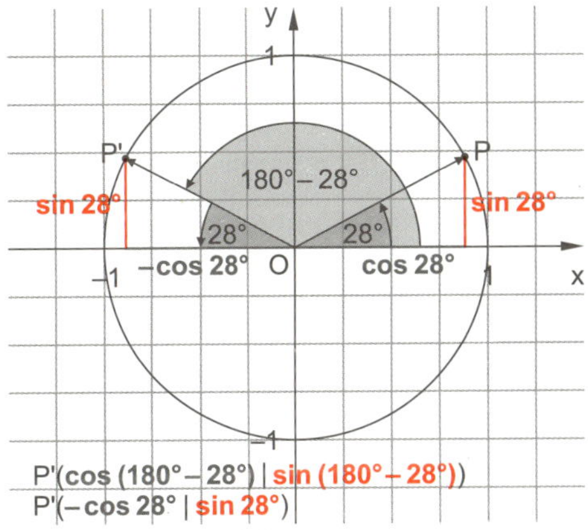

Die Winkel mit den Maßen 28° und 152° ergänzen sich zu 180°. Sie sind somit Supplementwinkel.

Wird ein Punkt $P(\cos \alpha \mid \sin \alpha)$ auf dem Einheitskreis durch Spiegelung an der y-Achse/am Ursprung/an der x-Achse auf den Punkt P'/P''/P''' abgebildet, so lassen sich daraus die folgenden allgemeineren Beziehungen für beliebige Winkel in nebeneinander/gegenüber/übereinander liegenden Quadranten ableiten:

Merke

Erweiterte Supplementbeziehungen

$\cos(180° - \alpha) = -\cos \alpha$
$\sin(180° - \alpha) = \sin \alpha$

I. und II. Quadrant bzw.
III. und IV. Quadrant

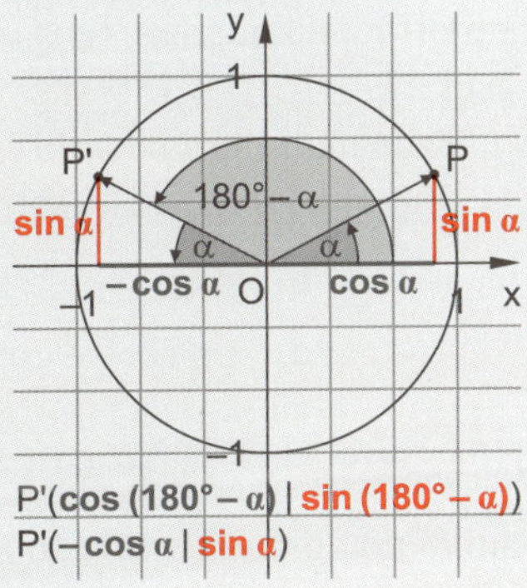

$\cos(180° + \alpha) = -\cos \alpha$
$\sin(180° + \alpha) = -\sin \alpha$

I. und III. Quadrant bzw.
II. und IV. Quadrant

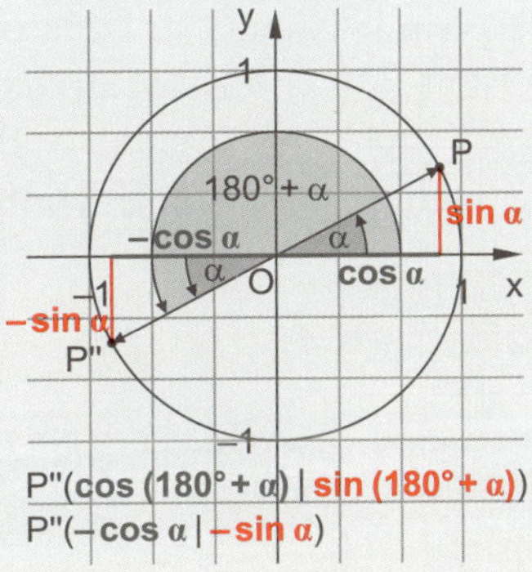

$\cos(360° - \alpha) = \cos \alpha$
$\sin(360° - \alpha) = -\sin \alpha$

I. und IV. Quadrant bzw.
II. und III. Quadrant

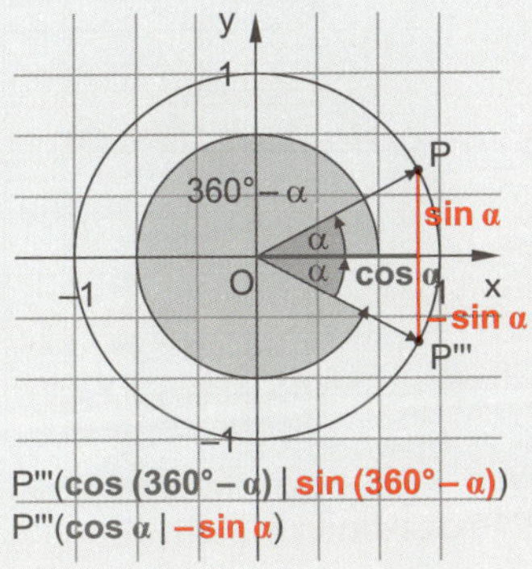

Aufgabe 262

Gib jeweils ein weiteres Winkelmaß $\alpha \in [0°, 180°]$ an, sodass die Gleichung stimmt.

a) $\sin 35° = \sin \alpha$
b) $\sin 106° = \sin \alpha$
c) $\sin 237° = -\sin \alpha$
d) $\sin 348° = -\sin \alpha$
e) $\cos 41° = -\cos \alpha$
f) $\cos 112° = -\cos \alpha$
g) $\cos 243° = -\cos \alpha$
h) $\cos 314° = \cos \alpha$

Die Komplementbeziehungen

Merke

Komplementbeziehungen

Winkel, deren Maße sich zu 90° ergänzen, heißen **Komplementwinkel**.

Für sie gelten die **Komplementbeziehungen**:

$\mathbf{\sin(90° - \alpha) = \cos \alpha}$

$\mathbf{\cos(90° - \alpha) = \sin \alpha}$

für $\alpha \in [0°; 90°]$

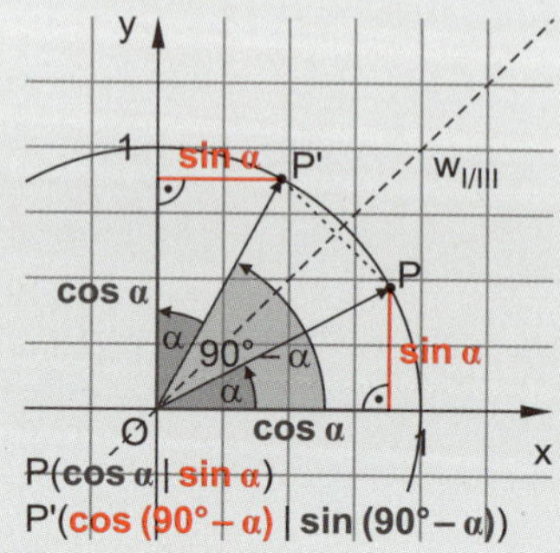

Beispiel

Wird der Pfeil $\overrightarrow{OP}$ mit $P(\cos 28° | \sin 28°)$ durch Achsenspiegelung an der Winkelhalbierenden des I. und III. Quadranten auf den Bildpfeil $\overrightarrow{OP'}$ abgebildet, so gilt:

$P'(\cos(90° - 28°) | \sin(90° - 28°))$

Da sich Punkt und Bildpunkt bei einer Achsenspiegelung an der Winkelhalbierenden des I. und III. Quadranten durch Vertauschen der Koordinaten ergeben, gilt:

$\cos(90° - 28°) = x_{P'} = y_P = \sin 28°$

$\sin(90° - 28°) = y_{P'} = x_P = \cos 28°$

kurz:

$\cos 62° = \sin 28°$ und $\sin 62° = \cos 28°$

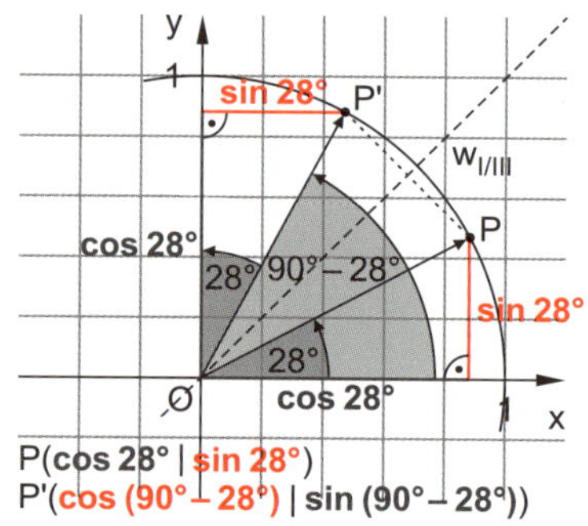

Die Winkel mit den Maßen 28° und 62° ergänzen sich zu 90°. Sie sind somit Komplementwinkel.

Aufgabe 263

Bestimme mithilfe der Komplementbeziehungen das Winkelmaß $\alpha \in [0°; 90°]$.

a) $\cos \alpha = \sin 24°$
b) $\sin \alpha = \cos 78°$
c) $\cos 325° - \sin \alpha = 0$
d) $\sin 123° - \cos \alpha = 0$

Interaktive Aufgabe

3. Supplement- und Komplementbeziehungen

Bestimmung von Winkelmaßen – Gradmaß

Merke

- Zu jedem **Sinuswert** y gibt es **2 Winkelmaße** $\alpha_1, \alpha_2 \in [0°; 360°]$ und Punkte $P_1(1 \mid \alpha_1)$ und $P_2(1 \mid \alpha_2)$ mit $\sin \alpha_1 = \sin \alpha_2 = y$.
- Zu jedem **Kosinuswert** y gibt es **2 Winkelmaße** $\alpha_1, \alpha_2 \in [0°; 360°[$ und Punkte $P_1(1 \mid \alpha_1)$ und $P_2(1 \mid \alpha_2)$ mit $\cos \alpha_1 = \cos \alpha_2 = y$.
- Zu jedem **Tangenswert** y gibt es **2 Winkelmaße** $\alpha_1, \alpha_2 \in [0°; 360°[$ und Punkte $P_1(1 \mid \alpha_1)$ und $P_2(1 \mid \alpha_2)$ mit $\tan \alpha_1 = \tan \alpha_2 = y$.

Hinweis: Für den Sinus-/Tangenswert $y = 0$ gibt es sogar 3 Winkelmaße x_1, x_2, x_3.

Sinus

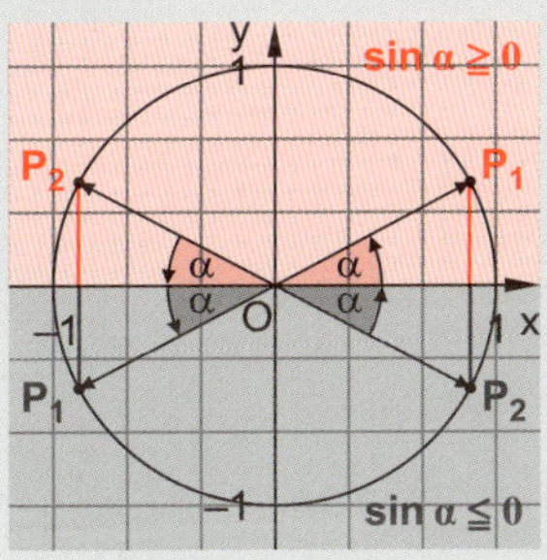

P_1 und P_2 liegen in nebeneinander liegenden Quadranten.

Kosinus

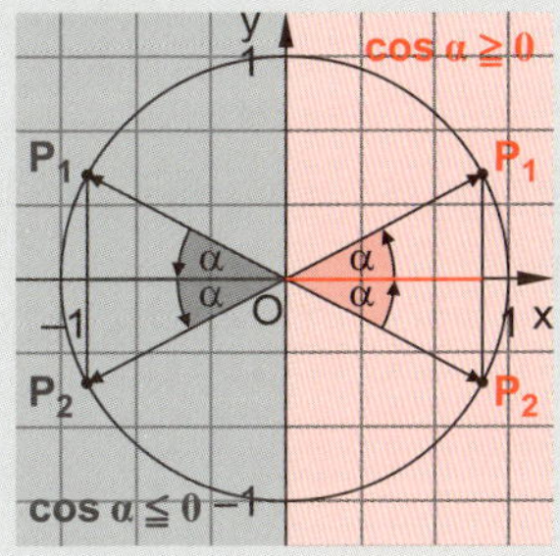

P_1 und P_2 liegen in übereinander liegenden Quadranten.

Tangens

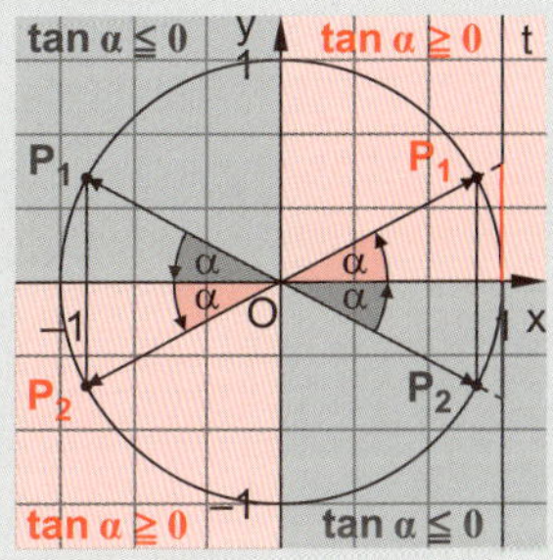

P_1 und P_2 liegen in gegenüber liegenden Quadranten.

Beispiele

1. Bestimme $\alpha \in [0°; 360°]$, sodass gilt $\sin \alpha = 0{,}5$.

Lösung:

```
sin⁻¹ 0.5
                30
```

Der gegebene Wert des Terms sin x ist positiv und kleiner als 1.

Damit gibt es zwei Winkelmaße $\alpha_1 \in]0°; 90°[$ und $\alpha_2 \in]90°; 180°[$

$\alpha_1 = 30°$

Der Taschenrechner zeigt das Winkelmaß α_1 an.

$\alpha_2 = 180° - \alpha_1$
$\alpha_2 = 180° - 30°$
$\alpha_2 = 150°$

Für das Winkelmaß α_2 gilt: $\alpha_2 = 180° - \alpha_1$

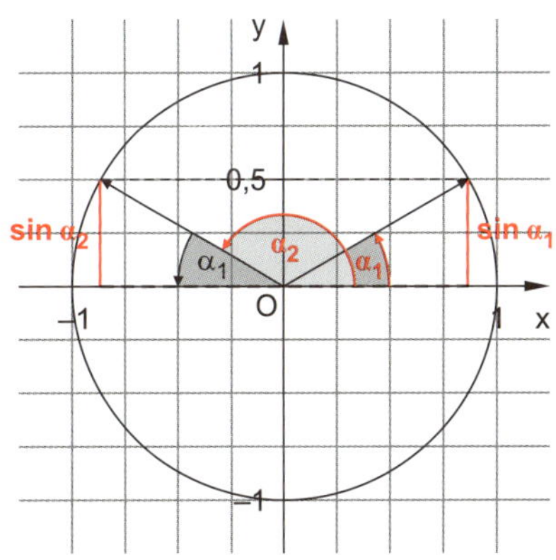

2. Bestimme $\alpha \in [0°; 360°]$, sodass gilt $\sin \alpha = -0{,}45$.

Lösung:

```
sin⁻¹ -0.45
     -26.74368395
```

Der gegebene Wert des Terms sin x ist negativ und größer als –1.

Damit gibt es zwei Winkelmaße $\alpha_1 \in]180°; 270°[$ und $\alpha_2 \in]270°; 360°[$

$\alpha_1 = 180° + \alpha^*$
$\alpha_1 = 180° + 26{,}74°$
$\alpha_1 = 206{,}74°$

Der Taschenrechner zeigt das Winkelmaß $-\alpha^*$ an.

Für das Winkelmaß α_1 gilt: $\alpha_1 = 180° + \alpha^*$

$\alpha_2 = 360° - \alpha^*$
$\alpha_2 = 360° - 26{,}74°$
$\alpha_2 = 333{,}26°$

Für das Winkelmaß α_2 gilt: $\alpha_2 = 360° - \alpha^*$

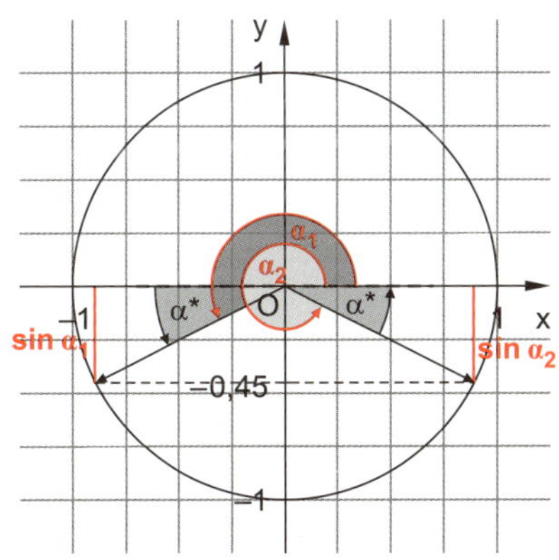

3. Bestimme $\alpha \in [0°; 360°[$, sodass gilt $\cos\alpha = 0{,}6$.

Lösung:

```
cos⁻¹ 0.60
          53.13010235
▶MAT
```

Der gegebene Wert des Terms cos x ist positiv und kleiner als 1.

Damit gibt es zwei Winkelmaße $\alpha_1 \in]0°; 90°[$ und $\alpha_2 \in]270°; 360°[$

$\alpha_1 = 53{,}13°$

Der Taschenrechner zeigt das Winkelmaß α_1 an.

$\alpha_2 = 360° - \alpha_1$
$\alpha_2 = 360° - 53{,}13°$
$\alpha_2 = 306{,}87°$

Für das Winkelmaß α_2 gilt: $\alpha_2 = 360° - \alpha_1$

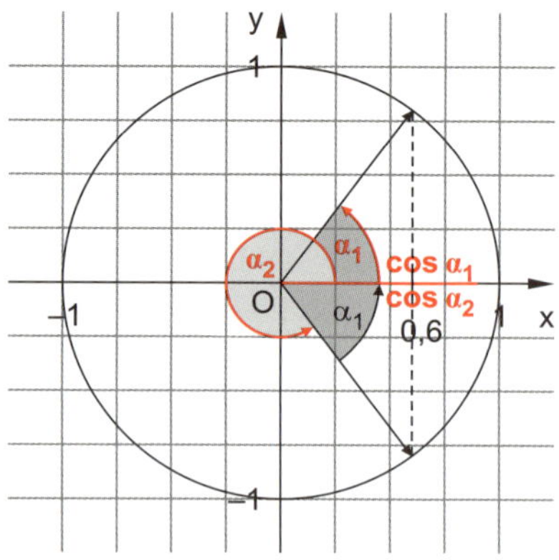

4. Bestimme $\alpha \in [0°; 360°[$, sodass gilt $\cos\alpha = -0{,}75$.

Lösung:

```
cos⁻¹ -0.75
          138.5903779
▶MAT
```

Der gegebene Wert des Terms cos x ist negativ und größer als –1.

Damit gibt es zwei Winkelmaße $\alpha_1 \in]90°; 180°[$ und $\alpha_2 \in]180°; 270°[$

$\alpha_1 = 138{,}59°$

Der Taschenrechner zeigt das Winkelmaß α_1 an.

$\alpha_2 = 360° - \alpha_1$
$\alpha_2 = 360° - 138{,}59°$
$\alpha_2 = 221{,}41°$

Für das Winkelmaß α_2 gilt: $\alpha_2 = 360° - \alpha_1$

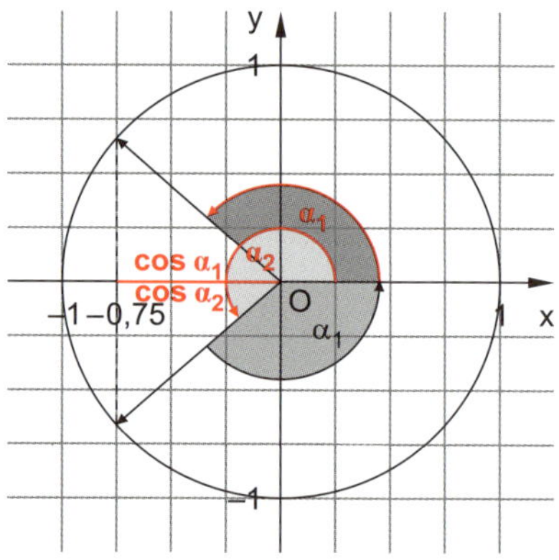

5. Bestimme $\alpha \in [0°; 360°[$, sodass gilt $\tan\alpha = 2{,}5$.

Lösung:

```
tan⁻¹ 2.5
          68.19859051
▶MAT
```

Der gegebene Wert des Terms tan x ist positiv.

Damit gibt es zwei Winkelmaße $\alpha_1 \in]0°; 90°[$ und $\alpha_2 \in]180°; 270°[$

$\alpha_1 = 68{,}20°$

Der Taschenrechner zeigt das Winkelmaß α_1 an.

$\alpha_2 = 180° + \alpha_1$
$\alpha_2 = 180° + 68{,}20°$
$\alpha_2 = 248{,}20°$

Für das Winkelmaß α_2 gilt: $\alpha_2 = 180° + \alpha_1$

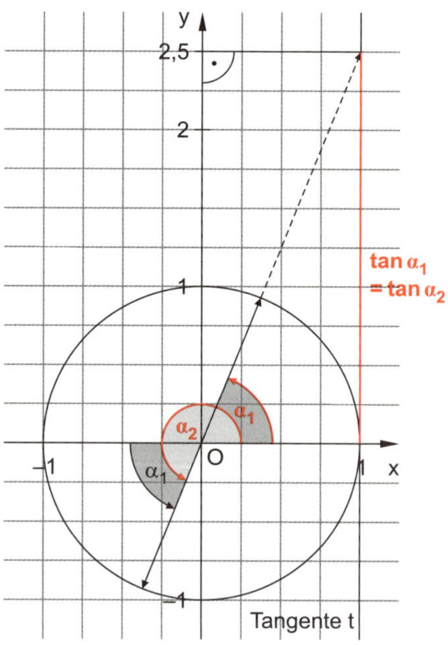

6. Bestimme $\alpha \in [0°; 360°[$, sodass gilt $\tan\alpha = -1{,}4$.

Lösung:

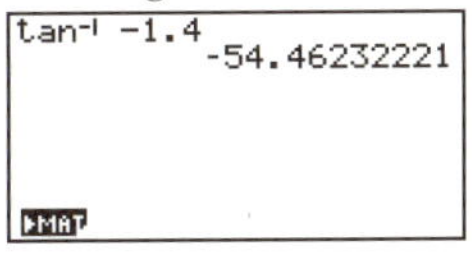

Der gegebene Wert des Terms tan x ist negativ.

Damit gibt es zwei Winkelmaße $\alpha_1 \in]90°; 180°[$ und $\alpha_2 \in]270°; 360°[$

$\alpha_1 = 180° - \alpha^*$
$\alpha_1 = 180° - 54{,}46°$
$\alpha_1 = 125{,}54°$

Der Taschenrechner zeigt das Winkelmaß $-\alpha^*$ an.
Für das Winkelmaß α_1 gilt: $\alpha_1 = 180° - \alpha^*$

$\alpha_2 = 360° - \alpha^*$
$\alpha_2 = 360° - 54{,}46°$
$\alpha_2 = 305{,}54°$

Für das Winkelmaß α_2 gilt: $\alpha_2 = 360° - \alpha^*$

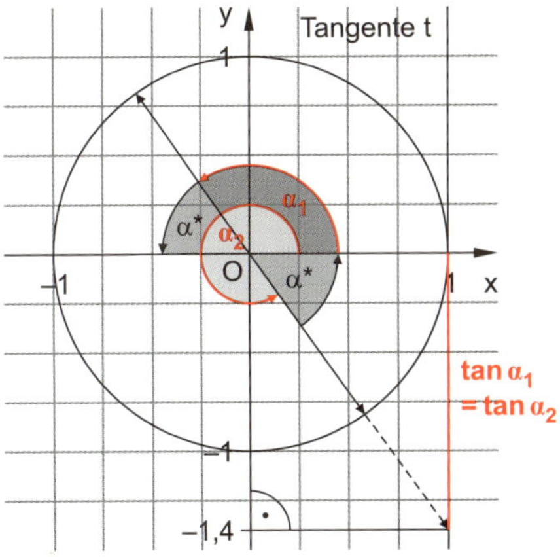

Aufgabe 264

Interaktive Aufgabe
4. Winkelmaß bestimmen

Bestimme $\alpha \in [0°; 360°]$, sodass die Gleichung erfüllt ist.

a) $\sin\alpha = 0{,}8$
b) $\sin\alpha = -0{,}71$
c) $\cos\alpha = 0{,}9$
d) $\cos\alpha = -0{,}5$
e) $\tan\alpha = 0{,}75$
f) $\cos\alpha = -0{,}4$

Bogenmaß und Bogenlänge am Einheitskreis

Für jeden Mittelpunktswinkel AMB mit dem Maß $\alpha \in [0°; 360°[$ wird auf dem Einheitskreis um M genau ein Kreisbogen $\overset{\frown}{P_1P_2}$ mit der Länge $b = x$ LE festgelegt.

Somit lässt sich das Winkelmaß α durch die Maßzahl x der **Bogenlänge b** bestimmen.

Die Maßzahl x der Bogenlänge b am Einheitskreis wird als **Bogenmaß** des Winkels AMB bezeichnet.
Das Maß α des Winkels AMB wird als **Gradmaß** des Winkels bezeichnet.

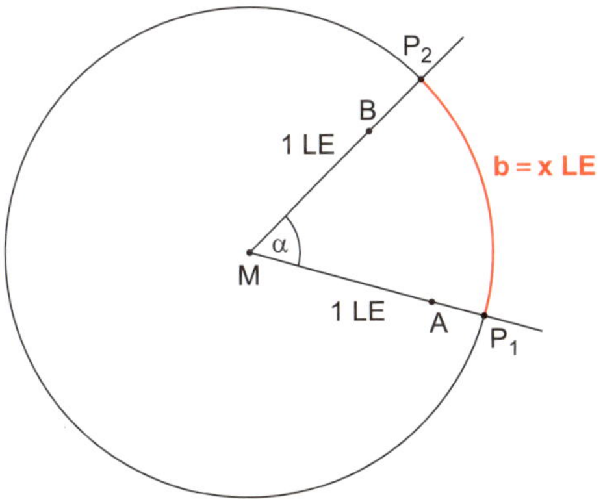

Für die Länge b eines Kreisbogens mit dem Radius r = 1 LE und dem Gradmaß α des Mittelpunktswinkels gilt:

$$\frac{b}{2r\pi} = \frac{\alpha}{360°} \qquad |\cdot 2r\pi$$

Die Bogenlänge b des Kreisbogens verhält sich zum Umfang 2rπ des Vollkreises wie das Maß α des Mittelpunktswinkels zum Maß des Vollwinkels.

$$\Leftrightarrow \quad b = \frac{\alpha \cdot 2r\pi}{360°}$$

Kürze.

$$\Leftrightarrow \quad b = \frac{\alpha \cdot r\pi}{180°}$$

Im Einheitskreis gilt r = 1 LE.

$$\overset{r=1\,\text{LE}}{\Leftrightarrow} \quad b = \frac{\alpha}{180°} \cdot \pi \text{ LE}$$

Mit b = x LE erhält man:

$$x \text{ LE} = \frac{\alpha}{180°} \cdot \pi \text{ LE} \quad \Leftrightarrow \quad x = \frac{\alpha}{180°} \cdot \pi$$

Merke

Das **Bogenmaß** eines Winkels mit dem Gradmaß α ist die Maßzahl x der zu dem Winkel gehörenden **Bogenlänge** auf dem Einheitskreis. Es gilt:

- Umrechnung vom Gradmaß ins Bogenmaß:

  $x = \frac{\alpha}{180^\circ} \cdot \pi$ (α im Gradmaß)

- Umrechnung vom Bogenmaß ins Gradmaß:

  $\alpha = \frac{x}{\pi} \cdot 180^\circ$ (x im Bogenmaß)

Das Bogenmaß wird in der Regel als Bruchteil oder Vielfaches der Kreiszahl π angegeben.

Hinweis: Mitunter wird das Bogenmaß zum Gradmaß α auch mit $\hat{\alpha}$ bezeichnet.

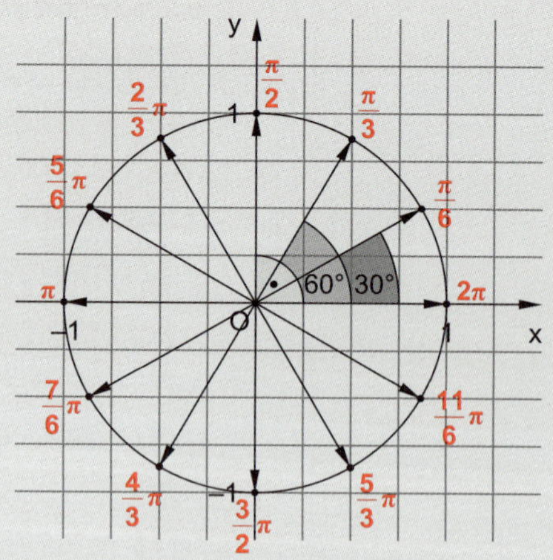

Beispiele

1. Berechne das zugehörige Bogenmaß für $\alpha = 60^\circ$.

   Lösung:

   $x = \frac{\alpha}{180^\circ} \cdot \pi = \frac{60^\circ}{180^\circ} \cdot \pi = \frac{1}{3}\pi$ Einsetzen von Gradmaß $\alpha \rightarrow$ zugehöriges Bogenmaß

2. Berechne das zugehörige Gradmaß zum Bogenmaß $x = 4{,}25$.

   Lösung:

   $\alpha = \frac{x}{\pi} \cdot 180^\circ = \frac{4{,}25}{\pi} \cdot 180^\circ = 243{,}51^\circ$ Näherungswert

3. Der Sinuswert des Winkelmaßes $150^\circ \mathrel{\hat{=}} \frac{5}{6}\pi$ kann mithilfe des Taschenrechners sowohl mit dem Grad- als auch mit dem Bogenmaß berechnet werden:

   Mit dem Gradmaß wird im Modus [DEG] gerechnet:

   $\sin 150^\circ = 0{,}5$ Eingabe im Modus [DEG] : [sin] 150 [=]

   Mit dem Bogenmaß wird im Modus [RAD] gerechnet:

   $\sin \frac{5}{6}\pi = 0{,}5$ Eingabe im Modus [RAD] : [sin] [(] 5 [a b/c] 6 [π] [)] [=]

Aufgabe 265

Berechne die fehlenden Werte. Es gilt $\alpha \in [0°; 360°]$.

α	0°	30°			75°				225°		315°	360°
x			$\frac{1}{4}\pi$				$\frac{3}{4}\pi$			$\frac{3}{2}\pi$		

Interaktive Aufgabe

5. Umrechnung ins Bogenmaß

Die Sinus-, Kosinus- und Tangensfunktion

Mithilfe des Einheitskreises können Zahlenpaare **(α | sin α)** bzw. **(x | sin x)**, **(α | cos α)** bzw. **(x | cos x)** und **(α | tan α)** bzw. **(x | tan x)** für $\alpha \in [0°; 360°]$ bzw. $x \in [0; 2\pi]$ gebildet werden (mit x Bogenmaß zum Gradmaß α). Jedem Wert von α bzw. x wird dabei ein eindeutiger Wert $\sin\alpha = \sin x$ bzw. $\cos\alpha = \cos x$ bzw. $\tan\alpha = \tan x$ zugeordnet.

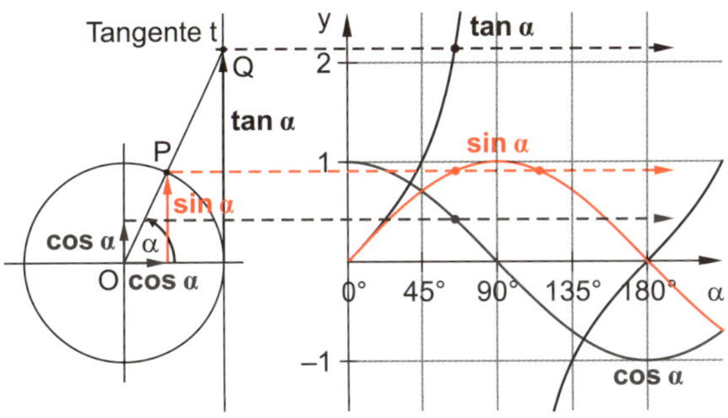

Merke

Die Funktion mit der Gleichung **y = sin x** ($\mathbb{G} = \mathbb{R} \times \mathbb{R}$) heißt **Sinusfunktion**.

Eigenschaften der Sinusfunktion:

- Definitionsmenge: $\mathbb{D} = \mathbb{R}$
- Wertemenge: $\mathbb{W} = [-1; 1]$
- Symmetrie: punktsymmetrisch zum Punkt $P(\pi | 0)$.

Wertetabelle

α	0°	30°	45°	60°	75°	90°	135°	180°	225°	270°	315°	360°
x	0	$\frac{\pi}{6}$	$\frac{\pi}{4}$	$\frac{\pi}{3}$	$\frac{5\pi}{12}$	$\frac{\pi}{2}$	$\frac{3\pi}{4}$	π	$\frac{5\pi}{4}$	$\frac{3\pi}{2}$	$\frac{7\pi}{4}$	2π
sin α = sin x	0	$\frac{1}{2}$	$\frac{1}{2}\sqrt{2}$	$\frac{1}{2}\sqrt{3}$	0,97	1	$\frac{1}{2}\sqrt{2}$	0	$-\frac{1}{2}\sqrt{2}$	−1	$-\frac{1}{2}\sqrt{2}$	0

Graph

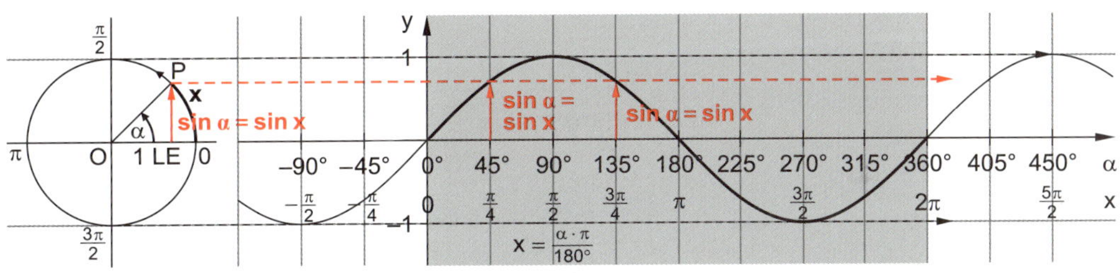

Merke

Die Funktion mit der Gleichung y = cos x ($\mathbb{G} = \mathbb{R} \times \mathbb{R}$) heißt **Kosinusfunktion**.

Eigenschaften der Kosinusfunktion:

- Definitionsmenge: $\mathbb{D} = \mathbb{R}$
- Wertemenge: $\mathbb{W} = [-1; 1]$
- Symmetrie: achsensymmetrisch zu $x = \pi$

Wertetabelle

α	0°	30°	45°	60°	75°	90°	135°	180°	225°	270°	315°	360°
x	0	$\frac{\pi}{6}$	$\frac{\pi}{4}$	$\frac{\pi}{3}$	$\frac{5\pi}{12}$	$\frac{\pi}{2}$	$\frac{3\pi}{4}$	π	$\frac{5\pi}{4}$	$\frac{3\pi}{2}$	$\frac{7\pi}{4}$	2π
cos α = cos x	1	$\frac{1}{2}\sqrt{3}$	$\frac{1}{2}\sqrt{2}$	$\frac{1}{2}$	0,26	0	$-\frac{1}{2}\sqrt{2}$	−1	$-\frac{1}{2}\sqrt{2}$	0	$\frac{1}{2}\sqrt{2}$	1

Graph

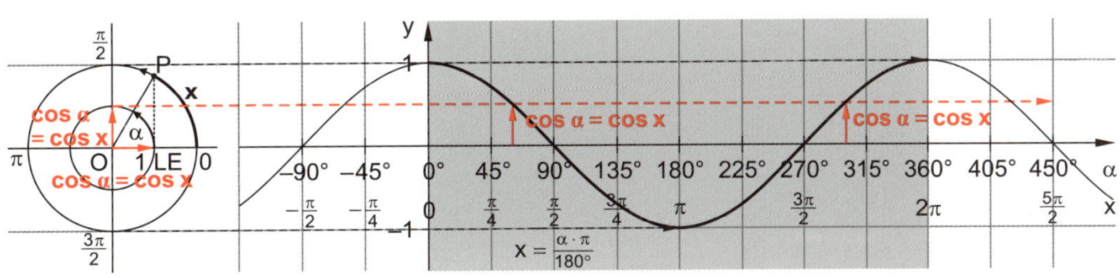

Merke

Da sich die Werte der Terme sin x und cos x ($x \in \mathbb{R}$) jeweils nach 2π wiederholen, nennt man diese Funktionen **periodische Funktionen** mit der **Periode 2π**. Sie können daher auf $\mathbb{R} \setminus [0; 2\pi]$ fortgesetzt werden:

$\sin(x + 2k\pi) = \sin x \quad (k \in \mathbb{Z})$

$\cos(x + 2k\pi) = \cos x \quad (k \in \mathbb{Z})$

Graphen

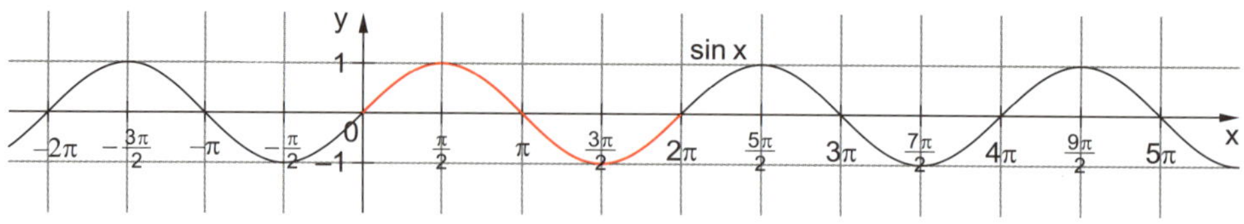

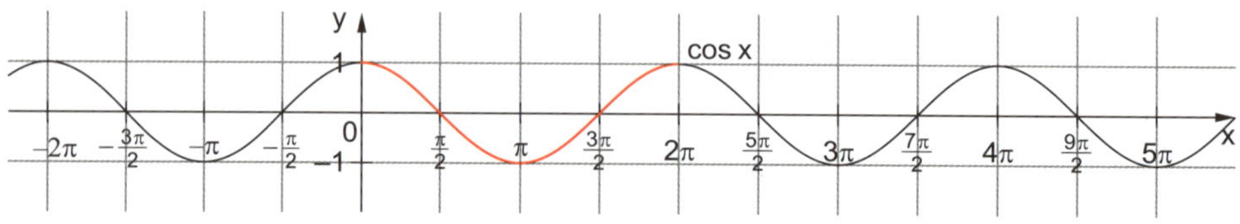

Merke

Die Funktion mit der Gleichung **y = tan x** ($\mathbb{G} = \mathbb{R} \times \mathbb{R}$) heißt **Tangensfunktion**.

Eigenschaften der Tangensfunktion:

- Definitionsmenge: $\mathbb{D} = \mathbb{R} \setminus \{ k\pi + \frac{\pi}{2} | k \in \mathbb{Z} \}$
- Wertemenge: $\mathbb{W} = \mathbb{R}$
- Symmetrie: punktsymmetrisch zum Punkt $P(\pi | 0)$

Wertetabelle

α	0°	30°	45°	60°	75°	90°	135°	180°	225°	270°	315°	360°
x	0	$\frac{\pi}{6}$	$\frac{\pi}{4}$	$\frac{\pi}{3}$	$\frac{5\pi}{12}$	$\frac{\pi}{2}$	$\frac{3\pi}{4}$	π	$\frac{5\pi}{4}$	$\frac{3\pi}{2}$	$\frac{7\pi}{4}$	2π
tan α = tan x	0	$\frac{1}{3}\sqrt{3}$	1	$\sqrt{3}$	3,73	n. d.	–1	0	1	n. d.	–1	0

Graph

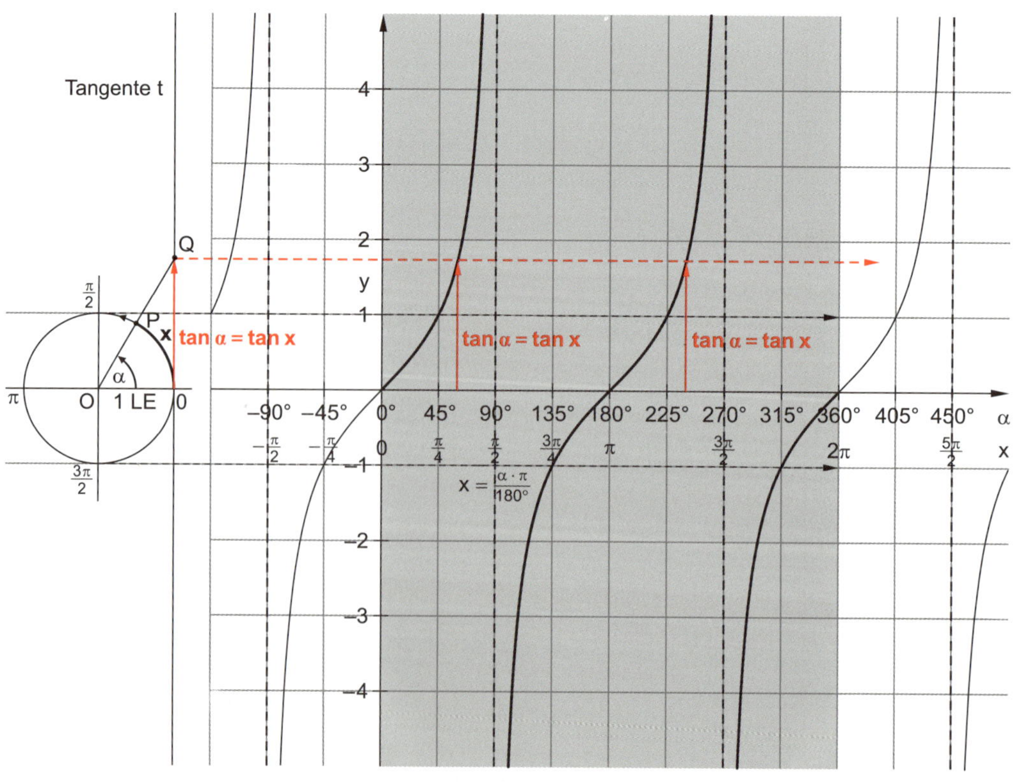

Merke

Da sich die Werte des Terms $\tan x$ ($x \in \mathbb{R}$) jeweils nach π wiederholen, nennt man die Tangensfunktion **periodische Funktion** mit der **Periode π**. Sie kann daher auf $\mathbb{R} \setminus [0; 2\pi]$ fortgesetzt werden:
$\tan(x + k\pi) = \tan x \qquad (k \in \mathbb{Z})$

Graph

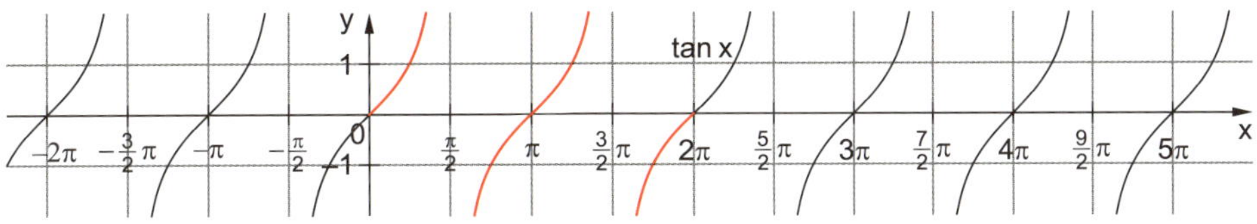

Bestimmung von Winkelmaßen – Bogenmaß

Merke

- Zu jedem **Sinuswert** y gibt es **2 Winkelmaße** $x_1, x_2 \in [0; 2\pi]$ mit $\sin x_1 = \sin x_2 = y$.
- Zu jedem **Kosinuswert** y gibt es **2 Winkelmaße** $x_1, x_2 \in [0; 2\pi]$ mit $\cos x_1 = \cos x_2 = y$.
- Zu jedem **Tangenswert** y gibt es **2 Winkelmaße** $x_1, x_2 \in [0; 2\pi[$ mit $\tan x_1 = \tan x_2 = y$.

Hinweis: Für den Sinus-/Tangenswert $y = 0$ gibt es sogar 3 Winkelmaße x_1, x_2, x_3.

Beispiele

1. Bestimme $x \in [0; 2\pi]$, sodass gilt $\sin x = 0{,}5$.

Lösung:

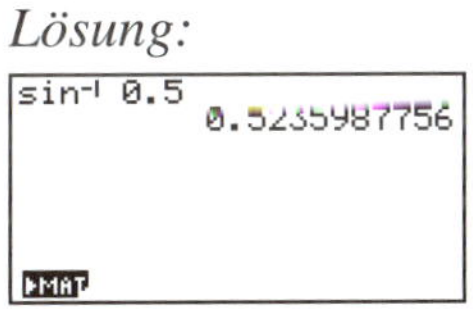

Der gegebene Wert des Terms $\sin x$ ist positiv und kleiner als 1. Damit gibt es zwei Winkelmaße $x_1 \in \left]0; \frac{\pi}{2}\right[$ und $x_2 \in \left]\frac{\pi}{2}; \pi\right[$.

$x_1 = 0{,}52$

Der Taschenrechner zeigt das Winkelmaß x_1 an.

$x_2 = \pi - x_1$
$x_2 = \pi - 0{,}52$
$x_2 = 2{,}62$

Für das Winkelmaß x_2 gilt: $x_2 = \pi - x_1$

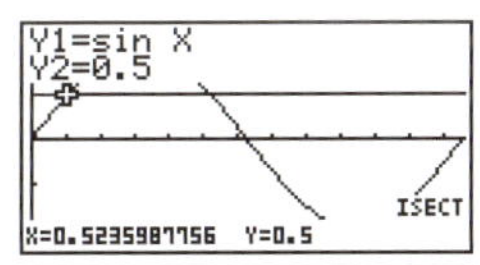

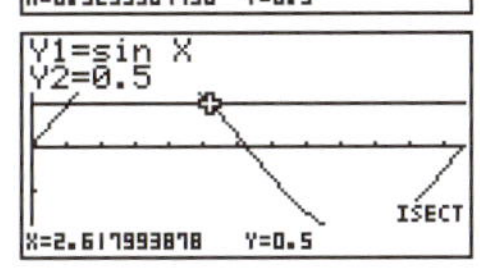

Die Abszissen der Schnittpunkte der Graphen von y_1 und y_2 im Intervall $[0; 2\pi]$ sind die gesuchten Bogenmaße.

2. Bestimme $x \in [0; 2\pi]$, sodass gilt $\sin x = -0{,}45$.

Lösung:

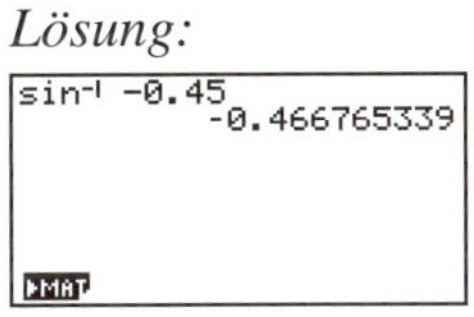

Der gegebene Wert des Terms $\sin x$ ist negativ und größer als -1. Damit gibt es zwei Winkelmaße $x_1 \in \left]\pi; \frac{3\pi}{2}\right[$ und $x_2 \in \left]\frac{3\pi}{2}; 2\pi\right[$.

$x_1 = \pi + x^*$
$x_1 = \pi + 0{,}47$
$x_1 = 3{,}61$

Der Taschenrechner zeigt das Winkelmaß $-x^*$ an.
Für das Winkelmaß x_1 gilt: $x_1 = \pi + x^*$

$x_2 = 2\pi - x^*$
$x_2 = 2\pi - 0{,}47$
$x_2 = 5{,}81$

Für das Winkelmaß x_2 gilt: $x_2 = 2\pi - x^*$

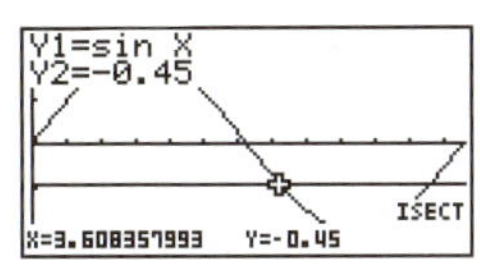

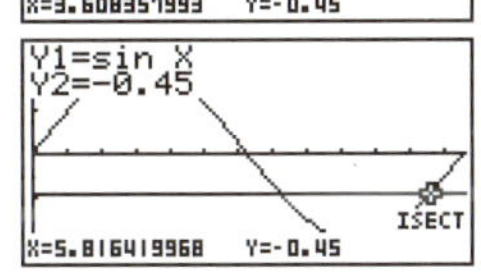

Die Abszissen der Schnittpunkte der Graphen von y_1 und y_2 im Intervall $[0; 2\pi]$ sind die gesuchten Bogenmaße.

3. Bestimme $x \in [0; 2\pi]$, sodass gilt $\cos x = 0{,}60$.

Lösung:

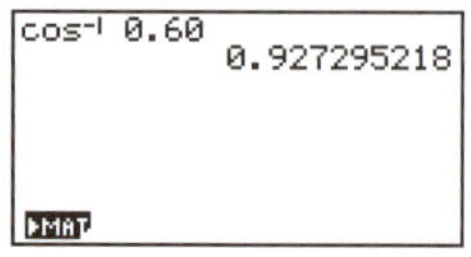

Der gegebene Wert des Terms $\cos x$ ist positiv und kleiner als 1.

Damit gibt es zwei Winkelmaße $x_1 \in \left]0; \frac{\pi}{2}\right[$ und $x_2 \in \left]\frac{3\pi}{2}; 2\pi\right[$.

$x_1 = 0{,}93$

Der Taschenrechner zeigt das Winkelmaß x_1 an.

$x_2 = 2\pi - x_1$
$x_2 = 2\pi - 0{,}93$
$x_2 = 5{,}35$

Für das Winkelmaß x_2 gilt: $x_2 = 2\pi - x_1$

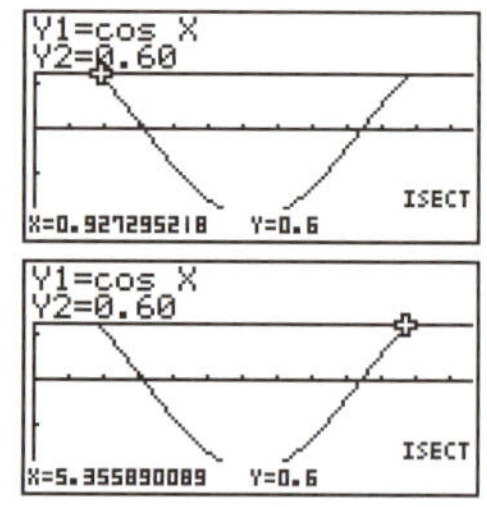

Die Abszissen der Schnittpunkte der Graphen von y_1 und y_2 im Intervall $[0; 2\pi]$ sind die gesuchten Bogenmaße.

4. Bestimme $x \in [0; 2\pi]$, sodass gilt $\cos x = -0{,}75$.

Lösung:

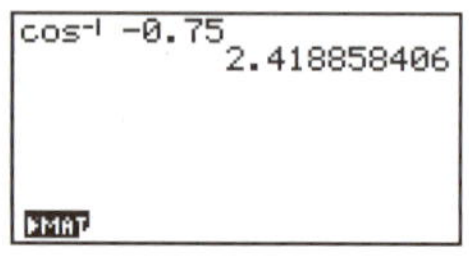

Der gegebene Wert des Terms $\cos x$ ist negativ und größer als -1.

Damit gibt es zwei Winkelmaße $x_1 \in \left]\frac{\pi}{2}; \pi\right[$ und $x_2 \in \left]\pi; \frac{3\pi}{2}\right[$.

$x_1 = 2{,}42$

Der Taschenrechner zeigt das Winkelmaß x_1 an.

$x_2 = 2\pi - x_1$
$x_2 = 2\pi - 2{,}42$
$x_2 = 3{,}86$

Für das Winkelmaß x_2 gilt: $x_2 = 2\pi - x_1$

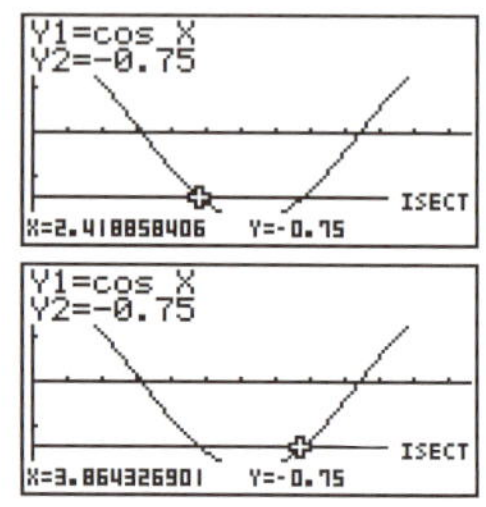

Die Abszissen der Schnittpunkte der Graphen von y_1 und y_2 im Intervall $[0; 2\pi]$ sind die gesuchten Bogenmaße.

5. Bestimme $x \in [0; 2\pi]$, sodass gilt $\tan x = 25$.

Lösung:

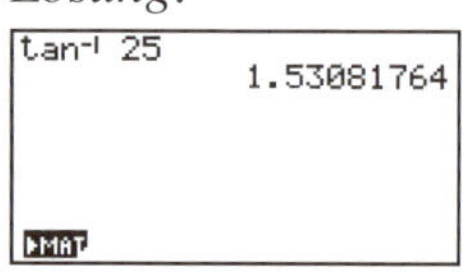

Der gegebene Wert des Terms $\tan x$ ist positiv.

Damit gibt es zwei Winkelmaße $x_1 \in \left]0; \frac{\pi}{2}\right[$ und $x_2 \in \left]\pi; \frac{3\pi}{2}\right[$.

$x_1 = 1{,}53$

Der Taschenrechner zeigt das Winkelmaß x_1 an.

$x_2 = \pi + x_1$
$x_2 = \pi + 1{,}53$
$x_2 = 4{,}67$

Für das Winkelmaß x_2 gilt: $x_2 = \pi + x_1$

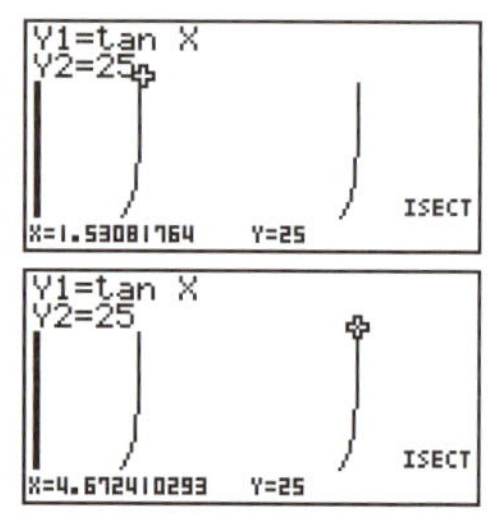

Die Abszissen der Schnittpunkte der Graphen von y_1 und y_2 im Intervall $[0; 2\pi]$ sind die gesuchten Bogenmaße.

6. Bestimme $x \in [0; 2\pi]$, sodass gilt $\tan x = -5$.

Lösung:

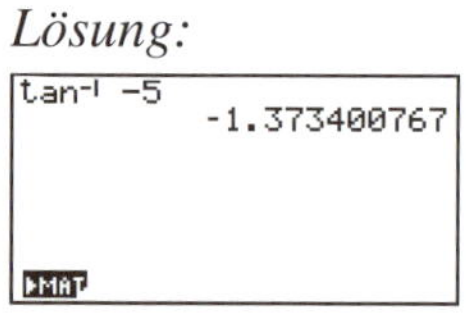

Der gegebene Wert des Terms $\tan x$ ist negativ.

Damit gibt es zwei Winkelmaße $x_1 \in \left]\frac{\pi}{2}; \pi\right[$ und $x_2 \in \left]\frac{3\pi}{2}; 2\pi\right[$.

$x_1 = \pi - x^*$
$x_1 = \pi - 1{,}37$
$x_1 = 1{,}77$

Der Taschenrechner zeigt das Winkelmaß $-x^*$ an.

Für das Winkelmaß x_1 gilt: $x_1 = \pi - x^*$

$x_2 = 2\pi - x^*$
$x_2 = 2\pi - 1{,}37$
$x_2 = 4{,}91$

Für das Winkelmaß x_2 gilt: $x_2 = 2\pi - x^*$

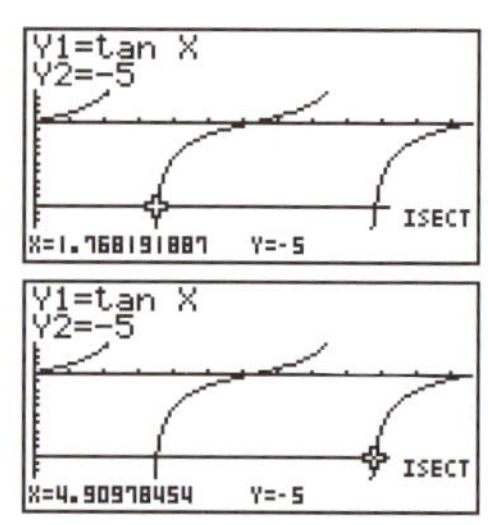

Die Abszissen der Schnittpunkte der Graphen von y_1 und y_2 im Intervall $[0; 2\pi]$ sind die gesuchten Bogenmaße.

Sinus, Kosinus und Tangens im rechtwinkligen Dreieck

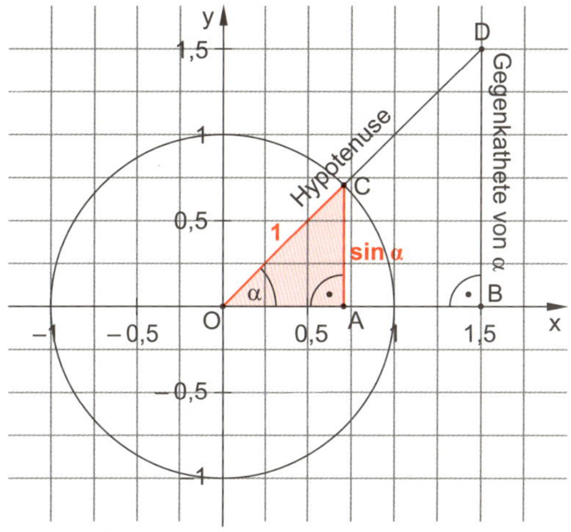

Die Dreiecke OAC und OBD in der nebenstehenden Zeichnung sind rechtwinklig.
Nach dem 2. Vierstreckensatz gilt:

$$\frac{\overline{AC}}{\overline{OC}} = \frac{\overline{BD}}{\overline{OD}}$$

$$\Leftrightarrow \quad \frac{\sin\alpha}{1} = \frac{\text{Länge der Gegenkathete}}{\text{Länge der Hypotenuse}}$$

$$\Leftrightarrow \quad \sin\alpha = \frac{\text{Länge der Gegenkathete}}{\text{Länge der Hypotenuse}}$$

Da D auf [OC frei wählbar ist, gilt diese Beziehung in allen rechtwinkligen Dreiecken mit Winkel α.
Entsprechende Konstruktionen lassen sich auch für cos α und tan α anfertigen. Mithilfe der Vierstreckensätze gelangt man zu den folgenden Beziehungen.

Merke

In allen rechtwinkligen Dreiecken gelten folgende Beziehungen:

$$\sin\alpha = \frac{\text{Länge der } \textbf{Gegenkathete} \text{ von } \alpha}{\text{Länge der Hypotenuse}}$$

$$\cos\alpha = \frac{\text{Länge der } \textbf{Ankathete} \text{ von } \alpha}{\text{Länge der Hypotenuse}}$$

$$\tan\alpha = \frac{\text{Länge der } \textbf{Gegenkathete} \text{ von } \alpha}{\text{Länge der } \textbf{Ankathete} \text{ von } \alpha}$$

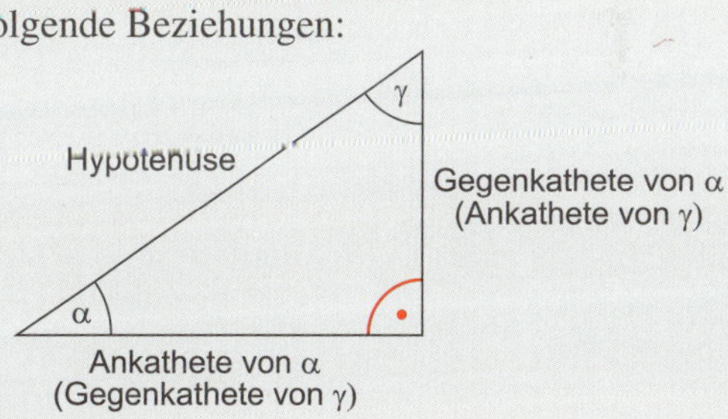

Berechnung von Seitenlängen

Mithilfe der Seitenverhältnisse sin α, cos α und tan α kann man die Seitenlängen in rechtwinkligen Dreiecken berechnen.

Beispiel

Gegeben ist ein in B rechtwinkliges Dreieck ABC mit $\alpha = 30°$ und der Hypotenusenlänge $\overline{CA} = 8$ cm. Bestimme die fehlenden Seitenlängen dieses rechtwinkligen Dreiecks.

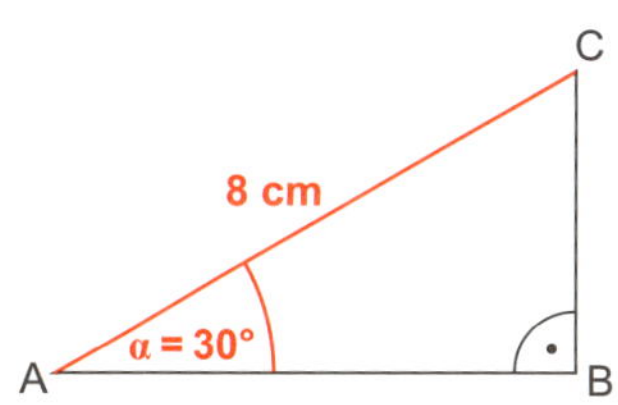

Lösung:
Systematisches Vorgehen zur Berechnung von $\overline{BC}$:
Gegeben: Winkelmaß α und Länge der Hypotenuse
Gesucht: Länge der Gegenkathete [BC]

Da die Länge der Hypotenuse bekannt ist und die Länge der Gegenkathete gesucht, bietet sich nur die Sinus-Beziehung an.

In tan α kommt die Hypotenuse nicht vor, in cos α kommt die Gegenkathete nicht vor.

Rechnung:

$$\sin\alpha = \frac{\text{Länge der Gegenkathete von } \alpha}{\text{Länge der Hypotenuse}} = \frac{\overline{BC}}{\overline{CA}}$$

Die Gegenkathete von α ist [BC].

$$\sin 30° = \frac{\overline{BC}}{8\text{ cm}} \quad |\cdot 8\text{ cm}$$

Nach $\overline{BC}$ auflösen

$$\overline{BC} = 8\text{ cm} \cdot \sin 30°$$

Der Taschenrechner liefert sin 30° = 0,5.

$$\overline{BC} = 8\text{ cm} \cdot 0{,}5$$
$$\overline{BC} = 4\text{ cm}$$

Jetzt kann man die Länge der Seite [AB] auf drei verschiedene Arten berechnen:

- **Satz des Pythagoras:**

$$\overline{AB} = \sqrt{\overline{CA}^2 - \overline{BC}^2} = \sqrt{8^2 - 4^2}\text{ cm} = \sqrt{48}\text{ cm} = 6{,}93\text{ cm}$$

- **Kosinusbeziehung:**

$$\cos\alpha = \frac{\text{Länge der Ankathete von }\alpha}{\text{Länge der Hypotenuse}} = \frac{\overline{AB}}{\overline{CA}}$$

Die Ankathete von α ist [AB].

$$\cos 30° = \frac{\overline{AB}}{8\text{ cm}} \quad |\cdot 8\text{ cm}$$

Auflösen nach $\overline{AB}$

$$\overline{AB} = 8\text{ cm} \cdot \cos 30°$$
$$\overline{AB} = 8\text{ cm} \cdot \frac{1}{2}\sqrt{3}$$
$$\overline{AB} = 6{,}93\text{ cm}$$

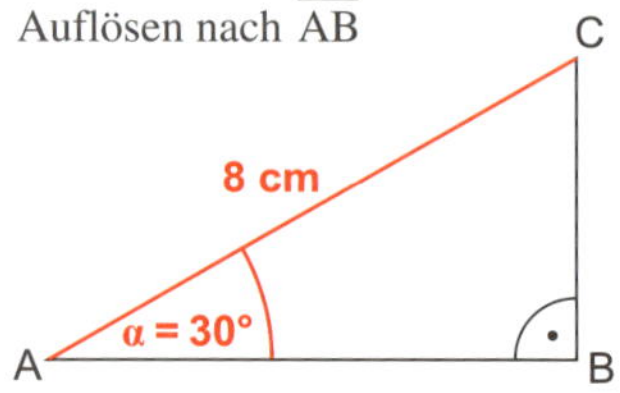

- **Tangensbeziehung:**

$$\tan\alpha = \frac{\text{Länge der Gegenkathete von }\alpha}{\text{Länge der Ankathete von }\alpha} = \frac{\overline{BC}}{\overline{AB}}$$

Die Gegenkathete von α ist [BC].

$$\tan 30° = \frac{4\text{ cm}}{\overline{AB}} \quad \left|\cdot \frac{\overline{AB}}{\tan 30°}\right.$$

Auflösen nach $\overline{AB}$

$$\overline{AB} = \frac{4\text{ cm}}{\tan 30°}$$
$$\overline{AB} = \frac{4\text{ cm}}{\frac{1}{\sqrt{3}}}$$
$$\overline{AB} = 6{,}93\text{ cm}$$

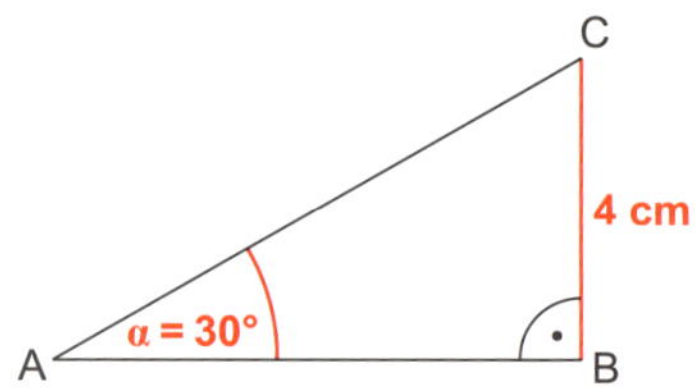

Berechnung von Winkelmaßen

Mithilfe der Seitenverhältnisse sin α, cos α und tan α kann man die Winkelmaße in rechtwinkligen Dreiecken berechnen.

Merke

> Sind in einem Dreieck zwei Winkelmaße bekannt, so kennt man auch das dritte Winkelmaß, denn die **Summe der Innenwinkel** beträgt stets **180°**.

Beispiel

Gegeben ist ein rechtwinkliges Dreieck ABC mit $\alpha = 30°$, $\overline{AB} = 6{,}93$ cm, $\overline{BC} = 4$ cm und Hypotenuse $\overline{CA} = 8$ cm. Bestimme den fehlenden Innenwinkel γ.

Lösung:
Der fehlende Innenwinkel γ lässt sich auf vier verschiedene Arten berechnen:

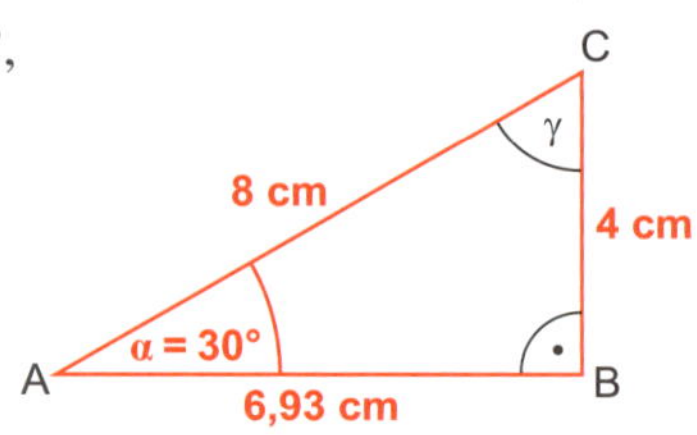

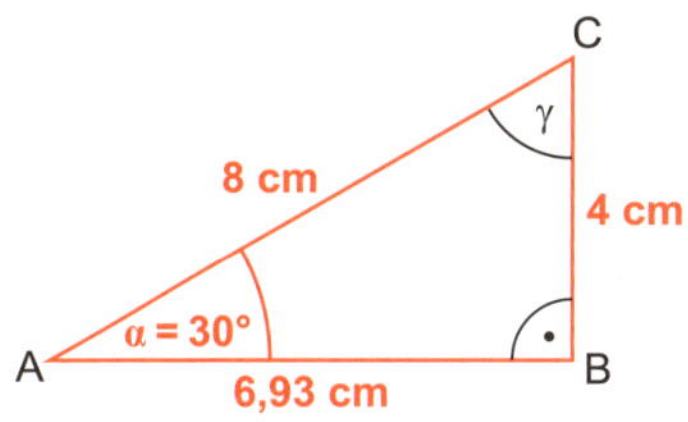

- **Winkelsumme im Dreieck:**
  $\gamma = 180° - 90° - 30° = 60°$
- **Sinusbeziehung:**
  $\sin\gamma = \frac{\text{Länge der Gegenkathete von } \gamma}{\text{Länge der Hypotenuse}}$

  $\sin\gamma = \frac{\overline{AB}}{\overline{CA}}$

  $\sin\gamma = \frac{6{,}93\text{ cm}}{8\text{ cm}}$ — Verwende den Taschenrechnerwert des Bruchs.

  $\sin\gamma = 0{,}8662\ldots$

  $\gamma = 60°$

  Der Taschenrechner liefert das Winkelmaß γ zum Sinuswert 0,8662… mit der Taste $\boxed{\text{SIN}^{-1}}$: $\gamma = \boxed{\text{SIN}^{-1}}\, 0{,}8662\ldots \approx 60°$
- **Kosinusbeziehung:**
  $\cos\gamma = \frac{\text{Länge der Ankathete von } \gamma}{\text{Länge der Hypotenuse}}$

  $\cos\gamma = \frac{\overline{BC}}{\overline{CA}}$

  $\cos\gamma = \frac{4\text{ cm}}{8\text{ cm}}$

  $\cos\gamma = 0{,}5$

  $\gamma = 60°$

  Der Taschenrechner liefert: $\gamma = \boxed{\text{COS}^{-1}}\, 0{,}5 = 60°$
- **Tangensbeziehung:**
  $\tan\gamma = \frac{\text{Länge der Gegenkathete von } \gamma}{\text{Länge der Ankathete von } \gamma}$

  $\tan\gamma = \frac{\overline{AB}}{\overline{BC}}$

  $\tan\gamma = \frac{6{,}93\text{ cm}}{4\text{ cm}}$

  $\tan\gamma = 1{,}7325$

  $\gamma = 60°$

  Der Taschenrechner liefert: $\gamma = \boxed{\text{TAN}^{-1}}\, 1{,}7325 \approx 60°$

Merke

> Sind von einem Dreieck **eine Seitenlänge** und **zwei weitere Bestimmungsstücke** bekannt (Winkelmaße oder Seitenlängen), so ist das Dreieck vollständig berechenbar.

Beispiel

Im Dreieck ABC ist [BC] die Hypotenuse. Es gilt: $\overline{BC} = 5$ cm, $\overline{AB} = 3$ cm.
Berechne alle Winkelmaße und die fehlende Seitenlänge.

Lösung:
Planfigur:

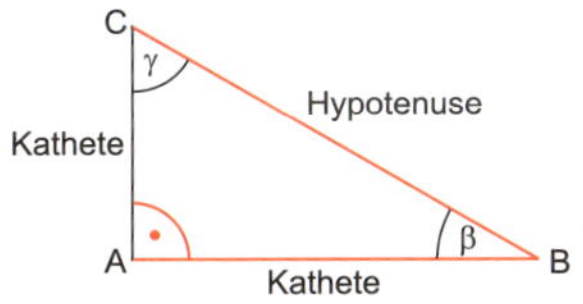

Es sind eine Seite und zwei weitere Bestimmungsstücke bekannt (zwei Seiten und ein 90°-Winkel). Das Dreieck ist also vollständig berechenbar.

Berechnung der fehlenden Seitenlänge mit dem Satz des Pythagoras:

$$\overline{CA} = \sqrt{\overline{BC}^2 - \overline{AB}^2} = \sqrt{5^2 - 3^2}\text{ cm} = 4\text{ cm}$$

Berechnung des fehlenden Winkelmaßes γ über die Tangensbeziehung:

Alle drei Beziehungen (sin, cos, tan) sind möglich, da alle drei Seiten bekannt sind!

$$\tan\gamma = \frac{\overline{AB}}{\overline{CA}}$$

$$\tan\gamma = \frac{3\text{ cm}}{4\text{ cm}}$$

$$\tan\gamma = 0{,}75$$
$$\gamma = 36{,}87°$$

Der Taschenrechner liefert: $\gamma =$ [TAN⁻¹] $0{,}75 \approx 36{,}87°$

β berechnet man am schnellsten mit der Innenwinkelsumme des Dreiecks:
$\beta = 180° - 90° - 36{,}87° = 53{,}13°$

Übung: Berechne die Winkelmaße im Dreieck mit den Beziehungen sin und cos.

Aufgaben

Tipp

Suche bei der Lösung der folgenden Aufgaben rechtwinklige Dreiecke, von denen man zusätzlich zum rechten Winkel noch zwei weitere Bestimmungsstücke kennt (davon mindestens eine Seitenlänge!).

266 Im nebenstehenden Rechteck ABCD mit $\overline{AB} = 6$ cm und $\overline{BC} = 4$ cm sind folgende Streckenlängen und Winkelmaße gesucht:
$\overline{BD}$, $\overline{ED}$, $\overline{AE}$, α, β, φ

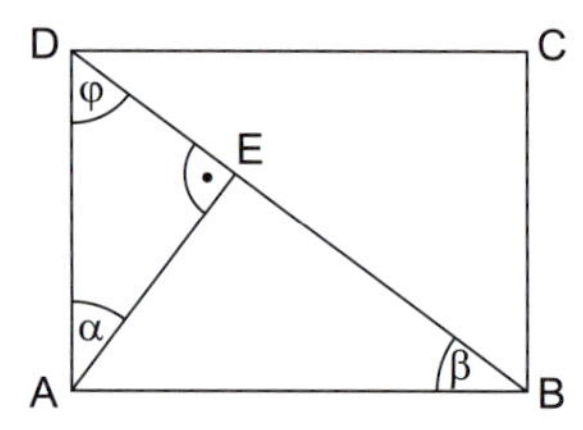

267 Im rechtwinkligen Dreieck ABC ist $\overline{AB} = 6$ cm, $\alpha = \sphericalangle BAC = 42°$ und [CA] die Hypotenuse.
Berechne die Länge der beiden anderen Dreiecksseiten, die Höhe h_b und die Winkelmaße β_1 und β_2, in die die Höhe h_b den 90°-Winkel bei B teilt. Erstelle zunächst eine Planfigur.

268 Das nebenstehende Dreieck ABC ist gleichschenklig.

a) Berechne die Maße der Basiswinkel und die Länge der Höhe h.
b) Berechne den Radius r des Inkreises.

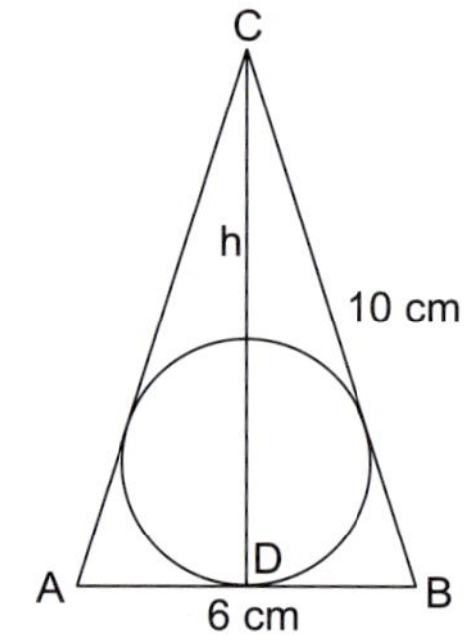

269 Die nebenstehende Raute ABCD hat eine Seitenlänge von 6 cm. Das Maß δ des Winkels ADC beträgt 75°.
Berechne die Länge der Diagonalen, die Maße der Innenwinkel, das Maß des Winkels ε und den Inkreisradius.

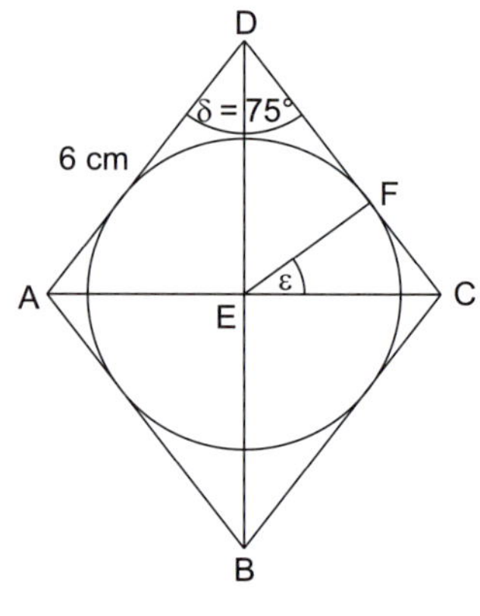

270 Gegeben ist der nebenstehende Axialschnitt eines Kegels samt Inkugel und Umkugel. Berechne das Volumen von Inkugel und Umkugel, wenn für den Kegel gilt:
Radius $r = 5$ cm und Höhe $h = 8$ cm

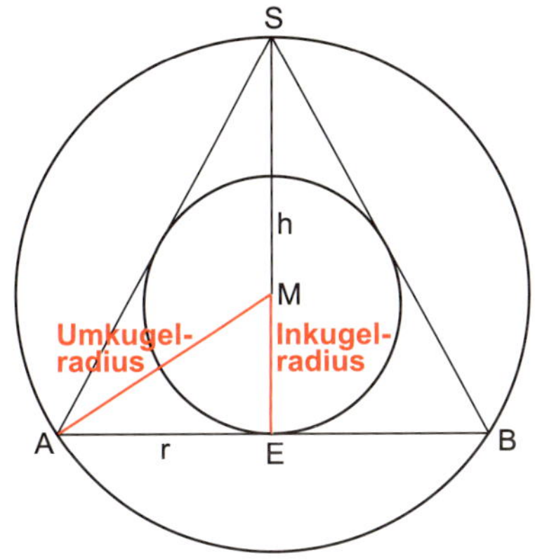

271 Einem Kegel ist eine Kugel einbeschrieben. Der Kegel hat einen Radius von 6 cm und eine Höhe von 8 cm.

a) Zeichne den Axialschnitt ABS des Kegels mit einbeschriebener Kugel und berechne den Radius der Inkugel.
b) Gib den prozentualen Anteil des Kugelvolumens am Volumen des Kegels an.
c) In den Raum über der Inkugel wird eine weitere Kugel in den Kegel einbeschrieben. In welchem Verhältnis stehen die Volumina der beiden Kugeln? In welchem Verhältnis stehen die Oberflächen der beiden Kugeln? In welchem Verhältnis stehen die Radien der beiden Kugeln? Was fällt dir auf?

Interaktive Aufgaben

6. Seite bestimmen
7. Gebäudehöhe bestimmen
8. Umfang bestimmen
9. Seite bestimmen
10. Seite und Winkel bestimmen
11. Winkel bestimmen

Steigungswinkel einer Geraden

Merke

> Der **Steigungswinkel** einer Geraden g ist der Winkel $\sphericalangle$(x-Achse; g), den die Gerade mit jeder Parallelen zur x-Achse rechts vom gemeinsamen Schnittpunkt einschließt.
> Die Steigung m einer Geraden g: $y = mx + t$ ist gleich dem Tangens des Steigungswinkels α der Geraden:
> $\mathbf{\tan \alpha = m}$

Beispiel

Die abgebildete Gerade g hat die Gleichung $y = 2x + 2$. Also ist ihre Steigung $m = 2$.
In allen Steigungsdreiecken der Geraden g hat das Verhältnis $\tan \alpha = \frac{\text{Länge der Gegenkathete von } \alpha}{\text{Länge der Ankathete von } \alpha}$ den Wert 2, etwa im rechtwinkligen Dreieck AFC:

$\tan \alpha = \frac{4\text{ LE}}{2\text{ LE}}$

$\tan \alpha = 2$

$\alpha = 63{,}43°$

Der Taschenrechner liefert das Winkelmaß α zum Tangenswert 2 mit der Taste [TAN⁻¹]:
$\alpha =$ [TAN⁻¹] $2 \approx 63{,}43°$

$\alpha = 63{,}43°$ ist der Steigungswinkel der Geraden g.

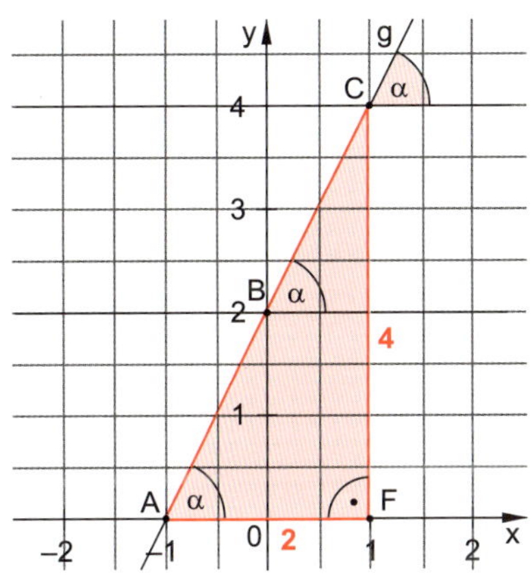

Aufgaben

272 Gegeben sind die beiden Geraden g: $y = x + 1$ und h: $y = 0{,}5x + 1$.
Berechne die Schnittwinkelmaße γ_1 und γ_2 der Winkel $\sphericalangle$(h; g) und $\sphericalangle$(g; h).

Tipp Berechne zuerst die beiden Steigungswinkelmaße der Geraden und erschließe dann die Schnittwinkelmaße (mithilfe einer Zeichnung).

273 Die Gerade g schneidet die x-Achse im P(2 | 0). Sie schließt mit der x-Achse einen Winkel mit einem Maß von 30° ein. Stelle die Gleichung der Geraden auf. Runde dabei die Steigung auf zwei Stellen nach dem Komma.

Interaktive Aufgaben

12. Steigungswinkel

13. Wanderung

Flächeninhalt eines Dreiecks

Du hast im vorhergehenden Grundwissen 9. Klasse schon zwei Methoden kennengelernt, um den Flächeninhalt eines **beliebigen** Dreiecks zu bestimmen:

- Flächeninhaltsformel:
  $$A_\Delta = \frac{1}{2} \cdot g \cdot h$$
- Determinante mit aufspannenden Vektoren:
  $$A_\Delta = \frac{1}{2} \cdot \begin{vmatrix} v_x & w_x \\ v_y & w_y \end{vmatrix} = \frac{1}{2} \cdot (v_x \cdot w_y - v_y \cdot w_x)\ \text{FE}$$

Durch Anwendung der Sinusbeziehung kommt nun noch eine weitere Methode hinzu.

Merke

Der Flächeninhalt eines **beliebigen** Dreiecks lässt sich aus den Längen zweier Seiten und dem Maß des von ihnen eingeschlossenen Winkels berechnen:

$$A_\Delta = \frac{1}{2} \cdot a \cdot b \cdot \sin\gamma$$
$$A_\Delta = \frac{1}{2} \cdot a \cdot c \cdot \sin\beta$$
$$A_\Delta = \frac{1}{2} \cdot b \cdot c \cdot \sin\alpha$$

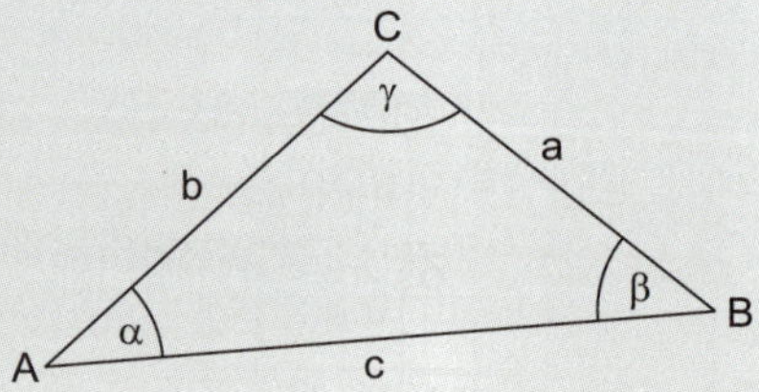

Beispiel

Im rechtwinkligen Teildreieck AHC gilt:

$$\sin\alpha = \frac{h}{b} \quad \Rightarrow \quad h = b \cdot \sin\alpha$$

Eingesetzt in die Flächeninhaltsformel erhält man:

$$A_{\Delta ABC} = \frac{1}{2} \cdot c \cdot h \quad \Rightarrow \quad A_{\Delta ABC} = \frac{1}{2} \cdot c \cdot b \cdot \sin\alpha$$

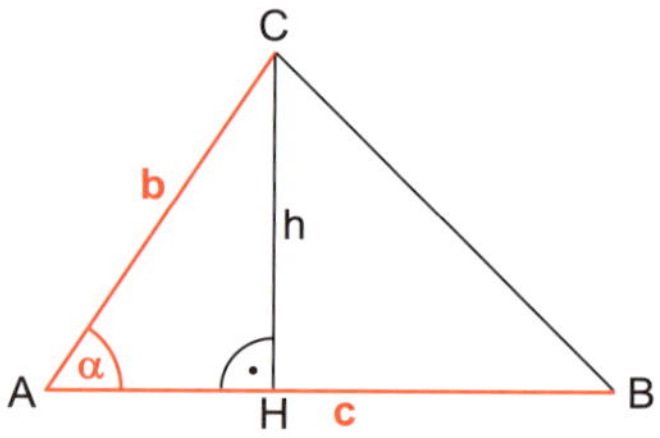

Aufgaben

274 Gegeben ist das Dreieck ABC mit a = 5 cm, b = 6 cm und γ = 80°.
Berechne zunächst den Flächeninhalt des Dreiecks ABC und bestimme anschließend die Abstände der Punkte A und B von der jeweils gegenüberliegenden Seite.

275 Ein Dach soll mit rautenförmigen Blechen verkleidet werden. Die einzelnen Bleche haben eine Fläche von 10 dm². Ein Innenwinkel beträgt 50°.
Berechne die Seitenlänge der Rauten.

Interaktive Aufgabe

14. Fläche berechnen

Sinussatz und Kosinussatz

Merke

Sinussatz

Die Quotienten aus der Länge einer Seite und dem Sinuswert ihres Gegenwinkels sind in jedem beliebigen Dreieck jeweils gleich. Es lassen sich also drei Verhältnisgleichungen aufstellen:

- $\frac{a}{\sin\alpha} = \frac{b}{\sin\beta}$
- $\frac{a}{\sin\alpha} = \frac{c}{\sin\gamma}$
- $\frac{b}{\sin\beta} = \frac{c}{\sin\gamma}$

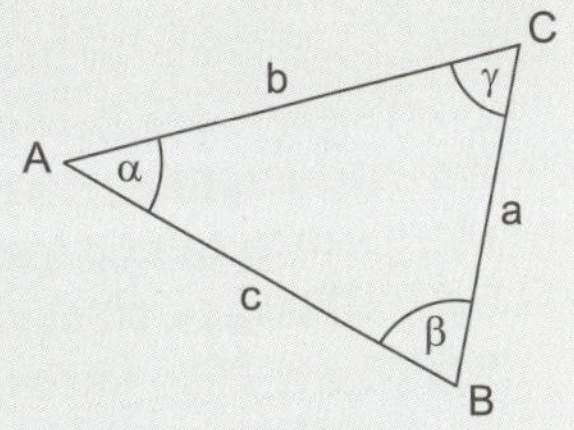

(α ist Gegenwinkel von a, β ist Gegenwinkel von b, γ ist Gegenwinkel von c)

Erweiterter Sinussatz

Die Quotienten aus der Länge einer Seite und dem Sinuswert ihres Gegenwinkels sind in jedem beliebigen Dreieck gleich dem doppelten Umkreisradius.

$$\frac{a}{\sin\alpha} = \frac{b}{\sin\beta} = \frac{c}{\sin\gamma} = 2 \cdot r_{\text{Umkreis}}$$

Der Taschenrechner liefert bei der Berechnung von Winkelmaßen in Dreiecken über die Sinusfunktion immer einen Wert kleiner 90°. Bei der Berechnung von Winkelmaßen in rechtwinkligen Dreiecken führt das zu keinen Problemen, da alle unbekannten Winkelmaße kleiner 90° sind (Winkelsumme). In beliebigen nicht rechtwinkligen Dreiecken ist allerdings die bekannte **Supplementbeziehung** des Sinus zu berücksichtigen:

Merke

Für alle α mit $0° < \alpha < 90°$ gilt:
$\sin\alpha = \sin(180° - \alpha)$

Beispiel

Es existieren zwei Winkelmaße im Intervall]0°; 180°[mit dem Sinuswert 0,705.
Der Taschenrechner liefert α aus [SIN⁻¹] $0{,}705 = 44{,}83°$. Das zweite Winkelmaß erhält man aus der Beziehung $180° - \alpha = 180° - 44{,}83° = 135{,}17°$.

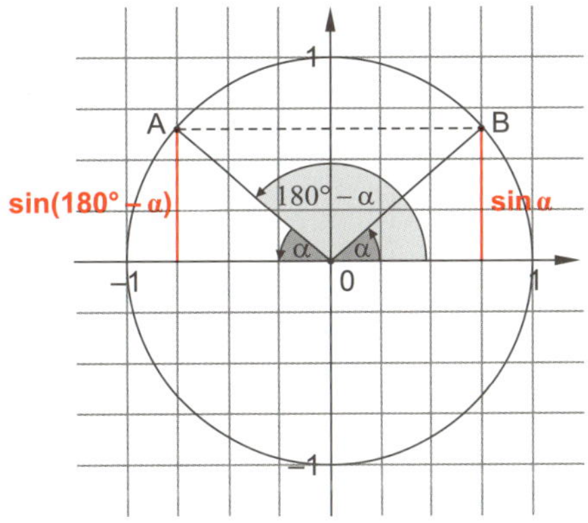

Bei der Berechnung von Winkelmaßen in beliebigen Dreiecken mithilfe des Sinussatzes ist daher anhand der Winkelsumme zu überprüfen, welche der beiden Lösungen α bzw. $180° - \alpha$ die richtige ist. Lässt sich so keine der beiden Lösungen ausschließen, rechnet man mit dem Kosinussatz nach.

Merke

Kosinussatz

In jedem beliebigen Dreieck ist das Quadrat der Länge einer Seite gleich der Summe der Quadrate der Länge der anderen beiden Seiten vermindert um das doppelte Produkt der Längen dieser Seiten mit dem Kosinuswert des von ihnen eingeschlossenen Winkels:

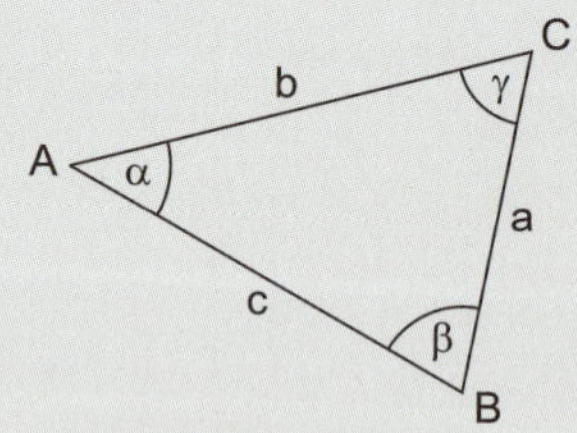

- $a^2 = b^2 + c^2 - 2 \cdot b \cdot c \cdot \cos\alpha$
- $b^2 = a^2 + c^2 - 2 \cdot a \cdot c \cdot \cos\beta$
- $c^2 = a^2 + b^2 - 2 \cdot a \cdot b \cdot \cos\gamma$

Ferner gilt für die Kosinuswerte der Innenwinkelmaße:

- $\cos\alpha = \dfrac{b^2 + c^2 - a^2}{2 \cdot b \cdot c}$
- $\cos\beta = \dfrac{a^2 + c^2 - b^2}{2 \cdot a \cdot c}$
- $\cos\gamma = \dfrac{a^2 + b^2 - c^2}{2 \cdot a \cdot b}$

Merkregel: Zwei Seiten a und b schließen einen Winkel γ ein. Dann gilt für die Gegenseite c des Winkels γ:

Schenkel des Winkels

$$c^2 = a^2 + b^2 - 2 \cdot a \cdot b \cdot \cos\gamma$$

Gegenseite des Winkels

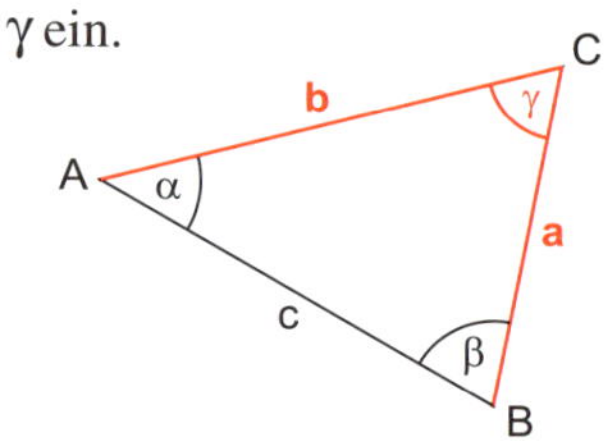

Berechnungen in beliebigen Dreiecken

Merke

Sind von einem beliebigen Dreieck 3 Größen bekannt, so ist es vor der Berechnung einer weiteren Größe von Vorteil, sich zunächst zu überlegen, welcher Fall vorliegt:

Fall SWS: Man kennt 2 Seiten und den eingeschlossenen Winkel.
Fall SSS: Man kennt 3 Seiten.
} Nur Kosinussatz möglich!

In **allen anderen Fällen** verwendet man den Sinussatz (evtl. mithilfe der Winkelsumme).

Beispiele

1. Streckenberechnung mit dem Sinussatz:
   Gegeben: $c = 4$ cm, $\alpha = 30°$, $\gamma = 80°$
   Gesucht: a

   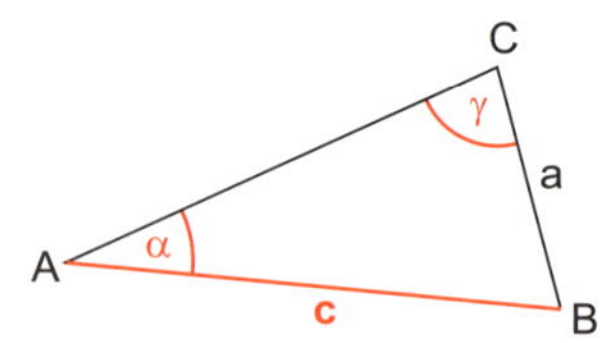

   Lösung:
   Nicht SWS und nicht SSS
   → Sinussatz

   Sinussatz:

   $$\frac{a}{\sin\alpha} = \frac{c}{\sin\gamma}$$

   a ist die Gegenseite von α.
   c ist die Gegenseite von γ.

$$\frac{a}{\sin 30°} = \frac{4\text{ cm}}{\sin 80°} \qquad | \cdot \sin 30°$$

$$a = \frac{4\text{ cm}}{\sin 80°} \cdot \sin 30°$$

$$a = 2{,}03\text{ cm}$$

2. Streckenberechnung mit dem Kosinussatz:
   Gegeben: a = 5 cm, b = 4 cm, γ = 40°
   Gesucht: c

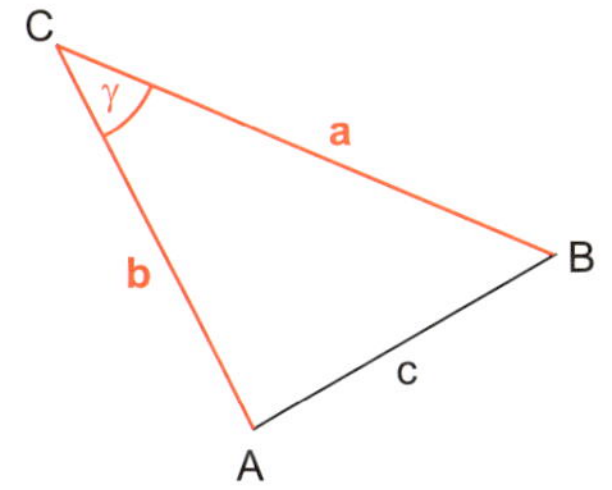

Lösung:
Es sind zwei Seiten und der von ihnen eingeschlossene Winkel bekannt
→ Fall SWS → Kosinussatz

Kosinussatz:

$$c^2 = a^2 + b^2 - 2 \cdot a \cdot b \cdot \cos\gamma$$

c ist die Gegenseite von γ.

$$c = \sqrt{5^2 + 4^2 - 2 \cdot 5 \cdot 4 \cdot \cos 40°}\text{ cm}$$

$$c = 3{,}22\text{ cm}$$

3. Winkelberechnung mit dem Sinussatz:
   Gegeben: a = 6 cm, b = 8 cm, β = 110°
   Gesucht: α

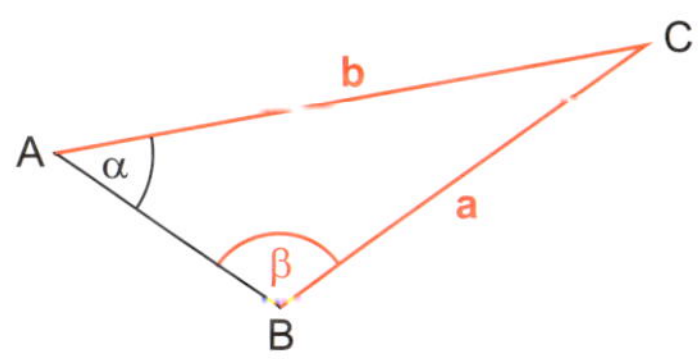

Lösung:
Nicht SWS und nicht SSS → Sinussatz

Sinussatz:

$$\frac{a}{\sin\alpha} = \frac{b}{\sin\beta}$$

b ist die Gegenseite von β.
a ist die Gegenseite von α.

$$\frac{\sin\alpha}{a} = \frac{\sin\beta}{b}$$

Bildet man auf beiden Seiten den Kehrbruch, bleibt das Gleichheitszeichen richtig.

$$\frac{\sin\alpha}{6\text{ cm}} = \frac{\sin 110°}{8\text{ cm}} \qquad | \cdot 6\text{ cm}$$

$$\sin\alpha = \frac{\sin 110°}{8\text{ cm}} \cdot 6\text{ cm}$$

$$\sin\alpha = 0{,}7047\ldots$$

$$\alpha_1 = 44{,}81° \quad (\vee \quad \alpha_2 = 180° - 44{,}81° = 135{,}19°)$$

Mit [SIN⁻¹] 0,7047 … ≈ 44,81° aus dem Taschenrechner

Da β = 110°, folgt aus der Winkelsumme im Dreieck ABC, dass α_1 die richtige Lösung ist.

4. Winkelberechnung mit dem Kosinussatz:
   Gegeben: a = 4 cm, b = 2,5 cm, c = 3,5 cm
   Gesucht: α

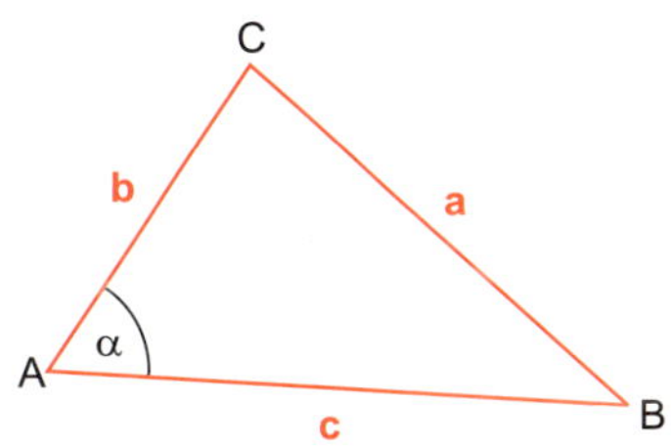

Lösung:
Fall SSS → nur Kosinussatz möglich

Kosinussatz:

$$a^2 = b^2 + c^2 - 2 \cdot b \cdot c \cdot \cos\alpha$$

Gegenseite

a ist die Gegenseite von α.

$$a^2 = b^2 + c^2 - 2 \cdot b \cdot c \cdot \cos\alpha \qquad | + 2 \cdot b \cdot c \cdot \cos\alpha$$

$$a^2 + 2 \cdot b \cdot c \cdot \cos\alpha = b^2 + c^2 \qquad | - a^2$$

$$2bc \cdot \cos\alpha = b^2 + c^2 - a^2 \qquad | : (2bc)$$

$$\cos\alpha = \frac{b^2 + c^2 - a^2}{2bc}$$

$$\cos\alpha = \frac{2{,}5^2 + 3{,}5^2 - 4^2}{2 \cdot 2{,}5 \cdot 3{,}5}$$

Setze beim Eintippen in den Taschenrechner Klammern um Zähler und Nenner.

$$\cos\alpha = 0{,}1428\ldots$$

$$\alpha = 81{,}79°$$

Hinweis: Sinussatz und Kosinussatz gelten in allen Dreiecken, also insbesondere auch in rechtwinkligen Dreiecken! Alle Beispiele und Übungen des vorhergehenden Abschnitts „Sinus, Kosinus und Tangens im rechtwinkligen Dreieck" lassen sich also auch mithilfe von Sinussatz und Kosinussatz lösen, wobei dies in der Regel nicht empfehlenswert ist.

Aufgaben

276 Gegeben ist das Dreieck ABC mit $a = 5$ cm, $b = 7$ cm und $\beta = 70°$.

a) Zeichne das Dreieck. Berechne dann alle fehlenden Seitenlängen, Winkelmaße und den Flächeninhalt des Dreiecks.

b) Berechne den Radius des Umkreises. Zeichne dazu den Umkreis ein.

277 Ein Parallelogramm ABCD hat folgende Maße: $\overline{AB} = 8$ cm, $\overline{BC} = 6$ cm, $\sphericalangle CBA = 40°$ Zeichne das Parallelogramm und berechne die Längen der Diagonalen und das Maß ε des Winkels BMC (M ist der Diagonalenschnittpunkt).

278 Der Punkt P ist von den Punkten A und B durch eine Schlucht getrennt. Für einen Brückenbau soll die Entfernung von P zu A und zu B bestimmt werden. Dazu misst man den 30 m lange Strecke [AB]. Von A aus peilt man den Punkt P auf der anderen Seite der Schlucht an und misst den Winkel BAP. Er beträgt 40°. Der Punkt P wird anschließend von B aus angepeilt. Der Winkel PBA beträgt 70°.
Ermittle daraus die Entfernungen $\overline{AP}$ und $\overline{BP}$.

Tipp Erstelle eine Planfigur.

279 Die Länge einer nicht direkt messbaren Strecke [AB] wurde folgendermaßen bestimmt:

- Festlegung einer Hilfslinie [EF] und Messung ihrer Länge: $\overline{EF} = 20$ m
- Mit einem Peilgerät werden von E und F aus folgende Winkel gemessen: $\sphericalangle FEA = 100°$, $\sphericalangle FEB = 30°$, $\sphericalangle BFE = 80°$, $\sphericalangle AFE = 25°$

Aus diesen Angaben wurde die Länge von [AB] errechnet.

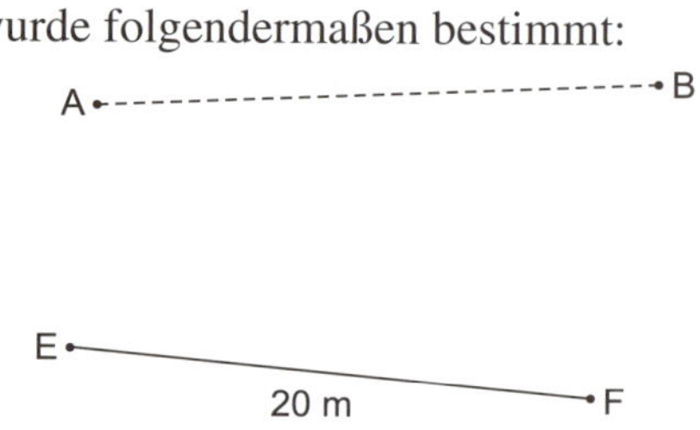

Tipp Betrachte verschiedene Dreiecke und berechne alle Strecken und Winkel in der Figur, bis du ein Dreieck zur Verfügung hast, in dem die Strecke [AB] enthalten ist und von dem du drei Bestimmungsstücke kennst.

280 Betrachte das nebenstehende Trapez ABCD. Berechne die Länge der beiden Diagonalen und die Länge von [CD].

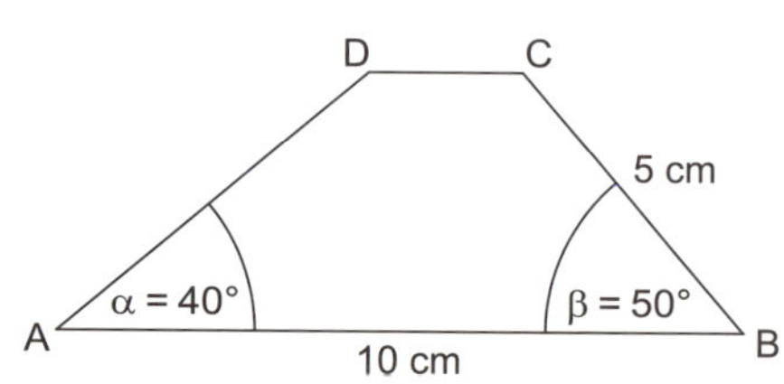

281 Ein viereckiges Grundstück ABCD hat folgende Maße:
$\overline{AB} = 60$ m, $\overline{DA} = 80$ m; $\sphericalangle CBA = 130°$; $\sphericalangle BAD = 60°$; $\sphericalangle ADC = 80°$

a) Zeichne das Grundstück im Maßstab 1 : 1 000.

b) Berechne alle fehlenden Winkel und Seitenlängen des Grundstücks.

Tipp Berechne zuerst die Diagonale $\overline{BD}$ und versuche dann im Dreieck ABD weitere Winkel zu berechnen, die dir weiterhelfen.

282 Gegeben sind die Punkte A(1 | 1), B(4 | 2) und C(3 | 5).
Berechne die Seitenlängen und Innenwinkelmaße des Dreiecks ABC.

Tipp Formel für die Länge einer Strecke im Koordinatensystem.

283 Ein Turm hat einen Innendurchmesser von 2,40 m. Eine Wendeltreppe füllt den Innenraum komplett aus. Die Stufen der Wendeltreppe sind in einen Rahmen eingepasst, der die Form eines Kreissektors mit Radius 1,20 m und Mittelpunktswinkel 40° besitzt. Die Strecken [AB] und [AE] sind 20 cm lang.

a) Zeichne die Stufe BCDE im Maßstab 1 : 20.

b) Berechne den Flächeninhalt der Stufe BCDE und die Länge der Streben [BE] und [CD]. Rechne auf mm genau.

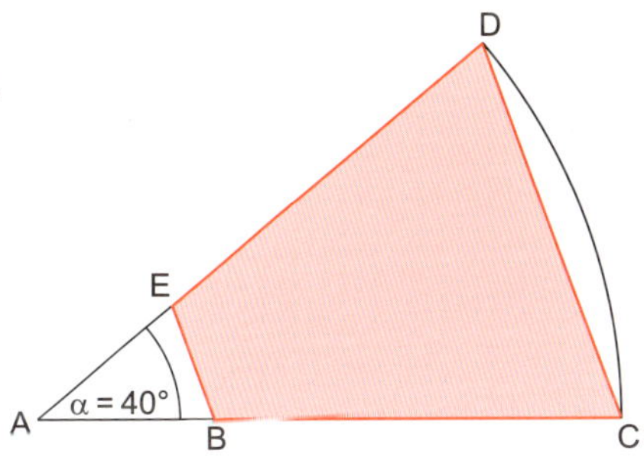

284 Ein Drachenviereck hat folgende Maße:
$\overline{AB} = \overline{AT} = \overline{AD} = 40$ cm
$\sphericalangle BAD = 80°$
$\overline{BC} = \overline{CD} = 80$ cm
Fertige eine Zeichnung im Maßstab 1 : 20 an und berechne die Länge der Streben [TB], [TD] und [AC] sowie die Maße der Winkel DCB und DTB.

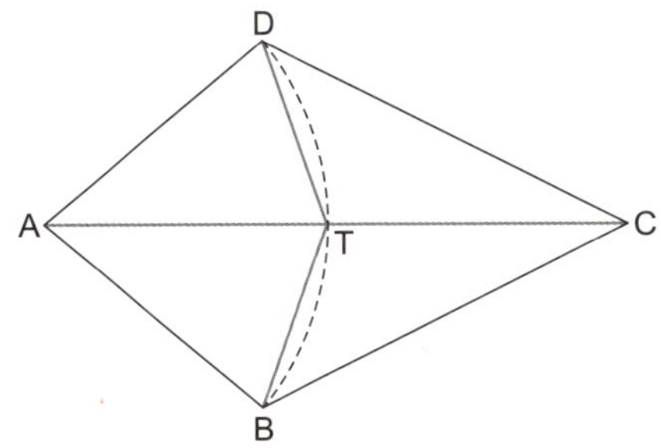

285 Das Drachenviereck ABCD mit Diagonalenschnittpunkt M und $\overline{AC} = 8$ cm, $\overline{BD} = 6$ cm und $\overline{CM} = 3$ cm ist Grundfläche eines Prismas ABCDEFGH mit der Höhe $\overline{AE} = 5$ cm.

a) Zeichne ein Schrägbild mit [BD] auf der Schrägbildachse und $q = \frac{1}{2}$ sowie $\omega = 45°$.

b) Berechne das Volumen und die Mantelfläche.

c) Berechne das Maß ε des Winkels EMF.

Tipp Bei **Winkelberechnungen** lautet das Grundprinzip: Suche nach Dreiecken, von denen du drei Bestimmungsstücke kennst. Beachte dabei, dass im Schrägbild nicht alle Strecken und Winkel in wahrer Größe erscheinen.

286 Das Dreieck ABC mit a = 5 cm, b = 6 cm und c = 7 cm rotiert um die Seite c. Dabei entsteht ein Doppelkegel.
Berechne Volumen und Oberfläche des Doppelkegels und zeichne den Axialschnitt dazu.

Interaktive Aufgaben

- 15. Winkel berechnen
- 16. Seite berechnen
- 17. Seite berechnen
- 18. Winkel berechnen
- 19. Winkel berechnen in zwei Schritten
- 20. Feuer

Funktionale Abhängigkeiten und Extremwertberechnungen

Beispiel

Die Pyramide ABCDS hat als Grundfläche das Rechteck ABCD mit $\overline{AB} = 8$ cm und $\overline{BC} = 6$ cm. Die Spitze S liegt senkrecht über dem Diagonalenschnittpunkt M der Grundfläche, wobei $\overline{MS} = 5$ cm gilt.
Die Punkte P_n liegen auf der Strecke [PS] in x cm Entfernung von P. Sie sind die Spitzen von Pyramiden $ABCDP_n$.

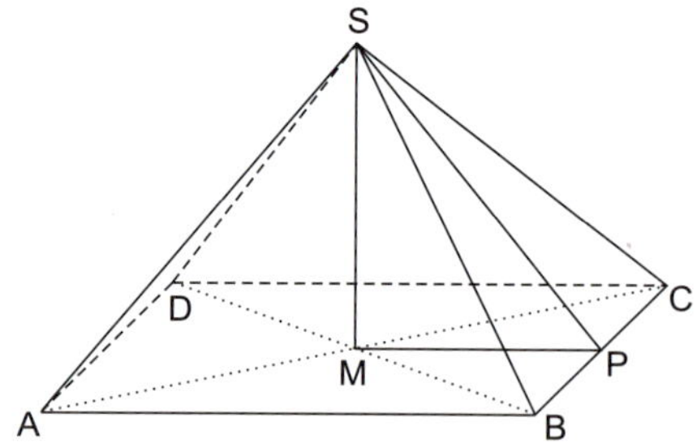

a) Zeichne die Pyramide $ABCDP_1$ für $x = 4$ mit ihrer Höhe h_1 ein.
b) Berechne anschließend das Volumen der Pyramiden $ABCDP_n$ in Abhängigkeit von x.
c) Berechne die Länge der Strecke $[P_1M]$ und das Maß ω des Winkels MP_1P.
d) Betrachte nun die Seitendreiecke DAP_n der einbeschriebenen Pyramiden. Für welchen x-Wert besitzt das Seitendreieck DAP_n den kleinsten Flächeninhalt?

Lösung:

a)

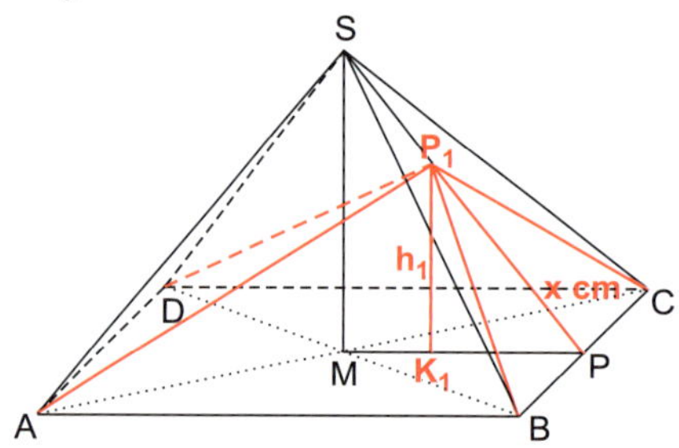

(Zeichnung im Maßstab 1 : 2)

Die Strecke h_1 ist der Abstand des Punktes P_1 von der Grundfläche G. Der Fußpunkt des Lotes von P_1 auf G ist der Punkt K_1. Er liegt auf [MP].

b) Formel:

$$V = \frac{1}{3} \cdot A_G \cdot h_n$$

Die Höhe h_n ist das Lot von P_n auf die Grundfläche. 2. Vierstreckensatz:

$$\frac{h_n}{\overline{MS}} = \frac{\overline{PP_n}}{\overline{PS}} \qquad | \cdot \overline{MS}$$

$$h_n = \frac{\overline{PP_n}}{\overline{PS}} \cdot \overline{MS}$$

$$h(x) = \frac{x \text{ cm}}{6,40 \text{ cm}} \cdot 5 \text{ cm}$$

$$h(x) = 0,78x \text{ cm}$$

Einsetzen in die Formel:

$$V(x) = \frac{1}{3} \cdot 8 \text{ cm} \cdot 6 \text{ cm} \cdot 0,78x \text{ cm}$$

$$V(x) = 12,48x \text{ cm}^3$$

Überlege, welche Streckenlängen in der Formel von x abhängig sind. Hier ist $h_n = \overline{P_nK_n}$ veränderlich, während die Grundfläche unverändert bleibt.

Die Höhe h_n lässt sich mit dem 2. Vierstreckensatz im Dreieck MPS berechnen, da $h_n = [P_nK_n]$ stets parallel zu [SM] ist.

$\overline{PS} = \sqrt{4^2 + 5^2}$ cm $= 6,40$ cm

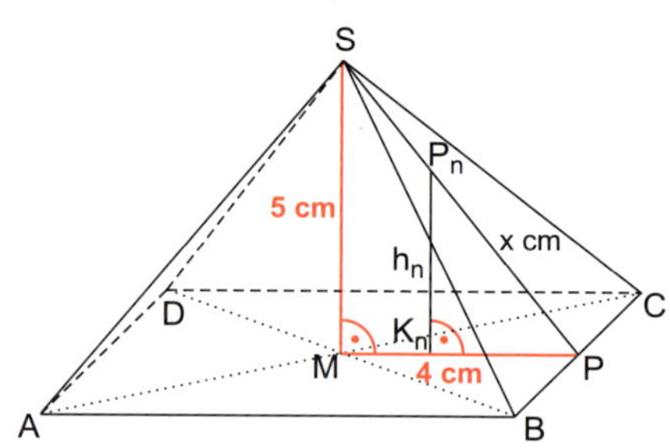

c) Der Neigungswinkel α ist der Winkel, den die Höhe des Dreiecks BCS mit der Grundfläche einschließt: $\alpha = \sphericalangle SPM$

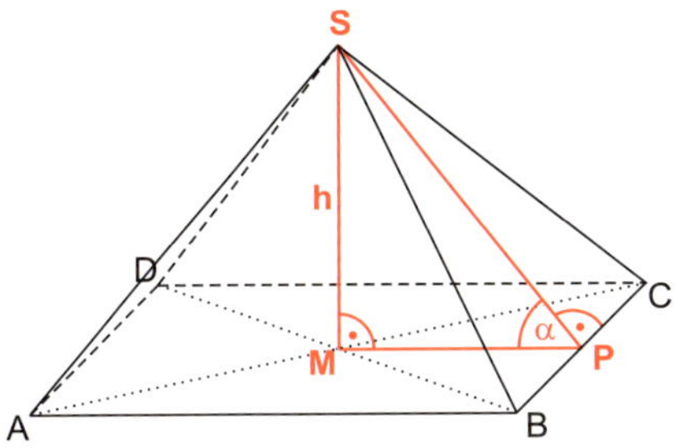

$$\tan\alpha = \frac{\overline{SM}}{\overline{MP}}$$

$$\tan\alpha = \frac{5\text{ cm}}{4\text{ cm}}$$

$$\tan\alpha = 1{,}25$$

$$\alpha = 51{,}34°$$

Suche ein Dreieck, von dem drei Bestimmungsstücke bekannt sind, und wende den Kosinussatz oder den Sinussatz an.

Im Dreieck MPP_1 gilt:

$\overline{PP_1} = 4\text{ cm}$

$\overline{MP} = 4\text{ cm}$

$\alpha = 51{,}34°$

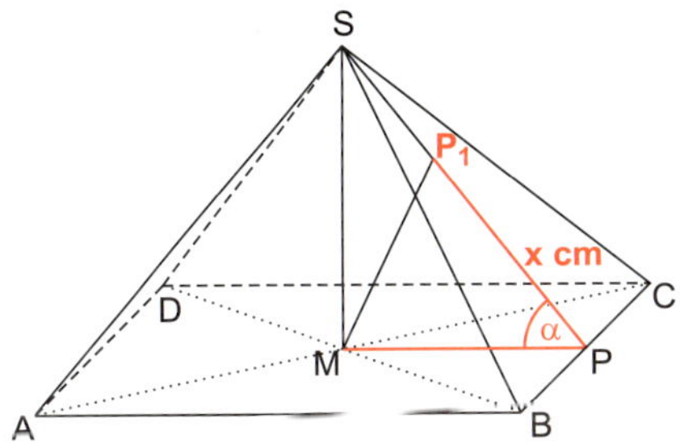

Kosinussatz im Dreieck MPP_1:

$$\overline{P_1M}^2 = \overline{MP}^2 + \overline{PP_1}^2 - 2\cdot\overline{MP}\cdot\overline{PP_1}\cdot\cos\alpha$$

$$\overline{P_1M} = \sqrt{4^2 + 4^2 - 2\cdot 4\cdot 4\cdot\cos 51{,}34°}\text{ cm}$$

$$\overline{P_1M} = 3{,}47\text{ cm}$$

Sinussatz im Dreieck MPP_1:

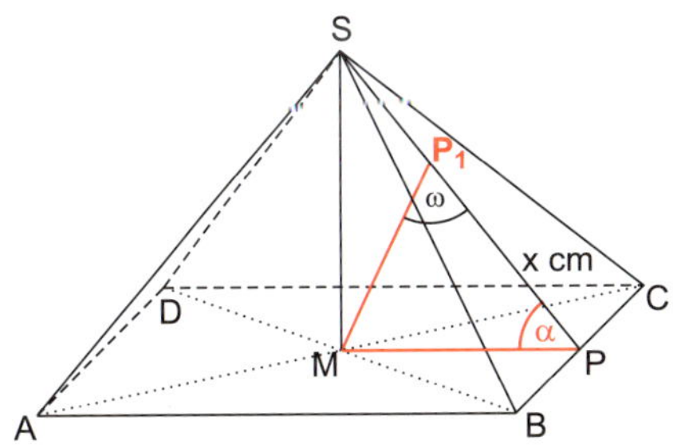

$$\frac{\sin\omega}{\overline{MP}} = \frac{\sin\alpha}{\overline{P_1M}}$$

$$\frac{\sin\omega}{4\text{ cm}} = \frac{\sin 51{,}34°}{3{,}47\text{ cm}} \qquad |\cdot 4\text{ cm}$$

$$\sin\omega = \frac{\sin 51{,}34°}{3{,}47\text{ cm}}\cdot 4\text{ cm}$$

$$\sin\omega = 0{,}9001\ldots$$

$$\omega_1 = 64{,}18° \quad (\vee \quad \omega_2 = 180° - 64{,}18° = 115{,}82°)$$

Wegen $\overline{PP_1} = 4\text{ cm} = \overline{MP}$ ist das Dreieck MPP_1 gleichschenklig. Weil $\alpha + 2\omega_2 > 180°$, kann die zweite Lösung ausgeschlossen werden.

oder:

Wegen $\overline{PP_1} = 4\text{ cm} = \overline{MP}$ ist das Dreieck MPP_1 gleichschenklig. Es folgt:

$$\omega = (180° - \alpha) : 2$$

$$\omega = (180° - 51{,}34°) : 2$$

$$\omega = 64{,}33°$$

Der Unterschied zum Ergebnis des vorherigen Lösungswegs erklärt sich durch Rundungsungenauigkeiten.

d) Formel für den Flächeninhalt:

$$A = \frac{1}{2}\cdot g\cdot h$$

$$A = \frac{1}{2}\cdot\overline{DA}\cdot\overline{HP_n}$$

Nur die Höhe $[HP_n]$ ist abhängig von x. Also hat das Dreieck den kleinsten Flächeninhalt, wenn die Höhe $[HP_n]$ am kürzesten ist. Die kürzeste Strecke ist das Lot $[HP_0]$ von H auf [PS]:

$$h_{min} = \overline{HP_0}$$

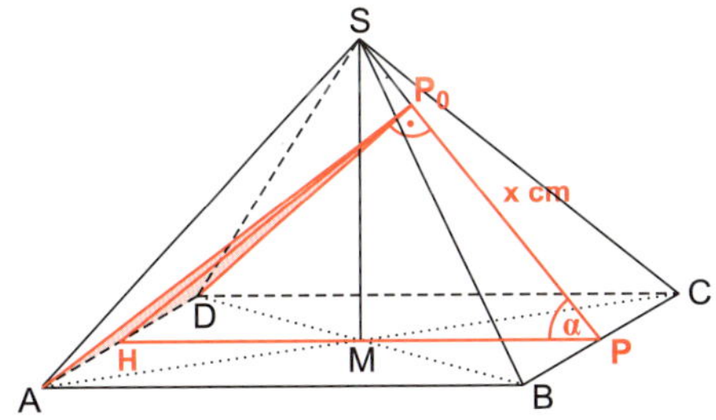

Damit das Dreieck DAP_0 besser sichtbar ist, wurde in der obigen Darstellung ein kleinerer Verzerrungswinkel gewählt.

Berechnung des zugehörigen x-Wertes
($x\text{ cm} = \overline{PP_0}$):

Im rechtwinkligen Dreieck HPP_0 gilt:

$$\cos\alpha = \frac{x\text{ cm}}{\overline{HP}} \qquad |\cdot \overline{HP}$$

$$x\text{ cm} = \cos\alpha \cdot \overline{HP}$$

$$x\text{ cm} = \cos 51{,}34° \cdot 8\text{ cm} \qquad |:\text{cm}$$

$$x = 5{,}00$$

Aufgabe 287

Im Drachenviereck ABCD liegt die Diagonale [AC] auf der Symmetrieachse und ist 10 cm lang. Die Diagonale [BD] mit $\overline{BD} = 8\text{ cm}$ schneidet die Diagonale [AC] im Punkt M mit $\overline{AM} = 3\text{ cm}$. Das Drachenviereck ABCD ist die Grundfläche einer Pyramide ABCDS, deren Spitze S 9 cm senkrecht über dem Punkt A liegt.

a) Zeichne ein Schrägbild mit [AC] auf der Schrägbildachse mit $q = 0{,}5$ und $\omega = 45°$ und berechne die Länge der Strecke [CS] sowie das Maß γ des Winkels SCA.

b) Die Punkte P_n auf der Kante [CS] legen neue Pyramiden $BCDP_n$ fest. Dabei ist $\overline{CP_n} = x\text{ cm}$ lang.
Zeichne die Pyramide $BCDP_1$ für $x = 4$ cm ein und berechne ihre Höhe (Vierstreckensatz!) sowie die Länge der Strecke $[P_1M]$ und das Maß ω des Winkels P_1MS.

c) Berechne zunächst die Höhe der Pyramiden $BCDP_n$ in Abhängigkeit von x und anschließend ihr Volumen in Abhängigkeit von x.

d) Für welchen x-Wert entsteht eine Pyramide mit dem Volumen 20 cm^3?

e) Das Volumen der Pyramide $BCDP_3$ beträgt 80 % des Volumens der Pyramide $BCDP_1$. Berechne ihre Höhe.

f) Für welchen Wert von x hat das Dreieck DBP_n den kleinsten Flächeninhalt? Berechne diesen.

Interaktive Aufgabe

21. Pyramide

Goniometrische Gleichungen

Merke

Gleichungen, die trigonometrische Terme als Variable enthalten, bezeichnet man als **goniometrische oder trigonometrische Gleichungen**. (gonia {griech.}: Winkel)

Beispiele

1. Bestimme die Lösungsmenge über der angegebenen Grundmenge.
   a) $4 \cdot \sin\varphi = 3$ $\quad \mathbb{G} = [0°; 180°]$
   b) $\sin 2\varphi = 0{,}5$ $\quad \mathbb{G} = [0°; 180°]$
   c) $\cos(\varphi + 60°) = -0{,}8$ $\quad \mathbb{G} = [0°; 180°]$
   d) $3 \cdot (2\sin\varphi - 1{,}5) = -4\sin\varphi + 5{,}5$ $\quad \mathbb{G} = [0°; 180°]$
   e) $2\sin\varphi = \cos^2\varphi - 1$ $\quad \mathbb{G} = [0°; 360°]$
   f) $2 \cdot \sin\varphi = 3 \cdot \cos\varphi$ $\quad \mathbb{G} = [0°; 360°]$

Lösung:

a) $4 \cdot \sin\varphi = 3 \quad \left| \cdot \frac{1}{4} \right. \qquad \mathbb{G} = [0°; 180°]$

$\Leftrightarrow \quad \sin\varphi = \frac{3}{4}$

$\Leftrightarrow \quad \varphi_1 = 48{,}59° \ \vee \ \varphi_2 = 180° - \varphi_1$

$\Leftrightarrow \quad \varphi_1 = 48{,}59° \ \vee \ \varphi_2 = 180° - 48{,}59°$

$\Leftrightarrow \quad \varphi_1 = 48{,}59° \ \vee \ \varphi_2 = 131{,}41°$

$\mathbb{L} = \{48{,}59°; 131{,}41°\}$

Auflösen der Gleichung nach $\sin\varphi$

Die Sinusfunktion besitzt im I. und II. Quadranten positive Funktionswerte.

Beachte: $\sin\varphi = \sin(180° - \varphi)$

b) $\sin 2\varphi = 0{,}5 \qquad \mathbb{G} = [0°; 180°]$

$\Leftrightarrow \quad 2\varphi_1 = 30° \ \vee \ 2\varphi_2 = 180° - 30°$

$\Leftrightarrow \quad 2\varphi_1 = 30° \ \vee \ 2\varphi_2 = 150°$

$\Leftrightarrow \quad \varphi_1 = 15° \ \vee \ \varphi_2 = 75°$

$\mathbb{L} = \{15°; 75°\}$

Bestimme zunächst die infrage kommenden Werte für 2φ.

Beachte: $\sin\varphi = \sin(180° - \varphi)$

c) $\cos(\varphi + 60°) = -0{,}8 \qquad \mathbb{G} = [0°; 180°]$

$\Leftrightarrow \quad \varphi_1 + 60° = 143{,}13° \ \vee \ \varphi_2 + 60° = 360° - 143{,}13°$

$\Leftrightarrow \quad \varphi_1 = 83{,}13° \ \vee \ \varphi_2 + 60° = 216{,}87°$

$\Leftrightarrow \quad \varphi_1 = 83{,}13° \ \vee \ \varphi_2 = 156{,}87°$

$\mathbb{L} = \{83{,}13°; 156{,}87°\}$

Bestimme zunächst die infrage kommenden Werte für $\varphi + 60°$.

Beachte: $\cos\varphi = \cos(360° - \varphi)$

d) $3 \cdot (2\sin\varphi - 1{,}5) = -4\sin\varphi + 5{,}5 \qquad \mathbb{G} = [0°; 180°]$

$\Leftrightarrow \quad 6\sin\varphi - 4{,}5 = -4\sin\varphi + 5{,}5 \quad | + 4\sin\varphi + 4{,}5$

$\Leftrightarrow \quad 10\sin\varphi = 10 \quad \left| \cdot \frac{1}{10} \right.$

$\Leftrightarrow \quad \sin\varphi = 1$

$\Leftrightarrow \quad \varphi = 90°$

$\mathbb{L} = \{90°\}$

Zusammenfassen gleichartiger Summanden

e) $2\sin\varphi = \cos^2\varphi - 1 \qquad \mathbb{G} = [0°; 360°]$

$\Leftrightarrow \quad 2\sin\varphi = 1 - \sin^2\varphi - 1$

$\Leftrightarrow \quad 2\sin\varphi = -\sin^2\varphi \quad | + \sin^2\varphi$

$\Leftrightarrow \quad \sin^2\varphi + 2\sin\varphi = 0$

Wegen $\sin^2\varphi + \cos^2\varphi = 1$ gilt: $\cos^2\varphi = 1 - \sin^2\varphi$

$\Leftrightarrow \sin\varphi \cdot (\sin\varphi + 2) = 0$

$\Leftrightarrow \sin\varphi_{1/2} = 0 \quad \vee \quad \sin\varphi_{3/4} + 2 = 0$

$\Leftrightarrow \sin\varphi_{1/2} = 0 \quad (\vee \quad \sin\varphi_{3/4} = -2)$

$\Leftrightarrow \varphi_1 = 0° \vee \varphi_2 = 180°$

$\mathbb{L} = \{0°; 180°\}$

Das Produkt $\sin\varphi \cdot (\sin\varphi + 2)$ ist null, wenn mindestens einer der Faktoren null ist.

Beachte: $\sin\varphi \in [-1; 1]$

Beachte: $\sin\varphi = \sin(180° - \varphi)$

f) $2 \cdot \sin\varphi = 3 \cdot \cos\varphi \quad \left| \cdot \frac{1}{2} \right. \qquad \mathbb{G} = [0°; 360°]$

$\Leftrightarrow \sin\varphi = \frac{3}{2}\cos\varphi$

Hier ist eine Fallunterscheidung notwendig!

1. Fall:

$\cos\varphi = 0 \Rightarrow \varphi_1 = 90° \vee \varphi_2 = 270°$

Probe:

$\sin 90° = \frac{3}{2}\cos 90° \qquad \sin 270° = \frac{3}{2}\cos 270°$

$\Leftrightarrow 1 = 0 \text{ (f)} \qquad \Leftrightarrow -1 = 0 \text{ (f)}$

2. Fall:

$\cos\varphi \neq 0$

$\Rightarrow \frac{\sin\varphi}{\cos\varphi} = \frac{3}{2}$

Es gilt: $\frac{\sin\varphi}{\cos\varphi} = \tan\varphi$

$\Leftrightarrow \tan\varphi = \frac{3}{2}$

$\Leftrightarrow \varphi_1 = 56{,}31° \vee \varphi_2 = 180° + \varphi_1$

Beachte: $\tan\varphi = \tan(180° + \varphi)$

$\Leftrightarrow \varphi_1 = 56{,}31° \vee \varphi_2 = 180° + 56{,}31°$

$\Leftrightarrow \varphi_1 = 56{,}31° \vee \varphi_2 = 236{,}31°$

$\mathbb{L} = \{56{,}31°; 236{,}31°\}$

2. Gegeben ist das gleichschenklige Dreieck ABC. Für die Basis [AB] gilt $\overline{AB} = 4$ cm. Das Maß $\alpha \in]0°; 90°[$ des Basiswinkels ist variabel.
   a) Bestimme den Flächeninhalt A des Dreiecks ABC in Abhängigkeit vom Basiswinkel α.
   b) Berechne das Maß α, für das ein Dreieck ABC mit einem Flächeninhalt von 10 cm² entsteht.

Lösung:

a) Bestimmung der Höhe h_c in Abhängigkeit von α:

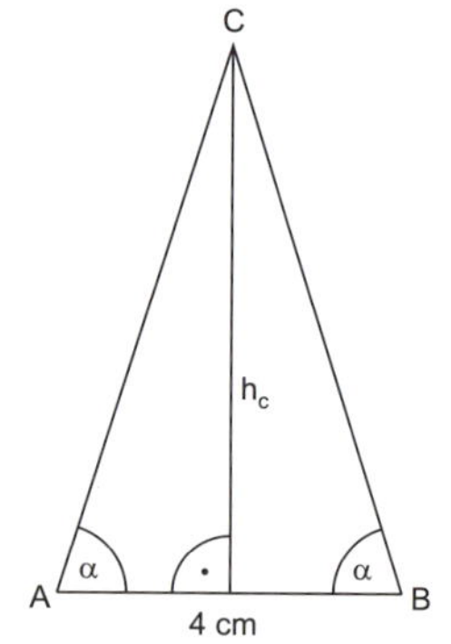

$\tan\alpha = \frac{h_c}{\frac{1}{2} \cdot \overline{AB}} \quad \left| \cdot \frac{1}{2}\overline{AB} \right.$

$\Leftrightarrow h_c(\alpha) = \frac{1}{2} \cdot \overline{AB} \cdot \tan\alpha$

$\Leftrightarrow h_c(\alpha) = \frac{1}{2} \cdot 4 \text{ cm} \cdot \tan\alpha$

$\Leftrightarrow h_c(\alpha) = 2 \cdot \tan\alpha \text{ cm}$

Somit:

$A(\alpha) = \frac{1}{2} \cdot \overline{AB} \cdot h_c(\alpha)$

$A(\alpha) = \frac{1}{2} \cdot 4 \text{ cm} \cdot 2 \cdot \tan\alpha \text{ cm}$

$A(\alpha) = 4 \cdot \tan\alpha \text{ cm}^2$

b) $\begin{array}{|ll} & A(\alpha) = 4 \cdot \tan\alpha \text{ cm}^2 \\ \wedge & A = 10 \text{ cm}^2 \\ \hline \end{array}$

$\Rightarrow \quad 4 \cdot \tan\alpha = 10 \qquad (\text{I} = \text{II}) \quad |:4$ — Goniometrische Gleichung

$\Leftrightarrow \quad \tan\alpha = 2{,}5$

$\Leftrightarrow \quad \alpha = 68{,}20°$

$\mathbb{L} = \{68{,}20°\}$

Aufgaben

288 Löse die goniometrischen Gleichungen über der Grundmenge $\mathbb{G} = [0°;\, 180°]$.

a) $\cos\varphi = -0{,}5$

b) $-8 \cdot |\cos\varphi| = -6$

c) $6(1 + \sin\varphi) = 12 \cdot 2(1 - \sin\varphi)$

d) $-2{,}5 \cdot \sin\varphi - 5 = 3 \cdot \sin\varphi$

e) $3 \cdot (2\sin\varphi - 1{,}5) = -4\sin\varphi + 5{,}5$

f) $4\sin\varphi = 3\sin\varphi + 2\cos\varphi$

g) $\cos^2\varphi = 8\sin^2\varphi$

h) $5\cos^2\varphi + 2 = 6 - 3\sin^2\varphi$

i) $4\sin\varphi - 2 = 6\cos\varphi$

j) $1{,}5\cos\varphi = 3 - 3\sin\varphi$

289 Löse die goniometrischen Gleichungen über der Grundmenge $\mathbb{G} = [0°;\, 360°]$.

a) $\tan\varphi = 12$

b) $\cos 5\varphi = -0{,}2$

c) $\sin^2\alpha = \frac{1}{4}$

d) $\cos^2\alpha - \frac{1}{4} = 0$

e) $\tan^2\alpha - 3 = 0$

f) $5\,\frac{\sin\varphi}{\cos\varphi} = 150$

g) $\cos^2\varphi - 1 = 2\sin\varphi$

h) $5\cos^2\varphi - \sin^2\varphi = 5$

i) $\cos^2\varphi + 2 = 9 - 3\sin^2\varphi$

j) $0{,}4\cos\varphi + \cos^2\varphi = 0$

k) $2\sin^2\varphi = \sin\varphi + 2$

l) $8\cos^2\alpha - 12 = -14\sin^2\alpha$

290 Die Pfeile $\overrightarrow{AB_n} = \begin{pmatrix} 8\sin^2\alpha \\ -\cos^2\alpha - 1 \end{pmatrix}$ und $\overrightarrow{AC_n} = \begin{pmatrix} 4\sin^2\alpha \\ 2\cos^2\alpha + 2 \end{pmatrix}$ mit $A(0\,|\,0)$ spannen für $\alpha \in\,]0°;\, 180°[$ die Dreiecksschar AB_nC_n auf.

a) Zeichne das Schardreieck AB_0C_0 für $\alpha = 45°$ in ein Koordinatensystem.
Für die Zeichnung: Längeneinheit 1 cm; $-1 \leqq x \leqq 5;\, -2 \leqq y \leqq 3$

b) Stelle den Flächeninhalt A der Dreiecke AB_nC_n in Abhängigkeit von α dar.

c) Berechne den Wert von α_1, sodass ein Dreieck AB_1C_1 mit einem Flächeninhalt von 10 FE entsteht.

d) Überprüfe rechnerisch, ob es ein Schardreieck mit einem Flächeninhalt von 15 FE gibt.

291 Gegeben sind die Pfeile $\overrightarrow{AB_n} = \begin{pmatrix} 2\sin\alpha \\ 2\cos\alpha + 2 \end{pmatrix}$ und $\overrightarrow{AC_n} = \begin{pmatrix} 5\sin\alpha \\ 5\cos\alpha - 5 \end{pmatrix}$ mit $A(0\,|\,0)$.
Bestimme die Werte von α, sodass die Pfeile gleich lang sind, wobei $\mathbb{G} = [0°;\, 180°]$.

292 Für die Streckenlänge $\overline{PQ}$ gilt: $\overline{PQ} = \sqrt{\frac{9}{4\cos(\varphi + 24°)}}$ LE

Berechne den Wert von $\varphi \in [0°;\, 360°]$, sodass $\overline{PQ} = 3$ LE.

Interaktive Aufgabe

22. Kein Dreieck

Additionstheoreme des Sinus und Kosinus

Merke

Für alle Winkelmaße gelten folgende Regeln, die **Additionstheoreme**:

$\sin(\alpha+\beta)=\sin\alpha\cdot\cos\beta+\cos\alpha\cdot\sin\beta$ $\quad\cos(\alpha+\beta)=\cos\alpha\cdot\cos\beta-\sin\alpha\cdot\sin\beta$

$\sin(\alpha-\beta)=\sin\alpha\cdot\cos\beta-\cos\alpha\cdot\sin\beta$ $\quad\cos(\alpha-\beta)=\cos\alpha\cdot\cos\beta+\sin\alpha\cdot\sin\beta$

Sonderfälle der Additionstheoreme

Sinus und Kosinus für doppelte und halbe Winkelmaße:

$\sin 2\alpha=2\cdot\sin\alpha\cdot\cos\alpha$ $\quad\cos 2\alpha=\cos^2\alpha-\sin^2\alpha=1-2\sin^2\alpha=2\cos^2\alpha-1$

$\sin^2\frac{\alpha}{2}=\frac{1}{2}\cdot(1-\cos\alpha)$ $\quad\cos^2\frac{\alpha}{2}=\frac{1}{2}\cdot(1+\cos\alpha)$

Beispiel

Zeige mithilfe der Additionstheoreme, dass folgende Beziehungen gelten:

a) $\cos(90°-\varphi)=\sin\varphi$

b) $\sin(180°+\varphi)=-\sin\varphi$

Lösung:

a) $\cos(90°-\varphi)$ $\quad$ $\cos(\alpha-\beta)=\cos\alpha\cdot\cos\beta+\sin\alpha\cdot\sin\beta$

$=\cos 90°\cdot\cos\varphi+\sin 90°\cdot\sin\varphi$

$=0\cdot\cos\varphi+1\cdot\sin\varphi$

$=\sin\varphi$

b) $\sin(180°+\varphi)$ $\quad$ $\sin(\alpha+\beta)=\sin\alpha\cdot\cos\beta+\cos\alpha\cdot\sin\beta$

$=\sin 180°\cdot\cos\varphi+\cos 180°\cdot\sin\varphi$

$=0\cdot\cos\varphi+(-1)\cdot\sin\varphi$

$=-\sin\varphi$

Aufgaben

293 Zeige mithilfe der Additionstheoreme, dass folgende Beziehungen gelten:

a) $\cos(360°+\varphi)=\cos\varphi$ $\quad$ b) $\sin(180°-\varphi)=\sin\varphi$

c) $\cos(90°-\varphi)=\sin\varphi$ $\quad$ d) $\sin(90°+\varphi)=\cos\varphi$

e) $\cos(180°+\varphi)=-\cos\varphi$ $\quad$ f) $\sin(360°-\varphi)=-\sin\varphi$

294 Berechne mithilfe der Tabellenwerte

sin 0°	sin 30°	sin 45°	sin 60°	sin 90°	sin 180°	cos 0°	cos 30°	cos 45°	cos 60°	cos 90°	cos 180°
0	$\frac{1}{2}$	$\frac{1}{2}\sqrt{2}$	$\frac{1}{2}\sqrt{3}$	1	0	1	$\frac{1}{2}\sqrt{3}$	$\frac{1}{2}\sqrt{2}$	$\frac{1}{2}$	0	–1

folgende Termwerte:

a) $\cos 120°$ $\quad$ b) $\sin 150°$

c) $\sin 75°$ $\quad$ d) $\cos 15°$

e) $\sin 15°$ $\quad$ f) $\cos 75°$

295 Bestimme mithilfe der Ergebnisse von obiger Aufgabe die zugehörigen Werte von:

a) $\tan 15°$ $\quad$ b) $\tan 75°$

Goniometrische Gleichungen – Lösung mit den Additionstheoremen

Merke

Goniometrische Gleichungen, in denen die Variable mehrfach vorkommt, lassen sich durch Anwendung der Additionstheoreme bzw. deren Sonderfälle in eine Gleichung mit nur einer Variablen umformen und anschließend wie gewöhnlich lösen.

Beispiele

1. $\frac{10\cdot\sin\alpha}{\sin(60°+\alpha)}=15 \quad \Big|\cdot\sin(60°+\alpha) \qquad \mathbb{G}=[0°;\,90°[$

$\Leftrightarrow \quad 10\cdot\sin\alpha=15\cdot\sin(60°+\alpha) \quad \Big|\cdot\frac{1}{15}$

$\Leftrightarrow \quad \frac{2}{3}\cdot\sin\alpha=\sin(60°+\alpha)$ — Additionstheorem anwenden

$\Leftrightarrow \quad \frac{2}{3}\sin\alpha=\sin 60°\cdot\cos\alpha+\cos 60°\cdot\sin\alpha$

$\Leftrightarrow \quad \frac{2}{3}\sin\alpha=\frac{1}{2}\sqrt{3}\cos\alpha+\frac{1}{2}\sin\alpha \quad \Big|-\frac{1}{2}\sin\alpha$

$\Leftrightarrow \quad \frac{1}{6}\sin\alpha=\frac{1}{2}\sqrt{3}\cos\alpha \quad \Big|\cdot\frac{6}{\cos\alpha}$ — Wegen $90°\notin\mathbb{G}$ gilt: $\cos\alpha\neq 0$

$\Leftrightarrow \quad \frac{\sin\alpha}{\cos\alpha}=3\sqrt{3}$ — Ersetze: $\frac{\sin\alpha}{\cos\alpha}=\tan\alpha$

$\Leftrightarrow \quad \tan\alpha=3\sqrt{3}$

$\Leftrightarrow \quad \alpha=79{,}11°$ — Keine Fallunterscheidung notwendig: $\alpha\pm 180°\notin\mathbb{G}$

$\mathbb{L}=\{79{,}11°\}$

2. $2\cos^2\frac{\alpha}{2}-\frac{\sqrt{12}}{3}\sin 60°-\cos\alpha=\frac{1-\sin^2(\alpha-90°)}{\cos(\alpha-90°)} \qquad \mathbb{G}=]0;\,180°[$

Es gilt: $1-\sin^2\beta=\cos^2\beta$

$\Leftrightarrow \quad 2\cos^2\frac{\alpha}{2}-\frac{\sqrt{12}}{3}\cdot\frac{1}{2}\sqrt{3}-\cos\alpha=\frac{\cos^2(\alpha-90°)}{\cos(\alpha-90°)}$

$\Leftrightarrow \quad 2\cos^2\frac{\alpha}{2}-\frac{\sqrt{36}}{6}-\cos\alpha=\cos(\alpha-90°)$ — $\cos^2\frac{\alpha}{2}=\frac{1+\cos\alpha}{2}$

$\Leftrightarrow \quad 2\cdot\frac{1+\cos\alpha}{2}-1-\cos\alpha=\cos\alpha\cdot\cos 90°+\sin\alpha\cdot\sin 90°$

$\Leftrightarrow \quad 1+\cos\alpha-1-\cos\alpha=\cos\alpha\cdot 0+\sin\alpha\cdot 1$

$\Leftrightarrow \quad \sin\alpha=0$ — $0°;\,180°\notin\mathbb{G}$

$\mathbb{L}=\emptyset$

3. $$6\sin\alpha - 4\cos\alpha = 1 \quad \mathbb{G} = [0°; 360°]$$ Klammere den Faktor 6 aus.

$$\Leftrightarrow \quad 6 \cdot \left(\sin\alpha - \frac{2}{3}\cos\alpha\right) = 1$$ Ersetze $\frac{2}{3}$ durch $\tan\alpha = \frac{\sin\alpha}{\cos\alpha}$, wobei $\alpha = \tan^{-1}\left(\frac{2}{3}\right) = 33{,}69°$ ist.

$$\Leftrightarrow \quad 6 \cdot \left(\sin\alpha - \frac{\sin 33{,}69°}{\cos 33{,}69°}\cos\alpha\right) = 1$$ Klammere $\frac{1}{\cos 33{,}69°}$ aus.

$$\Leftrightarrow \quad 6 \cdot \left(\sin\alpha \cdot \underbrace{\frac{\cos 33{,}69°}{\cos 33{,}69°}}_{=1} - \frac{\sin 33{,}69° \cdot \cos\alpha}{\cos 33{,}69°}\right) = 1$$ Dieser Zwischenschritt dient der Veranschaulichung und kann bei genügend Übung weggelassen werden.

$$\Leftrightarrow \quad \frac{6}{\cos 33{,}69°} \cdot (\sin\alpha \cdot \cos 33{,}69° - \sin 33{,}69° \cdot \cos\alpha) = 1$$ Vereinfache: $\frac{6}{\cos 33{,}69°} = 7{,}21$

$$\Leftrightarrow \quad 7{,}21 \cdot (\sin\alpha \cdot \cos 33{,}69° - \cos\alpha \cdot \sin 33{,}69°) = 1$$ Additionstheorem anwenden

$$\Leftrightarrow \quad 7{,}21 \cdot \sin(\alpha - 33{,}69°) = 1 \quad |:7{,}21$$

$$\Leftrightarrow \quad \sin(\alpha - 33{,}69°) = 0{,}14$$ Bestimme die infrage kommenden Werte für $\alpha - 33{,}69°$.

$$\Leftrightarrow \quad \alpha_1 - 33{,}69° = 8{,}05° \quad \vee \quad \alpha_2 - 33{,}69° = 180° - 8{,}05°$$
$$\Leftrightarrow \quad \alpha_1 = 41{,}74° \quad \vee \quad \alpha_2 - 33{,}69° = 171{,}95°$$
$$\Leftrightarrow \quad \alpha_1 = 41{,}74° \quad \vee \quad \alpha_2 = 205{,}64°$$
$$\mathbb{L} = \{41{,}74°; 205{,}64°\}$$

Aufgaben

296 Löse die goniometrischen Gleichungen über der Grundmenge $\mathbb{G} = [0°; 180°]$.

a) $(\sin\varphi + \cos\varphi)^2 = 2$

b) $6 \cdot \sin\varphi \cdot \cos\varphi = 1{,}5$

c) $\sin(\beta + 30°) = \frac{1}{2}\sin\beta$

d) $4 \cdot \sin\varphi = \cos 2\varphi$

e) $\cos(120° - \varphi) = \cos\varphi$

f) $4{,}25 = \frac{6 \cdot \sin\varphi}{\sin(48{,}60° + \varphi)}$

297 Löse die goniometrischen Gleichungen über der Grundmenge $\mathbb{G} = [0°; 360°]$.

a) $\cos(60° + \varphi) = \sqrt{3}\sin\varphi$

b) $\sin 2\varphi = \cos\varphi$

c) $\sin(45° + \varphi) = \frac{1}{2}\sqrt{2}\cos\varphi$

d) $4\sin\alpha = 1 - 6\cos\alpha$

Interaktive Aufgabe

23. Dreiecksfläche

Extremwertbestimmung bei trigonometrischen Termen

Beispiele

1. Die Pfeile $\overrightarrow{OA} = \begin{pmatrix} 2 \\ -4 \end{pmatrix}$ und $\overrightarrow{OB_n} = \begin{pmatrix} 1+3\cos\varphi \\ 2-2\cos\varphi \end{pmatrix}$ mit O(0 | 0) legen für $\varphi \in [0°; 180°[$ die Eckpunkte von Schardreiecken OAB_n fest.

   a) Zeichne das Schardreieck OAB_1 für $\varphi = 60°$.

   b) Bestimme den Flächeninhalt A der Dreiecke OAB_n in Abhängigkeit von φ.

   c) Gib den Wert von φ an, für den das Dreieck OAB den größten Flächeninhalt hat.

   Lösung:

   a) $\overrightarrow{OB_1} = \begin{pmatrix} 1+3\cos 60° \\ 2-2\cos 60° \end{pmatrix} = \begin{pmatrix} 1+3\cdot\frac{1}{2} \\ 2-2\cdot\frac{1}{2} \end{pmatrix} = \begin{pmatrix} 2{,}5 \\ 1 \end{pmatrix}$

   also: $B_1(2{,}5 \mid 1)$

   Zeichnung:

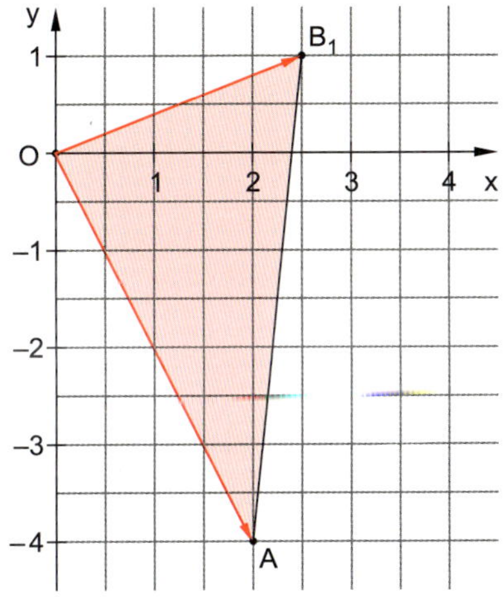

   b) Berechnung des Flächeninhalts der Dreiecke OAB_n:

   $$A = \frac{1}{2}\cdot\left|\overrightarrow{OA}\quad\overrightarrow{OB_n}\right|$$

   $$A(\varphi) = \frac{1}{2}\cdot\begin{vmatrix} 2 & 1+3\cos\varphi \\ -4 & 2-2\cos\varphi \end{vmatrix}\ \text{FE}$$

   $$A(\varphi) = \frac{1}{2}[2\cdot(2-2\cos\varphi) - (-4)\cdot(1+3\cos\varphi)]\ \text{FE}$$ Klammern setzen

   $$A(\varphi) = \frac{1}{2}[4-4\cos\varphi+4+12\cos\varphi]\ \text{FE}$$

   $$A(\varphi) = \frac{1}{2}(8\cos\varphi+8)\ \text{FE}$$

   $$A(\varphi) = (4\cos\varphi+4)\ \text{FE}$$

   c) $A(\varphi)$ wird maximal, wenn $\cos\varphi$ den größten Wert (+1) annimmt.

   Dies ist für $\varphi = 0°$ der Fall: — Wegen $\varphi \in [0°; 180°[$ ist $\varphi = 0°$ der einzige Wert, für den $\cos\varphi = 1$ gilt.

   $A(0°) = (4\cdot\cos 0° + 4)$ FE

   $A(0°) = (4\cdot 1 + 4)$ FE

   $A(0°) = 8$ FE

   also: $A_{max} = 8$ FE für $\varphi = 0°$

2. Der Flächeninhalt A eines Dreiecks ABC lässt sich, abhängig vom Winkelmaß α, wie folgt darstellen:

$$A(\alpha)=\frac{1}{2}\cdot 8\cdot\frac{10}{\sin(\alpha+30°)}\text{ FE}$$

Gib das Winkelmaß $\alpha^*\in\mathbb{G}=]-30°;150°[$ an, für den das flächenkleinste Dreieck entsteht.

Lösung:

$$A(\alpha)=\frac{1}{2}\cdot 8\cdot\frac{10}{\sin(\alpha+30°)}\text{ FE}$$

$$A(\alpha)=\frac{40}{\sin(\alpha+30°)}\text{ FE}$$

Der Flächeninhalt $A(\alpha)$ wird dann **minimal**, wenn der **Nenner maximal** wird. Dies ist der Fall für:

$$\sin(\alpha^*+30°)=1$$

$\alpha^*\in\mathbb{G}$

$\Leftrightarrow \quad \alpha^*+30°=90° \quad |-30°$

$\Leftrightarrow \quad \alpha^*=60°$

$\mathbb{L}=\{60°\}$

Die Äquivalenz gilt, da $\alpha^*+30°$ von den Werten $90°+k\cdot 360°$ ($k\in\mathbb{Z}$), für die der Sinus maximal wird, für $\alpha^*\in]-30°;150°[$ nur den Wert 90° annehmen kann.

A: Das flächenkleinste Dreieck entsteht für $\alpha^*=60°$. (Es hat einen Flächeninhalt von 40 FE.)

Aufgaben

298 Gib die Extremwerte nachfolgender Terme an, wenn $\mathbb{G}=[0°;360°[$.

a) $T(\alpha)=5\sin\alpha+1{,}5$

b) $T(\beta)=\cos\beta+4$

c) $T(\gamma)=8-\sin\gamma$

d) $T(\delta)=10-\cos 2\delta$

299 Die Parallelogramme ABC_nD_n mit $A(0|0)$ werden durch die Pfeile $\overrightarrow{AB}=\begin{pmatrix}8\\-4\end{pmatrix}$ und $\overrightarrow{AD_n}=\begin{pmatrix}2+3\cos\alpha\\4-2\cos\alpha\end{pmatrix}$ aufgespannt.

Bestimme den Flächeninhalt der Parallelogramme in Abhängigkeit von $\alpha\in]0°;360°[$. Gib α^* für das Parallelogramm mit dem größten Flächeninhalt an und berechne diesen.

300 Gegeben sind Dreiecke AB_nC_n mit $A(0|0)$, $B_n(8|\varphi)$ und $C_n(4|180°-\varphi)$ mit $\varphi\in]0°;180°[$.

Interaktive Aufgabe
24. Maximale Dreiecksfläche

a) Zeichne die Dreiecke AB_1C_1 für $\varphi_1=30°$ und AB_2C_2 für $\varphi_2=70°$ in ein Koordinatensystem. Für die Zeichnung: Längeneinheit 1 cm; $-4\leqq x\leqq 7; 0\leqq y\leqq 8$

b) Bestimme den Flächeninhalt A der Dreiecke AB_nC_n in Abhängigkeit von φ. [Ergebnis: $A(\varphi)=16\sin 2\varphi$ FE]

c) Berechne mithilfe des Ergebnisses von Teilaufgabe b den Flächeninhalt des Dreiecks AB_3C_3 für $\varphi_3=75°$ und gib die zugehörigen Polarkoordinaten und kartesischen Koordinaten der Punkte B_3 und C_3 an.

d) Begründe mithilfe des Ergebnisses von Teilaufgabe b, dass kein Dreieck mit mehr als 16 FE Inhalt existiert.

e) Um welche Dreiecksonderform handelt es sich beim flächengrößten Dreieck AB_4C_4? Begründe.

f) Berechne die Werte für φ_5 für die Dreiecke AB_5C_5 mit dem Flächeninhalt 10 FE entstehen.

Extremwertbestimmung mithilfe der quadratischen Ergänzung

Die quadratische Ergänzung trigonometrischer Terme unterscheidet sich grundsätzlich nicht vom üblichen, bekannten Vorgehen.

Merke

> Bei der Extremwertbestimmung von trigonometrischen Termen ist es empfehlenswert, diese gegebenenfalls so umzuformen, dass nur der Sinus oder nur der Kosinus oder nur der Tangens eines Winkels vorkommt.

Beispiel

Die Terme

$T(x) = x^2 - \frac{1}{2}x + 2 \quad x \in \mathbb{R}$ und $T(\varphi) = \cos^2\varphi - \frac{1}{2}\cos\varphi + 2 \quad \varphi \in [0°; 180°]$

weisen die gleiche Struktur auf. Zur Extremwertbestimmung kann daher auch analog vorgegangen werden:

$$T(x) = x^2 - \frac{1}{2}x + 2 \quad x \in \mathbb{R}$$

$$T(x) = x^2 - \frac{1}{2}x + \left(\frac{1}{4}\right)^2 - \left(\frac{1}{4}\right)^2 + 2$$

$$T(x) = \left(x - \frac{1}{4}\right)^2 - \frac{1}{16} + 2$$

$$T(x) = \left(x - \frac{1}{4}\right)^2 + 1\frac{15}{16}$$

- Der Term T(x) hat ein Minimum, wenn $\left(x - \frac{1}{4}\right)^2 = 0$.

  Dies ist der Fall für $x = \frac{1}{4}$.

  Also: $T_{min} = 1\frac{15}{16}$ für $x = \frac{1}{4}$

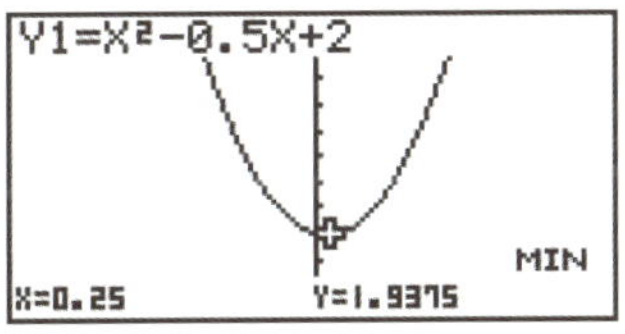

- Der Term T(x) hat kein Maximum.

$$T(\varphi) = \cos^2\varphi - \frac{1}{2}\cos\varphi + 2 \quad \varphi \in [0°; 180°]$$

$$T(\varphi) = \cos^2\varphi - \frac{1}{2}\cos\varphi + \left(\frac{1}{4}\right)^2 - \left(\frac{1}{4}\right)^2 + 2$$

$$T(\varphi) = \left(\cos\varphi - \frac{1}{4}\right)^2 - \frac{1}{16} + 2$$

$$T(\varphi) = \left(\cos\varphi - \frac{1}{4}\right)^2 + 1\frac{15}{16}$$

- Der Term T(φ) hat ein Minimum, wenn $\left(\cos\varphi - \frac{1}{4}\right)^2 = 0$.

  Dies ist der Fall für $\cos\varphi = \frac{1}{4}$, also für $\varphi = 75{,}52°$. (Beachte: $284{,}48° \notin \mathbb{G}$)

  Also: $T_{min} = 1\frac{15}{16}$ für $\varphi = 75{,}52°$

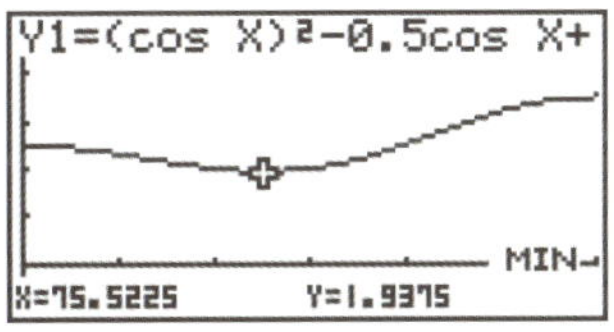

- Der Term T(φ) hat ein Maximum, wenn $\left(\cos\varphi - \frac{1}{4}\right)^2$ am größten ist.

  Dies ist der Fall für $\cos\varphi = -1$, also für $\varphi = 180°$. (Beachte: $-1 \leqq \cos\varphi \leqq 1$)

  Also: $T_{max} = 3\frac{1}{2}$ für $\varphi = 180°$

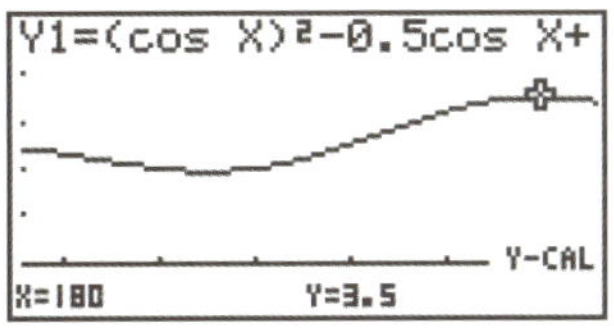

Aufgaben

301 Die Pfeile $\overrightarrow{AB_n} = \begin{pmatrix} 6\cos\alpha \\ -8\sin\alpha \end{pmatrix}$ und $\overrightarrow{AC_n} = \begin{pmatrix} 5 \\ 10\cos\alpha \end{pmatrix}$ mit A(0|0) legen für $\alpha \in\ ]0°; 180°]$ Dreiecke AB_nC_n fest.
Bestimme den Flächeninhalt A(α) der Dreiecke AB_nC_n in Abhängigkeit von α und ermittle sodann die Winkelmaße α, für die A(α) seine Extremwerte annimmt. Berechne A_{min} und A_{max}.

302 Berechne für $\alpha \in [0°; 180°]$ die Extremwerte des Terms $T(\alpha) = 15\cos^2\alpha + 10\sin\alpha$ mittels quadratischer Ergänzung.

303 Berechne die Extremwerte folgender Terme auf zwei Stellen nach dem Komma gerundet.

a) $T(\varphi) = 2\cos^2\varphi + 3\cos\varphi - 4$ für $0° \leqq \varphi \leqq 180°$

b) $T(\varphi) = 4\sin^2\varphi + 6\cos\varphi - 8$ für $0° \leqq \varphi \leqq 180°$

c) $T(\varphi) = -0{,}5\cos^2\varphi + 4\cos\varphi + 1$ für $0° \leqq \varphi \leqq 180°$

Interaktive Aufgabe

25. Extremwert bestimmen

Extremwertbestimmung mithilfe der Additionstheoreme

Beispiel

Bestimme die Extremwerte, die der Term $T(\varphi) = 3\cos\varphi + 2\sin\varphi$ im Bereich $0 \leqq \varphi \leqq 360°$ annimmt.

Lösung:

$T(\varphi) = 3\cos\varphi + 2\sin\varphi$

$$T(\varphi) = 3\left(\cos\varphi + \frac{2}{3}\sin\varphi\right)$$

Ersetze $\frac{2}{3}$ durch $\tan\varphi = \frac{\sin\varphi}{\cos\varphi}$, wobei $\varphi = \tan^{-1}\left(\frac{2}{3}\right) = 33{,}69°$ ist.

$$T(\varphi) = 3\left(\cos\varphi + \frac{\sin 33{,}69°}{\cos 33{,}69°} \cdot \sin\varphi\right)$$

Klammere $\frac{1}{\cos 33{,}69°}$ aus.

$$T(\varphi) = \frac{3}{\cos 33{,}69°}(\cos\varphi \cdot \cos 33{,}69° + \sin\varphi \cdot \sin 33{,}69°)$$

Vereinfache: $\frac{3}{\cos 33{,}69°} = 3{,}61$

$T(\varphi) = 3{,}61 \cdot (\cos\varphi \cdot \cos 33{,}69° + \sin\varphi \cdot \sin 33{,}69°)$

Additionstheorem anwenden

$T(\varphi) = 3{,}61 \cdot \cos(\varphi - 33{,}69°)$

- Der Term T(φ) hat ein Minimum, wenn $\cos(\varphi - 33{,}69°) = -1$, also für $\varphi - 33{,}69° = 180°$ bzw. $\varphi = 213{,}69°$:
also: $T_{min} = -3{,}61$ für $\varphi = 213{,}69°$

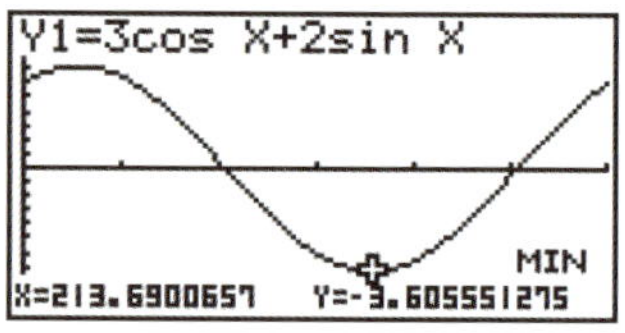

- Der Term T(φ) hat ein Maximum, wenn $\cos(\varphi - 33{,}69°) = 1$, also für $\varphi - 33{,}69° = 0°$ bzw. $\varphi = 33{,}69°$:
also: $T_{max} = 3{,}61$ für $\varphi = 33{,}69°$

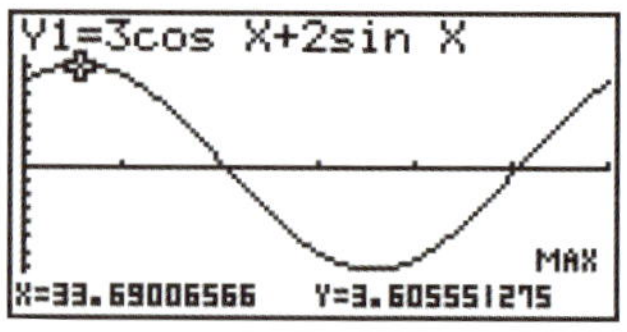

Aufgaben

304 Bestimme die Extremwerte nachfolgender Terme im jeweils angegebenen Bereich.

a) $T(\varphi)=0{,}5\sin\varphi+4\cos\varphi$ $\quad 0°\leqq\varphi\leqq 270°$

b) $T(\varphi)=\cos(\varphi-60°)+\sin(\varphi+30°)$ $\quad 0°\leqq\varphi\leqq 360°$

c) $T(\varphi)=\sin\varphi-\cos(30°+\varphi)+5$ $\quad 0°\leqq\varphi\leqq 360°$

305 Für den Flächeninhalt A einer Dreiecksschar ABC_n gilt in Abhängigkeit von einem Innenwinkel φ des Dreiecks:

$$A(\varphi)=\frac{5\sqrt{2}}{3\sin(\varphi-30°)}\,\text{cm}^2$$

Für welches Winkelmaß entsteht das flächenkleinste Dreieck?
Gib zunächst eine sinnvolle Grundmenge an.

306 Gegeben sind in C_n rechtwinklige Dreiecke ABC_n mit $\overline{AB}=10$ cm.

a) Berechne die Länge der Strecke $\overline{BC_n}$ in Abhängigkeit von β.
Fertige zunächst eine geeignete Planfigur an.

b) Berechne den Flächeninhalt A der Dreiecksschar in Abhängigkeit von β.

c) Bestimme A_{max} sowie das Maß des zugehörigen Winkels β^*.

307 Die Pfeile $\overrightarrow{AB}=\begin{pmatrix}5\\-1\end{pmatrix}$ und $\overrightarrow{AC_n}=\begin{pmatrix}6+3\sin\alpha\\5\cos^2\alpha\end{pmatrix}$ mit $A(0\,|\,0)$ spannen Dreiecke ABC_n auf.

a) Berechne die Koordinaten der Pfeile $\overrightarrow{AC_n}$ für $\alpha\in\{100°;\,150°;\,240°\}$ auf zwei Stellen nach dem Komma gerundet und zeichne sodann die zugehörigen Dreiecke in ein Koordinatensystem ein.
Platzbedarf: $0\leqq x\leqq 10;\ -3\leqq y\leqq 5$

b) Ermittle rechnerisch die Gleichung des Trägergraphen t der Punkte C_n und zeichne t in das Koordinatensystem.

c) Bestimme den Flächeninhalt A der Dreiecke ABC_n in Abhängigkeit von α.
Berechne sodann das Winkelmaß α, für das man das Dreieck ABC_1 mit dem größten Flächeninhalt A_{max} erhält, und gib diesen an.

3.4 Skalarprodukt von Vektoren

Skalarprodukt von orthogonalen Vektoren

Die Vektoren $\overrightarrow{SA}$ und $\overrightarrow{SB}$ stehen senkrecht aufeinander, d. h., sie sind **orthogonal**. Dreht man den Vektor $\overrightarrow{SA}$ um 90° um das Drehzentrum S, so liegen $\overrightarrow{SA'}$ und $\overrightarrow{SB}$ aufeinander und haben folglich die gleiche Steigung. Es gilt also:

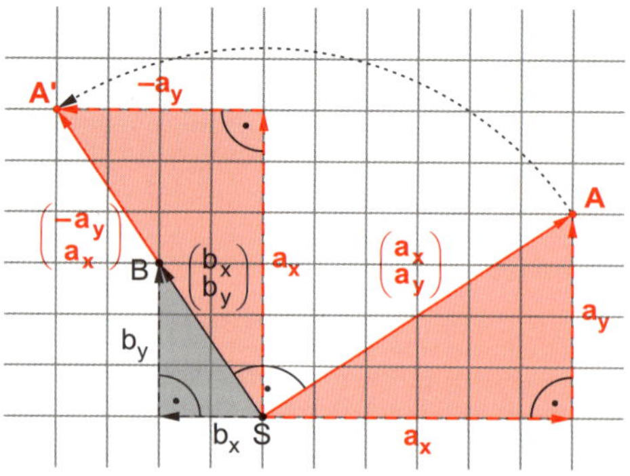

$$m_{SA'} = m_{SB}$$

$$\Leftrightarrow \quad \frac{a_x}{-a_y} = \frac{b_y}{b_x}$$

$$\Leftrightarrow \quad a_x \cdot b_x = -a_y \cdot b_y$$

$$\Leftrightarrow \quad a_x b_x + a_y b_y = 0$$

Merke

Der Term $a_x b_x + a_y b_y$ heißt **Skalarprodukt** der Vektoren $\vec{a} = \binom{a_x}{a_y}$ und $\vec{b} = \binom{b_x}{b_y}$.
Man schreibt:

$$\mathbf{\vec{a} \odot \vec{b} = \binom{a_x}{a_y} \odot \binom{b_x}{b_y} = a_x b_x + a_y b_y}$$ Produkt der x-Koordinaten + Produkt der y-Koordinaten

Vektor mal Vektor = Zahl (Skalar)

Es gelten folgende Aussagen, wobei die eine die Umkehrung der anderen ist:
- Sind zwei Vektoren orthogonal, hat ihr Skalarprodukt den Wert 0. $(\vec{a} \perp \vec{b} \Rightarrow \vec{a} \odot \vec{b} = 0)$
- Hat das Skalarprodukt zweier Vektoren den Wert 0, sind sie orthogonal. $(\vec{a} \odot \vec{b} = 0 \Rightarrow \vec{a} \perp \vec{b})$

Demnach gilt zusammenfassend für alle Vektoren:

$$\mathbf{\vec{a} \perp \vec{b} \;\Leftrightarrow\; \vec{a} \odot \vec{b} = 0}$$

Beispiele

1. Berechne den Wert des Skalarprodukts der Vektoren $\vec{a} = \binom{5}{6}$ und $\vec{b} = \binom{7}{-8}$.

   Lösung:

   $\vec{a} \odot \vec{b} = \binom{5}{6} \odot \binom{7}{-8}$ — Skalarprodukt bilden: **Produkt der x-Koordinaten** + **Produkt der y-Koordinaten**

   $= 5 \cdot 7 + 6 \cdot (-8)$ — Zusammenfassen

   $= 35 - 48$

   $= -13$

2. Prüfe, ob die Vektoren $\vec{a} = \binom{4}{16}$ und $\vec{b} = \binom{8}{-2}$ aufeinander senkrecht stehen.

   Lösung:

   $\vec{a} \odot \vec{b} = \binom{4}{16} \odot \binom{8}{-2}$ — Skalarprodukt

   $= 4 \cdot 8 + 16 \cdot (-2)$ — Zusammenfassen

   $= 32 - 32$

   $= 0$

   Da $\vec{a} \odot \vec{b} = 0$, gilt: $\vec{a} \perp \vec{b}$ — Der Wert des Skalarprodukts ist gleich null, somit sind beide Vektoren orthogonal.

3. Gegeben sind die Vektoren $\vec{a} = \begin{pmatrix} \frac{1}{2} \\ 3 \end{pmatrix}$ und $\vec{b} = \begin{pmatrix} 5 \\ b_y \end{pmatrix}$.

   Berechne die fehlende Vektorkoordinate b_y so, dass gilt: $\vec{a} \perp \vec{b}$

   Lösung:

   Wegen $\vec{a} \perp \vec{b}$ muss gelten:

$\vec{a} \odot \vec{b} = 0$	Skalarprodukt
$\Leftrightarrow \begin{pmatrix} \frac{1}{2} \\ 3 \end{pmatrix} \odot \begin{pmatrix} 5 \\ b_y \end{pmatrix} = 0$	Produkt der x-Koordinaten + Produkt der y-Koordinaten
$\Leftrightarrow \frac{1}{2} \cdot 5 + 3 \cdot b_y = 0$	Nach b_y auflösen
$\Leftrightarrow \frac{5}{2} + 3b_y = 0 \quad \left| -\frac{5}{2} \right.$	
$\Leftrightarrow 3b_y = -\frac{5}{2} \quad \left| \cdot \frac{1}{3} \right.$	
$\Leftrightarrow b_y = -\frac{5}{6}$	Für $b_y = -\frac{5}{6}$ stehen die Vektoren $\vec{a}$ und $\vec{b}$ aufeinander senkrecht: $\frac{1}{2} \cdot 5 + 3 \cdot \left(-\frac{5}{6}\right) = 0$

   $\mathbb{L} = \left\{-\frac{5}{6}\right\}$

Verknüpfungsgesetze für das Skalarprodukt

Merke

Für beliebige Vektoren $\vec{a}$, $\vec{b}$ und $\vec{c}$ gelten folgende Gesetze:

- **Kommutativgesetz:** $\vec{a} \odot \vec{b} = \vec{b} \odot \vec{a}$
- **Assoziativgesetz:** $(k \cdot \vec{a}) \odot \vec{b} = k \cdot (\vec{a} \odot \vec{b}) \quad k \in \mathbb{R}$
- **Distributivgesetz:** $\vec{a} \odot (\vec{b} \oplus \vec{c}) = \vec{a} \odot \vec{b} + \vec{a} \odot \vec{c}$

Beispiele

1. Kommutativgesetz:

$$\begin{pmatrix} -5 \\ 6 \end{pmatrix} \odot \begin{pmatrix} 7 \\ -8 \end{pmatrix} = (-5) \cdot 7 + 6 \cdot (-8) = -35 - 48 = -83$$

$$\begin{pmatrix} 7 \\ -8 \end{pmatrix} \odot \begin{pmatrix} -5 \\ 6 \end{pmatrix} = 7 \cdot (-5) + (-8) \cdot 6 = -35 - 48 = -83$$

2. Assoziativgesetz:

$$\left[\frac{1}{2} \cdot \begin{pmatrix} 8 \\ 5 \end{pmatrix}\right] \odot \begin{pmatrix} -10 \\ 4 \end{pmatrix} = \begin{pmatrix} 4 \\ 2{,}5 \end{pmatrix} \odot \begin{pmatrix} -10 \\ 4 \end{pmatrix} = 4 \cdot (-10) + 2{,}5 \cdot 4 = -40 + 10 = -30$$

$$\frac{1}{2} \cdot \left[\begin{pmatrix} 8 \\ 5 \end{pmatrix} \odot \begin{pmatrix} -10 \\ 4 \end{pmatrix}\right] = \frac{1}{2} \cdot [8 \cdot (-10) + 5 \cdot 4] = \frac{1}{2}[-80 + 20] = \frac{1}{2} \cdot [-60] = -30$$

3. Distributivgesetz:

$$\begin{pmatrix} -3 \\ 6 \end{pmatrix} \odot \left[\begin{pmatrix} 7 \\ -9 \end{pmatrix} \oplus \begin{pmatrix} -2 \\ 5 \end{pmatrix}\right] = \begin{pmatrix} -3 \\ 6 \end{pmatrix} \odot \begin{pmatrix} 5 \\ -4 \end{pmatrix} = (-3) \cdot 5 + 6 \cdot (-4) = -15 - 24 = -39$$

$$\begin{pmatrix} -3 \\ 6 \end{pmatrix} \odot \begin{pmatrix} 7 \\ -9 \end{pmatrix} + \begin{pmatrix} -3 \\ 6 \end{pmatrix} \odot \begin{pmatrix} -2 \\ 5 \end{pmatrix} = (-3) \cdot 7 + 6 \cdot (-9) + (-3) \cdot (-2) + 6 \cdot 5 = -21 - 54 + 6 + 30 = -39$$

Aufgaben

308 Berechne jeweils den Wert des Skalarprodukts $\vec{a} \odot \vec{b}$.

a) $\vec{a} = \begin{pmatrix} 2 \\ 1 \end{pmatrix}$; $\vec{b} = \begin{pmatrix} 3 \\ 4 \end{pmatrix}$ b) $\vec{a} = \begin{pmatrix} -6 \\ 9 \end{pmatrix}$; $\vec{b} = \begin{pmatrix} 10 \\ -5 \end{pmatrix}$

c) $\vec{a} = \begin{pmatrix} -\frac{1}{2} \\ -\frac{1}{3} \end{pmatrix}$; $\vec{b} = \begin{pmatrix} \frac{3}{4} \\ -\frac{9}{8} \end{pmatrix}$ d) $\vec{a} = \begin{pmatrix} 5\sqrt{3} \\ -\sqrt{7} \end{pmatrix}$; $\vec{b} = \begin{pmatrix} -\sqrt{3} \\ 2\sqrt{7} \end{pmatrix}$

309 Berechne die fehlende Vektorkoordinate so, dass gilt: $\overrightarrow{AB} \perp \overrightarrow{AC}$

a) $\overrightarrow{AB} = \begin{pmatrix} 12 \\ x \end{pmatrix}$; $\overrightarrow{AC} = \begin{pmatrix} 0{,}5 \\ -3 \end{pmatrix}$ b) $\overrightarrow{AB} = \begin{pmatrix} x+1 \\ 2x \end{pmatrix}$; $\overrightarrow{AC} = \begin{pmatrix} 4 \\ 5 \end{pmatrix}$

c) $\overrightarrow{AB} = \begin{pmatrix} 3 \\ \frac{1}{x} \end{pmatrix}$; $\overrightarrow{AC} = \begin{pmatrix} -\frac{1}{4}x \\ 3 \end{pmatrix}$ d) $\overrightarrow{AB} = \begin{pmatrix} \frac{1}{2}x^2+1 \\ -3x \end{pmatrix}$; $\overrightarrow{AC} = \begin{pmatrix} 12 \\ 2x-1 \end{pmatrix}$

310 a) Die Pfeile $\overrightarrow{OB} = \begin{pmatrix} 5 \\ -2 \end{pmatrix}$ und $\overrightarrow{OD_n} = \begin{pmatrix} x \\ -0{,}5x+3 \end{pmatrix}$ mit O(0|0) spannen für $x \in \mathbb{R}$ Parallelogramme OBC_nD_n auf. Unter den Parallelogrammen gibt es das Rechteck OBC_0D_0. Berechne den zugehörigen Wert von x sowie die Koordinaten des Punktes D_0.

b) Die Pfeile $\overrightarrow{OB} = \begin{pmatrix} 5 \\ -2 \end{pmatrix}$ und $\overrightarrow{OD_n} = \begin{pmatrix} 6\cos\varphi \\ 3\cos\varphi+2 \end{pmatrix}$ mit O(0|0) spannen für $\varphi \in [0°; 111{,}74°[$ Parallelogramme OBC_nD_n auf. Unter den Parallelogrammen gibt es das Rechteck OBC_1D_1.
Berechne den zugehörigen Wert von φ sowie die Koordinaten des Punktes D_1.

311 Gegeben sind die Pfeile $\overrightarrow{OA_n} = \begin{pmatrix} \frac{1}{4}x \\ -4 \end{pmatrix}$ und $\overrightarrow{OB_n} = \begin{pmatrix} x \\ (x-3)^2 \end{pmatrix}$ mit $x \in \mathbb{R}^+$ und O(0|0).
Die Punkte A_n liegen auf der Geraden g mit der Gleichung $y = -4$, die Punkte B_n auf der Parabel p mit der Gleichung $y = (x-3)^2$.

a) Zeichne die Pfeile $\overrightarrow{OA_1}$ und $\overrightarrow{OB_1}$ für $x = 2$ sowie die Gerade g und die Parabel p in ein Koordinatensystem.
Für die Zeichnung: Längeneinheit 0,5 cm; $-1 \leqq x \leqq 7$; $-4 \leqq y \leqq 6$

b) Die Pfeile $\overrightarrow{OA_n}$ und $\overrightarrow{OB_n}$ spannen Dreiecke OA_nB_n auf. Unter den Schardreiecken gibt es in O rechtwinklige Dreiecke. Berechne die zugehörigen Werte von x.

312 Das in C rechtwinklige Dreieck ABC mit B(4|–1) und C(6|4) hat einen Flächeninhalt von A = 14,5 FE.
Berechne die Koordinaten des Punktes A. Überlege dir dazu zuerst, wo sich der Punkt A befinden muss, sodass ein Dreieck ABC entsteht. (Fertige gegebenenfalls eine Skizze an.)

Anwendungen des Skalarprodukts orthogonaler Vektoren

Abstand eines Punktes von einer Geraden

Merke

Der **Abstand** eines Punktes P von einer Geraden g ist die **kürzeste Entfernung** von P zu g. Um den Abstand von P zu g zu bestimmen, berechnet man zunächst die Koordinaten des Lotfußpunktes Q des Lotes von P auf g und bestimmt dann die Länge der Strecke [PQ].

- Berechnung der Koordinaten des Lotfußpunktes Q:
  Ist $\overrightarrow{m}_g$ ein Steigungspfeil der Geraden g, folgt aus $PQ \perp g$:
  $\overrightarrow{PQ} \odot \overrightarrow{m}_g = 0$
- Berechnung des Abstands des Punktes P von g:
  $d(P; g) = \overline{PQ}$

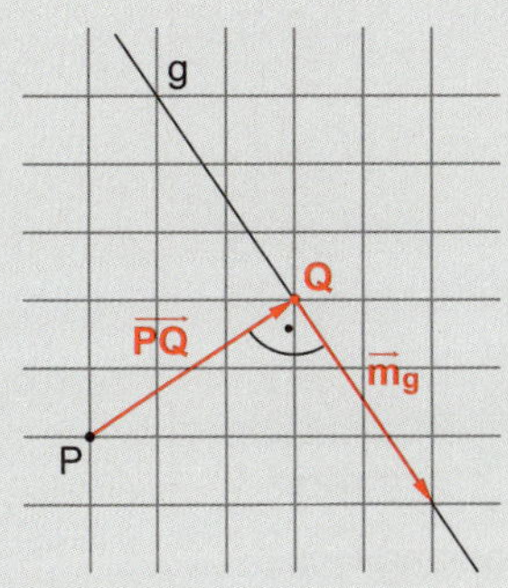

Beispiel

Gegeben ist die Gerade g mit der Gleichung $y = \frac{1}{2}x - 4$ und der Punkt P(2|2). Berechne den Abstand d(P; g) des Punktes P von der Geraden g.

Lösung:

- Berechnung der Koordinaten des Lotfußpunktes Q des Lotes von P auf g:

Koordinaten des Pfeils $\overrightarrow{PQ}$ in Abhängigkeit von x:

Setze Q mit den Koordinaten $\left(x \,\middle|\, \frac{1}{2}x - 4\right)$ des allgemeinen Geradenpunkts auf g an.

$$\overrightarrow{PQ}(x) = \begin{pmatrix} x-2 \\ \frac{1}{2}x - 4 - 2 \end{pmatrix} = \begin{pmatrix} x-2 \\ \frac{1}{2}x - 6 \end{pmatrix}$$

„Spitze minus Fuß“: Koordinaten des Pfeils $\overrightarrow{PQ}(x)$

Bestimmung von $\overrightarrow{m}_g$:

$$m_g = \frac{1}{2} \quad \Rightarrow \quad \overrightarrow{m}_g = \begin{pmatrix} 2 \\ 1 \end{pmatrix}$$

Aus dem Steigungsfaktor m_g lassen sich die Koordinaten eines Steigungspfeils $\overrightarrow{m}_g$ von g direkt ableiten.

Wegen $PQ \perp g$ gilt:

$$\overrightarrow{PQ} \odot \overrightarrow{m}_g = 0$$

Da PQ und g aufeinander senkrecht stehen, steht auch der Pfeil $\overrightarrow{PQ}$ senkrecht auf dem Steigungspfeil $\overrightarrow{m}_g$ der Geraden g. Das Skalarprodukt der zugehörigen Vektoren hat somit den Wert 0.

$$\Leftrightarrow \quad \begin{pmatrix} x-2 \\ \frac{1}{2}x - 6 \end{pmatrix} \odot \begin{pmatrix} 2 \\ 1 \end{pmatrix} = 0$$

$$\Leftrightarrow \quad (x-2) \cdot 2 + \left(\frac{1}{2}x - 6\right) \cdot 1 = 0$$

Zusammenfassen

$$\Leftrightarrow \quad 2x - 4 + \frac{1}{2}x - 6 = 0$$

$$\Leftrightarrow \quad \frac{5}{2}x - 10 = 0 \quad |+10$$

Auflösen nach x

$$\Leftrightarrow \quad \frac{5}{2}x = 10 \quad \left| \cdot \frac{2}{5} \right.$$

$$\Leftrightarrow \quad x = 4$$

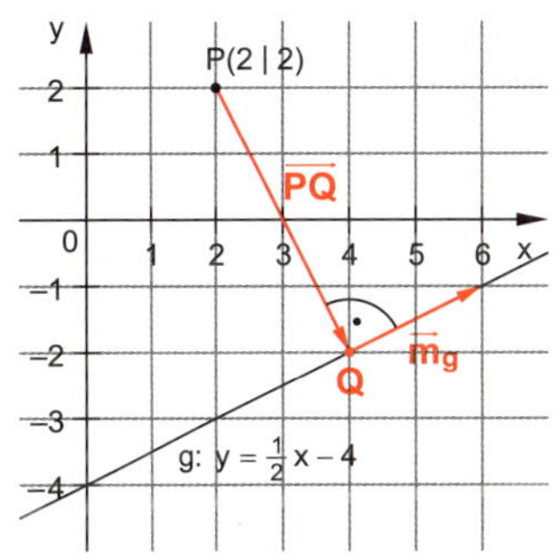

$\mathbb{L} = \{4\}$

$$Q\left(4 \,\middle|\, \frac{1}{2} \cdot 4 - 4\right) = Q(4|-2)$$

Einsetzen der x-Koordinate in die Gleichung $y = \frac{1}{2}x - 4$ der Geraden g

- Berechnung der Streckenlänge $\overline{PQ}$:

Koordinaten des Pfeils $\overrightarrow{PQ}$:

$$\overrightarrow{PQ} = \begin{pmatrix} 4-2 \\ -2-2 \end{pmatrix} = \begin{pmatrix} 2 \\ -4 \end{pmatrix}$$

Einsetzen der Koordinaten von Q und P. Alternativ kann der Wert x = 4 in $\overrightarrow{PQ}(x)$ eingesetzt werden.

Für die Länge der Strecke $\overline{PQ}$ gilt:

$\overline{PQ} = \sqrt{2^2 + (-4)^2}$ LE

$\overrightarrow{PQ} = \begin{pmatrix} v_x \\ v_y \end{pmatrix} \Rightarrow \overline{PQ} = \sqrt{{v_x}^2 + {v_y}^2}$ LE

$\overline{PQ} = \sqrt{20}$ LE

$\overline{PQ} = 2\sqrt{5}$ LE

Der Abstand des Punktes P zur Geraden g beträgt $2\sqrt{5}$ LE ($\approx 4{,}47$ LE).

Aufgabe 313

Interaktive Aufgabe
1. Abstand Punkt zu Gerade

Berechne den Abstand des Punktes P von der Geraden g.

a) P(8 | 5); g: $y = -2x + 5$ b) P(3 | −2); g: $y = \frac{3}{2}x + 9$

Rechtwinklige Dreiecke – Berechnung von Punktkoordinaten auf dem Thaleskreis

Merke

Ist ein Dreieck in einem Punkt rechtwinklig, so liegt dieser Punkt auf dem Thaleskreis über der dem Punkt gegenüberliegenden Dreiecksseite.
Da die an den Punkt anliegenden Seiten aufeinander senkrecht stehen, hat das Skalarprodukt der entsprechenden Vektoren den Wert 0.

Beispiel

Gegeben sind die Gerade g mit $y = \frac{1}{3}x + 2$ sowie die Punkte A(−4 | −1) und B(5 | −3). Berechne die Koordinaten von Punkten C_n auf g, die mit den Punkten A und B jeweils in C_n rechtwinklige Dreiecke ABC_n bilden.

Lösung:

Die Punkte C_n liegen auf der Geraden g und zugleich auf dem Thaleskreis über [AB].

1. Bedingung:

$C_n \in g \Rightarrow C_n\left(x \,\middle|\, \frac{1}{3}x + 2\right)$ Allgemeine Koordinaten der Punkte C_n auf der Geraden g

2. Bedingung:

$[AC_n] \perp [BC_n] \Leftrightarrow \overrightarrow{AC_n} \odot \overrightarrow{BC_n} = 0$ Orthogonalitätsbedingung

Berechnung der Koordinaten der Pfeile $\overrightarrow{AC_n}$ und $\overrightarrow{BC_n}$ in Abhängigkeit von x:

$$\overrightarrow{AC_n}(x) = \begin{pmatrix} x - (-4) \\ \frac{1}{3}x + 2 - (-1) \end{pmatrix} = \begin{pmatrix} x + 4 \\ \frac{1}{3}x + 3 \end{pmatrix}$$

$$\overrightarrow{BC_n}(x) = \begin{pmatrix} x - 5 \\ \frac{1}{3}x + 2 - (-3) \end{pmatrix} = \begin{pmatrix} x - 5 \\ \frac{1}{3}x + 5 \end{pmatrix}$$

Bestimmung der Koordinaten der Punkte C_n:

Da die Pfeile $\overrightarrow{AC_n}$ und $\overrightarrow{BC_n}$ orthogonal sein müssen, hat das Skalarprodukt der zugehörigen Vektoren den Wert 0.

$$\overrightarrow{AC_n} \odot \overrightarrow{BC_n} = 0$$

$$\Leftrightarrow \begin{pmatrix} x + 4 \\ \frac{1}{3}x + 3 \end{pmatrix} \odot \begin{pmatrix} x - 5 \\ \frac{1}{3}x + 5 \end{pmatrix} = 0$$

$$\Leftrightarrow (x + 4) \cdot (x - 5) + \left(\frac{1}{3}x + 3\right) \cdot \left(\frac{1}{3}x + 5\right) = 0$$

$$\Leftrightarrow x^2 - 5x + 4x - 20 + \frac{1}{9}x^2 + \frac{5}{3}x + x + 15 = 0$$

$$\Leftrightarrow \frac{10}{9}x^2 + \frac{5}{3}x - 5 = 0 \quad \Big| \cdot \frac{9}{10}$$

$$\Leftrightarrow x^2 + \frac{3}{2}x - \frac{9}{2} = 0$$

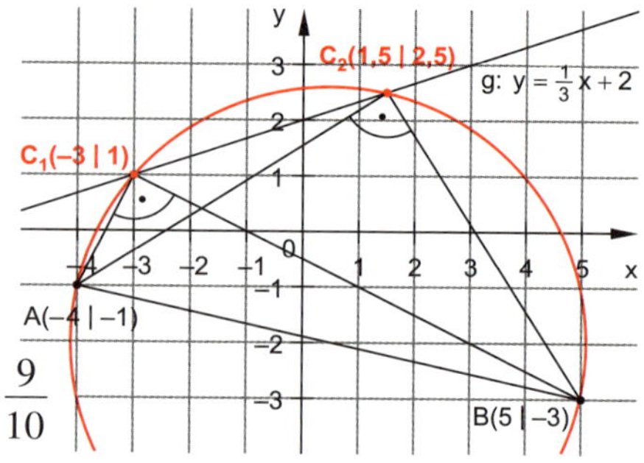

$D = b^2 - 4ac$	Wert der Diskriminante berechnen
$D = \left(\frac{3}{2}\right)^2 + 4 \cdot 1 \cdot \frac{9}{2}$	
$D = \frac{81}{4}$	$D > 0$: 2 Schnittpunkte von g mit dem Thaleskreis
$\Leftrightarrow \quad x_{1/2} = \frac{-b \pm \sqrt{D}}{2a}$	Berechnung der x-Koordinaten der Schnittpunkte mit der Lösungsformel
$\Leftrightarrow \quad x_{1/2} = \frac{-\frac{3}{2} \pm \sqrt{\frac{81}{4}}}{2 \cdot 1}$	
$x_1 = 1\frac{1}{2} \vee x_2 = -3$	x-Koordinaten der beiden Schnittpunkte
$\mathbb{L} = \left\{-3; 1\frac{1}{2}\right\}$	
$C_1\left(-3 \,\middle|\, \frac{1}{3} \cdot (-3) + 2\right) = C_1(-3 \mid 1)$	Durch Einsetzen der x-Koordinaten $\frac{3}{2}$ bzw. -3 in die Geradengleichung $y = \frac{1}{3}x + 2$ erhält man die zugehörigen y-Koordinaten der Punkte C_1 bzw. C_2.
$C_2\left(\frac{3}{2} \,\middle|\, \frac{1}{3} \cdot \frac{3}{2} + 2\right) = C_2\left(1\frac{1}{2} \,\middle|\, 2\frac{1}{2}\right)$	

Aufgabe 314

Das Drachenviereck ABCD mit $B(-3 \mid -1)$ und $D(2 \mid 6{,}5)$ besitzt die Symmetrieachse BD. Das Maß γ des Winkels $\sphericalangle DCB$ beträgt 90°. Der Eckpunkt C liegt auf der Geraden g mit $y = -0{,}25x + 3{,}5$.

a) Zeichne das Drachenviereck ABCD in ein Koordinatensystem.
Für die Zeichnung: Längeneinheit 1 cm; $-5 \leqq x \leqq 5$; $-2 \leqq y \leqq 8$

b) Berechne die Koordinaten des Eckpunktes C ($x_C > 0$).

Interaktive Aufgabe

2. Rechtwinklige Dreiecke

Skalarprodukt beliebiger Vektoren

Merke

Für das Skalarprodukt zweier beliebiger Vektoren $\vec{a} = \begin{pmatrix} a_x \\ a_y \end{pmatrix}$ und $\vec{b} = \begin{pmatrix} b_x \\ b_y \end{pmatrix}$ gilt:

$$\vec{a} \odot \vec{b} = |\vec{a}| \cdot |\vec{b}| \cdot \cos\varphi$$

Dabei ist φ das Maß des von den Vektoren $\vec{a}$ und $\vec{b}$ eingeschlossenen Winkels $\sphericalangle(\vec{a}; \vec{b})$.

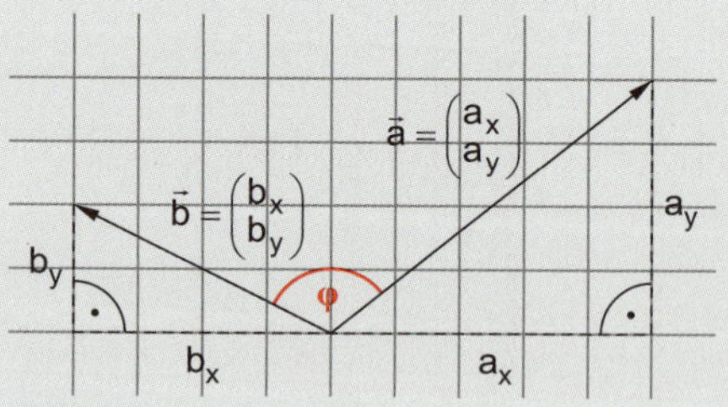

Aufgelöst nach cos φ ergeben sich folgende Darstellungen:

$$\cos\varphi = \frac{\vec{a} \odot \vec{b}}{|\vec{a}| \cdot |\vec{b}|} \quad \text{bzw.} \quad \cos\varphi = \frac{\begin{pmatrix} a_x \\ a_y \end{pmatrix} \odot \begin{pmatrix} b_x \\ b_y \end{pmatrix}}{\sqrt{a_x^2 + a_y^2} \cdot \sqrt{b_x^2 + b_y^2}}$$

Beachte: Beide Vektoren müssen einen gemeinsamen Fußpunkt haben.

Beispiel

Gegeben sind die beiden Vektoren $\vec{a} = \begin{pmatrix} 6 \\ 4 \end{pmatrix}$ und $\vec{b} = \begin{pmatrix} -4 \\ 2 \end{pmatrix}$.

Berechne das Maß φ des von $\vec{a}$ und $\vec{b}$ eingeschlossenen Winkels $\sphericalangle(\vec{a}; \vec{b})$.

Lösung:

$$\cos\varphi = \frac{\vec{a} \odot \vec{b}}{|\vec{a}| \cdot |\vec{b}|}$$

Einsetzen der Vektorkoordinaten

$$\cos\varphi = \frac{\begin{pmatrix} 6 \\ 4 \end{pmatrix} \odot \begin{pmatrix} -4 \\ 2 \end{pmatrix}}{\sqrt{6^2 + 4^2} \cdot \sqrt{(-4)^2 + 2^2}}$$

$$\cos\varphi = \frac{6 \cdot (-4) + 4 \cdot 2}{\sqrt{52} \cdot \sqrt{20}}$$

$$\cos\varphi = \frac{-24 + 8}{2\sqrt{13} \cdot 2\sqrt{5}}$$

$$\cos\varphi = \frac{-16}{4\sqrt{65}}$$

$$\cos\varphi = -\frac{4}{\sqrt{65}}$$

$$\varphi = 119,74°$$

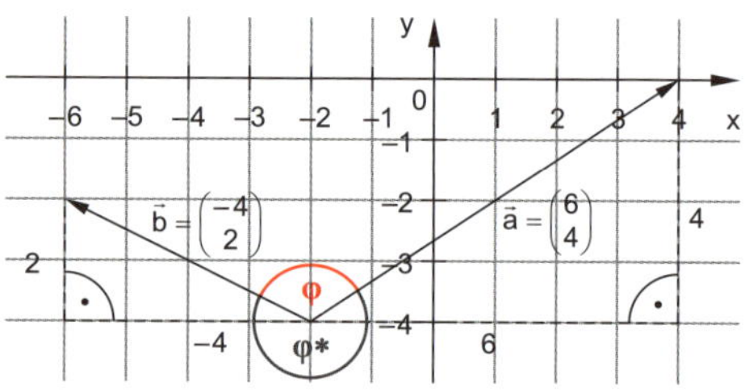

Die Lage der Repräsentanten der beiden Vektoren im Koordinatensystem ist für das Winkelmaß φ unerheblich.

Für das Maß φ des Winkels $\sphericalangle(\vec{a}; \vec{b})$ gilt:
$\varphi = 119,74°$
Für das Maß φ* des Winkels $\sphericalangle(\vec{b}; \vec{a})$ gilt:
$\varphi^* = 360° - 119,74° = 240,26°$

Aufgaben

315 Berechne die Maße φ und φ*der beiden Winkel $\sphericalangle(\vec{a}; \vec{b})$ und $\sphericalangle(\vec{b}; \vec{a})$.

a) $\vec{a} = \begin{pmatrix} 8 \\ 10 \end{pmatrix}$; $\vec{b} = \begin{pmatrix} -3 \\ 5 \end{pmatrix}$

b) $\vec{a} = \begin{pmatrix} -5 \\ 1 \end{pmatrix}$; $\vec{b} = \begin{pmatrix} -2 \\ -4 \end{pmatrix}$

316 Gegeben ist das Dreieck ABC mit A(2 | 1), B(3 | 5) und C(–1 | 2).
Fertige eine Zeichnung an und berechne die Maße α, β und γ der Innenwinkel.

317 Gegeben sind das Dreieck ABC mit A(0 | 0), B(6 | y_B) und C(5 | 4) sowie γ = 60,80°.
Fertige eine Zeichnung an und berechne die y-Koordinate y_B von B sowie die Maße α und β der fehlenden Innenwinkel. Runde auf zwei Stellen nach dem Komma.

318 Die Punkte O(0|0) und A(6|1) bilden mit den Punkten $B_n(x|x+2)$ die Dreiecke OAB_n. Die Gerade g: $y=x+2$ ist der Trägergraph der Eckpunkte B_n.

a) Zeichne das Dreieck OAB_1 für $x=2$ in ein Koordinatensystem ein.
Für die Zeichnung: Längeneinheit 1 cm; $-1 \leqq x \leqq 6$; $0 \leqq y \leqq 4$.

b) Berechne die Werte für x, sodass Dreiecke OAB_2 entstehen, für die das Maß φ des Winkels AOB_2 genau 60° beträgt.

Interaktive Aufgabe 3. Winkel zwischen zwei Vektoren

Anwendung des Skalarprodukts beliebiger Vektoren

Schnittwinkel zwischen zwei Geraden

Merke

Um einen der Schnittwinkel zweier Geraden g_1 und g_2 zu berechnen, bestimmt man zunächst aus den Steigungsfaktoren der Geraden die Steigungsvektoren $\overrightarrow{m}_{g_1}$ und $\overrightarrow{m}_{g_2}$ und berechnet mithilfe des Skalarprodukts das Maß des von ihnen eingeschlossenen Winkels.

Beachte: Für die Nebenwinkel $\sphericalangle(g_1; g_2)$ und $\sphericalangle(g_2; g_1)$ gilt die bekannte Beziehung:
$\sphericalangle(g_1; g_2) + \sphericalangle(g_2; g_1) = 180°$

Beispiel

Berechne das Maß φ des Schnittwinkels $\sphericalangle(g; h)$ der beiden Geraden g mit $y=-\frac{1}{4}x-3$ und h mit $y=3x-1$.

Lösung:

$$g\colon y=-\frac{1}{4}x-3\colon m_g=-\frac{1}{4} \Rightarrow \overrightarrow{m}_g=\begin{pmatrix}4\\-1\end{pmatrix}$$

$$h\colon y=3x-1\colon \quad m_h=3 \Rightarrow \overrightarrow{m}_h=\begin{pmatrix}1\\3\end{pmatrix}$$

$$\cos\varphi=\frac{\overrightarrow{m}_g \odot \overrightarrow{m}_h}{|\overrightarrow{m}_g|\cdot|\overrightarrow{m}_h|}$$

$$\cos\varphi=\frac{\begin{pmatrix}4\\-1\end{pmatrix}\odot\begin{pmatrix}1\\3\end{pmatrix}}{\sqrt{4^2+(-1)^2}\cdot\sqrt{1^2+3^2}}$$

$$\cos\varphi=\frac{4\cdot1+(-1)\cdot3}{\sqrt{17}\cdot\sqrt{10}}$$

$$\cos\varphi=\frac{1}{\sqrt{170}}$$

$$\cos\varphi=0{,}077$$

$$\varphi=85{,}60°$$

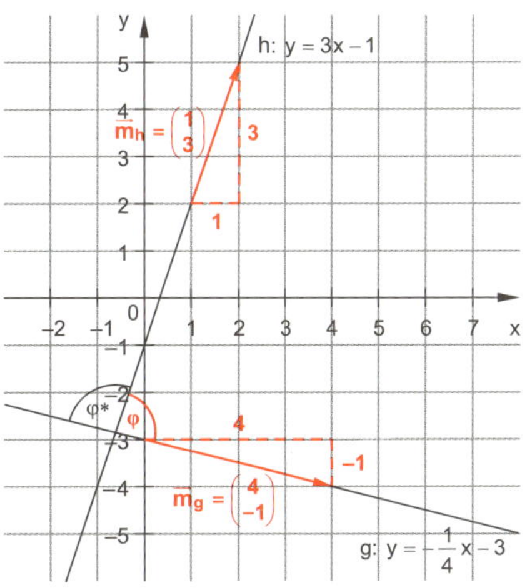

Für das Maß φ* des Schnittwinkels $\sphericalangle(h; g)$ gilt:
$\varphi^*=180°-\varphi=180°-85{,}60°=94{,}40°$

Aufgaben

319 Berechne das Maß ε des Schnittwinkels $\sphericalangle(g; h)$ der Geraden g: $y=-\frac{1}{2}x+3$ und h: $y=\frac{3}{4}x-2$. Bestimme ferner das Maß ε* des Schnittwinkels $\sphericalangle(h; g)$.

320
a) Berechne das Maß ε des Schnittwinkels $\sphericalangle(g; h)$ der Geraden g: $2y-x=-3$ und h: $4y-6x+8=0$. Bestimme ferner das Maß ε* des Schnittwinkels $\sphericalangle(h; g)$.

b) Berechne die Koordinaten des Schnittpunktes S der Geraden g und h. Bestimme sodann die Gleichung der Winkelhalbierenden w des Winkels aus Teilaufgabe a.

Vermischte Aufgaben

321
Die Pfeile $\overrightarrow{AB_n}(\varphi)=\begin{pmatrix}4\cdot\tan\varphi\\-\frac{1}{\tan\varphi}\end{pmatrix}$ und $\overrightarrow{AD_n}(\varphi)=\begin{pmatrix}5\cdot\tan\varphi\\\frac{3}{\tan\varphi}\end{pmatrix}$ mit A(0|0) spannen für $\varphi\in\,]0°; 90°[$ Parallelogramme $AB_nC_nD_n$ auf.

a) Berechne die Koordinaten der Pfeile für $\varphi_1=30°$ und $\varphi_2=45°$ auf zwei Stellen nach dem Komma gerundet und zeichne die zugehörigen Parallelogramme in ein Koordinatensystem.
Für die Zeichnung: Längeneinheit 1 cm; $0\leqq x\leqq 12$; $-2\leqq y\leqq 6$

b) Berechne die Gleichung des Trägergraphen t_{C_n} der Eckpunkte C_n und zeichne den Graphen zu t_{C_n} in das Koordinatensystem ein.

c) Das Parallelogramm $AB_3C_3D_3$ ist ein Rechteck.
Berechne den zugehörigen Wert für φ.

322
Die Pfeile $\overrightarrow{AB}=\begin{pmatrix}6\\-3\end{pmatrix}$ und $\overrightarrow{AD_n}(\varphi)=\begin{pmatrix}5\cdot\cos\varphi\\6\cdot\sin^2\varphi\end{pmatrix}$ mit A(0|0) spannen für $\varphi\in[0°; 144{,}39°[$ Parallelogramme ABC_nD_n auf.

a) Berechne die Koordinaten der Pfeile $\overrightarrow{AD_1}$ für $\varphi_1=30°$ und $\overrightarrow{AD_2}$ für $\varphi_2=120°$ auf zwei Stellen nach dem Komma gerundet und zeichne die zugehörigen Parallelogramme ABC_1D_1 und ABC_2D_2 in ein Koordinatensystem.
Für die Zeichnung: Längeneinheit 1 cm; $-3\leqq x\leqq 11$; $-4\leqq y\leqq 5$

b) Das Parallelogramm ABC_3D_3 ist ein Rechteck.
Berechne den zugehörigen Wert von φ.

c) Berechne den Flächeninhalt der Parallelogramme ABC_nD_n in Abhängigkeit von φ.
[Ergebnis: $A_{ABC_nD_n}(\varphi)=(-36\cos^2\varphi+15\cos\varphi+36)$ FE]

d) Überprüfe rechnerisch, ob es Parallelogramme ABC_nD_n mit einem Flächeninhalt von 40 FE gibt.

e) Ermittle φ, sodass das zugehörige Parallelogramm ABC_nD_n einen möglichst großen Flächeninhalt besitzt.

f) Berechne die Gleichung des Trägergraphen t_{C_n} der Punkte C_n und zeichne den Graphen zu t_{C_n} in das Koordinatensystem ein.

g) Bestätige rechnerisch die obere Intervallgrenze für φ, damit Parallelogramme ABC_nD_n existieren. (Runde auf drei Stellen nach dem Komma.)

Interaktive Aufgaben
4. Gleichschenklige Dreiecke
5. Steigung bestimmen

3.5 Abbildungen im Koordinatensystem

Bei einer (geometrischen) Abbildung (Achsenspiegelung, Punktspiegelung, Drehung, Parallelverschiebung, zentrische Streckung, orthogonale Affinität) wird jedem (Ur-)Punkt durch eine Abbildungsvorschrift genau ein Bildpunkt zugeordnet.

Abbildungsvorschriften mit Vektoren und Matrizen – Matrixschreibweise

Merke

- Ein Koeffizientenschema der Form $\begin{pmatrix} a & b \\ c & d \end{pmatrix}$ heißt **Matrix**.
- Die Verknüpfung $\odot$ einer Matrix mit einem Vektor ergibt wieder einen Vektor. Es gilt folgende Multiplikationsregel:

  $$\begin{pmatrix} \mathbf{a} & \mathbf{b} \\ \mathbf{c} & \mathbf{d} \end{pmatrix} \odot \begin{pmatrix} x \\ y \end{pmatrix} = \begin{pmatrix} \mathbf{a} \cdot x + \mathbf{b} \cdot y \\ \mathbf{c} \cdot x + \mathbf{d} \cdot y \end{pmatrix}$$

  Matrix $\odot$ Vektor = Vektor
- Der Vektor mit den Koordinaten $\begin{pmatrix} x \\ y \end{pmatrix}$ wird durch die Matrix $\begin{pmatrix} a & b \\ c & d \end{pmatrix}$ somit auf den Vektor mit den Koordinaten $\begin{pmatrix} ax + by \\ cx + dy \end{pmatrix}$ abgebildet.

Beispiel

$$\begin{pmatrix} -4 & 10 \\ \frac{1}{2} & 7 \end{pmatrix} \odot \begin{pmatrix} 2 \\ 5 \end{pmatrix} = \begin{pmatrix} (-4) \cdot 2 + 10 \cdot 5 \\ \frac{1}{2} \cdot 2 + 7 \cdot 5 \end{pmatrix} = \begin{pmatrix} 42 \\ 36 \end{pmatrix}$$

Zeile mal Spalte gleich (Vektor-)Koordinate

Der Vektor $\begin{pmatrix} 2 \\ 5 \end{pmatrix}$ wird durch die Matrix auf den Vektor $\begin{pmatrix} 42 \\ 36 \end{pmatrix}$ abgebildet.

Aufgabe 323

Berechne wie im obigen Beispiel.

a) $\begin{pmatrix} 3 & 5 \\ 4 & 6 \end{pmatrix} \odot \begin{pmatrix} 2 \\ 7 \end{pmatrix}$

b) $\begin{pmatrix} 3 & -6 \\ -8 & 1 \end{pmatrix} \odot \begin{pmatrix} 9 \\ 4 \end{pmatrix}$

c) $\begin{pmatrix} 0 & -2 \\ 1 & 1 \end{pmatrix} \odot \begin{pmatrix} 2 \\ 0 \end{pmatrix}$

d) $\begin{pmatrix} -\frac{1}{2}\sqrt{2} & \frac{1}{2}\sqrt{2} \\ \frac{1}{2}\sqrt{2} & -\frac{1}{2}\sqrt{2} \end{pmatrix} \odot \begin{pmatrix} -\sqrt{2} \\ \sqrt{2} \end{pmatrix}$

Interaktive Aufgabe

1. Verknüpfung Matrix und Vektor

Achsenspiegelung an einer Ursprungsgeraden

Merke

Wird bei einer **Achsenspiegelung an einer Ursprungsgeraden g: y = m · x**, die mit der positiven x-Achse den Winkel mit dem Maß α einschließt, der (Ur-)Punkt P(x | y) auf den Bildpunkt P'(x' | y') abgebildet, so schreibt man:

$$P(x \mid y) \xmapsto{g:\, y = m \cdot x} P'(x' \mid y')$$

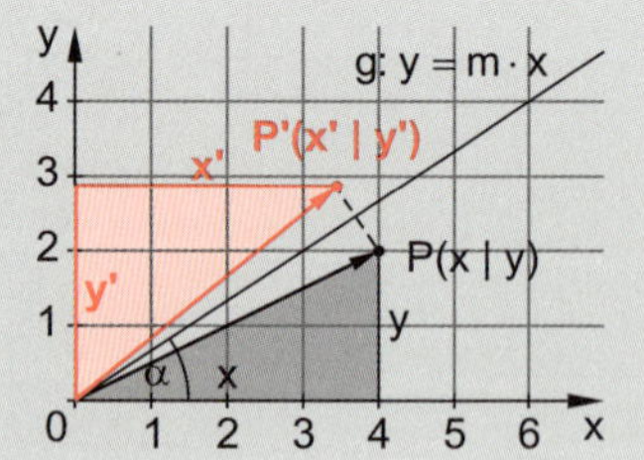

- **Abbildungsgleichung der Achsenspiegelung:**

$$\begin{pmatrix} x' \\ y' \end{pmatrix} = \begin{pmatrix} \cos 2\alpha & \sin 2\alpha \\ \sin 2\alpha & -\cos 2\alpha \end{pmatrix} \odot \begin{pmatrix} x \\ y \end{pmatrix}$$

Matrixform

$$\left| \begin{array}{l} x' = \cos 2\alpha \cdot x + \sin 2\alpha \cdot y \\ \wedge\ y' = \sin 2\alpha \cdot x - \cos 2\alpha \cdot y \end{array} \right.$$

Koordinatenform

- Ist das Maß **α** des Winkels, den die Ursprungsgerade mit der positiven x-Achse einschließt, nicht angegeben, kann es mithilfe der Beziehung **tan α = m** aus dem Steigungsfaktor **m** der Ursprungsgeraden berechnet werden.
- Wird der Graph einer Funktion f an einer Ursprungsgeraden g: y = m · x gespiegelt, schreibt man:

  $$f \xmapsto{g:\, y = m \cdot x} f'$$

  Um die Gleichung f' des Bildgraphen zum (Ur-)graphen von f zu erhalten, setzt man den **allgemeinen Punkt** (x | f(x)) der Funktion f in die Abbildungsvorschrift ein.

Beispiele

1. Eine Ursprungsgerade g schließt mit der positiven x-Achse einen Winkel mit dem Maß α = 30° ein. Gib die zugehörige Abbildungsgleichung einer Achsenspiegelung in Matrix- und Koordinatenform an.

   Lösung:

$$\begin{pmatrix} x' \\ y' \end{pmatrix} = \begin{pmatrix} \cos 2\alpha & \sin 2\alpha \\ \sin 2\alpha & -\cos 2\alpha \end{pmatrix} \odot \begin{pmatrix} x \\ y \end{pmatrix}$$

Setze α = 30° ein.

$$\Leftrightarrow \begin{pmatrix} x' \\ y' \end{pmatrix} = \begin{pmatrix} \cos 2\cdot 30° & \sin 2\cdot 30° \\ \sin 2\cdot 30° & -\cos 2\cdot 30° \end{pmatrix} \odot \begin{pmatrix} x \\ y \end{pmatrix}$$

$$\Leftrightarrow \begin{pmatrix} x' \\ y' \end{pmatrix} = \begin{pmatrix} \cos 60° & \sin 60° \\ \sin 60° & -\cos 60° \end{pmatrix} \odot \begin{pmatrix} x \\ y \end{pmatrix}$$

$$\Leftrightarrow \begin{pmatrix} x' \\ y' \end{pmatrix} = \begin{pmatrix} \frac{1}{2} & \frac{1}{2}\sqrt{3} \\ \frac{1}{2}\sqrt{3} & -\frac{1}{2} \end{pmatrix} \odot \begin{pmatrix} x \\ y \end{pmatrix}$$

Abbildungsgleichung in Matrixform

$$\Leftrightarrow \left| \begin{array}{l} x' = \frac{1}{2}x + \frac{1}{2}\sqrt{3}y \\ \wedge\ y' = \frac{1}{2}\sqrt{3}x - \frac{1}{2}y \end{array} \right.$$

Abbildungsgleichung in Koordinatenform

2. Gegeben sind die Gerade h mit $y = 3x + 2$ und die Spiegelachse g mit $y = \frac{1}{2}x$.
Bestimme die Gleichung der Bildgeraden h' bei Spiegelung von h an g.

Lösung:

$$h\colon y = 3x + 2 \xmapsto{g:\, y = \frac{1}{2}x} h'$$

Berechnung des Winkelmaßes α:

$$\tan\alpha = \frac{1}{2}$$

Berechne α mithilfe der Beziehung $\tan\alpha = m$.

$$\Rightarrow \quad \alpha = 26{,}57°$$
$$\Rightarrow \quad 2\alpha = 53{,}14°$$
$$\Rightarrow \quad \cos 2\alpha = 0{,}60 \wedge \sin 2\alpha = 0{,}80$$

Für die Punkte $P(x\,|\,3x+2)$ auf h und die Bildpunkte $P'(x'\,|\,y')$ auf h' gilt:

$$P(x\,|\,3x+2) \xmapsto{g:\, y = \frac{1}{2}x} P'(x'\,|\,y')$$

Abbildung eines allgemeinen Punktes $P \in h$

$$\begin{pmatrix} x' \\ y' \end{pmatrix} = \begin{pmatrix} \cos 2\alpha & \sin 2\alpha \\ \sin 2\alpha & -\cos 2\alpha \end{pmatrix} \odot \begin{pmatrix} x \\ 3x+2 \end{pmatrix}$$

Abbildungsgleichung der Achsenspiegelung in Matrixform

$$\Leftrightarrow \begin{pmatrix} x' \\ y' \end{pmatrix} = \begin{pmatrix} 0{,}6 & 0{,}8 \\ 0{,}8 & -0{,}6 \end{pmatrix} \odot \begin{pmatrix} x \\ 3x+2 \end{pmatrix}$$

Zeile · Spalte = Koordinate

$$\Leftrightarrow \begin{pmatrix} x' \\ y' \end{pmatrix} = \begin{pmatrix} 0{,}6 \cdot x + 0{,}8 \cdot (3x+2) \\ 0{,}8 \cdot x - 0{,}6 \cdot (3x+2) \end{pmatrix}$$

$$\Leftrightarrow \begin{pmatrix} x' \\ y' \end{pmatrix} = \begin{pmatrix} 0{,}6x + 2{,}4x + 1{,}6 \\ 0{,}8x - 1{,}8x - 1{,}2 \end{pmatrix}$$

$$\Leftrightarrow \begin{pmatrix} x' \\ y' \end{pmatrix} = \begin{pmatrix} 3x + 1{,}6 \\ -x - 1{,}2 \end{pmatrix}$$

Eliminierung der Variablen x (Parameter)

$$\Leftrightarrow \left| \begin{array}{l} x' = 3x + 1{,}6 \\ \wedge\; y' = -x - 1{,}2 \end{array} \right. \quad \left| -1{,}6 \right.$$

$$\Leftrightarrow \left| \begin{array}{l} x' - 1{,}6 = 3x \\ \wedge\; y' = -x - 1{,}2 \end{array} \right. \quad \left| \cdot \frac{1}{3} \right.$$

$$\Leftrightarrow \left| \begin{array}{l} x = \frac{1}{3}x' - \frac{8}{15} \\ \wedge\; y' = -\left(\frac{1}{3}x' - \frac{8}{15}\right) - \frac{6}{5} \end{array} \right.$$

also: $h'\colon y = -\frac{1}{3}x - \frac{2}{3}$

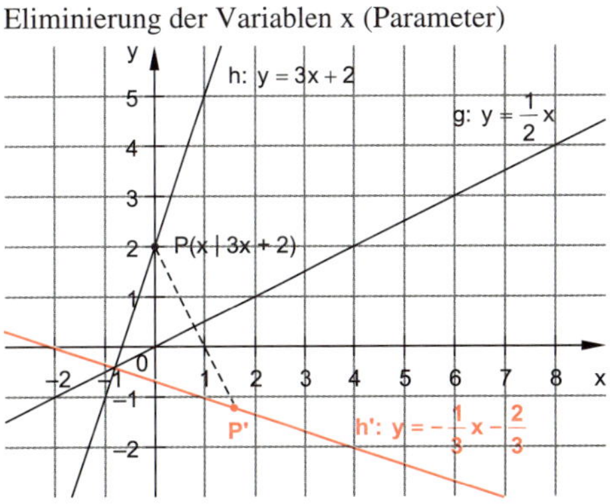

Aufgaben

324 Eine Ursprungsgerade g schließt mit der positiven x-Achse einen Winkel von $\alpha = 75°$ ein. Gib die zugehörige Abbildungsgleichung einer Achsenspiegelung an g in Matrix- und Koordinatenform an.

325 Gib die Abbildungsgleichung der Spiegelung an der Geraden g in Matrix- und Koordinatenform an.

a) $g_1\colon y = 2x$ b) $g_2\colon y = -\frac{1}{2}x$

326 Das Dreieck ABC mit $A(2\,|\,3)$, $B(8\,|\,0)$ und $C(10\,|\,4)$ wird an der Geraden g mit der Gleichung $y = \frac{3}{4}x$ gespiegelt. Zeichne das Dreieck ABC, die Gerade g und das Bilddreieck A'C'B' in ein Koordinatensystem und berechne die Koordinaten der Bildpunkte A', B' und C'.

327 Das Dreieck UVW mit U(–2|2), V(2|6) wurde durch Spiegelung an der Ursprungsgeraden g auf das Dreieck U'W'V' mit V'(–5,2|3,6), W'(–6,2|9,1) abgebildet.
Zeichne Ur- und Bilddreieck in ein Koordinatensystem. Berechne zunächst die Gleichung der Geraden g und anschließend die Koordinaten der Punkte U' und W.
Hinweis: Die Gerade g verläuft durch den Mittelpunkt der Strecke [VV'].

328 Die Gerade g wird an der Achse s gespiegelt. Berechne die Gleichung der Bildgeraden.

Interaktive Aufgabe
2. Achsenspiegelung

a) g: $y = -\frac{1}{4}x - 2$ s: $y = 2x$ b) g: $y = 2x + 1$ $s = OP$ mit O(0|0), P(3|4)

Sonderfälle der Achsenspiegelung

Merke

Mit den Koordinatenachsen und den Winkelhalbierenden der Quadranten als Spiegelachsen ergeben sich besonders einfache Spiegelungsmatrizen $\begin{pmatrix} \cos 2\alpha & \sin 2\alpha \\ \sin 2\alpha & -\cos 2\alpha \end{pmatrix}$:

- **Spiegelung an der x-Achse**
  Für das Maß α des Winkels zwischen der positiven x-Achse und der Spiegelachse (x-Achse) gilt:
  $\alpha = 0° \Rightarrow \cos 2\alpha = 1 \wedge \sin 2\alpha = 0$
  Somit:
  $$\begin{pmatrix} x' \\ y' \end{pmatrix} = \begin{pmatrix} 1 & 0 \\ 0 & -1 \end{pmatrix} \odot \begin{pmatrix} x \\ y \end{pmatrix} \qquad \begin{vmatrix} x' = x \\ \wedge\ y' = -y \end{vmatrix}$$
  Matrixform **Koordinatenform**

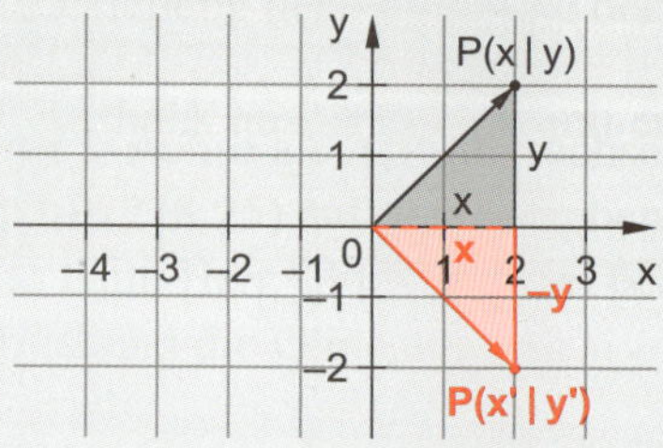

- **Spiegelung an der y-Achse**
  Für das Maß α des Winkels zwischen der positiven x-Achse und der Spiegelachse (y-Achse) gilt:
  $\alpha = 90° \Rightarrow \cos 2\alpha = -1 \wedge \sin 2\alpha = 0$
  Somit:
  $$\begin{pmatrix} x' \\ y' \end{pmatrix} = \begin{pmatrix} -1 & 0 \\ 0 & 1 \end{pmatrix} \odot \begin{pmatrix} x \\ y \end{pmatrix} \qquad \begin{vmatrix} x' = -x \\ \wedge\ y' = y \end{vmatrix}$$
  Matrixform **Koordinatenform**

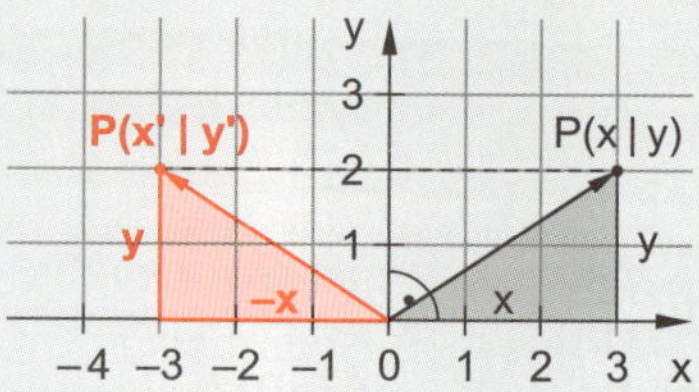

- **Spiegelung an der Winkelhalbierenden $w_{I/III}$**
  Für das Maß α des Winkels zwischen der positiven x-Achse und der Spiegelachse ($w_{I/III}$) gilt:
  $\alpha = 45° \Rightarrow \cos 2\alpha = 0 \wedge \sin 2\alpha = 1$
  Somit:
  $$\begin{pmatrix} x' \\ y' \end{pmatrix} = \begin{pmatrix} 0 & 1 \\ 1 & 0 \end{pmatrix} \odot \begin{pmatrix} x \\ y \end{pmatrix} \qquad \begin{vmatrix} x' = y \\ \wedge\ y' = x \end{vmatrix}$$
  Matrixform **Koordinatenform**

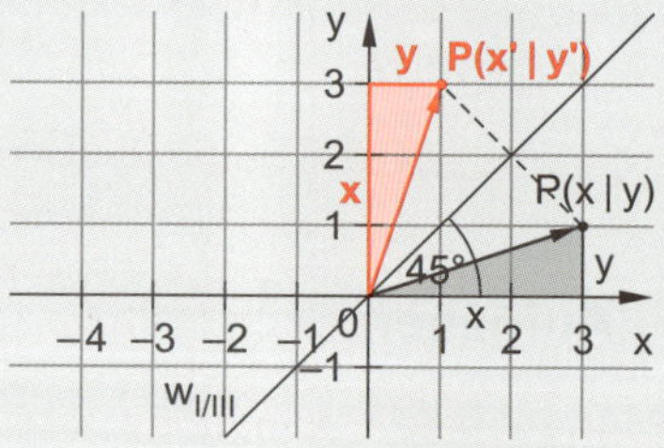

- **Spiegelung an der Winkelhalbierenden $w_{II/IV}$**
  Für das Maß α des Winkels zwischen der positiven x-Achse und der Spiegelachse ($w_{II/IV}$) gilt:
  $\alpha = 135° \Rightarrow \cos 2\alpha = 0 \wedge \sin 2\alpha = -1$
  Somit:
  $$\begin{pmatrix} x' \\ y' \end{pmatrix} = \begin{pmatrix} 0 & -1 \\ -1 & 0 \end{pmatrix} \odot \begin{pmatrix} x \\ y \end{pmatrix} \qquad \begin{vmatrix} x' = -y \\ \wedge\ y' = -x \end{vmatrix}$$
  Matrixform **Koordinatenform**

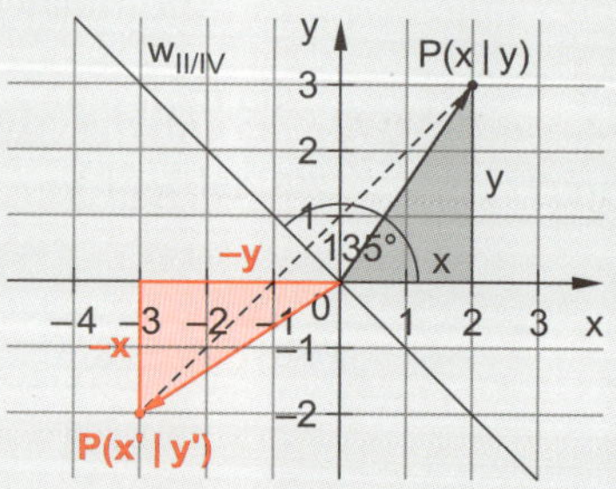

Beispiel

Die Gerade g mit $y=-2x+5$ wird an der Winkelhalbierenden $w_{I/III}$ gespiegelt. Bestimme die Gleichung der Bildgeraden g'.

Lösung:

$$g: y=-2x+5 \xmapsto{w_{I/III}} g'$$

Für die Punkte $P(x\,|\,-2x+5)$ auf g und die Bildpunkte $P'(x'\,|\,y')$ auf g' gilt:

$$P(x\,|\,-2x+5) \xmapsto{w_{I/III}} P'(x'\,|\,y')$$ Abbildung eines allgemeinen Punktes $P \in g$

$$\begin{pmatrix} x' \\ y' \end{pmatrix} = \begin{pmatrix} 0 & 1 \\ 1 & 0 \end{pmatrix} \odot \begin{pmatrix} x \\ -2x+5 \end{pmatrix}$$ Matrixform

$$\Leftrightarrow \begin{pmatrix} x' \\ y' \end{pmatrix} = \begin{pmatrix} 0 \cdot x + 1 \cdot (-2x+5) \\ 1 \cdot x + 0 \cdot (-2x+5) \end{pmatrix}$$ Vektorform

$$\Leftrightarrow \begin{pmatrix} x' \\ y' \end{pmatrix} = \begin{pmatrix} -2x+5 \\ x \end{pmatrix}$$

$$\Leftrightarrow \begin{array}{|l} x' = -2x+5 \quad |-5 \\ \wedge\ y' = x \end{array}$$ Koordinatenform

$$\Leftrightarrow \begin{array}{|l} x'-5 = -2x \quad |:(-2) \\ \wedge\ y' = x \end{array}$$ Gleichung I nach x auflösen

$$\Leftrightarrow \begin{array}{|l} x = -\frac{1}{2}x' + \frac{5}{2} \\ \wedge\ y' = x \end{array}$$ Setze $-\frac{1}{2}x' + \frac{5}{2}$ für x in Gleichung II ein.

$$\Leftrightarrow \begin{array}{|l} x = -\frac{1}{2}x' + \frac{5}{2} \\ \wedge\ y' = -\frac{1}{2}x' + \frac{5}{2} \end{array}$$

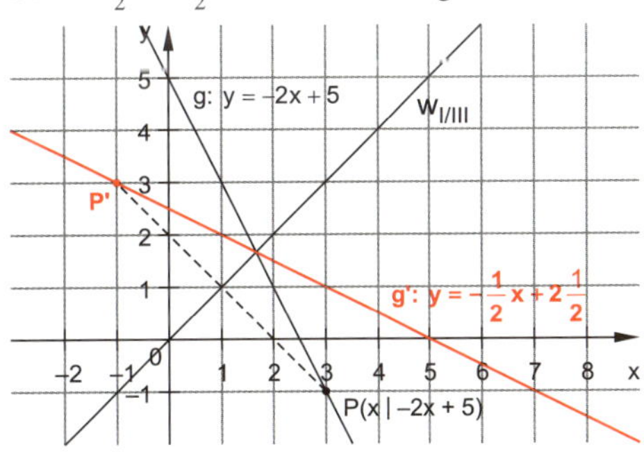

also: $g'\!: y = -\frac{1}{2}x + 2\frac{1}{2}$ Gleichung der Bildgeraden

Aufgabe 329

Die Graphen der angegebenen Funktionen f werden jeweils an der angegebenen Achse gespiegelt. Bestimme die Gleichung der Bildgraphen.

a) $f: y = \frac{2}{3}x + 4 \xmapsto{\text{y-Achse}} f'$

b) $f: y = \frac{2}{x} \xmapsto{\text{x-Achse}} f'$

c) $f: y = 2^{x+1} \xmapsto{w_{I/III}} f'$

Interaktive Aufgaben

3. Spiegelung an den Winkelhalbierenden
4. Spiegelung an den Koordinatenachsen

Drehung

Merke

Wird bei einer Drehung um das **Drehzentrum Z = O(0 | 0)** mit dem **Drehwinkelmaß α** der (Ur-)Punkt P(x | y) auf den Bildpunkt P'(x' | y') abgebildet, so schreibt man:

$P(x\,|\,y) \xmapsto{O(0|0);\,\alpha} P'(x'\,|\,y')$

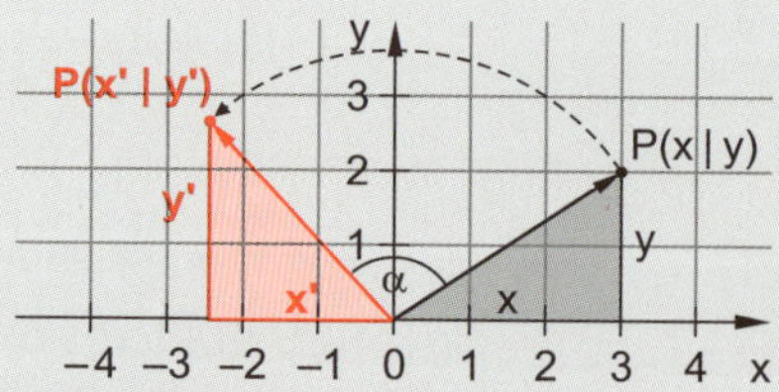

- **Abbildungsgleichung der Drehung um Z = O(0 | 0) mit α:**

$$\begin{pmatrix} x' \\ y' \end{pmatrix} = \begin{pmatrix} \cos\alpha & -\sin\alpha \\ \sin\alpha & \cos\alpha \end{pmatrix} \odot \begin{pmatrix} x \\ y \end{pmatrix}$$

Matrixform

$$\begin{array}{|l} x' = \cos\alpha \cdot x - \sin\alpha \cdot y \\ \wedge\ \ y' = \sin\alpha \cdot x + \cos\alpha \cdot y \end{array}$$

Koordinatenform

- Wird der Graph einer Funktion f um das Drehzentrum Z = O(0 | 0) mit dem Drehwinkelmaß α gedreht, schreibt man:

  $f \xmapsto{O(0|0);\,\alpha} f'$

  Um die Gleichung f' des Bildgraphen zum (Ur-)graphen von f zu erhalten, setzt man den **allgemeinen Punkt** (x | f(x)) der Funktion f in die Abbildungsvorschrift ein.

Beispiele

1. Durch eine Drehung um das Drehzentrum Z(0 | 0) mit dem Drehwinkelmaß α = 60° wird der Punkt P(8 | 2) auf den Bildpunkt P' abgebildet.
   Berechne die Koordinaten des Bildpunktes P'.

   Lösung:

   $P(8\,|\,2) \xmapsto{O(0|0);\,\alpha} P'(x'\,|\,y')$

   $$\begin{pmatrix} x' \\ y' \end{pmatrix} = \begin{pmatrix} \cos 60° & -\sin 60° \\ \sin 60° & \cos 60° \end{pmatrix} \odot \begin{pmatrix} 8 \\ 2 \end{pmatrix}$$

   Einsetzen der Koordinaten des Urpunktes P(8 | 2) und des Drehwinkelmaßes α = 60° in die Matrixform

   $$\Leftrightarrow \begin{pmatrix} x' \\ y' \end{pmatrix} = \begin{pmatrix} \frac{1}{2} & -\frac{1}{2}\sqrt{3} \\ \frac{1}{2}\sqrt{3} & \frac{1}{2} \end{pmatrix} \odot \begin{pmatrix} 8 \\ 2 \end{pmatrix}$$

   $$\Leftrightarrow \begin{pmatrix} x' \\ y' \end{pmatrix} = \begin{pmatrix} \frac{1}{2} \cdot 8 + \left(-\frac{1}{2}\sqrt{3}\right) \cdot 2 \\ \frac{1}{2}\sqrt{3} \cdot 8 + \frac{1}{2} \cdot 2 \end{pmatrix}$$

   $$\Leftrightarrow \begin{pmatrix} x' \\ y' \end{pmatrix} = \begin{pmatrix} 4 - \sqrt{3} \\ 4\sqrt{3} + 1 \end{pmatrix}$$

   $$\Leftrightarrow \begin{pmatrix} x' \\ y' \end{pmatrix} = \begin{pmatrix} 2{,}27 \\ 7{,}93 \end{pmatrix}$$

   also: P'(2,27 | 7,93)

   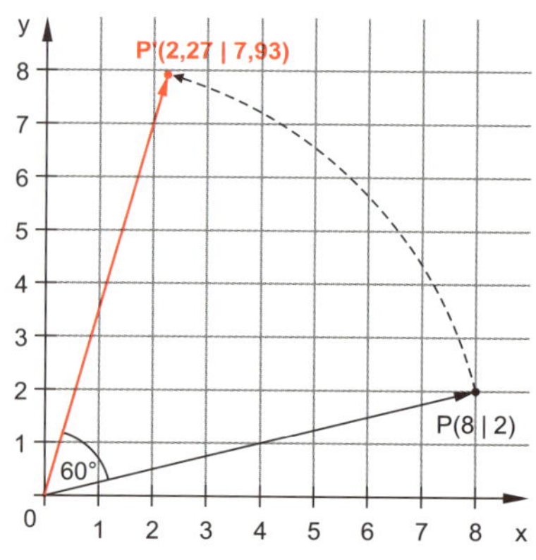

   Koordinaten des Bildpunktes P'

2. Die Gerade g: y = 0,5x – 4 wird durch Drehung mit O(0 | 0) als Zentrum und dem Drehwinkelmaß α = 126,8° abgebildet. Bestimme die Gleichung der Bildgeraden g'.

   Lösung:

   $g\!: y = 0{,}5x - 4 \xmapsto{O(0|0);\,\alpha = 126{,}8°} g'$

   $P(x\,|\,0{,}5x - 4) \xmapsto{O(0|0);\,\alpha = 126{,}8°} P'(x'\,|\,y')$ Abbildung eines allgemeinen Punktes $P \in g$

   $$\begin{pmatrix} x' \\ y' \end{pmatrix} = \begin{pmatrix} \cos 126{,}8° & -\sin 126{,}8° \\ \sin 126{,}8° & \cos 126{,}8° \end{pmatrix} \odot \begin{pmatrix} x \\ 0{,}5x - 4 \end{pmatrix}$$

   Koordinaten von P(x | 0,5x – 4) in die Abbildungsgleichung einsetzen

$$\Leftrightarrow \begin{pmatrix} x' \\ y' \end{pmatrix} = \begin{pmatrix} -0{,}60 & -0{,}80 \\ 0{,}80 & -0{,}60 \end{pmatrix} \odot \begin{pmatrix} x \\ 0{,}5x-4 \end{pmatrix}$$ Zeile · Spalte = Koordinate

$$\Leftrightarrow \begin{pmatrix} x' \\ y' \end{pmatrix} = \begin{pmatrix} -0{,}6 \cdot x - 0{,}8 \cdot (0{,}5x-4) \\ 0{,}8 \cdot x - 0{,}6 \cdot (0{,}5x-4) \end{pmatrix}$$ Minuszeichen vor der Klammer beachten

$$\Leftrightarrow \begin{pmatrix} x' \\ y' \end{pmatrix} = \begin{pmatrix} -0{,}6x - 0{,}4x + 3{,}2 \\ 0{,}8x - 0{,}3x + 2{,}4 \end{pmatrix}$$

$$\Leftrightarrow \begin{pmatrix} x' \\ y' \end{pmatrix} = \begin{pmatrix} -x + 3{,}2 \\ 0{,}5x + 2{,}4 \end{pmatrix}$$

$$\Leftrightarrow \begin{array}{|l} x' = -x + 3{,}2 \quad | + x - x' \\ \wedge\ y' = 0{,}5x + 2{,}4 \end{array}$$ Gleichung I nach x auflösen

$$\Leftrightarrow \begin{array}{|l} x = -x' + 3{,}2 \\ \wedge\ y' = 0{,}5x + 2{,}4 \end{array}$$ Setze –x' + 3,2 für x in Gleichung II ein.

$$\Leftrightarrow \begin{array}{|l} x = -x' + 3{,}2 \\ \wedge\ y' = 0{,}5 \cdot (-x' + 3{,}2) + 2{,}4 \end{array}$$

$$\Leftrightarrow \begin{array}{|l} x = -x' + 3{,}2 \\ \wedge\ y' = -0{,}5x' + 1{,}6 + 2{,}4 \end{array}$$

$$\Leftrightarrow \begin{array}{|l} x = -x' + 3{,}2 \\ \wedge\ y' = -0{,}5x' + 4 \end{array}$$

also: g': $y = -0{,}5x + 4$

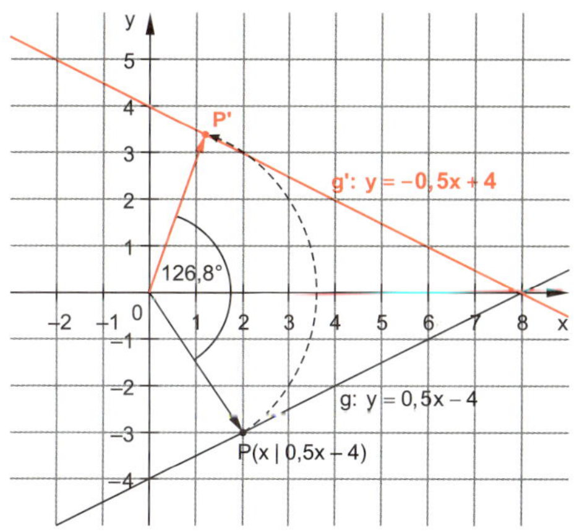

Aufgaben

330 Der Punkt P wird durch Drehung um O(0 | 0) mit dem Drehwinkelmaß α auf P' abgebildet. Berechne die Koordinaten des Bildpunktes P' und überprüfe das Ergebnis anhand einer Zeichnung.

Interaktive Aufgabe
5. Drehung eines Punktes

a) P(6 | –4); $\alpha = 270°$

b) P(–1 | 5); $\alpha = -60°$

331 Der Punkt P wird durch Drehung um O(0 | 0) mit dem Drehwinkelmaß α auf P' abgebildet. Berechne die Koordinaten des Urpunktes P.

a) P'(–7 | 2); $\alpha = 110°$

b) P'(5 | –5); $\alpha = -60°$

332 Das Dreieck ABC mit A(2 | –3), B(6 | 3) und C(–1 | 5) soll um den Ursprung O(0 | 0) als Drehzentrum mit dem Drehwinkelmaß $\alpha = 150°$ gedreht werden.
Berechne die Koordinaten der Eckpunkte des Bilddreiecks A'B'C' und fertige eine Zeichnung an.

333 Die Gerade g mit $y = 2{,}5x + 5$ wird durch Drehung um O(0 | 0) mit dem Drehwinkelmaß $\alpha = 323{,}13°$ auf die Bildgerade g' abgebildet.
Berechne die Gleichung der Bildgeraden g'. Führe die Abbildung auch zeichnerisch aus.

334 Die Strecke [PQ] mit P(–2|–5) und Q(4|1) wird durch Drehung um O(0|0) mit dem Drehwinkelmaß $\alpha = 80°$ auf die Bildstrecke [P'Q'] abgebildet.
Berechne die Koordinaten von P' und Q' und bestätige die Längentreue der Abbildung, indem du die Länge von Ur- und Bildstrecke berechnest.

335 Der Punkt P(10|0) wird durch Drehung mit O(0|0) als Drehzentrum auf den Punkt P'(–8|6) abgebildet.
Bestimme das Maß α des Drehwinkels.

Sonderfälle der Drehung

Merke

Für die Drehwinkelmaße $\alpha = 90°$ und $\alpha = 180°$ ergeben sich besonders einfache Drehmatrizen $\begin{pmatrix} \cos\alpha & -\sin\alpha \\ \sin\alpha & \cos\alpha \end{pmatrix}$:

- **Drehung um 90°**
  $\alpha = 90° \Rightarrow \cos\alpha = 0 \wedge \sin\alpha = 1$
  Somit:
  $$\begin{pmatrix} x' \\ y' \end{pmatrix} = \begin{pmatrix} 0 & -1 \\ 1 & 0 \end{pmatrix} \odot \begin{pmatrix} x \\ y \end{pmatrix} \qquad \left| \begin{array}{l} x' = -y \\ \wedge\ y' = x \end{array} \right.$$
  Matrixform — Koordinatenform

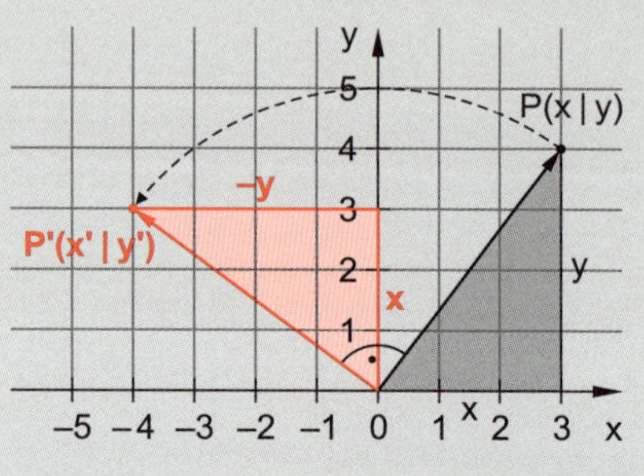

- **Drehung um 180° (Punktspiegelung)**
  $\alpha = 180° \Rightarrow \cos\alpha = -1 \wedge \sin\alpha = 0$
  Somit:
  $$\begin{pmatrix} x' \\ y' \end{pmatrix} = \begin{pmatrix} -1 & 0 \\ 0 & -1 \end{pmatrix} \odot \begin{pmatrix} x \\ y \end{pmatrix} \qquad \left| \begin{array}{l} x' = -x \\ \wedge\ y' = -y \end{array} \right.$$
  Matrixform — Koordinatenform

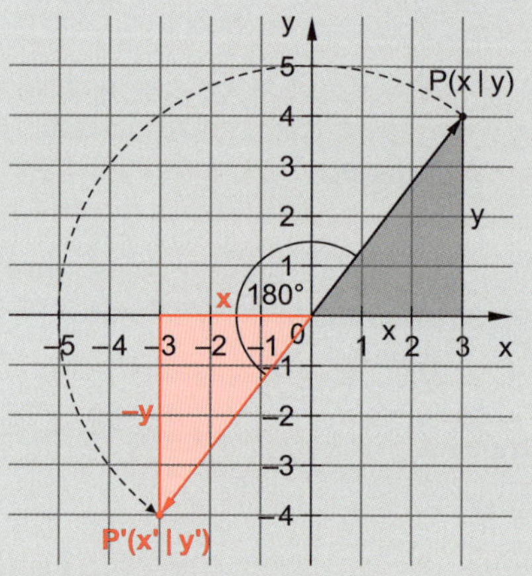

Beispiel

Die Gerade g mit $y = 2x + 3$ wird durch Drehung um O(0|0) und dem Drehwinkelmaß $\alpha_1 = 90°$ auf die Bildgerade g' abgebildet. Bestimme die Gleichung von g'.

Lösung:

$$g: y = 2x + 3 \xmapsto{O(0|0);\ \alpha = 90°} g'$$

$$P(x \mid 2x+3) \xmapsto{O(0|0);\ \alpha = 90°} P'(x' \mid y')$$ Abbildung eines allgemeinen Punktes $P \in g$

$$\begin{pmatrix} x' \\ y' \end{pmatrix} = \begin{pmatrix} 0 & -1 \\ 1 & 0 \end{pmatrix} \odot \begin{pmatrix} x \\ 2x+3 \end{pmatrix}$$ Koordinaten von P(x|2x + 3) in die Abbildungsgleichung eingesetzt

$$\Leftrightarrow \begin{pmatrix} x' \\ y' \end{pmatrix} = \begin{pmatrix} 0 \cdot x - 1 \cdot (2x+3) \\ 1 \cdot x + 0 \cdot (2x+3) \end{pmatrix}$$ Minuszeichen vor der Klammer beachten

$$\Leftrightarrow \begin{pmatrix} x' \\ y' \end{pmatrix} = \begin{pmatrix} -2x-3 \\ x \end{pmatrix}$$

$$\Leftrightarrow \begin{array}{|l} x' = -2x - 3 \quad |+2x - x' \\ \wedge \ y' = x \end{array}$$

Eliminierung des Parameters x

$$\Leftrightarrow \begin{array}{|l} 2x = -x' - 3 \quad |\cdot \frac{1}{2} \\ \wedge \ y' = x \end{array}$$

Gleichung I nach x auflösen

$$\Leftrightarrow \begin{array}{|l} x = -\frac{1}{2}x' - \frac{3}{2} \\ \wedge \ y' = x \end{array}$$

Setze $-\frac{1}{2}x' - \frac{3}{2}$ für x in Gleichung II ein.

$$\Leftrightarrow \begin{array}{|l} x = -\frac{1}{2}x' - \frac{3}{2} \\ \wedge \ y' = -\frac{1}{2}x' - \frac{3}{2} \end{array}$$

also: $g'\text{: } y = -\frac{1}{2}x - 1\frac{1}{2}$

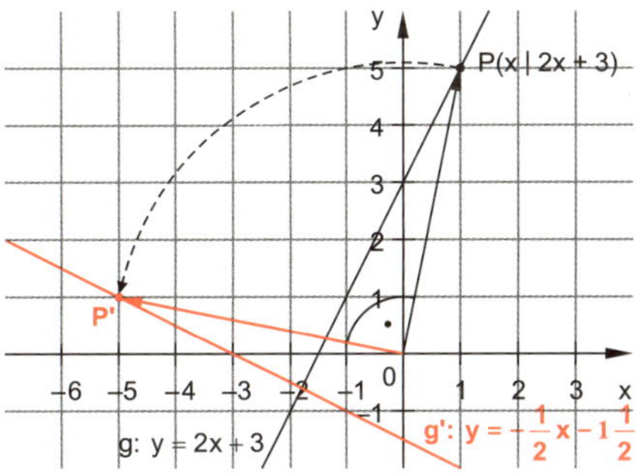

Aufgabe 336

Die Gerade g: $y = -3x + 4$ wird durch Drehung um $O(0|0)$ mit den Drehwinkelmaßen $\alpha_1 = 90°$ und $\alpha_2 = 180°$ zweimal abgebildet. Bestimme die Gleichung der Bildgeraden.

Drehung von Vektoren

Dreht man die Repräsentanten eines Vektors bei festem Drehwinkelmaß um beliebige Drehzentren, erhält man stets Repräsentanten ein- und desselben Bildvektors.

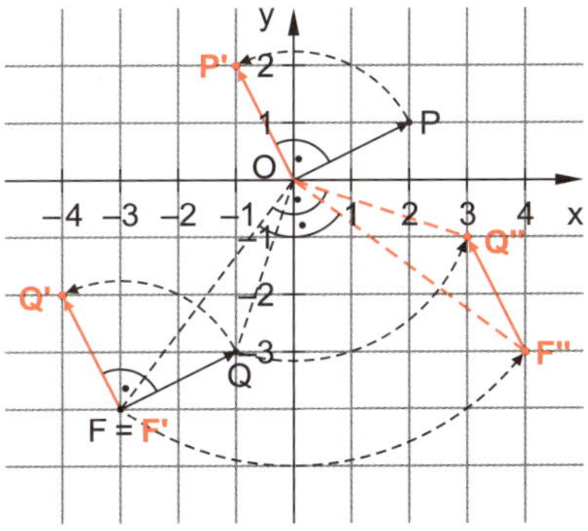

Die Pfeile $\overrightarrow{OP}$ und $\overrightarrow{FQ}$ sind Repräsentanten des Vektors $\vec{v} = \begin{pmatrix} 2 \\ 1 \end{pmatrix}$.

Die Bildpfeile $\overrightarrow{OP'}$, $\overrightarrow{F'Q'}$ und $\overrightarrow{F''Q''}$, die bei der Drehung mit Drehwinkelmaß 90° um den Fußpunkt der Pfeile bzw. den Ursprung entstehen, sind alle Repräsentanten des Bildvektors $\vec{v}' = \begin{pmatrix} -1 \\ 2 \end{pmatrix}$.

Merke

Wird der Pfeil $\overrightarrow{ZP}$ um das Drehzentrum Z mit dem Drehwinkelmaß α gedreht, so schreibt man:

$\overrightarrow{ZP} \xmapsto{Z;\alpha} \overrightarrow{ZP'}$ (Gleichzeitig gilt dann auch: $P(x|y) \xmapsto{Z;\alpha} P'(x'|y')$)

Abbildungsgleichung der Drehung um Z mit α:

$$\overrightarrow{ZP'} = \begin{pmatrix} \cos\alpha & -\sin\alpha \\ \sin\alpha & \cos\alpha \end{pmatrix} \odot \overrightarrow{ZP}$$

Beispiele

1. Der Vektor $\vec{v} = \overrightarrow{AB}$ mit A(2 | –1) und B(6 | 4) wird um den Ursprung O(0 | 0) mit dem Drehwinkel $\alpha = 120°$ gedreht und auf den Vektor $\vec{v}' = \overrightarrow{A'B'}$ abgebildet. Berechne die Koordinaten des Bildvektors.

Lösung:

$$\vec{v} = \overrightarrow{AB} = \begin{pmatrix} 6-2 \\ 4-(-1) \end{pmatrix} = \begin{pmatrix} 4 \\ 5 \end{pmatrix}$$

$$\vec{v} \xmapsto{O(0|0);\ \alpha} \vec{v}'$$

$$\vec{v}' = \begin{pmatrix} \cos\alpha & -\sin\alpha \\ \sin\alpha & \cos\alpha \end{pmatrix} \odot \vec{v}$$

Setze $\alpha = 120°$ in die Matrix ein.

$$\vec{v}' = \begin{pmatrix} \cos 120° & -\sin 120° \\ \sin 120° & \cos 120° \end{pmatrix} \odot \begin{pmatrix} 4 \\ 5 \end{pmatrix}$$

$$\vec{v}' = \begin{pmatrix} -\frac{1}{2} & -\frac{1}{2}\sqrt{3} \\ \frac{1}{2}\sqrt{3} & -\frac{1}{2} \end{pmatrix} \odot \begin{pmatrix} 4 \\ 5 \end{pmatrix}$$

$$\vec{v}' = \begin{pmatrix} -\frac{1}{2}\cdot 4 - \frac{1}{2}\sqrt{3}\cdot 5 \\ \frac{1}{2}\sqrt{3}\cdot 4 - \frac{1}{2}\cdot 5 \end{pmatrix}$$

$$\vec{v}' = \begin{pmatrix} -2 - \frac{5}{2}\sqrt{3} \\ 2\sqrt{3} - \frac{5}{2} \end{pmatrix}$$

$$\vec{v}' = \begin{pmatrix} -6{,}33 \\ 0{,}96 \end{pmatrix}$$

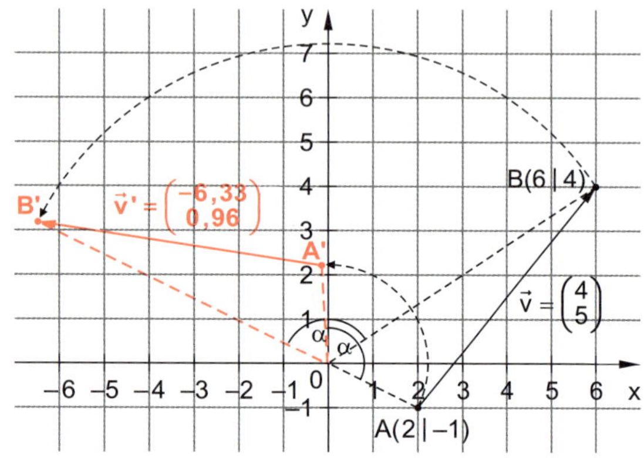

2. Berechne die Koordinaten des Eckpunktes B des gleichschenkligen Dreiecks ABC mit A(–4 | –2), C(–1 | 5) und [AB] als Basis sowie $\sphericalangle ACB = \gamma = 62°$.

Lösung:

Der Pfeil $\overrightarrow{CA}$ wird durch Drehung um das Zentrum C(–1 | 5) mit dem Drehwinkelmaß $\gamma = 62°$ auf den Pfeil $\overrightarrow{CB}$ abgebildet.

$$\overrightarrow{CA} = \begin{pmatrix} -4-(-1) \\ -2-5 \end{pmatrix} = \begin{pmatrix} -3 \\ -7 \end{pmatrix}$$

Das Zentrum C liegt nicht im Ursprung.

$$\overrightarrow{CA} \xmapsto{C;\ \gamma = 62°} \overrightarrow{CB}$$

$$\overrightarrow{CB} = \begin{pmatrix} \cos\gamma & -\sin\gamma \\ \sin\gamma & \cos\gamma \end{pmatrix} \odot \overrightarrow{CA}$$

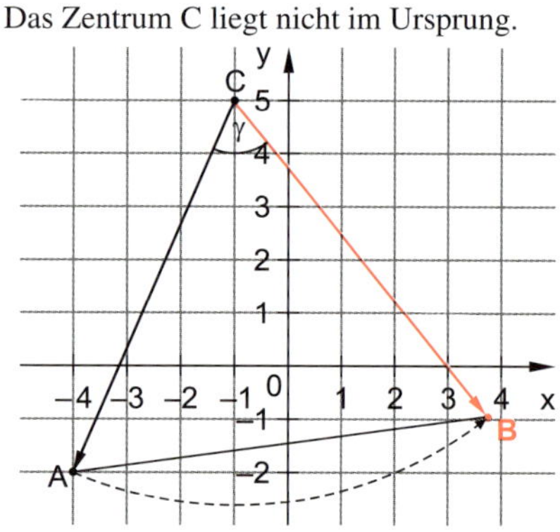

$$\Leftrightarrow \begin{pmatrix} x_B - x_C \\ y_B - y_C \end{pmatrix} = \begin{pmatrix} \cos 62° & -\sin 62° \\ \sin 62° & \cos 62° \end{pmatrix} \odot \begin{pmatrix} -3 \\ -7 \end{pmatrix}$$

$$\Leftrightarrow \begin{pmatrix} x_B - (-1) \\ y_B - 5 \end{pmatrix} = \begin{pmatrix} \cos 62° \cdot (-3) - \sin 62° \cdot (-7) \\ \sin 62° \cdot (-3) + \cos 62° \cdot (-7) \end{pmatrix}$$

$$\Leftrightarrow \begin{pmatrix} x_B + 1 \\ y_B - 5 \end{pmatrix} = \begin{pmatrix} 4{,}77 \\ -5{,}94 \end{pmatrix}$$

$$\Leftrightarrow \left| \begin{array}{l} x_B + 1 = 4{,}77 \\ \wedge\ y_B - 5 = -5{,}94 \end{array} \right. \quad \begin{array}{l} |-1 \\ |+5 \end{array}$$

$$\Leftrightarrow \left| \begin{array}{l} x_B = 3{,}77 \\ \wedge\ y_B = -0{,}94 \end{array} \right.$$

also: B(3,77 | –0,94)

Aufgaben

337 Die Eckpunkte $B_n(x\,|\,0{,}5x-1)$ von gleichseitigen Dreiecken AB_nC_n mit $A(-3\,|\,1)$ liegen auf der Geraden g mit $y=0{,}5x-1$ ($\mathbb{G}=\mathbb{R}\times\mathbb{R}$).

a) Zeichne das Dreieck AB_1C_1 für $x=5$ in ein Koordinatensystem.

b) Berechne zunächst die Koordinaten der Punkte C_n in Abhängigkeit von der Abszisse x der Punkte B_n.
Berechne anschließend die Gleichung des Trägergraphen t_{C_n} der Punkte C_n und zeichne ihn in das Koordinatensystem ein.

338 Der Punkt $A(-5\,|-1)$ ist gemeinsamer Eckpunkt von Rauten $AB_nC_nD_n$. Die Punkte $B_n\left(x\;\middle|\;\frac{1}{4}x-1\right)$ liegen auf der Geraden g mit der Gleichung $y=\frac{1}{4}x-1$ und es gilt $\alpha=\sphericalangle B_nAD_n=45°$.

a) Zeichne die Raute $AB_1C_1D_1$ für $x=3$ in ein Koordinatensystem.

b) Berechne zunächst die Koordinaten der Punkte D_n in Abhängigkeit von der Abszisse x der Punkte B_n.
Berechne anschließend die Gleichung des Trägergraphen t_{D_n} der Punkte D_n und zeichne ihn in das Koordinatensystem ein.

339 Die Punkte $A(4\,|\,1)$, B auf g mit $y=-\frac{1}{4}x+3\frac{1}{2}$ und C auf h mit $y=\frac{1}{2}x-2$ bilden ein gleichschenkliges Dreieck ABC, das in A rechtwinklig ist.

a) Zeichne den Punkt A sowie die Graphen zu g und h in ein Koordinatensystem.
Für die Zeichnung: Längeneinheit 1 cm; $-1\leqq x\leqq 8$; $-1\leqq y\leqq 4$

b) Berechne die Koordinaten von B und C mithilfe der Vorschrift:
$\overrightarrow{AC}\xmapsto{A(4|1);\ \alpha=-90°}\overrightarrow{AB}$ mit $B\left(x_B\;\middle|\;-\frac{1}{4}x_B+3\frac{1}{2}\right)$ und $C\left(x_C\;\middle|\;\frac{1}{2}x_C-2\right)$
und ergänze B und C in der Zeichnung.

Interaktive Aufgabe

6. Drehung eines Vektors

Parallelverschiebung

Merke

Wird bei einer Parallelverschiebung mit dem **Verschiebungsvektor $\vec{v} = \begin{pmatrix} v_x \\ v_y \end{pmatrix}$** der (Ur-)Punkt P(x | y) auf den Bildpunkt P'(x' | y') abgebildet, so schreibt man:

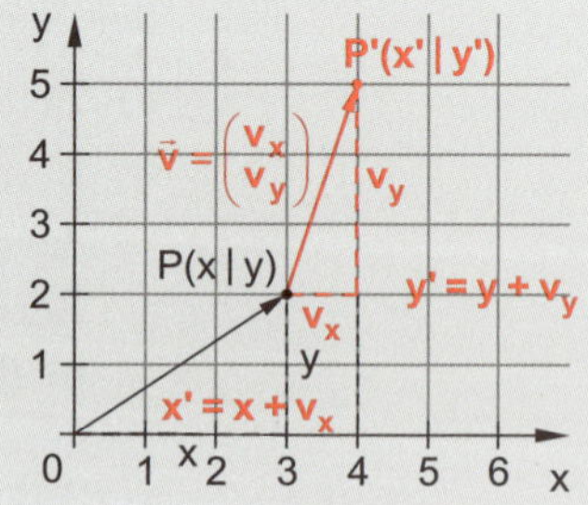

$$P(x \mid y) \xmapsto{\vec{v} = \begin{pmatrix} v_x \\ v_y \end{pmatrix}} P'(x' \mid y') \quad \text{wobei gilt: } \overrightarrow{PP'} = \vec{v}$$

- **Abbildungsgleichung der Parallelverschiebung mit $\vec{v}$:**

  $\overrightarrow{OP'} = \overrightarrow{OP} \oplus \vec{v}$ **Vektorkette**

  $\begin{pmatrix} x' \\ y' \end{pmatrix} = \begin{pmatrix} x \\ y \end{pmatrix} \oplus \begin{pmatrix} v_x \\ v_y \end{pmatrix}$ **Vektorform**

  $\left| \begin{array}{l} x' = x + v_x \\ \wedge \ y' = y + v_y \end{array} \right.$ **Koordinatenform**

  $\begin{pmatrix} x' \\ y' \end{pmatrix} = \begin{pmatrix} 1 & 0 \\ 0 & 1 \end{pmatrix} \odot \begin{pmatrix} x \\ y \end{pmatrix} \oplus \begin{pmatrix} v_x \\ v_y \end{pmatrix}$ **Matrixform**

  Hinweis: Die Matrixform ist für Berechnungen nicht zu empfehlen.

- Wird der Graph einer Funktion f mit dem Vektor $\vec{v} = \begin{pmatrix} v_x \\ v_y \end{pmatrix}$ parallel verschoben, so schreibt man:

  $$f \xmapsto{\vec{v} = \begin{pmatrix} v_x \\ v_y \end{pmatrix}} f'$$

  Um die Gleichung f' des Bildgraphen zum (Ur-)Graphen von f zu erhalten, setzt man den **allgemeinen Punkt** (x | f(x)) der Funktion f in die Abbildungsvorschrift ein.

Beispiele

1. Die Gerade g mit $y = \frac{1}{2}x + 3$ wird durch Parallelverschiebung mit dem Vektor $\vec{v} = \begin{pmatrix} 5 \\ -4 \end{pmatrix}$ auf die Bildgerade g' abgebildet. Berechne die Gleichung der Bildgeraden g'.

   Lösung:

   $$g\colon y = \frac{1}{2}x + 3 \xmapsto{\vec{v} = \begin{pmatrix} 5 \\ -4 \end{pmatrix}} g'$$

   $$P\left(x \,\middle|\, \frac{1}{2}x + 3\right) \xmapsto{\vec{v} = \begin{pmatrix} 5 \\ -4 \end{pmatrix}} P'(x' \mid y')$$ Abbildung eines allgemeinen Punktes $P \in g$

   $$\begin{pmatrix} x' \\ y' \end{pmatrix} = \begin{pmatrix} x \\ \frac{1}{2}x + 3 \end{pmatrix} \oplus \begin{pmatrix} 5 \\ -4 \end{pmatrix}$$ Einsetzen der Koordinaten von $P\left(x \,\middle|\, \frac{1}{2}x + 3\right)$ in die Abbildungsgleichung der Parallelverschiebung in Vektorform

   $$\Leftrightarrow \begin{pmatrix} x' \\ y' \end{pmatrix} = \begin{pmatrix} x + 5 \\ \frac{1}{2}x + 3 - 4 \end{pmatrix}$$ Zusammenfassen

   $$\Leftrightarrow \begin{pmatrix} x' \\ y' \end{pmatrix} = \begin{pmatrix} x + 5 \\ \frac{1}{2}x - 1 \end{pmatrix}$$ Übergang von der Vektorform zur Koordinatenform

   $$\Leftrightarrow \left| \begin{array}{l} x' = x + 5 \quad | -5 \\ \wedge \ y' = \frac{1}{2}x - 1 \end{array} \right.$$ Gleichung I nach x auflösen

$$\Leftrightarrow \left|\begin{array}{l} x = x' - 5 \\ \wedge\ y' = \frac{1}{2}x - 1 \end{array}\right.$$

Ersetze den Parameter x durch den Term x' − 5 in Gleichung II.

$$\Leftrightarrow \left|\begin{array}{l} x = x' - 5 \\ \wedge\ y' = \frac{1}{2}(x' - 5) - 1 \end{array}\right.$$

$$\Leftrightarrow \left|\begin{array}{l} x = x' - 5 \\ \wedge\ y' = \frac{1}{2}x' - \frac{5}{2} - 1 \end{array}\right.$$

$$\Leftrightarrow \left|\begin{array}{l} x = x' - 5 \\ \wedge\ y' = \frac{1}{2}x' - 3\frac{1}{2} \end{array}\right.$$

also: g': $y = \frac{1}{2}x - 3\frac{1}{2}$

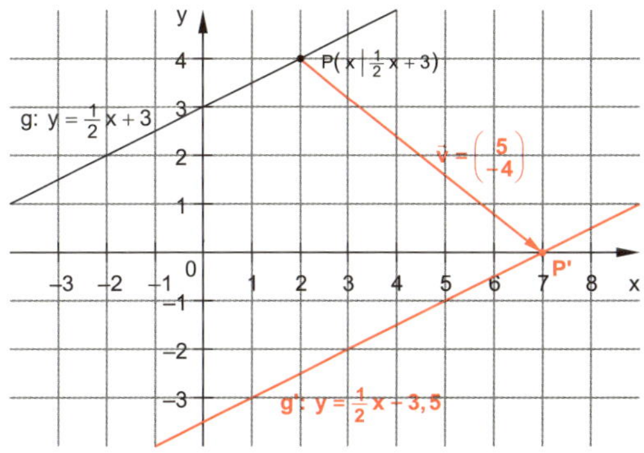

2. Gegeben ist die Funktion f mit der Gleichung $y = 1{,}5^{x-2} + 3$. Die Eckpunkte $C_n(x \mid 1{,}5^{x-2} + 3)$ von Parallelogrammen ABC_nD_n mit $A(-3 \mid -2)$ und $B(2 \mid 1)$ liegen auf dem Graphen zu f.
Zeichne das Parallelogramm ABC_1D_1 für $x = 5$ in ein Koordinatensystem.
Bestimme anschließend die Gleichung des Trägergraphen t_{D_n} der Punkte D_n und zeichne ihn in das Koordinatensystem ein.

Lösung:

$C_1(5 \mid 1{,}5^{5-2} + 3) = C_1(5 \mid 6{,}375)$

Zeichnung:

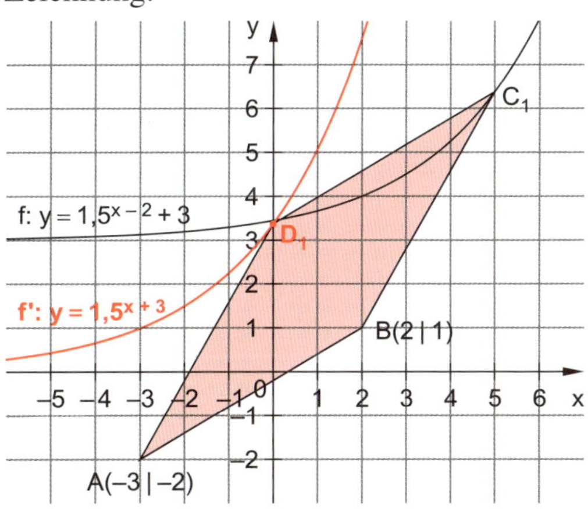

In den Parallelogrammen ABC_nD_n gilt:
$\overrightarrow{C_nD_n} = \overrightarrow{BA} = \begin{pmatrix} -3-2 \\ -2-1 \end{pmatrix} = \begin{pmatrix} -5 \\ -3 \end{pmatrix}$

Berechnung der Gleichung des Trägergraphen t_{D_n} der Punkte D_n:

Vektorkette:

$$\overrightarrow{OD_n} = \overrightarrow{OC_n} \oplus \overrightarrow{C_nD_n}$$

Vektorkette mit $D_n(x' \mid y')$ und $C_n(x \mid 1{,}5^{x-2} + 3)$

$$\Leftrightarrow \begin{pmatrix} x' \\ y' \end{pmatrix} = \begin{pmatrix} x \\ 1{,}5^{x-2} + 3 \end{pmatrix} \oplus \begin{pmatrix} -3-2 \\ -2-1 \end{pmatrix}$$

Beachte: $\overrightarrow{C_nD_n} = \overrightarrow{BA}$

$$\Leftrightarrow \begin{pmatrix} x' \\ y' \end{pmatrix} = \begin{pmatrix} x \\ 1{,}5^{x-2} + 3 \end{pmatrix} \oplus \begin{pmatrix} -5 \\ -3 \end{pmatrix}$$

$$\Leftrightarrow \begin{pmatrix} x' \\ y' \end{pmatrix} = \begin{pmatrix} x - 5 \\ 1{,}5^{x-2} + 3 - 3 \end{pmatrix}$$

$\Leftrightarrow \begin{pmatrix} x' \\ y' \end{pmatrix} = \begin{pmatrix} x-5 \\ 1{,}5^{x-2} \end{pmatrix}$

$\Leftrightarrow \left| \begin{array}{l} x' = x - 5 \quad | +5 \\ \wedge\ y' = 1{,}5^{x-2} \end{array} \right.$ Gleichung I nach x auflösen

$\Leftrightarrow \left| \begin{array}{l} x = x' + 5 \\ \wedge\ y' = 1{,}5^{x-2} \end{array} \right.$ Setze $x' + 5$ für x in Gleichung II ein.

$\Leftrightarrow \left| \begin{array}{l} x = x' + 5 \\ \wedge\ y' = 1{,}5^{x'+5-2} \end{array} \right.$

$\Leftrightarrow \left| \begin{array}{l} x = x' + 5 \\ \wedge\ y' = 1{,}5^{x'+3} \end{array} \right.$

also: $t_{D_n}: y = 1{,}5^{x+3}$ Gleichung des Trägergraphen der Punkte D_n

Aufgabe 340

Berechne die Gleichung des Bildgraphen der Funktion f bei Parallelverschiebung mit $\vec{v}$, $\mathbb{G} = \mathbb{R} \times \mathbb{R}$. Überprüfe die Rechnung zeichnerisch.

a) $f: y = \log(x+2) + 1; \quad \vec{v} = \begin{pmatrix} -2 \\ 3 \end{pmatrix}$

b) $f: y = -x^2 + 2x + 1; \quad \vec{v} = \begin{pmatrix} 5 \\ 1 \end{pmatrix}$

c) $f: y = 2^{x-3} + 4; \quad \vec{v} = \begin{pmatrix} -2 \\ -2 \end{pmatrix}$

Interaktive Aufgabe

7. Parallelverschiebung

Abbildung durch zentrische Streckung

Merke

Wird bei einer zentrischen Streckung mit dem **Streckungszentrum Z** und dem **Streckungsfaktor k** ($k \neq 0$) der (Ur-)Punkt $P(x\,|\,y)$ auf den Bildpunkt $P'(x'\,|\,y')$ abgebildet, so schreibt man:

$$P(x\,|\,y) \xmapsto{Z;\,k} P'(x'\,|\,y')$$

Streckungszentrum Z(0 | 0)

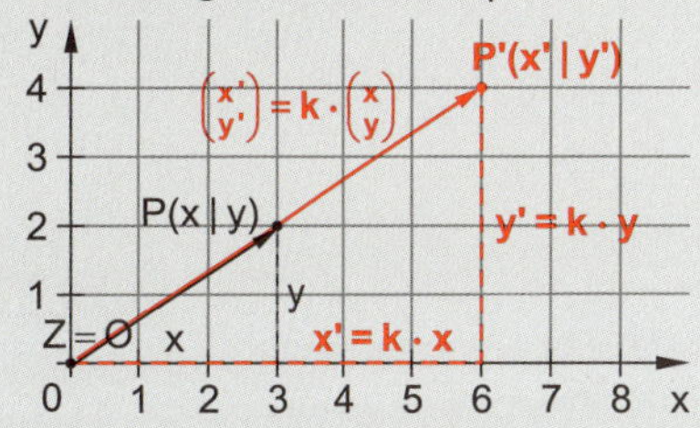

Streckungszentrum $Z(x_Z\,|\,y_Z)$

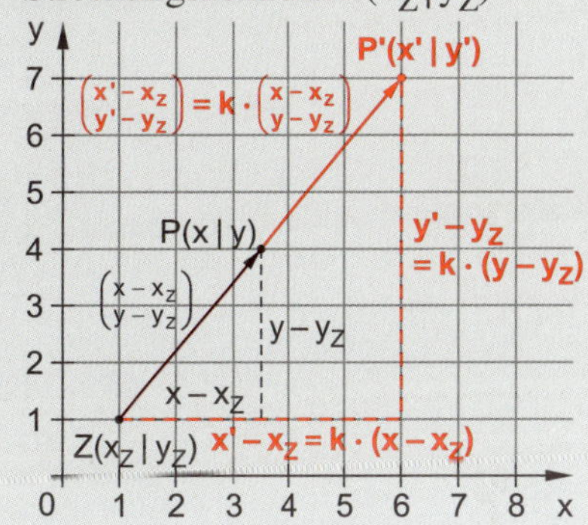

- **Abbildungsgleichung der zentrischen Streckung:**

  $$\overrightarrow{ZP} \xmapsto{Z(x_Z\,|\,y_Z);\,k} \overrightarrow{ZP'} = k \cdot \overrightarrow{ZP}$$

  $$\begin{pmatrix} x' - x_Z \\ y' - y_Z \end{pmatrix} = k \cdot \begin{pmatrix} x - x_Z \\ y - y_Z \end{pmatrix}$$ **Vektorform**

  $$\begin{vmatrix} x' - x_Z = kx - kx_Z \\ \wedge\ y' - y_Z = ky - ky_Z \end{vmatrix}$$ **Koordinatenform**

  $$\begin{pmatrix} x' \\ y' \end{pmatrix} = \begin{pmatrix} k & 0 \\ 0 & k \end{pmatrix} \odot \begin{pmatrix} x \\ y \end{pmatrix}$$ **Matrixform für $Z = O(0\,|\,0)$**

  Hinweis: Die Verwendung der Matrixform ist nicht empfehlenswert. Sie gilt ohnehin nur für $Z = O(0\,|\,0)$!

- Wird der Graph einer Funktion f mit dem **Streckungszentrum Z** und dem **Streckungsfaktor k** ($k \neq 0$) zentrisch gestreckt, schreibt man:

  $$f \xmapsto{Z;\,k} f'$$

  Um die Gleichung f' des Bildgraphen zum (Ur-)graphen von f zu erhalten, setzt man den **allgemeinen Punkt** $(x\,|\,f(x))$ der Funktion f in die Abbildungsvorschrift ein.

Beispiele

1. Das Dreieck ABC mit $A(3\,|\,2)$, $B(5\,|\,0)$ und $C(3\,|\,5)$ wird durch zentrische Streckung mit $Z(0\,|\,0)$ und $k = 2$ auf das Dreieck A'B'C' mit $B'(10\,|\,0)$ und $C'(6\,|\,10)$ abgebildet. Ermittle die Koordinaten des Bildpunktes A'.

   Lösung:

   $$\Delta ABC \xmapsto{Z(0\,|\,0);\ k=2} \Delta A'B'C'$$

   Das Streckungszentrum Z liegt im Ursprung.

   Berechnung der Koordinaten von A':

   $$\begin{pmatrix} x' \\ y' \end{pmatrix} = k \cdot \begin{pmatrix} x \\ y \end{pmatrix}$$ Einsetzen der Koordinaten des Urpunktes $A(3\,|\,2)$ in die Abbildungsgleichung

   $$\Leftrightarrow \begin{pmatrix} x' \\ y' \end{pmatrix} = 2 \cdot \begin{pmatrix} 3 \\ 2 \end{pmatrix}$$

   $$\Leftrightarrow \begin{pmatrix} x' \\ y' \end{pmatrix} = \begin{pmatrix} 2 \cdot 3 \\ 2 \cdot 2 \end{pmatrix}$$ Multiplikation mit dem Streckungsfaktor $k = 2$

   $$\Leftrightarrow \begin{pmatrix} x' \\ y' \end{pmatrix} = \begin{pmatrix} 6 \\ 4 \end{pmatrix}$$

   also: $A'(6\,|\,4)$ Koordinaten des Bildpunktes

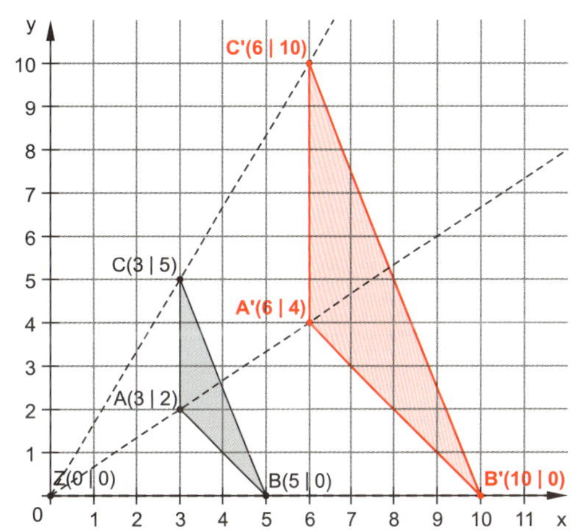

2. Die Parabel p mit der Gleichung $y = \frac{1}{3}x^2 - 5$ wird durch zentrische Streckung mit dem Streckungszentrum Z(2 | 1) und dem Streckungsfaktor $k = -\frac{3}{2}$ abgebildet. Bestimme die Gleichung der Bildparabel p'.

Lösung:

$$p\colon\ y = \frac{1}{3}x^2 - 5 \xmapsto{Z(2\,|\,1);\ k=-\frac{3}{2}} p'$$

Das Zentrum Z liegt nicht im Ursprung.

$$\overrightarrow{ZP'} \xmapsto{Z(2\,|\,1);\ k=-\frac{3}{2}} \overrightarrow{ZP} \text{ mit } P'(x'\,|\,y')$$

$$\begin{pmatrix} x' - x_Z \\ y' - y_Z \end{pmatrix} = k \cdot \begin{pmatrix} x - x_Z \\ y - y_Z \end{pmatrix}$$

Abbildungsgleichung der zentrischen Streckung in Vektorform

$$\Leftrightarrow \quad \begin{pmatrix} x' - 2 \\ y' - 1 \end{pmatrix} = -\frac{3}{2} \cdot \begin{pmatrix} x - 2 \\ \frac{1}{3}x^2 - 5 - 1 \end{pmatrix}$$

Einsetzen der allgemeinen Koordinaten des Urpunktes $P\left(x\,\middle|\,\frac{1}{3}x^2 - 5\right)$ und der Koordinaten des Zentrums Z(2 | 1) in die Abbildungsgleichung

$$\Leftrightarrow \quad \begin{pmatrix} x' - 2 \\ y' - 1 \end{pmatrix} = -\frac{3}{2} \cdot \begin{pmatrix} x - 2 \\ \frac{1}{3}x^2 - 6 \end{pmatrix}$$

Multipliziere mit dem Streckungsfaktor $k = -\frac{3}{2}$.

$$\Leftrightarrow \quad \begin{pmatrix} x' - 2 \\ y' - 1 \end{pmatrix} = \begin{pmatrix} -\frac{3}{2} \cdot (x - 2) \\ -\frac{3}{2} \cdot \left(\frac{1}{3}x^2 - 6\right) \end{pmatrix}$$

$$\Leftrightarrow \quad \begin{pmatrix} x' - 2 \\ y' - 1 \end{pmatrix} = \begin{pmatrix} -\frac{3}{2}x + 3 \\ -\frac{1}{2}x^2 + 9 \end{pmatrix}$$

Gehe zur Koordinatenform über.

$$\Leftrightarrow \quad \begin{array}{|l} x' - 2 = -\frac{3}{2}x + 3 \qquad |-3 \\ \wedge\ y' - 1 = -\frac{1}{2}x^2 + 9 \qquad |+1 \end{array}$$

Gleichung I nach x auflösen

Gleichung II nach y' auflösen

$$\Leftrightarrow \quad \begin{array}{|l} x' - 5 = -\frac{3}{2}x \qquad \left|\cdot\left(-\frac{2}{3}\right)\right. \\ \wedge\ y' = -\frac{1}{2}x^2 + 10 \end{array}$$

$$\Leftrightarrow \quad \begin{array}{|l} x = -\frac{2}{3}x' + \frac{10}{3} \\ \wedge\ y' = -\frac{1}{2}x^2 + 10 \end{array}$$

Setze $-\frac{2}{3}x' + \frac{10}{3}$ für x in Gleichung II ein.

$$\Leftrightarrow \quad \begin{array}{|l} x = -\frac{2}{3}x' + \frac{10}{3} \\ \wedge\ y' = -\frac{1}{2}\left(-\frac{2}{3}x' + \frac{10}{3}\right)^2 + 10 \end{array}$$

$$\Leftrightarrow \quad \begin{array}{|l} x = -\frac{2}{3}x' + \frac{10}{3} \\ \wedge\ y' = -\frac{1}{2}\left(\frac{4}{9}x'^2 - \frac{40}{9}x' + \frac{100}{9}\right) + 10 \end{array}$$

$$\Leftrightarrow \quad \begin{array}{|l} x = -\frac{2}{3}x' + \frac{10}{3} \\ \wedge\ y' = -\frac{2}{9}x'^2 + \frac{20}{9}x' - \frac{50}{9} + 10 \end{array}$$

$$\Leftrightarrow \quad \left| \begin{array}{l} x = -\frac{2}{3}x' + \frac{10}{3} \\ \wedge\ y' = -\frac{2}{9}x'^2 + 2\frac{2}{9}x' + 4\frac{4}{9} \end{array} \right.$$

also: $p'\colon y = -\frac{2}{9}x^2 + 2\frac{2}{9}x + 4\frac{4}{9}$

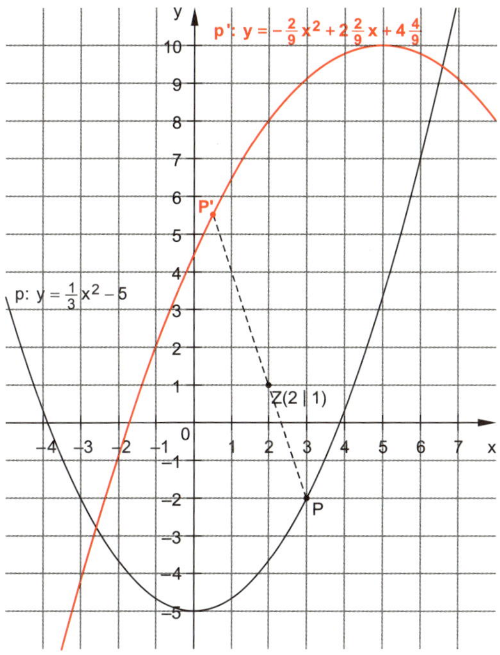

Aufgabe 341

Bilde den Graphen der Funktion f durch zentrische Streckung am Streckungszentrum Z mit dem Streckungsfaktor k ab und berechne die Gleichung des Bildgraphen. Überprüfe die Rechnung zeichnerisch.

a) $f\colon y = -\frac{3}{4}x + 2 \xmapsto{Z(0\,|\,0);\ k=-3} f'$

b) $f\colon y = -x^3 - 1 \xmapsto{Z(-5\,|\,3);\ k=2} f'$

c) $f\colon y = 3x^{-2} + 4 \xmapsto{Z(-1\,|\,-1);\ k=\frac{1}{4}} f'$

Interaktive Aufgabe

8. Zentrische Streckung

Orthogonale Affinität mit der x-Achse als Affinitätsachse

Bei einer **orthogonalen Affinität** mit dem Affinitätsmaßstab $k \in \mathbb{R} \setminus \{0\}$ und der x-Achse als Affinitätsachse a (a: $y = 0$) wird jedem (Ur-)Punkt $P(x \mid y)$ genau ein Bildpunkt $P'(x' \mid y')$ so zugeordnet, dass gilt:

- $\overrightarrow{P_0P'} = k \cdot \overrightarrow{P_0P}$
- $PP' \perp a$

Der Punkt P_0 ist dabei der Fußpunkt des Lotes vom Urpunkt P auf die x-Achse (Affinitätsachse).

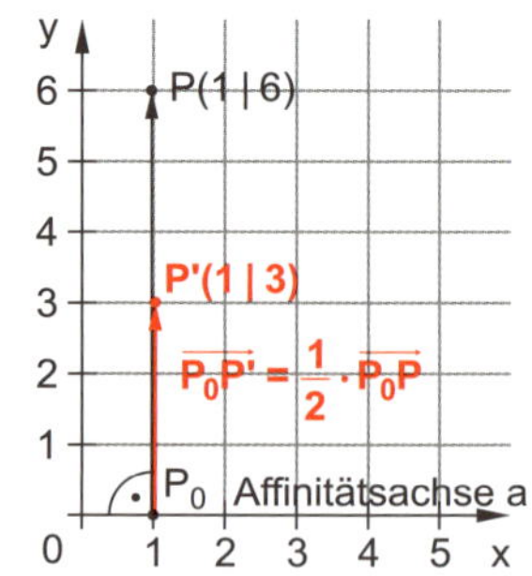

Merke

Wird bei einer orthogonalen Affinität mit dem **Affinitätsmaßstab k** ($k \in \mathbb{R} \setminus \{0\}$) und der x-Achse als **Affinitätsachse** der (Ur-)Punkt $P(x \mid y)$ auf den Bildpunkt $P'(x' \mid y')$ abgebildet, so schreibt man:

$$P(x \mid y) \xmapsto{\text{x-Achse; k}} P'(x' \mid y')$$

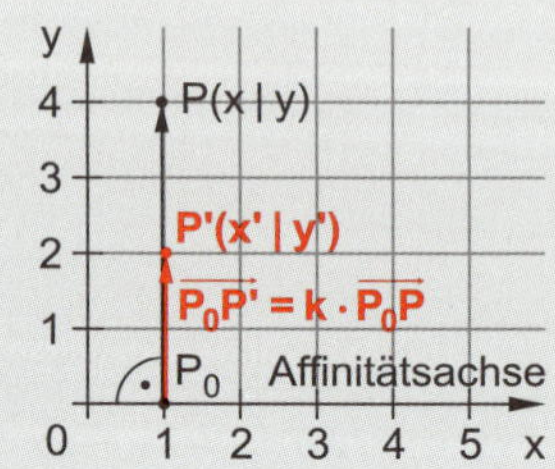

- **Abbildungsgleichung der orthogonalen Affinität mit Affinitätsmaßstab k und der x-Achse als Affinitätsachse:**

$$\overrightarrow{P_0P'} = k \cdot \overrightarrow{P_0P}$$

$$\Leftrightarrow \begin{pmatrix} x' - x \\ y' - 0 \end{pmatrix} = k \cdot \begin{pmatrix} x - x \\ y - 0 \end{pmatrix} \quad \textbf{Vektorform}$$

$$\left| \begin{array}{l} x' = x \\ \wedge \ y' = k \cdot y \end{array} \right. \quad \textbf{Koordinatenform}$$

$$\begin{pmatrix} x' \\ y' \end{pmatrix} = \begin{pmatrix} 1 & 0 \\ 0 & k \end{pmatrix} \odot \begin{pmatrix} x \\ y \end{pmatrix} \quad \textbf{Matrixform}$$

- Wird der Graph einer Funktion f mit dem **Affinitätsmaßstab k** ($k \in \mathbb{R} \setminus \{0\}$) und der x-Achse als **Affinitätsachse** abgebildet, schreibt man:

$$f \xmapsto{\text{x-Achse; k}} f'$$

Um die Gleichung f' des Bildgraphen zum (Ur-)Graphen von f zu erhalten, setzt man den **allgemeinen Punkt** $(x \mid f(x))$ der Funktion f in die Abbildungsvorschrift ein.

- Eigenschaften der orthogonalen Affinität mit der x-Achse als Affinitätsachse:
  - **Fixpunkte:** Punkte auf der x-Achse (Affinitätsachse) werden auf sich abgebildet.
  - Für **$k > 0$** liegen Urpunkt und Bildpunkt auf **derselben Seite** der Affinitätsachse, für **$k < 0$** liegen Urpunkt und Bildpunkt auf **verschiedenen Seiten** der Affinitätsachse.

Beispiele

1. Das Dreieck ABC mit $A(-3 \mid 1)$, $B(5 \mid 2)$ und $C(2 \mid 5)$ wird durch orthogonale Affinität mit $k = -\frac{1}{2}$ auf das Bilddreieck A'B'C' abgebildet.
   Da $k < 0$, liegen Ur- und Bildpunkte auf verschiedenen Seiten der Affinitätsachse.
   Berechne die Koordinaten der Bildpunkte A', B' und C'.

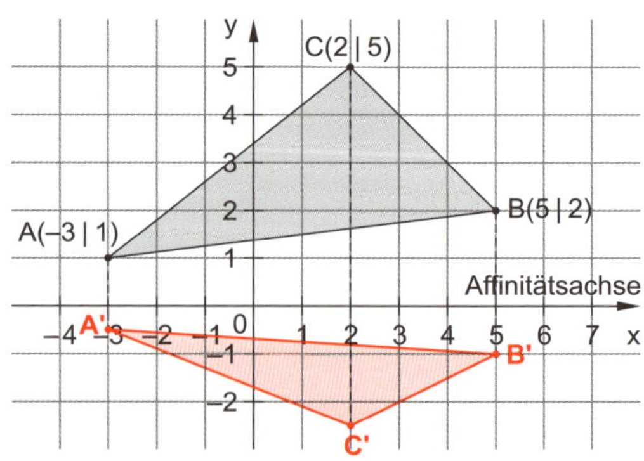

Lösung:

Berechnung der Koordinaten von A':

$$\begin{pmatrix} x' \\ y' \end{pmatrix} = \begin{pmatrix} 1 & 0 \\ 0 & k \end{pmatrix} \odot \begin{pmatrix} x_A \\ y_A \end{pmatrix}$$

Setze die Koordinaten des Urpunktes A(–3 | 1) in die Abbildungsgleichung der orthogonalen Affinität in Matrixform ein.

$$\Leftrightarrow \begin{pmatrix} x' \\ y' \end{pmatrix} = \begin{pmatrix} 1 & 0 \\ 0 & -\frac{1}{2} \end{pmatrix} \odot \begin{pmatrix} -3 \\ 1 \end{pmatrix}$$

$$\Leftrightarrow \begin{pmatrix} x' \\ y' \end{pmatrix} = \begin{pmatrix} 1 \cdot (-3) + 0 \cdot 1 \\ 0 \cdot (-3) - \frac{1}{2} \cdot 1 \end{pmatrix}$$

$$\Leftrightarrow \begin{pmatrix} x' \\ y' \end{pmatrix} = \begin{pmatrix} -3 \\ -\frac{1}{2} \end{pmatrix}$$

Urpunkt und Bildpunkt haben stets dieselbe Abszisse. Also gilt: $x' = x_A = -3$

also: $A'\left(-3 \,\middle|\, -\frac{1}{2}\right)$

Koordinaten des Bildpunktes A'

Berechnung der Koordinaten von B':

$$\begin{vmatrix} x' = x \\ \wedge \; y' = k \cdot y \end{vmatrix}$$

Setze die Koordinaten des Urpunktes B(5 | 2) in die Abbildungsgleichung der orthogonalen Affinität in Koordinatenform ein.

$$\Leftrightarrow \begin{vmatrix} x' = 5 \\ \wedge \; y' = -\frac{1}{2} \cdot 2 \end{vmatrix}$$

$$\Leftrightarrow \begin{vmatrix} x' = 5 \\ \wedge \; y' = -1 \end{vmatrix}$$

also: B'(5 | –1)

Koordinaten des Bildpunktes B'

Berechnung der Koordinaten von C':

$$\begin{vmatrix} x' = 2 \\ \wedge \; y' = -\frac{1}{2} \cdot 5 \end{vmatrix}$$

$$\Leftrightarrow \begin{vmatrix} x' = 2 \\ \wedge \; y' = -2{,}5 \end{vmatrix}$$

also: C'(2 | –2,5)

Koordinaten des Bildpunktes C'

2. Der Punkt P(4 | 2) wird durch orthogonale Affinität mit der x-Achse als Affinitätsachse auf den Bildpunkt P'(4 | –5) abgebildet. Bestimme den Affinitätsmaßstab k.

Lösung:

Berechnung des Affinitätsmaßstabs k:

$$\begin{vmatrix} x_{P'} = x_P \\ \wedge \; y_{P'} = k \cdot y_P \end{vmatrix}$$

Abbildungsgleichung in Koordinatenform

$$\Leftrightarrow \begin{vmatrix} 4 = 4 \\ \wedge \; -5 = k \cdot 2 \end{vmatrix} \; |:2$$

Koordinaten von Ur- und Bildpunkt eingesetzt

$$\Leftrightarrow \begin{vmatrix} 4 = 4 \\ \wedge \; k = -2{,}5 \end{vmatrix}$$

Die Lösung der Gleichung II liefert den gesuchten Wert von k.

$$\mathbb{L} = \left\{-2\frac{1}{2}\right\}$$

also: $k = -2\frac{1}{2}$

Da Ur- und Bildpunkt auf verschiedenen Seiten der Affinitätsachse liegen, muss gelten: $k < 0$

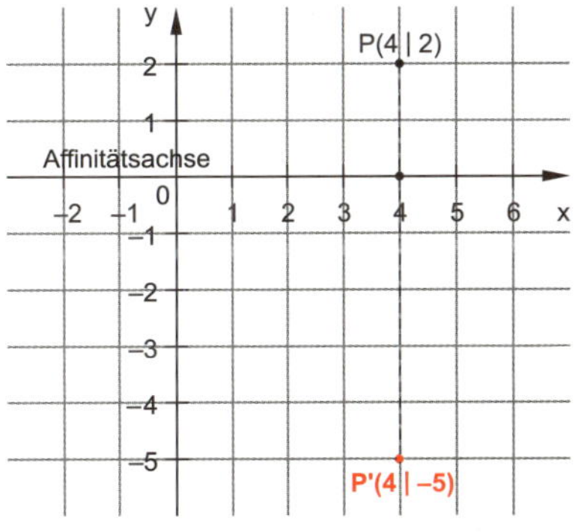

Aufgaben

342 Bilde die zu den folgenden Gleichungen gehörenden Funktionsgraphen jeweils durch orthogonale Affinität ab (Affinitätsachse: x-Achse) und bestimme die Gleichung des Bildgraphen.
Überprüfe die Ergebnisse zeichnerisch.

a) $y = \frac{1}{4}x - 2;\quad k = 3$

b) $y = -2x^2 + 5;\quad k = -\frac{1}{4}$

c) $y = 2\sqrt{x} + 6;\quad k = 2{,}5$

d) $y = \log_3(x+1) - 3;\quad k = -\frac{2}{3}$

343 Das Dreieck ABC mit $A(1\,|\,{-5})$, $B(10\,|\,0)$ und $C(6\,|\,2)$ wird durch orthogonale Affinität mit der x-Achse als Affinitätsachse auf ein in C' rechtwinkliges Bilddreieck A'B'C' abgebildet. Berechne den Affinitätsmaßstab $k \in \mathbb{R}^+$.

344 Gegeben ist die Funktion f mit der Gleichung $y = -2 \cdot 1{,}5^{x+1} + 4$ $(\mathbb{G} = \mathbb{R} \times \mathbb{R})$.

a) Gib die Definitionsmenge, die Wertemenge sowie die Gleichung der Asymptote der Funktion f an.

b) Der Graph zu f wird durch orthogonale Affinität mit der x-Achse als Affinitätsachse auf den Graphen zu f' abgebildet. Dabei liegt der Punkt $P'(2\,|\,8{,}25)$ auf dem Graphen zu f'.
Berechne zunächst den Affinitätsmaßstab k und anschließend die Gleichung der Bildfunktion f'. Es gilt: $k \in \mathbb{R} \setminus \{0\}$

c) Ermittle zur Funktion f die Gleichung der Umkehrfunktion f^{-1}.

Interaktive Aufgabe

9. Orthogonale Affinität

Verknüpfung von Abbildungen

Merke

Die Verknüpfung von Abbildungen ermöglicht es, **zwei (oder mehrere)** aufeinanderfolgende Abbildungen durch **eine Ersatzabbildung** zu ersetzen:

$$\underbrace{P(x|y) \xmapsto{\text{1. Abbildung}} P'(x'|y') \xmapsto{\text{2. Abbildung}} P''(x''|y'') \xmapsto{\text{3. Abbildung}} P(x'''|y''')}\ldots$$

$$P(x|y) \xmapsto{\text{Ersatzabbildung}} P(x'''|y''')$$

Hinweis: Wird bei einer Verknüpfung von Abbildungen die Reihenfolge der Abbildungen verändert, so kann sich auch die Ersatzabbildung ändern.

Beispiele

1. a) **1. Abbildung:** Das Dreieck ABC mit A(0|2), B(7|3) und C(6|6) wird durch orthogonale Affinität mit der x-Achse als Affinitätsachse und mit dem Affinitätsmaßstab $k=-\frac{1}{2}$ auf das Bilddreieck A'C'B' abgebildet.
Zeichne die Dreiecke ABC und A'C'B' in ein gemeinsames Koordinatensystem, gib die Abbildungsgleichung an und berechne die Koordinaten der Punkte A', B' und C'.

b) **2. Abbildung:** Das Dreieck A'C'B' wird sodann durch Drehung um den Ursprung O(0|0) mit dem Drehwinkelmaß $\varphi = 110°$ auf das Dreieck A"C"B" abgebildet.
Ergänze die Zeichnung um das Dreieck A"C"B", gib die Abbildungsgleichung an und berechne die Koordinaten der Punkte A", B" und C".

c) **Ersatzabbildung:** Bestimme die Abbildungsgleichung der Ersatzabbildung, durch die man das Dreieck ABC direkt auf das Dreieck A"C"B" abbilden kann. Überprüfe dein Ergebnis durch erneute Berechnung der Koordinaten der Punkte A", B" und C".

Lösung:

a) **1. Abbildung: Orthogonale Affinität**

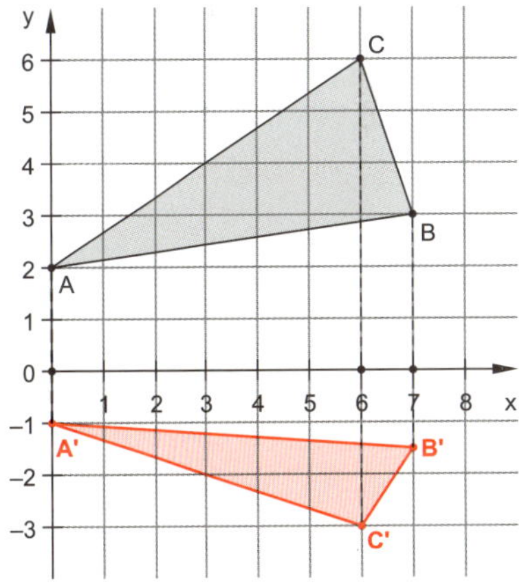

$$\Delta ABC \xmapsto{\text{x-Achse; } k=-\frac{1}{2}} \Delta A'C'B'$$

Berechnung der Koordinaten von A':

$$\begin{pmatrix}x'\\y'\end{pmatrix}=\begin{pmatrix}1 & 0\\0 & k\end{pmatrix}\odot\begin{pmatrix}x_A\\y_A\end{pmatrix} \quad \text{Matrixform}$$

$$\Leftrightarrow \begin{pmatrix}x'\\y'\end{pmatrix}=\begin{pmatrix}1 & 0\\0 & -\frac{1}{2}\end{pmatrix}\odot\begin{pmatrix}0\\2\end{pmatrix}$$

$$\Leftrightarrow \begin{pmatrix}x'\\y'\end{pmatrix}=\begin{pmatrix}1\cdot 0+0\cdot 2\\0\cdot 0-\frac{1}{2}\cdot 2\end{pmatrix}$$

$$\Leftrightarrow \begin{pmatrix}x'\\y'\end{pmatrix}=\begin{pmatrix}0\\-1\end{pmatrix}$$

also: A'(0|−1)

Berechnung der Koordinaten von B':

$$\left|\begin{array}{l} x_{B'}=x_B \\ \wedge\ y_{B'}=k\cdot y_B \end{array}\right. \quad \text{Berechnung mit der einfacheren Koordinatenform}$$

$$\Leftrightarrow \left|\begin{array}{l} x_{B'}=7 \\ \wedge\ y_{B'}=-\frac{1}{2}\cdot 3 \end{array}\right.$$

$$\Leftrightarrow \left| \begin{array}{l} x_{B'} = 7 \\ \wedge \; y_{B'} = -1{,}5 \end{array} \right.$$

also: B'(7 | –1,5)

Berechnung der Koordinaten von C':

$$\left| \begin{array}{l} x_{C'} = 6 \\ \wedge \; y_{C'} = -\frac{1}{2} \cdot 6 \end{array} \right.$$

$$\Leftrightarrow \left| \begin{array}{l} x_{C'} = 6 \\ \wedge \; y_{C'} = -3 \end{array} \right.$$

also: C'(6 | –3)

b) **2. Abbildung: Drehung**

$$\Delta A'C'B' \xmapsto{O(0|0);\ \varphi = 110°} \Delta A''C''B''$$

Berechnung der Koordinaten von A'':

$$\begin{pmatrix} x_{A''} \\ y_{A''} \end{pmatrix} = \begin{pmatrix} \cos\varphi & -\sin\varphi \\ \sin\varphi & \cos\varphi \end{pmatrix} \odot \begin{pmatrix} x_{A'} \\ y_{A'} \end{pmatrix}$$

$$\Leftrightarrow \begin{pmatrix} x_{A''} \\ y_{A''} \end{pmatrix} = \begin{pmatrix} \cos 110° & -\sin 110° \\ \sin 110° & \cos 110° \end{pmatrix} \odot \begin{pmatrix} 0 \\ -1 \end{pmatrix}$$

$$\Leftrightarrow \begin{pmatrix} x_{A''} \\ y_{A''} \end{pmatrix} = \begin{pmatrix} \cos 110° \cdot 0 - \sin 110° \cdot (-1) \\ \sin 110° \cdot 0 + \cos 110° \cdot (-1) \end{pmatrix}$$

$$\Leftrightarrow \begin{pmatrix} x_{A''} \\ y_{A''} \end{pmatrix} = \begin{pmatrix} 0{,}94 \\ 0{,}34 \end{pmatrix}$$

also: A''(0,94 | 0,34)

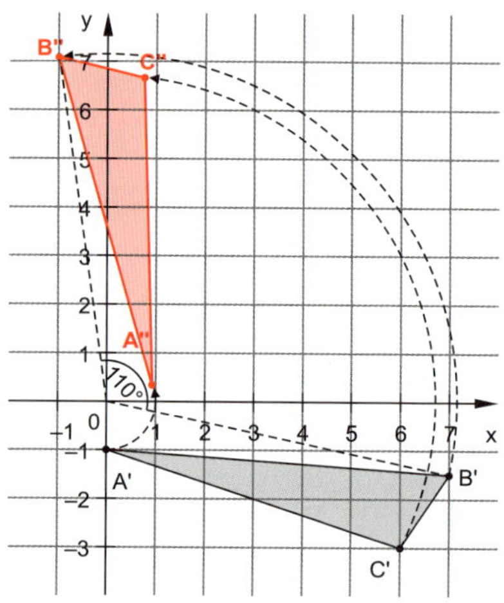

Berechnung der Koordinaten von B'':

$$\begin{pmatrix} x_{B''} \\ y_{B''} \end{pmatrix} = \begin{pmatrix} \cos\varphi & -\sin\varphi \\ \sin\varphi & \cos\varphi \end{pmatrix} \odot \begin{pmatrix} x_{B'} \\ y_{B'} \end{pmatrix}$$

$$\Leftrightarrow \begin{pmatrix} x_{B''} \\ y_{B''} \end{pmatrix} = \begin{pmatrix} \cos 110° & -\sin 110° \\ \sin 110° & \cos 110° \end{pmatrix} \odot \begin{pmatrix} 7 \\ -1{,}5 \end{pmatrix}$$

$$\Leftrightarrow \begin{pmatrix} x_{B''} \\ y_{B''} \end{pmatrix} = \begin{pmatrix} \cos 110° \cdot 7 - \sin 110° \cdot (-1{,}5) \\ \sin 110° \cdot 7 + \cos 110° \cdot (-1{,}5) \end{pmatrix}$$

$$\Leftrightarrow \begin{pmatrix} x_{B''} \\ y_{B''} \end{pmatrix} = \begin{pmatrix} -0{,}98 \\ 7{,}09 \end{pmatrix}$$

also: B''(–0,98 | 7,09)

Berechnung der Koordinaten von C'':

$$\begin{pmatrix} x_{C''} \\ y_{C''} \end{pmatrix} = \begin{pmatrix} \cos\varphi & -\sin\varphi \\ \sin\varphi & \cos\varphi \end{pmatrix} \odot \begin{pmatrix} x_{C'} \\ y_{C'} \end{pmatrix}$$

$$\Leftrightarrow \begin{pmatrix} x_{C''} \\ y_{C''} \end{pmatrix} = \begin{pmatrix} \cos 110° & -\sin 110° \\ \sin 110° & \cos 110° \end{pmatrix} \odot \begin{pmatrix} 6 \\ -3 \end{pmatrix}$$

$$\Leftrightarrow \begin{pmatrix} x_{C''} \\ y_{C''} \end{pmatrix} = \begin{pmatrix} \cos 110° \cdot 6 - \sin 110° \cdot (-3) \\ \sin 110° \cdot 6 + \cos 110° \cdot (-3) \end{pmatrix}$$

$$\Leftrightarrow \begin{pmatrix} x_{C''} \\ y_{C''} \end{pmatrix} = \begin{pmatrix} 0{,}77 \\ 6{,}66 \end{pmatrix}$$

also: C''(0,77 | 6,66)

c) **Ersatzabbildung: Verknüpfung beider Abbildungen**

$$\Delta ABC \xmapsto{\text{x-Achse; } k=-\frac{1}{2}} \Delta A'C'B' \xmapsto{O(0|0);\ \varphi=110^\circ} \Delta A''C''B''$$

1. Abbildung:
Orthogonale Affinität mit der x-Achse und dem Affinitätsmaßstab $k=-\frac{1}{2}$:

$$\begin{pmatrix} x' \\ y' \end{pmatrix} = \begin{pmatrix} 1 & 0 \\ 0 & -\frac{1}{2} \end{pmatrix} \odot \begin{pmatrix} x \\ y \end{pmatrix}$$

2. Abbildung:
Drehung um $O(0|0)$ mit $\varphi=110^\circ$:

$$\begin{pmatrix} x'' \\ y'' \end{pmatrix} = \begin{pmatrix} \cos 110^\circ & -\sin 110^\circ \\ \sin 110^\circ & \cos 110^\circ \end{pmatrix} \odot \begin{pmatrix} x' \\ y' \end{pmatrix}$$

Verknüpfung beider Abbildungen (Ersatzabbildung):
A'', B'' und C'' lassen sich direkt mit folgender Abbildungsgleichung berechnen:

$$\begin{pmatrix} x'' \\ y'' \end{pmatrix} = \underbrace{\begin{pmatrix} \cos 110^\circ & -\sin 110^\circ \\ \sin 110^\circ & \cos 110^\circ \end{pmatrix} \odot \underbrace{\left[\begin{pmatrix} 1 & 0 \\ 0 & -\frac{1}{2} \end{pmatrix} \odot \begin{pmatrix} x \\ y \end{pmatrix}\right]}_{\text{1. Abbildung: Orthogonale Affinität}}}_{\text{2. Abbildung: Drehung}}$$

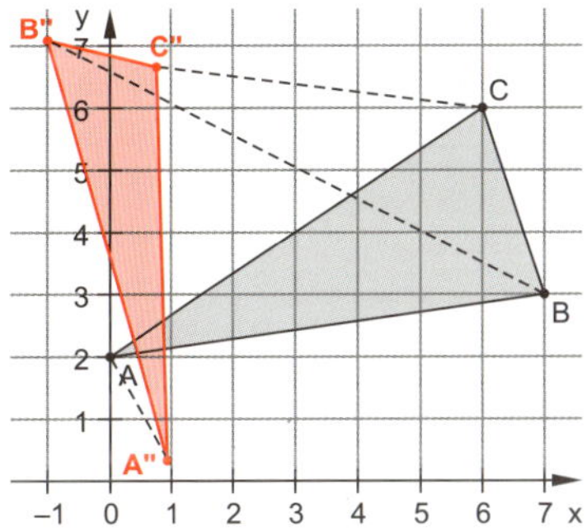

Berechnung der Koordinaten der Bildpunkte A'', B'' und C'' unter Verwendung der Ersatzabbildung:

Berechnung der Koordinaten von A'':

$$\begin{pmatrix} x'' \\ y'' \end{pmatrix} = \begin{pmatrix} \cos 110^\circ & -\sin 110^\circ \\ \sin 110^\circ & \cos 110^\circ \end{pmatrix} \odot \left[\begin{pmatrix} 1 & 0 \\ 0 & -\frac{1}{2} \end{pmatrix} \odot \begin{pmatrix} 0 \\ 2 \end{pmatrix}\right]$$

$$\Leftrightarrow \begin{pmatrix} x'' \\ y'' \end{pmatrix} = \begin{pmatrix} \cos 110^\circ & -\sin 110^\circ \\ \sin 110^\circ & \cos 110^\circ \end{pmatrix} \odot \begin{pmatrix} 0 \\ -\frac{1}{2} \cdot 2 \end{pmatrix}$$

$$\Leftrightarrow \begin{pmatrix} x'' \\ y'' \end{pmatrix} = \begin{pmatrix} \cos 110^\circ & -\sin 110^\circ \\ \sin 110^\circ & \cos 110^\circ \end{pmatrix} \odot \begin{pmatrix} 0 \\ -1 \end{pmatrix}$$

$$\Leftrightarrow \begin{pmatrix} x'' \\ y'' \end{pmatrix} = \begin{pmatrix} 0 \cdot \cos 110^\circ + 1 \cdot \sin 110^\circ \\ 0 \cdot \sin 110^\circ - 1 \cdot \cos 110^\circ \end{pmatrix}$$

$$\Leftrightarrow \begin{pmatrix} x'' \\ y'' \end{pmatrix} = \begin{pmatrix} 0{,}94 \\ 0{,}34 \end{pmatrix}$$

also: $A''(0{,}94\,|\,0{,}34)$

Berechnung der Koordinaten von B'':

$$\begin{pmatrix} x'' \\ y'' \end{pmatrix} = \begin{pmatrix} \cos 110^\circ & -\sin 110^\circ \\ \sin 110^\circ & \cos 110^\circ \end{pmatrix} \odot \left[\begin{pmatrix} 1 & 0 \\ 0 & -\frac{1}{2} \end{pmatrix} \odot \begin{pmatrix} 7 \\ 3 \end{pmatrix}\right]$$

$$\Leftrightarrow \begin{pmatrix} x'' \\ y'' \end{pmatrix} = \begin{pmatrix} \cos 110^\circ & -\sin 110^\circ \\ \sin 110^\circ & \cos 110^\circ \end{pmatrix} \odot \begin{pmatrix} 7 \\ -\frac{1}{2} \cdot 3 \end{pmatrix}$$

$$\Leftrightarrow \begin{pmatrix} x'' \\ y'' \end{pmatrix} = \begin{pmatrix} \cos 110^\circ & -\sin 110^\circ \\ \sin 110^\circ & \cos 110^\circ \end{pmatrix} \odot \begin{pmatrix} 7 \\ -1{,}5 \end{pmatrix}$$

$$\Leftrightarrow \begin{pmatrix} x'' \\ y'' \end{pmatrix} = \begin{pmatrix} 7 \cdot \cos 110^\circ + 1{,}5 \cdot \sin 110^\circ \\ 7 \cdot \sin 110^\circ - 1{,}5 \cdot \cos 110^\circ \end{pmatrix}$$

$$\Leftrightarrow \begin{pmatrix} x'' \\ y'' \end{pmatrix} = \begin{pmatrix} -0{,}98 \\ 7{,}09 \end{pmatrix}$$

also: B''(−0,98 | 7,09)

Berechnung der Koordinaten von C'':

$$\begin{pmatrix} x'' \\ y'' \end{pmatrix} = \begin{pmatrix} \cos 110° & -\sin 110° \\ \sin 110° & \cos 110° \end{pmatrix} \odot \left[\begin{pmatrix} 1 & 0 \\ 0 & -\frac{1}{2} \end{pmatrix} \odot \begin{pmatrix} 6 \\ 6 \end{pmatrix} \right]$$

$$\Leftrightarrow \begin{pmatrix} x'' \\ y'' \end{pmatrix} = \begin{pmatrix} \cos 110° & -\sin 110° \\ \sin 110° & \cos 110° \end{pmatrix} \odot \begin{pmatrix} 6 \\ -\frac{1}{2} \cdot 6 \end{pmatrix}$$

$$\Leftrightarrow \begin{pmatrix} x'' \\ y'' \end{pmatrix} = \begin{pmatrix} \cos 110° & -\sin 110° \\ \sin 110° & \cos 110° \end{pmatrix} \odot \begin{pmatrix} 6 \\ -3 \end{pmatrix}$$

$$\Leftrightarrow \begin{pmatrix} x'' \\ y'' \end{pmatrix} = \begin{pmatrix} 6 \cdot \cos 110° + 3 \cdot \sin 110° \\ 6 \cdot \sin 110° - 3 \cdot \cos 110° \end{pmatrix}$$

$$\Leftrightarrow \begin{pmatrix} x'' \\ y'' \end{pmatrix} = \begin{pmatrix} 0{,}77 \\ 6{,}66 \end{pmatrix}$$

also: C''(0,77 | 6,66)

2. Gegeben ist die Parabel p mit der Gleichung $y = x^2 + 4x$ $(\mathbb{G} = \mathbb{R} \times \mathbb{R})$. Zeichne den Graphen zu p in ein Koordinatensystem.
   Die Parabel p wird durch Spiegelung an der x-Achse und anschließend durch Parallelverschiebung mit dem Vektor $\vec{v} = \begin{pmatrix} 6 \\ -2{,}5 \end{pmatrix}$ auf den Graphen p'' abgebildet.
   Ermittle rechnerisch die Funktionsgleichung von p'' und zeichne den Graphen p'' in das Koordinatensystem ein.

   Lösung:

   1. Abbildung: Achsenspiegelung

   Spiegelung an der x-Achse:

   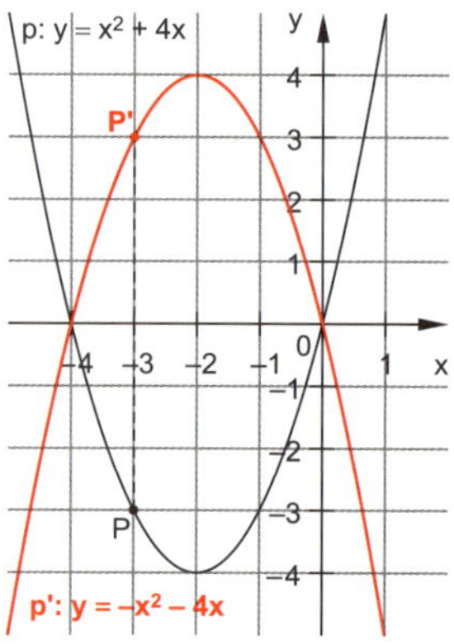

   $$p\colon y = x^2 + 4x \xmapsto{\text{x-Achse}} p'$$

   $$P(x \mid x^2 + 4x) \xmapsto{\text{x-Achse}} P'(x' \mid y')$$

   $$\begin{pmatrix} x' \\ y' \end{pmatrix} = \begin{pmatrix} 1 & 0 \\ 0 & -1 \end{pmatrix} \odot \begin{pmatrix} x \\ x^2 + 4x \end{pmatrix}$$

   $$\Leftrightarrow \begin{pmatrix} x' \\ y' \end{pmatrix} = \begin{pmatrix} 1 \cdot x + 0 \cdot (x^2 + 4x) \\ 0 \cdot x + (-1) \cdot (x^2 + 4x) \end{pmatrix}$$

   $$\Leftrightarrow \begin{pmatrix} x' \\ y' \end{pmatrix} = \begin{pmatrix} x \\ -x^2 - 4x \end{pmatrix}$$

   $$\Leftrightarrow \left| \begin{array}{l} x' = x \\ \wedge \; y' = -x^2 - 4x \end{array} \right.$$

   $$\Leftrightarrow \left| \begin{array}{l} x = x' \\ \wedge \; y' = -x'^2 - 4x' \end{array} \right.$$

   also: $p'\colon y = -x^2 - 4x$

2. Abbildung: Parallelverschiebung

Parallelverschiebung mit $\vec{v} = \begin{pmatrix} 6 \\ -2{,}5 \end{pmatrix}$:

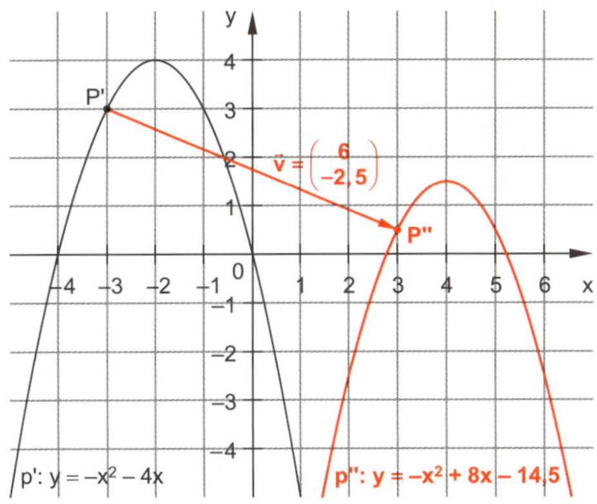

$$p'\colon y = -x^2 - 4x \xmapsto{\vec{v} = \begin{pmatrix} 6 \\ -2{,}5 \end{pmatrix}} p''$$

$$P'(x \mid -x^2 - 4x) \xmapsto{\vec{v} = \begin{pmatrix} 6 \\ -2{,}5 \end{pmatrix}} P''(x'' \mid y'')$$

$$\overrightarrow{OP''} = \overrightarrow{OP'} \oplus \vec{v}$$

$$\Leftrightarrow \begin{pmatrix} x'' \\ y'' \end{pmatrix} = \begin{pmatrix} x \\ -x^2 - 4x \end{pmatrix} \oplus \begin{pmatrix} 6 \\ -2{,}5 \end{pmatrix}$$

$$\Leftrightarrow \left| \begin{array}{l} x'' = x + 6 \\ \wedge\ y'' = -x^2 - 4x - 2{,}5 \end{array} \right. \quad |-6$$ Gleichung I nach x auflösen

$$\Leftrightarrow \left| \begin{array}{l} x = x'' - 6 \\ \wedge\ y'' = -x^2 - 4x - 2{,}5 \end{array} \right.$$ Setze x'' − 6 für x in Gleichung II ein.

$$\Leftrightarrow \left| \begin{array}{l} x = x'' - 6 \\ \wedge\ y'' = -(x'' - 6)^2 - 4(x'' - 6) - 2{,}5 \end{array} \right.$$ Wende die 2. binomischen Formel an.

$$\Leftrightarrow \left| \begin{array}{l} x = x'' - 6 \\ \wedge\ y'' = -(x''^2 - 12x'' + 36) - 4x'' + 24 - 2{,}5 \end{array} \right.$$ Zusammenfassen

$$\Leftrightarrow \left| \begin{array}{l} x = x'' - 6 \\ \wedge\ y'' = -x''^2 + 12x'' - 36 - 4x'' + 21{,}5 \end{array} \right.$$

$$\Leftrightarrow \left| \begin{array}{l} x = x'' - 6 \\ \wedge\ y'' = -x''^2 + 8x'' - 14{,}5 \end{array} \right.$$

also: $p''\colon y = -x^2 + 8x - 14{,}5$ — Umbenennen von x'' und y'' in x und y

oder:

Verknüpfung beider Abbildungen

$$p\colon y = x^2 + 4x \xmapsto{\text{x-Achse}} p' \xmapsto{\vec{v} = \begin{pmatrix} 6 \\ 2{,}5 \end{pmatrix}} p''$$

$$P(x \mid x^2 + 4x) \xmapsto{\text{x-Achse}} P'(x' \mid y') \xmapsto{\vec{v} = \begin{pmatrix} 6 \\ -2{,}5 \end{pmatrix}} P''(x'' \mid y'')$$

1. Abbildung: Achsenspiegelung an der x-Achse:

$$\begin{pmatrix} x' \\ y' \end{pmatrix} = \begin{pmatrix} 1 & 0 \\ 0 & -1 \end{pmatrix} \odot \begin{pmatrix} x \\ y \end{pmatrix}$$

2. Abbildung: Parallelverschiebung mit dem Vektor $\vec{v} = \begin{pmatrix} 6 \\ -2{,}5 \end{pmatrix}$:

$$\begin{pmatrix} x'' \\ y'' \end{pmatrix} = \begin{pmatrix} x' \\ y' \end{pmatrix} \oplus \begin{pmatrix} 6 \\ -2{,}5 \end{pmatrix}$$

Verknüpfung beider Abbildungen (Ersatzabbildung):

$$\begin{pmatrix} x'' \\ y'' \end{pmatrix} = \begin{pmatrix} x' \\ y' \end{pmatrix} = \underbrace{\underbrace{\left[\begin{pmatrix} 1 & 0 \\ 0 & -1 \end{pmatrix} \odot \begin{pmatrix} x \\ y \end{pmatrix}\right]}_{\substack{\text{1. Abbildung:} \\ \text{Achsenspiegelung} \\ \text{an der x-Achse}}} \oplus \begin{pmatrix} 6 \\ -2{,}5 \end{pmatrix}}_{\substack{\text{2. Abbildung:} \\ \text{Parallelverschiebung}}}$$

Da nur die endgültige Gleichung zu berechnen ist, kann in der Ersatzabbildung für $\begin{pmatrix} x'' \\ y'' \end{pmatrix}$ auch $\begin{pmatrix} x' \\ y' \end{pmatrix}$ verwendet werden.

$$\begin{pmatrix} x' \\ y' \end{pmatrix} = \underbrace{\underbrace{\left[\begin{pmatrix} 1 & 0 \\ 0 & -1 \end{pmatrix} \odot \begin{pmatrix} x \\ x^2+4x \end{pmatrix}\right]}_{\text{Achsenspiegelung an der x-Achse}} \oplus \begin{pmatrix} 6 \\ -2{,}5 \end{pmatrix}}_{\text{Parallelverschiebung}}$$

$$\Leftrightarrow \begin{pmatrix} x' \\ y' \end{pmatrix} = \begin{pmatrix} 1\cdot x + 0\cdot(x^2+4x) \\ 0\cdot x + (-1)\cdot(x^2+4x) \end{pmatrix} \oplus \begin{pmatrix} 6 \\ -2{,}5 \end{pmatrix}$$

$$\Leftrightarrow \begin{pmatrix} x' \\ y' \end{pmatrix} = \begin{pmatrix} x \\ -x^2-4x \end{pmatrix} \oplus \begin{pmatrix} 6 \\ -2{,}5 \end{pmatrix}$$

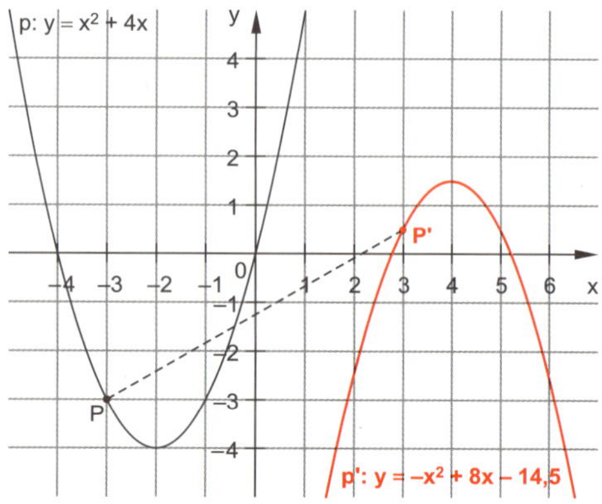

$$\Leftrightarrow \begin{pmatrix} x' \\ y' \end{pmatrix} = \begin{pmatrix} x+6 \\ -x^2-4x-2{,}5 \end{pmatrix}$$

$$\Leftrightarrow \begin{array}{|l} \quad x' = x+6 \qquad |-6 \\ \wedge\ y' = -x^2-4x-2{,}5 \end{array}$$

$$\Leftrightarrow \begin{array}{|l} \quad x = x'-6 \\ \wedge\ y' = -x^2-4x-2{,}5 \end{array}$$

$$\Leftrightarrow \begin{array}{|l} \quad x = x'-6 \\ \wedge\ y' = -(x'-6)^2-4(x'-6)-2{,}5 \end{array}$$

$$\Leftrightarrow \begin{array}{|l} \quad x = x'-6 \\ \wedge\ y' = -(x'^2-12x'+36)-4x'+24-2{,}5 \end{array}$$

$$\Leftrightarrow \begin{array}{|l} \quad x = x'-6 \\ \wedge\ y' = -x'^2+12x'-36-4x'+21{,}5 \end{array}$$

$$\Leftrightarrow \begin{array}{|l} \quad x = x'-6 \\ \wedge\ y' = -x'^2+8x'-14{,}5 \end{array}$$

also: $p'\colon y = -x^2+8x-14{,}5$ — Gleichung der Bildparabel

Aufgaben

345

Interaktive Aufgabe
10. Verknüpfung von Abbildungen

Eine Punktmenge wird durch eine 1. Abbildung abgebildet. Die Bildpunktmenge wird durch eine 2. Abbildung weiter abgebildet.
Bestimme die Gleichung der Ersatzabbildung in Matrixform.

a) 1. Abbildung: Orthogonale Affinität an der x-Achse mit Affinitätsmaßstab $k = -1{,}5$
   2. Abbildung: Parallelverschiebung mit dem Vektor $\vec{v} = \begin{pmatrix} 17 \\ 4 \end{pmatrix}$

b) 1. Abbildung: Drehung um $Z(0|0)$ mit $\alpha = 120°$
   2. Abbildung: Zentrische Streckung mit $Z(0|0)$ und $k = 4$

c) 1. Abbildung: Achsenspiegelung an der Winkelhalbierenden $y = x$
   2. Abbildung: Orthogonale Affinität an der x-Achse mit Affinitätsmaßstab $k = 0{,}25$

d) 1. Abbildung: Zentrische Streckung mit $Z(0|0)$ und $k = 2$
   2. Abbildung: Drehung um $Z(0|0)$ mit $\alpha = -90°$

346 Das Dreieck ABC mit A(3 | −4), B(7 | 0) und C(5 | 2) wird wie folgt abgebildet:

$$\Delta ABC \xmapsto{\vec{v}=\binom{-10}{4}} \Delta A'B'C' \xmapsto{\text{x-Achse}} \Delta A''C''B''$$

Zeichne die Dreiecke ABC, A'B'C' und A"C"B" in ein Koordinatensystem und berechne die Koordinaten der Eckpunkte des Bilddreiecks A"C"B".

347 Der Punkt P(x | y) wird an der Geraden g mit $y = \frac{1}{2}x$ auf P* gespiegelt. Dieser wird anschließend durch Drehung mit O(0 | 0) als Zentrum und dem Drehwinkelmaß $\varphi = 30°$ auf P'(x' | y') abgebildet.
Berechne die allgemeinen Koordinaten von P' in Abhängigkeit von x und y.

348 Die Gerade g mit $y = \frac{1}{3}x - 1$ wird zunächst an der Achse s mit $y = 2x$ gespiegelt. Die entstandene Bildgerade g* wird anschließend durch Drehung mit O(0 | 0) als Zentrum und dem Drehwinkelmaß $\varphi = 60°$ auf die Gerade g' abgebildet.
Fertige eine Zeichnung an und bestimme die Gleichung der Geraden g'.

349 Der Punkt A(−4 | −2) ist gemeinsamer Eckpunkt von Dreiecken AB_nC_n. Die Punkte $B_n(x \mid -0{,}5x - 1)$ liegen auf der Geraden g mit der Gleichung $y = -0{,}5x - 1$ und es gilt stets $\sphericalangle B_nAC_n = 45°$ und zugleich $\overline{AC_n} = 2 \cdot \overline{AB_n}$.

a) Zeichne die Gerade g und das Dreieck AB_1C_1 für $x = -1$ in ein Koordinatensystem.
Für die Zeichnung: Längeneinheit 1 cm; $-5 \leqq x \leqq 1$; $-2 \leqq y \leqq 4{,}5$

b) Die Punkte B_n können auf die Punkte C_n abgebildet werden. Berechne die Koordinaten der Punkte C_n in Abhängigkeit von der Abszisse x der Punkte B_n.

350 Der Punkt A(0 | 0) ist gemeinsamer Eckpunkt von gleichschenkligen Dreiecken AB_nC_n mit der Basis $[AB_n]$.
Die Punkte B_n liegen auf der Geraden g mit der Gleichung $y = \frac{1}{2}x - 1$ $(\mathbb{G} = \mathbb{R} \times \mathbb{R})$.
Es gilt stets $\overline{M_nC_n} = 2 \cdot \overline{AB_n}$.

a) Zeichne das Dreieck AB_1C_1 für $x = 5$ in ein Koordinatensystem.
Für die Zeichnung: Längeneinheit 1 cm; $-2 \leqq x \leqq 6$; $-1 \leqq y \leqq 11$

b) Die Punkte A_n können auf die Punkte C_n abgebildet werden.
Berechne die Koordinaten der Punkte C_n in Abhängigkeit von der Abszisse der Punkte B_n.

c) Berechne die Gleichung des Trägergraphen t_{C_n} der Punkte C_n und zeichne den Graphen in das Koordinatensystem ein.

351 Der Punkt A(0 | 0) ist gemeinsamer Eckpunkt von Parallelogrammen $AB_nC_nD_n$.
Die Punkte B_n liegen auf dem Graphen zu g mit $y = 0{,}25x - 4$ $(\mathbb{G} = \mathbb{R} \times \mathbb{R})$.
Es gilt stets: $\overline{AB_n} : \overline{AD_n} = 2 : 1$ und $\sphericalangle B_nAD_n = 45°$.

a) Zeichne die Gerade g und die Parallelogramme $AB_1C_1D_1$ mit $B_1(3 \mid y_1)$ und $AB_2C_2D_2$ mit $B_2(6 \mid y_2)$ in ein Koordinatensystem.
Für die Zeichnung: Längeneinheit 1 cm; $-1 \leqq x \leqq 9$; $-4{,}5 \leqq y \leqq 1{,}5$

b) Ermittele rechnerisch die Koordinaten der Punkte D_n der Parallelogramme $AB_nC_nD_n$ in Abhängigkeit von der Abszisse x der Punkte B_n.

c) Bestimme die Gleichung des Trägergraphen t_{D_n} der Punkte D_n und zeichne sodann den Trägergraphen t_{D_n} in das Koordinatensystem ein.

Fixelemente

Merke

Fixelemente einer Abbildung sind die geometrischen Objekte, die **auf sich selbst abgebildet** werden. Fixelemente sind z. B.:

- **Fixpunkt:** Ein Punkt P ist Fixpunkt einer Abbildung, wenn Bildpunkt $P'(x'\,|\,y')$ und Urpunkt $P(x\,|\,y)$ zusammenfallen: $P'(x'\,|\,y') = P(x\,|\,y)$
- **Fixgerade:** Eine Gerade g ist Fixgerade einer Abbildung, wenn sie auf sich selbst abgebildet wird: $g' = g$
- **Fixpunktgerade:** Eine Gerade g ist Fixpunktgerade einer Abbildung, wenn jeder Punkt der Geraden ein Fixpunkt ist und auf sich selbst abgebildet wird: Für alle $P \in g$ gilt: $P'(x'\,|\,y') = P(x\,|\,y)$

Hinweise:

- Zur Bestimmung von Fixpunkten sind die Koordinaten von Ur- und Bildpunkt gleichzusetzen: $\begin{pmatrix} x' \\ y' \end{pmatrix} = \begin{pmatrix} x \\ y \end{pmatrix}$
- Jede Fixpunktgerade ist auch eine Fixgerade. Umgekehrt ist jedoch nicht jede Fixgerade eine Fixpunktgerade. Während bei Fixpunktgeraden jeder einzelne Punkt auf sich selbst abgebildet wird, genügt bei Fixgeraden, dass sie als Ganzes auf sich abgebildet werden.

Beispiele

1. Untersuche die Abbildung mit $\begin{pmatrix} x' \\ y' \end{pmatrix} = 4 \cdot \begin{pmatrix} x \\ y \end{pmatrix} \oplus \begin{pmatrix} 2 \\ -3 \end{pmatrix}$ auf Fixpunkte ($\mathbb{G} = \mathbb{R} \times \mathbb{R}$).

   Lösung:

   Untersuchung auf Fixpunkte:

   $$\begin{pmatrix} x' \\ y' \end{pmatrix} = 4 \cdot \begin{pmatrix} x \\ y \end{pmatrix} \oplus \begin{pmatrix} 2 \\ -3 \end{pmatrix}$$

   Bei dieser Abbildung handelt es sich eine zentrische Streckung mit $Z = O(0\,|\,0)$ und $k = 4$ mit anschließender Parallelverschiebung mit dem Vektor $\begin{pmatrix} 2 \\ -3 \end{pmatrix}$.

   Fixpunktbedingung $P(x'\,|\,y') = P(x\,|\,y)$:

   $$\begin{pmatrix} x \\ y \end{pmatrix} = 4 \cdot \begin{pmatrix} x \\ y \end{pmatrix} \oplus \begin{pmatrix} 2 \\ -3 \end{pmatrix}$$

   Ersetze $\begin{pmatrix} x' \\ y' \end{pmatrix}$ durch $\begin{pmatrix} x \\ y \end{pmatrix}$.

   $$\Leftrightarrow \begin{pmatrix} x \\ y \end{pmatrix} = \begin{pmatrix} 4 \cdot x \\ 4 \cdot y \end{pmatrix} \oplus \begin{pmatrix} 2 \\ -3 \end{pmatrix}$$

   $$\Leftrightarrow \begin{pmatrix} x \\ y \end{pmatrix} = \begin{pmatrix} 4x + 2 \\ 4y - 3 \end{pmatrix}$$

   $$\Leftrightarrow \begin{vmatrix} x = 4x + 2 & |-4x \\ \wedge\ y = 4y - 3 & |-4y \end{vmatrix}$$

   Gleichung I nach x, Gleichung II nach y auflösen

   $$\Leftrightarrow \begin{vmatrix} -3x = 2 & |:(-3) \\ \wedge\ -3y = -3 & |:(-3) \end{vmatrix}$$

   $$\Leftrightarrow \begin{vmatrix} x = -\frac{2}{3} \\ \wedge\ y = 1 \end{vmatrix}$$

   $$\mathbb{L} = \left\{\left(-\frac{2}{3}\,\middle|\,1\right)\right\}$$

   Das Gleichungssystem besitzt genau ein Zahlenpaar als Lösung, also gibt es auch genau einen Fixpunkt.

   also: $F\left(-\frac{2}{3}\,\middle|\,1\right)$

2. Bestätige, dass die Gerade g mit $y=-\frac{2}{3}x+5$ in Bezug auf die Abbildung mit $\begin{pmatrix}x'\\y'\end{pmatrix}=\begin{pmatrix}1&0\\0&1\end{pmatrix}\odot\begin{pmatrix}x\\y\end{pmatrix}\oplus\begin{pmatrix}6\\-4\end{pmatrix}$ eine Fixgerade ist ($\mathbb{G}=\mathbb{R}\times\mathbb{R}$).

Lösung:

Stimmen Ur- und Bildgerade in ihrer Gleichung überein, so ist g eine Fixgerade.

Berechnung der Gleichung der Bildgeraden g':

$$g\colon y=-\frac{2}{3}x+5 \longmapsto g'$$

$$P\left(x \mid -\tfrac{2}{3}x+5\right) \longmapsto P'(x' \mid y')$$

$$\begin{pmatrix}x'\\y'\end{pmatrix}=\begin{pmatrix}1&0\\0&1\end{pmatrix}\odot\begin{pmatrix}x\\-\frac{2}{3}x+5\end{pmatrix}\oplus\begin{pmatrix}6\\-4\end{pmatrix}$$

Bei dieser Abbildung handelt es sich um die identische Abbildung mit anschließender Parallelverschiebung mit dem Vektor $\begin{pmatrix}6\\-4\end{pmatrix}$.

$$\Leftrightarrow \begin{pmatrix}x'\\y'\end{pmatrix}=\begin{pmatrix}1\cdot x+0\cdot\left(-\frac{2}{3}x+5\right)\\0\cdot x+1\cdot\left(-\frac{2}{3}x+5\right)\end{pmatrix}\oplus\begin{pmatrix}6\\-4\end{pmatrix}$$

$$\Leftrightarrow \begin{pmatrix}x'\\y'\end{pmatrix}=\begin{pmatrix}x\\-\frac{2}{3}x+5\end{pmatrix}\oplus\begin{pmatrix}6\\-4\end{pmatrix}$$

$$\Leftrightarrow \begin{pmatrix}x'\\y'\end{pmatrix}=\begin{pmatrix}x+6\\-\frac{2}{3}x+5-4\end{pmatrix}$$

$$\Leftrightarrow \left|\begin{array}{l} x'=x+6 \quad |-6\\ \wedge\ y=-\frac{2}{3}x+1\end{array}\right.$$

Gleichung I nach x (Parameter) auflösen

$$\Leftrightarrow \left|\begin{array}{l} x=x'-6\\ \wedge\ y=-\frac{2}{3}x+1\end{array}\right.$$

Setze $x'-6$ für x in Gleichung II ein.

$$\Leftrightarrow \left|\begin{array}{l} x=x'-6\\ \wedge\ y=-\frac{2}{3}\cdot(x'-6)+1\end{array}\right.$$

$$\Leftrightarrow \left|\begin{array}{l} x=x'-6\\ \wedge\ y=-\frac{2}{3}x'+4+1\end{array}\right.$$

Die Bildgerade ist mit der Urgeraden identisch. Es handelt sich somit um eine Fixgerade.

also: $g'\colon y=-\frac{2}{3}x+5$

Jeder Punkt auf der Geraden g wird mit dem Vektor $\begin{pmatrix}6\\-4\end{pmatrix}$ parallel verschoben. Da dies einer der Steigungsvektoren von g ist $\left(m_g=-\frac{2}{3} \Rightarrow \overrightarrow{m_g}=\begin{pmatrix}3\\-2\end{pmatrix}\right)$, wird jeder Geradenpunkt auf einen anderen Geradenpunkt abgebildet. Somit ist g Fixgerade, aber keine Fixpunktgerade.

Wegen g' = g ist g also eine Fixgerade der Abbildung.

3. Untersuche die Abbildung mit $\begin{pmatrix}x'\\y'\end{pmatrix}=\begin{pmatrix}0{,}6&0{,}8\\0{,}8&-0{,}6\end{pmatrix}\odot\begin{pmatrix}x\\y\end{pmatrix}$ ($\mathbb{G}=\mathbb{R}\times\mathbb{R}$) auf Fixpunkte.

Lösung:

Untersuchung auf Fixpunkte:

$$\begin{pmatrix}x'\\y'\end{pmatrix}=\begin{pmatrix}0{,}6&0{,}8\\0{,}8&-0{,}6\end{pmatrix}\odot\begin{pmatrix}x\\y\end{pmatrix}$$

Bei dieser Abbildung handelt es sich um eine Achsenspiegelung an der Geraden mit $y=\frac{1}{2}x$ (vergleiche 2. Beispiel zur Achsenspiegelung an einer Ursprungsgeraden).

Fixpunktbedingung P(x'|y') = P(x|y):

$$\begin{pmatrix} x \\ y \end{pmatrix} = \begin{pmatrix} 0{,}6 & 0{,}8 \\ 0{,}8 & -0{,}6 \end{pmatrix} \odot \begin{pmatrix} x \\ y \end{pmatrix}$$ x' = x und y' = y setzen

$$\Leftrightarrow \begin{pmatrix} x \\ y \end{pmatrix} = \begin{pmatrix} 0{,}6x + 0{,}8y \\ 0{,}8x - 0{,}6y \end{pmatrix}$$

$$\Leftrightarrow \begin{array}{|l} x = 0{,}6x + 0{,}8y \quad | -0{,}6x \\ \wedge\ y = 0{,}8x - 0{,}6y \quad | +0{,}6y \end{array}$$ Löse beide Gleichungen nach y auf.

$$\Leftrightarrow \begin{array}{|l} 0{,}4x = 0{,}8y \quad |:0{,}8 \\ \wedge\ 1{,}6y = 0{,}8x \quad |:1{,}6 \end{array}$$

$$\Leftrightarrow \begin{array}{|l} y = \frac{1}{2}x \\ \wedge\ y = \frac{1}{2}x \end{array}$$ Das Gleichungssystem besitzt unendliche viele Lösungen, die alle die Gleichung $y = \frac{1}{2}x$ erfüllen.

$$\mathbb{L} = \left\{ (x\,|\,y) \;\middle|\; y = \frac{1}{2}x \right\}$$ Bei einer Achsenspiegelung bleibt jeder Punkt auf der Spiegelachse fix.

Alle Punkte, deren Koordinaten die Gleichung $y = \frac{1}{2}x$ erfüllen, sind Fixpunkte. Jeder Punkt der Geraden ist also Fixpunkt.

Die Gerade mit $y = \frac{1}{2}x$ ist somit eine Fixpunktgerade.

Aufgaben

352 Das Dreieck ABC mit A(1|–1), B(4|1) und C(0|3) wird durch zentrische Streckung mit Z(0|0) als Zentrum und dem Streckungsfaktor k = 2 abgebildet. Das Bilddreieck wird sodann durch Parallelverschiebung mit $\vec{v} = \begin{pmatrix} 2 \\ -4 \end{pmatrix}$ auf das Dreieck A'B'C' mit B'(10|–2) und C'(2|2) abgebildet.

a) Fertige eine Zeichnung an und bestimme die Abbildungsvorschrift, mit der man das Dreieck ABC auf das Dreieck A'B'C' abbilden kann.

b) Berechne anschließend die Koordinaten der Punktes A'.

c) Berechne die Koordinaten des Fixpunktes F der Abbildung.

d) Bestätige rechnerisch, dass die Gerade BC eine Fixgerade bezüglich der Abbildung ist.

353 Interaktive Aufgabe – 11. Fixelemente

Das Dreieck ABC mit A(–5|1), B(–2|–4) und C(0|2) wird durch folgende Abbildungsvorschrift auf das Dreieck A'B'C mit $B'\left(4 \,\middle|\, 3\frac{1}{2}\right)$ und $C'\left(3 \,\middle|\, \frac{1}{2}\right)$ abgebildet:

$$\begin{array}{|l} x' = -\frac{1}{2}x + 3 \\ \wedge\ y' = -\frac{1}{2}y + 1\frac{1}{2} \end{array}$$

a) Bestimme die Koordinaten des Fixpunktes der Abbildung.

b) Berechne die Koordinaten des Bildpunktes A'.

c) Überprüfe rechnerisch, ob die Gerade g mit der Gleichung $y = -\frac{1}{2}x + 2$ eine Fixgerade der gegebenen Abbildung ist.

d) Überprüfe die berechneten Ergebnisse zeichnerisch.

Eigenschaften der Abbildungen im Koordinatensystem

Merke

Achsenspiegelung an einer Ursprungsgeraden

Bestimmungsstücke:

Maß $\alpha \in [0°; 180°[$ des Winkels, den die Spiegelachse g mit der positiven x-Achse einschließt

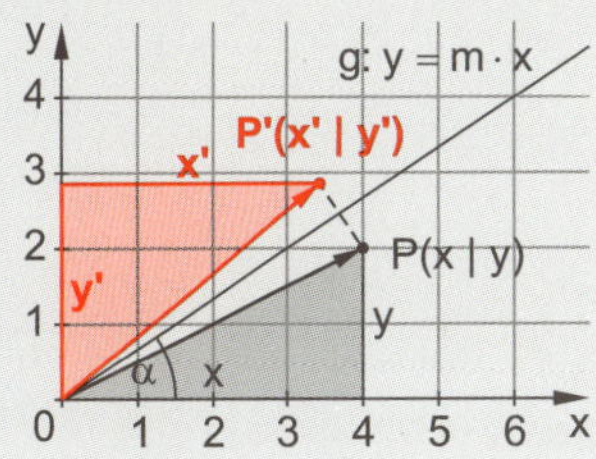

Abbildungsgleichung:

$$\begin{pmatrix} x' \\ y' \end{pmatrix} = \begin{pmatrix} \cos 2\alpha & \sin 2\alpha \\ \sin 2\alpha & -\cos 2\alpha \end{pmatrix} \odot \begin{pmatrix} x \\ y \end{pmatrix}$$ **Matrixform**

$$\begin{vmatrix} & x' = \cos 2\alpha \cdot x + \sin 2\alpha \cdot y \\ \wedge & y' = \sin 2\alpha \cdot x - \cos 2\alpha \cdot y \end{vmatrix}$$ **Koordinatenform**

Fixelemente:

- Fixpunkte: alle Punkte der Spiegelachse g (Fixpunktgerade)
- Fixgeraden: alle zu g senkrechte Geraden und g selbst

Sonderfälle:

- $\alpha = 0°$: Spiegelung an der x-Achse
- $\alpha = 45°$: Spiegelung an $w_{I/III}$
- $\alpha = 90°$: Spiegelung an der y-Achse
- $\alpha = 135°$: Spiegelung an $w_{II/IV}$

Merke

Drehung um den Ursprung

Bestimmungsstücke:

- Drehzentrum Z(0|0)
- Drehwinkelmaß $\alpha \in [0°; 360°[$

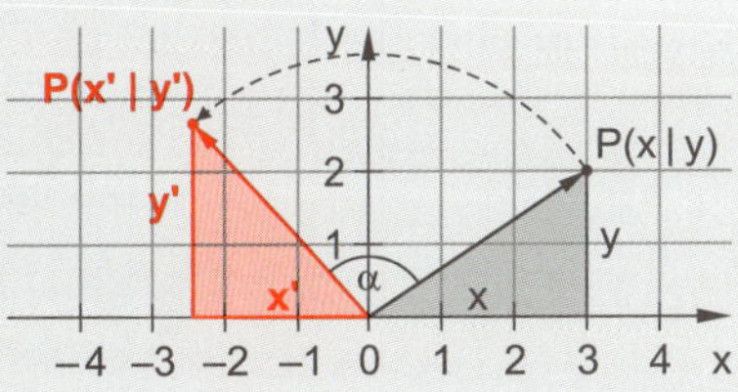

Abbildungsgleichung:

$$\begin{pmatrix} x' \\ y' \end{pmatrix} = \begin{pmatrix} \cos \alpha & -\sin \alpha \\ \sin \alpha & \cos \alpha \end{pmatrix} \odot \begin{pmatrix} x \\ y \end{pmatrix}$$ **Matrixform**

$$\begin{vmatrix} & x' = \cos \alpha \cdot x - \sin \alpha \cdot y \\ \wedge & y' = \sin \alpha \cdot x + \cos \alpha \cdot y \end{vmatrix}$$ **Koordinatenform**

Fixelemente für $\alpha \neq 0$:

- Fixpunkt: Z
- Fixgeraden: Für $\alpha = 180°$: alle Geraden durch Z
  Für $\alpha \neq 180°$: keine

Sonderfälle:

- $\alpha = 0°$: identische Abbildung
- $\alpha = 180°$: Punktspiegelung

Merke

Parallelverschiebung

Bestimmungsstücke:

Verschiebungsvektor $\vec{v} = \begin{pmatrix} v_x \\ v_y \end{pmatrix}$

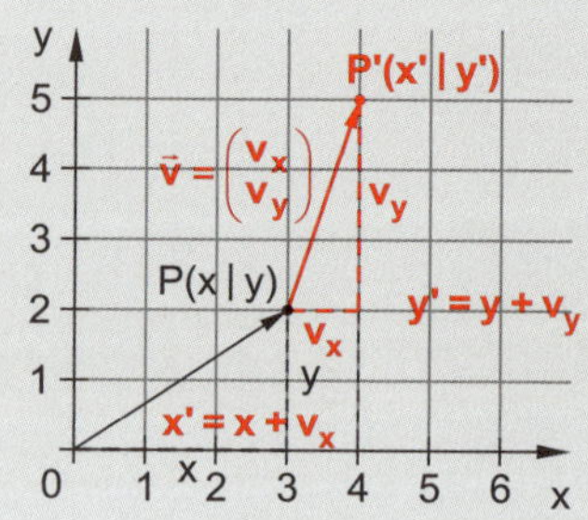

Abbildungsgleichung:

$\begin{pmatrix} x' \\ y' \end{pmatrix} = \begin{pmatrix} 1 & 0 \\ 0 & 1 \end{pmatrix} \odot \begin{pmatrix} x \\ y \end{pmatrix} \oplus \begin{pmatrix} v_x \\ v_y \end{pmatrix}$ **Matrixform**

$x' = x + v_x \;\wedge\; y' = y + v_y$ **Koordinatenform**

Fixelemente für $\vec{v} \neq \begin{pmatrix} 0 \\ 0 \end{pmatrix}$:

- Fixpunkte: keine
- Fixgeraden: alle Geraden in Richtung von $\vec{v}$

Sonderfälle:

- $\vec{v} = \begin{pmatrix} 0 \\ 0 \end{pmatrix}$: identische Abbildung
- $\vec{v}^* = \begin{pmatrix} -v_x \\ -v_y \end{pmatrix}$: Umkehrabbildung zur Verschiebung mit $\vec{v} = \begin{pmatrix} v_x \\ v_y \end{pmatrix}$

Merke

Zentrische Streckung mit Zentrum Z(0 | 0)

Bestimmungsstücke:

- Streckungszentrum Z(0 | 0)
- Streckungsfaktor: $k \in \mathbb{R} \setminus \{0\}$

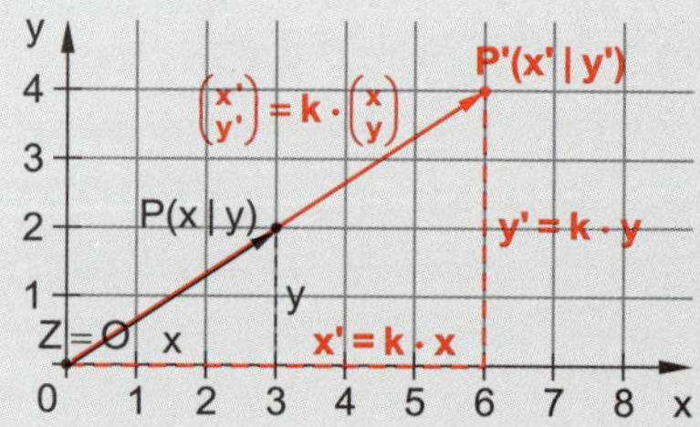

Abbildungsgleichung:

$\begin{pmatrix} x' \\ y' \end{pmatrix} = \begin{pmatrix} k & 0 \\ 0 & k \end{pmatrix} \odot \begin{pmatrix} x \\ y \end{pmatrix}$ **Matrixform**

$x' = k \cdot x \;\wedge\; y' = k \cdot y$ **Koordinatenform**

Fixelemente für $k \neq 1$:

- Fixpunkt: Z
- Fixgeraden: alle Geraden durch Z

Sonderfälle:

- $k = 1$: identische Abbildung
- $k = -1$: Punktspiegelung

Merke

Orthogonale Affinität mit der x-Achse als Affinitätsachse

Bestimmungsstücke:

- Affinitätsachse: a: $y = 0$
- Affinitätsmaßstab: $k \in \mathbb{R} \setminus \{0\}$

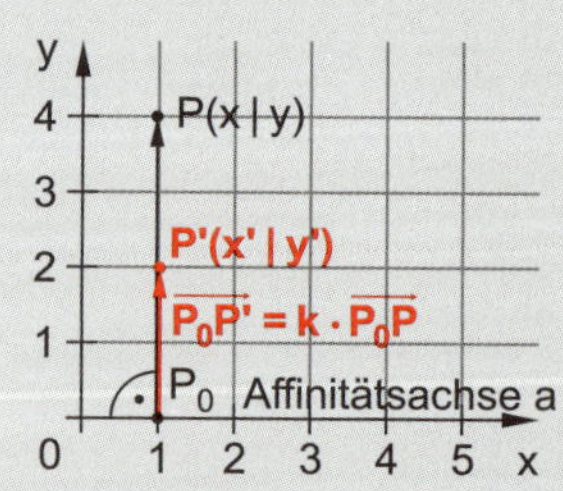

Abbildungsgleichung:

$\begin{pmatrix} x' \\ y' \end{pmatrix} = \begin{pmatrix} 1 & 0 \\ 0 & k \end{pmatrix} \odot \begin{pmatrix} x \\ y \end{pmatrix}$ **Matrixform**

$x' = x \;\wedge\; y' = k \cdot y$ **Koordinatenform**

Fixelemente:

- Fixpunkte: alle Punkte auf der Affinitätsachse
- Fixgeraden: alle zur Affinitätsachse senkrechten Geraden und die Affinitätsachse selbst

Sonderfälle:

- $k = 1$: identische Abbildung
- $k = -1$: Spiegelung an der x-Achse

Komplexe Aufgaben

Komplexe Aufgaben

Wenn du dich in den Inhalten der vorhergehenden Kapitel fit fühlst, kannst du anhand der folgenden komplexen Aufgaben die wichtigsten Themengebiete der Abschlussprüfung intensiv trainieren. Alle Zwischen- und Endergebnisse sind auf 2 Stellen nach dem Komma zu runden, sofern nicht anders angegeben.

Exponential- und Logarithmusfunktionen

Aufgaben

354 Gegeben ist die Funktion f mit der Gleichung $y = 3^{x+1} - 2$ mit $\mathbb{G} = \mathbb{R} \times \mathbb{R}$.

a) Gib die Definitionsmenge und die Wertemenge der Funktion f an und zeichne den Graphen zu f in ein Koordinatensystem.
Für die Zeichnung: Längeneinheit 1 cm; $-2 \leqq x \leqq 8$; $-5 \leqq y \leqq 4$

b) Berechne die Gleichung der Umkehrfunktion zu f und gib die zugehörige Definitions- und Wertemenge an. Zeichne anschließend den Graphen der Umkehrfunktion in das Koordinatensystem ein.

c) Punkte $C_n(x \mid \log_3(x+2) - 1)$ auf dem Graphen zu f^{-1} bilden mit den Punkten $A(-1 \mid -5)$ und $B(8 \mid -5)$ Dreiecke ABC_n.
Zeichne das Dreieck ABC_1 für $x = 2$ in das Koordinatensystem ein und berechne den Flächeninhalt der Dreiecke ABC_n in Abhängigkeit von der Abszisse x der Punkte C_n.
[Ergebnis: $A_{\Delta ABC_n}(x) = [4{,}5 \cdot \log_3(x+2) + 18]$ FE]

d) Berechne mithilfe der Formel aus Teilaufgabe c den Flächeninhalt des Dreiecks ABC_1 auf drei Stellen nach dem Komma gerundet.

e) Das Dreieck ABC_2 hat einen Flächeninhalt von 30 FE.
Berechne die x-Koordinate von C_2.

f) Das Dreieck ABC_3 ist gleichschenklig mit Basis [AB] und Basismittelpunkt M.
Berechne das Maß φ des Winkels AC_3B.

355 Wird ein Startkapital K_0 mit Zinseszinsen angelegt, werden die jährlich anfallenden Zinsen dem Kapital zugeschlagen und mitverzinst. Die Kapitalentwicklung K_n nach n Jahren bei einem Zinssatz von p % ($p \in \mathbb{R}^+$) kann mithilfe der Gleichung $K_n = K_0 \cdot \left(1 + \frac{p}{100}\right)^n$ berechnet werden. Diese Gleichung legt für $\mathbb{G} = \mathbb{R}_0^+ \times \mathbb{R}^+$ die Funktion f fest.

a) Herr Glückspilz will seinen Lottogewinn in Höhe von 250 000 € anlegen. Seine Bank bietet ihm dafür eine Zinseszinsanlage mit einem Zinssatz von 5 % an.
Zeige, dass die Gleichung $K_n = 250\,000\ € \cdot 1{,}05^n$ diesen Wachstumsprozess beschreibt.

b) Tabellarisiere f für $n \in [0; 30]$ mit $\Delta n = 6$. Runde dabei auf Ganze.

c) Im Laufe des wievielten Jahres wird das angesparte Kapital die Millionengrenze überschreiten?

d) Das Ergebnis aus Teilaufgabe c enttäuscht Herrn Glückspilz, hatte er doch geplant, spätestens nach 20 Jahren zum „Club der Millionäre“ gehören zu dürfen.
Um welche Summe müsste er das Anfangskapital erhöhen, um sein Ziel bei gleichbleibender Verzinsung erreichen zu können?

e) Weil Herr Glückspilz den zusätzlichen Betrag aus Teilaufgabe d nicht aufbringen kann, plant er stattdessen, nur noch so lange zu arbeiten, bis er von den Zinsen seines angesparten Kapitals leben kann. Dafür sieht er 40 000 € pro Jahr vor.
Nach wie vielen Jahren (auf Ganze runden) hätte das angesparte Kapital einen so hohen Wert erreicht, sodass jährlich 40 000 € Zinsen anfallen?

f) Auch mit dem Ergebnis aus Teilaufgabe e ist Herr Glückspilz unzufrieden. Nach kurzer Recherche findet er im Internet eine Bank, die ihm bei Zahlung einer einmaligen Bearbeitungsgebühr in Höhe von 4 % des angelegten Kapitals (des Lottogewinns) einen Zinssatz von 6,5 % anbietet.
Bestimme die Gleichung der Funktion h, die durch dieses Angebot festgelegt wird.

g) Nach wie vielen Jahren würde das angesparte Kapital beim Internetangebot die Millionengrenze überschreiten?

h) Welchen Zinssatz müsste Herr Glückspilz mit seiner Hausbank aushandeln, damit er nach 23 Jahren 1 000 000 € angespart hätte?

i) Im Laufe des wievielten Jahres nach Vertragsabschluss hätte Herr Glückspilz bei beiden Angeboten das gleiche Kapital angespart?

356 Gegeben ist die Funktion f mit der Gleichung $y = -\log_3(x+4) - 1$ mit $\mathbb{G} = \mathbb{R} \times \mathbb{R}$.

a) Bestimme die Definitions- und Wertemenge der Funktion f sowie die Gleichung der Asymptoten a. Zeichne den Graphen zu f in ein Koordinatensystem.
Für die Zeichnung: Längeneinheit 1 cm; $-4 \leqq x \leqq 10$; $-4 \leqq y \leqq 3$

b) Berechne die Nullstelle der Funktion f.

c) Der Graph zu f wird zunächst durch Parallelverschiebung mit dem Vektor $\vec{v} = \begin{pmatrix} 2 \\ 3 \end{pmatrix}$ und anschließend durch orthogonale Affinität mit der x-Achse als Affinitätsachse und dem Affinitätsmaßstab $k = -1$ auf den Graphen zu f' abgebildet.
Bestimme die Gleichung der Bildfunktion f' rechnerisch und zeichne den zugehörigen Graphen in das Koordinatensystem.
[Ergebnis: f': $y = \log_3(x+2) - 2$]

d) Berechne die Koordinaten des Schnittpunktes S von f und f'.

e) Die Punkte $A_n(x\,|\,-\log_3(x+4) - 1)$ auf dem Graphen zu f und die Punkte C_n auf dem Graphen zu f' sind jeweils Eckpunkte von rechtwinkligen Dreiecken $A_nB_nC_n$, deren Seiten $[B_nC_n]$ parallel zur y-Achse liegen und für deren Eckpunkte A_n und B_n gilt:
$\overrightarrow{A_nB_n} = \begin{pmatrix} 3 \\ 0 \end{pmatrix}$
Zeichne das Dreieck $A_1B_1C_1$ für $x = 4$ in das Koordinatensystem ein.

f) Berechne die Koordinaten der Punkte C_n in Abhängigkeit von der Abszisse der Punkte A_n.

g) Berechne den Flächeninhalt der Dreiecke $A_nB_nC_n$ in Abhängigkeit von x.

Ebene Geometrie

Aufgaben

357 Die Pfeile $\overrightarrow{AB} = \begin{pmatrix} 5 \\ 1 \end{pmatrix}$ und $\overrightarrow{AD_n}(\varphi) = \begin{pmatrix} -8 \cdot \sin\varphi \\ 10 \cdot \cos 2\varphi \end{pmatrix}$ mit A(0|0) spannen für $\varphi \in [0°; 48{,}43°[$ Parallelogramme ABC_nD_n auf.

a) Berechne die Koordinaten des Pfeils $\overrightarrow{AD_1}$ für $\varphi = 30°$ und zeichne das Parallelogramm ABC_1D_1 in ein Koordinatensystem.
Für die Zeichnung: Längeneinheit 1 cm; $-5 \leqq x \leqq 7$; $0 \leqq y \leqq 11$

b) Berechne das Maß δ des Winkels AD_1C_1.

c) Berechne den Flächeninhalt der Parallelogramme ABC_nD_n in Abhängigkeit von φ.
[Ergebnis: $A_{ABC_nD_n}(\varphi) = (-100 \cdot \sin^2\varphi + 8 \cdot \sin\varphi + 50)$ FE]

d) Berechne das Maß φ des Winkels, für den das flächengrößte Parallelogramm entsteht.

e) Ermittle die Gleichung des Trägergraphen t_{C_n} der Punkte C_n.

f) Das Parallelogramm ABC_2D_2 ist ein Rechteck.
Berechne den zugehörigen Wert für φ.

g) Bestätige rechnerisch die obere Intervallgrenze für φ.

h) Überprüfe rechnerisch, ob es unter den Parallelogrammen ABC_nD_n Rauten gibt.

358 Die Gerade g mit $y = \frac{1}{2}x + 3$ ist der Trägergraph der Eckpunkte $D_n\left(x \,\middle|\, \frac{1}{2}x + 3\right)$ von Rauten $AB_nC_nD_n$ mit A(−6|−4). Die Eckpunkte C_n liegen auf der Ursprungsgeraden durch A ($\mathbb{G} = \mathbb{R} \times \mathbb{R}$).

a) Zeichne die Gerade g sowie die Raute $AB_1C_1D_1$ für $x = -2$ in ein Koordinatensystem.
Für die Zeichnung: Längeneinheit 1 cm; $-7 \leqq x \leqq 6$; $-4 \leqq y \leqq 4$

b) Die Punkte D_n können auf die Punkte B_n abgebildet werden.
Berechne die Koordinaten von B_n in Abhängigkeit von der Abszisse der Punkte D_n.

c) Zeige durch Rechnung, dass der Trägergraph t_{B_n} der Punkte B_n die Gleichung $y = 0{,}87x - 3{,}54$ besitzt.
Zeichne den Trägergraphen t_{B_n} der Punkte B_n in das Koordinatensystem ein.

d) Berechne das Intervall der Werte von x, für die Rauten $AB_nC_nD_n$ existieren.

e) Die Raute $AB_0C_0D_0$ ist ein Quadrat.
Berechne die zugehörigen Koordinaten des Punktes D_0.

359 Der Punkt A(5|1) ist gemeinsamer Eckpunkt von Drachenvierecken $AB_nC_nD_n$ mit den Diagonalenschnittpunkten $M_n\left(x \,\middle|\, \frac{1}{2}x + 1\right)$. Es gilt außerdem: $\overline{AM_n} = \frac{1}{2} \cdot \overline{M_nC_n}$ sowie $\sphericalangle D_nC_nB_n = 90°$ ($\mathbb{G} = \mathbb{R} \times \mathbb{R}$).

a) Zeichne für $x = 6$ das Drachenviereck $AB_1C_1D_1$ in ein Koordinatensystem.

b) Zeige, dass alle Winkel B_nAD_n das gleiche Winkelmaß α haben und berechne dieses.

c) Berechne die Koordinaten der Punkte B_n in Abhängigkeit von der Abszisse x der Punkte M_n.

d) Berechne die Koordinaten des Punktes M_0 im flächenkleinsten Drachenviereck.

e) Berechne den Flächeninhalt des flächenkleinsten Drachenvierecks.

Räumliche Geometrie

Aufgaben

360 Das gleichseitige Dreieck ABC mit der Seitenlänge 10 cm ist Grundfläche einer Pyramide ABCS. Die Spitze S liegt senkrecht über C, wobei $\overline{CS} = 6$ cm gilt. M ist der Mittelpunkt der Strecke [AB].

a) Zeichne ein Schrägbild der Pyramide ABCS. Dabei soll die Strecke [AC] auf der Schrägbildachse s liegen.
Für die Zeichnung: $q = \frac{1}{2}$; $\omega = 45°$

b) Berechne die Länge der Strecke [SM] sowie das Maß γ des Winkels CMS.

c) Punkte P_n auf der Kante [CS] bilden mit den Punkten A und B Dreiecke ABP_n.
Die Winkel P_nMS haben das Maß φ.
Zeige, dass für die Streckenlängen $\overline{MP_n}$ in Abhängigkeit von φ gilt:
$\overline{MP_n}(\varphi) = \frac{8{,}66}{\sin(\varphi + 55{,}28°)}$ cm

d) Berechne das Maß des Winkels φ so, dass gilt: $\overline{MP_1} = 9{,}5$ cm
Zeichne P_1 in das Schrägbild zu Teilaufgabe a ein.

e) Berechne für $\varphi = 10°$ das Maß ε des Winkels AP_2B im Dreieck ABP_2.

f) Berechne das Volumen der Pyramide $ABCP_3$ für $\varphi = 25°$.

361 Im Drachenviereck ABCD schneiden sich die Diagonalen [AC] und [BD] im Punkt M.
Es gilt: $\overline{AC} = 10$ cm, $\overline{BD} = 8$ cm und $\overline{AM} = 4$ cm
Das Drachenviereck ABCD ist die Grundfläche einer Pyramide ABCDS, deren Spitze S senkrecht über dem Diagonalenschnittpunkt M liegt. Die Pyramidenhöhe $\overline{MS}$ beträgt 10 cm.

a) Zeichne ein Schrägbild der Pyramide ABCDS, wobei [AC] auf der Schrägbildachse s liegen soll.
Für die Zeichnung: $q = \frac{1}{2}$; $\omega = 45°$

b) Berechne das Maß α des Winkels CAS sowie die Länge der Strecke [SA].

c) Berechne das Volumen der Pyramide ABCDS.

d) Punkte P_n auf der Kante [CS] legen mit den Punkten B und D gleichschenklige Dreiecke DBP_n fest. Die Winkel P_nMS haben das Maß φ.
Zeichne das Dreieck DBP_1 für $\varphi = 25°$ in das Schrägbild ein.

e) Berechne das Maß ε des Winkels MSC.
Zeige sodann, dass für die Streckenlängen $\overline{MP_n}$ in Abhängigkeit von φ gilt:
$\overline{MP_n}(\varphi) = \frac{5{,}14}{\sin(30{,}96° + \varphi)}$ cm

f) Berechne das Winkelmaß φ, sodass die Strecke $[MP_2]$ die Länge 8 cm hat.

g) Bestimme den Flächeninhalt des flächenkleinsten Dreiecks DBP_0 und gib den zugehörigen Wert φ_0 von φ an.

h) Ermittle das Volumen V der Pyramiden $BCDP_n$ in Abhängigkeit von φ.

i) Berechne das Winkelmaß φ, sodass die zugehörige Pyramide $BCDP_3$ das Volumen 25 cm^3 besitzt.

362 Das Dreieck ABC mit $\overline{AB} = 10$ cm, $\overline{CA} = 6$ cm und $\overline{BC} = 8$ cm ist die Grundfläche von Pyramiden $ABCS_n$. M ist der Mittelpunkt der Strecke [AB]. Die Winkel CMS_n haben stets das Maß 90°, die Länge $\overline{AS_n}$ der Seitenkante $[AS_n]$ beträgt 5 cm.

a) Zeichne das Schrägbild der Pyramide $ABCS_1$ für $\sphericalangle BMS_1 = 110°$, dabei soll [AB] auf der Schrägbildachse liegen.
Für die Zeichnung: $q = \frac{1}{2}$; $\omega = 45°$

b) Berechne die Höhe h_n der Pyramiden $ABCS_n$ in Abhängigkeit vom Maß $\gamma \in \,]90°; 180°[$ des Winkels BMS_n.

c) Berechne das Volumen V der Pyramiden $ABCS_n$ in Abhängigkeit von γ.

d) Unter den Pyramiden $ABCS_n$ gibt es eine Pyramide ABCS* mit maximalem Volumen. Berechne V_{max} sowie den zugehörigen Wert von γ^*.

Aufgaben im Stil der Prüfung

Teil A

Aufgabe A 1

A 1.0 Viele bekannte Energy-Drink-Produkte enthalten als Inhaltsstoff Koffein. So enthält das Produkt einer bekannten Herstellerfirma 80 Milligramm Koffein pro 250-$m\ell$-Dose. Nimmt man Koffein zu sich, setzen nach etwa einer Stunde die Wirkung und der Abbau des Koffeins im menschlichen Körper ein. Messungen zeigen, dass der Koffeingehalt im Blut exponentiell abnimmt. Nach x h beträgt die Masse des verbleibenden Koffeins im Körper y mg. Die Funktion f mit der Gleichung $y = y_0 \cdot 0{,}5^{\frac{x-1}{3}}$ $(\mathbb{G} = \mathbb{R} \times \mathbb{R};\ y_0 \in \mathbb{R}^+;\ x > 1)$ stellt diesen Abbauprozess annähernd dar. Dabei bedeutet y_0 mg die Anfangsmasse des Koffeins.

1 Punkt A 1.1 Ein Schüler trinkt um 18.00 Uhr eine Dose des Energy-Drinks.
Berechnen Sie, welche Masse an Koffein sich um 20.00 Uhr noch in seinem Körper befindet. Runden Sie auf zwei Stellen nach dem Komma.

1 Punkt A 1.2 Berechnen Sie, wie viel Prozent des Koffeins der Körper 10 Stunden nach Genuss des Getränks abgebaut hat. Runden Sie auf zwei Stellen nach dem Komma.

1 Punkt A 1.3 Berechnen Sie die Uhrzeit, zu der sich nur noch 5 mg Koffein im Körper befinden.

2 Punkte A 1.4 Seit einiger Zeit sind Produkte auf dem Markt, die bei weniger Inhalt deutlich mehr Koffein enthalten.
Berechnen Sie, wie viele mg Koffein sich in einer 100-$m\ell$-Dose eines solchen Produktes befinden, wenn 7 Stunden nach dessen Einnahme noch 33,25 mg Koffein im Körper nachweisbar sind.

Aufgabe A 2

A 2.0 Die Pfeile $\overrightarrow{AB_n} = \begin{pmatrix} 8 \cdot \cos\varphi \\ -3 \cdot \cos 2\varphi \end{pmatrix}$ und $\overrightarrow{AD} = \begin{pmatrix} -2 \\ 4 \end{pmatrix}$ mit A(0 | 0) spannen für $\varphi \in [0°; 100°[$ Parallelogramme AB_nC_nD auf.

2 Punkte A 2.1 Berechnen Sie die Koordinaten der Pfeile $\overrightarrow{AB_1}$ und $\overrightarrow{AB_2}$ für $\varphi_1 = 0°$ und $\varphi_2 = 50°$ auf zwei Stellen nach dem Komma gerundet und zeichnen Sie die zugehörigen Parallelogramme in das Koordinatensystem.

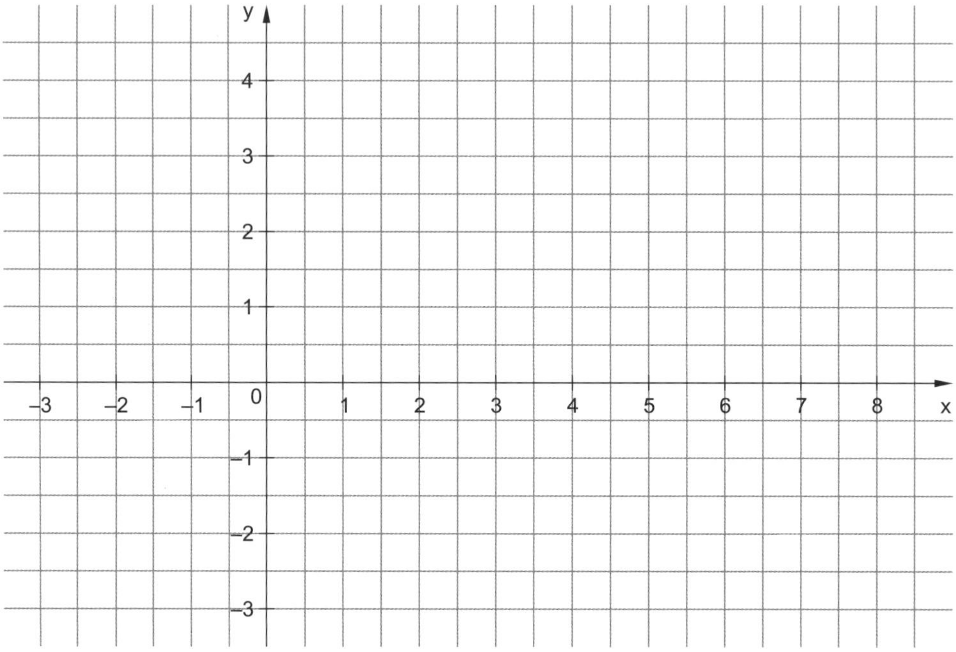

3 Punkte A 2.2 Unter den Parallelogrammen AB_nC_nD gibt es ein Rechteck AB_3C_3D. Berechnen Sie den zugehörigen Wert für φ. Runden Sie dabei auf zwei Stellen nach dem Komma.

2 Punkte A 2.3 Berechnen Sie den Flächeninhalt A der Parallelogramme AB_nC_nD in Abhängigkeit von φ.
[Ergebnis: $A(\varphi) = (-12 \cdot \cos^2\varphi + 32 \cdot \cos\varphi + 6)$ FE]

1 Punkt A 2.4 Überprüfen Sie rechnerisch, ob ein Parallelogramm AB_4C_4D mit dem Flächeninhalt 28 FE existiert.

Aufgabe A 3

A 3.0 Die Form des Trinkbechers eines Wasserspenders entspricht einem doppelwandigen Kegel.
Die Skizze zeigt den Axialschnitt des Wasserbechers mit MB als Symmetrieachse.

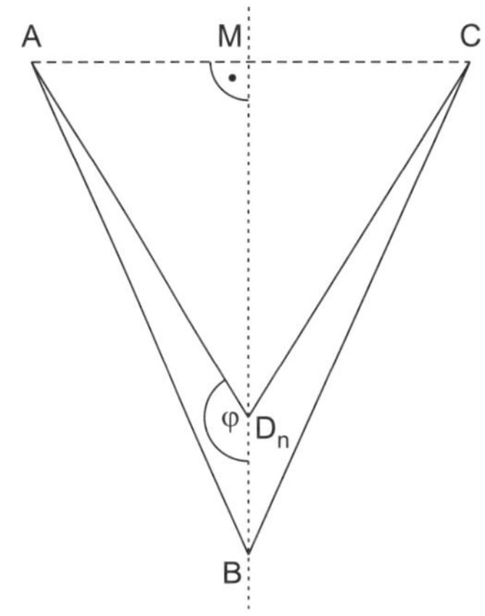

1 Punkt A 3.1 Zeigen Sie, dass für das Volumen der Kegel AD_nC in Abhängigkeit von φ gilt:

$$V(\varphi) = \frac{1}{3} \cdot \overline{AD_n}^2 \cdot \sin^2 \varphi \cdot \pi \cdot \overline{D_nM}$$

1 Punkt A 3.2 Bestimmen Sie für $\overline{AD_1} = 8$ cm und $\overline{D_1M} = 6$ cm das Maß φ, sodass der Becher bei vollständiger Befüllung 150 $m\ell$ fasst ($\varphi > 90°$).

2 Punkte A 3.3 Ein weiterer Bechertyp mit einer Innenkegelhöhe von $\overline{D_2M} = 10$ cm fasst bei vollständiger Befüllung 200 $m\ell$.
Berechnen Sie das Maß des Winkels φ ($\varphi > 90°$).

2 Punkte A 3.4 Stellen Sie den Oberflächeninhalt des Bechers für $\overline{AD_3} = 8$ cm und $BD_3 = 1$ cm in Abhängigkeit von φ dar.

19 Punkte

Teil B

Aufgabe B 1

B 1.0 Gegeben sind die Funktionen f_1 mit der Gleichung $y = \log_2(x+4) - 1$ und f_2 mit $y = \frac{1}{2} \cdot 2^{x-4} - 3$ $(\mathbb{G} = \mathbb{R} \times \mathbb{R})$.

4 Punkte B 1.1 Geben Sie jeweils die Definitions- und Wertemenge der Funktionen f_1 und f_2 an und zeichnen Sie die Graphen zu f_1 und f_2 für $x \in [-3; 9]$ in ein Koordinatensystem. Für die Zeichnung: Längeneinheit 1 cm; $-3 \leqq x \leqq 9$; $-3 \leqq y \leqq 9$

2 Punkte B 1.2 Berechnen Sie die Gleichung der Umkehrfunktion f_2^{-1} zu f_2 und zeichnen Sie sodann den Graphen zu f_2^{-1} in das Koordinatensystem ein.
[Ergebnis: f_2^{-1}: $y = \log_2(x+3) + 5$]

1 Punkt B 1.3 Die Punkte A_n auf dem Graphen zu f_1 und die Punkte C_n auf dem Graphen zu f_2^{-1} haben jeweils dieselbe Abszisse x und sind zusammen mit Punkten B_n Eckpunkte von Dreiecken $A_nB_nC_n$. Es gilt:

$$\overrightarrow{A_nB_n} = \begin{pmatrix} 4 \\ 3 \end{pmatrix}$$

Zeichnen Sie das Dreieck $A_1B_1C_1$ für $x = -1$ in das Koordinatensystem ein.

3 Punkte B 1.4 Unter den Dreiecken $A_nB_nC_n$ existiert das gleichschenklige Dreieck $A_2B_2C_2$ mit der Basis $[B_2C_2]$.
Berechnen Sie die Koordinaten des Punktes C_2.

2 Punkte B 1.5 Berechnen Sie die untere Intervallgrenze der Werte von x, für die Dreiecke $A_nB_nC_n$ existieren.

2 Punkte B 1.6 Berechnen Sie die Gleichung des Trägergraphen t_{B_n} der Punkte B_n.

2 Punkte B 1.7 Bestätigen Sie rechnerisch, dass die Winkel $\sphericalangle B_nA_nC_n$ stets maßgleich sind, und berechnen Sie dieses Maß.

16 Punkte

Aufgabe B 2

B 2.0 Das Quadrat ABCD ist die Grundfläche einer Pyramide ABCDS, deren Spitze S senkrecht über dem Mittelpunkt M der Strecke [DA] liegt. Der Mittelpunkt der Seite [BC] ist der Punkt N.
Es gilt: $\overline{AB} = 10\text{ cm}$; $\overline{SM} = 12\text{ cm}$
Runden Sie im Folgenden auf zwei Stellen nach dem Komma.

2 Punkte B 2.1 Zeichnen Sie das Schrägbild der Pyramide ABCDS, wobei die Seite [AB] auf der Schrägbildachse liegen soll.
Für die Zeichnung gilt: $q = \frac{1}{2}$; $\omega = 45°$

2 Punkte B 2.2 Berechnen Sie das Maß φ des Winkels SNM und die Länge der Strecke [NS].

1 Punkt B 2.3 Punkte R_n liegen auf der Strecke [NS]. Die Punkte R_n sind die Mittelpunkte der Trapezseiten $[P_nQ_n]$ von Trapezen AP_nQ_nD mit $P_n \in [BS]$ und $Q_n \in [CS]$.
Die Winkel R_nMS haben das Maß δ mit $\delta \in \,]0°;\,90°[$.
Zeichnen Sie das Trapez AP_1Q_1D für $\delta = 60°$ in das Schrägbild ein.

3 Punkte B 2.4 Zeigen Sie rechnerisch, dass für die Längen der Strecken $[MR_n]$ in Abhängigkeit von δ gilt:

$$\overline{MR_n}(\delta) = \frac{7{,}68}{\sin(39{,}81° + \delta)}\text{ cm}$$

2 Punkte B 2.5 Im Trapez AP_2Q_2D hat die Strecke $[R_2S]$ die Länge 4 cm.
Berechnen Sie das zugehörige Winkelmaß δ.

2 Punkte B 2.6 Unter den Höhen $[MR_n]$ der Trapeze AP_nQ_nD hat die Höhe $[MR_0]$ des Trapezes AP_0Q_0D minimale Länge.
Berechnen Sie das zugehörige Winkelmaß δ_0 und ergänzen Sie das Trapez AP_0Q_0D in der Zeichnung.

5 Punkte B 2.7 Berechnen Sie den prozentualen Anteil des Volumens der Pyramide AP_0Q_0DS am Volumen der Pyramide ABCDS.

17 Punkte

Original-Abschlussprüfung

Abschlussprüfung an Realschulen 2020
Bayern – Mathematik I

Teil A

Aufgabe A 1

A 1.0 Der Punkt $A(0|0)$ ist gemeinsamer Eckpunkt von Dreiecken AB_nC_n.
Die Punkte $B_n(x|0{,}25x-2)$ liegen auf der Geraden g mit $y=0{,}25x-2$ ($\mathbb{G}=\mathbb{R}\times\mathbb{R}$).
Es gilt:
$\sphericalangle B_nAC_n=50°$
$\overline{AC_n}=1{,}5\cdot\overline{AB_n}$.
Runden Sie im Folgenden auf zwei Stellen nach dem Komma.

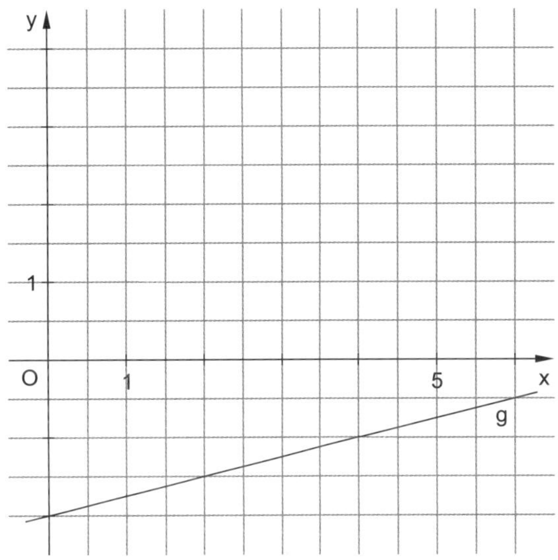

1 Punkt A 1.1 Zeichnen Sie das Dreieck AB_1C_1 für $x=4$ in das Koordinatensystem zu A 1.0 ein.

3 Punkte A 1.2 Für das Dreieck AB_2C_2 gilt: $x=8$.
Bestimmen Sie rechnerisch die Koordinaten des Punktes C_2.

Aufgabe A 2

A 2.0 Gegeben ist die Funktion f mit der Gleichung $y = 0{,}5 \cdot (x+2)^{-3} + 1$ ($\mathbb{G} = \mathbb{R} \times \mathbb{R}$).
Im Koordinatensystem ist für $x > -2$ der Graph zu f eingezeichnet.

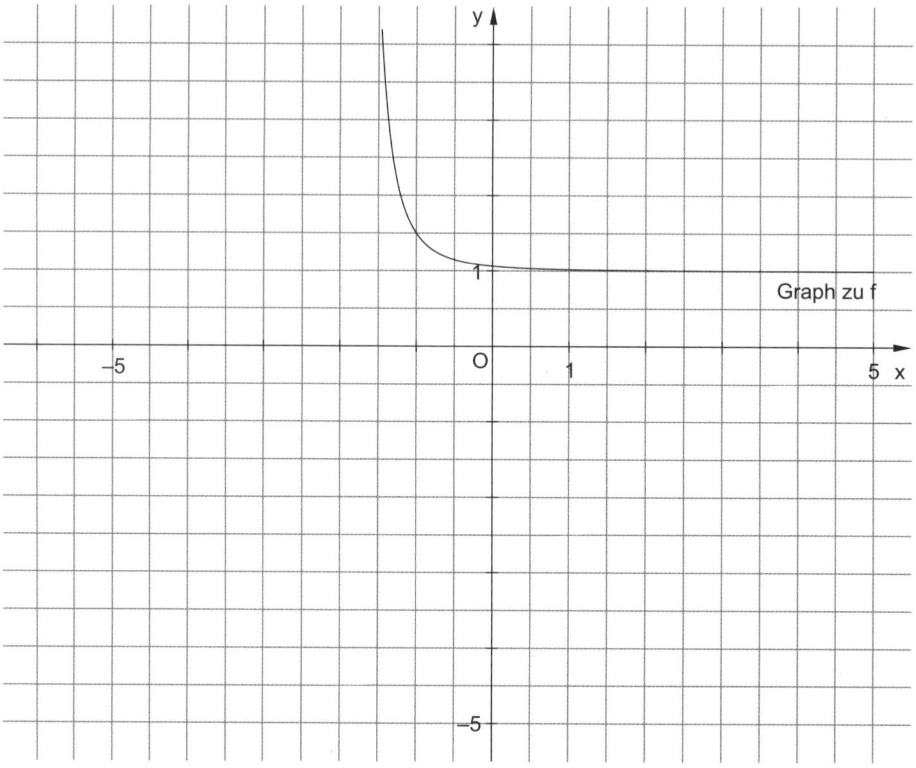

2 Punkte A 2.1 Zeichnen Sie für $x \in [-6; -2{,}5]$ den Graphen zu f in das Koordinatensystem zu A 2.0 ein und geben Sie die Wertemenge von f an.

2 Punkte A 2.2 Punkte $A_n(x \mid 0{,}5 \cdot (x+2)^{-3} + 1)$ mit der Abszisse x liegen auf dem Graphen zu f mit $x \in \mathbb{R} \setminus \{-2\}$. Sie legen mit Punkten B_n, C_n und D_n Quadrate $A_nB_nC_nD_n$ fest. Die x-Koordinate der Punkte B_n ist um 2 größer als die Abszisse x der Punkte A_n, die y-Koordinate der Punkte B_n ist um 1 größer als die y-Koordinate der Punkte A_n. Zeichnen Sie die Quadrate $A_1B_1C_1D_1$ für $x = -3$ und $A_2B_2C_2D_2$ für $x = 2$ in das Koordinatensystem zu A 2.0 ein.

2 Punkte A 2.3 Begründen Sie, weshalb alle Quadrate $A_nB_nC_nD_n$ den gleichen Flächeninhalt A haben, und geben Sie diesen an.

3 Punkte A 2.4 Zeigen Sie, dass für die Koordinaten der Punkte C_n in Abhängigkeit von der Abszisse x der Punkte A_n gilt: $C_n(x+1 \mid 0{,}5 \cdot (x+2)^{-3} + 4)$.

1 Punkt A 2.5 Der Punkt C_3 des Quadrats $A_3B_3C_3D_3$ liegt auf der y-Achse. Geben Sie die Koordinaten des Punktes C_3 an.

Aufgabe A 3

A 3.0 Gegeben sind Drachenvierecke AB_nCD_n mit der Symmetrieachse AC.
Punkte E_n sind die Mittelpunkte der Strecken $[B_nD_n]$.
Die Winkel B_nCE_n haben das Maß φ mit $\varphi \in \,]0°; 90°[$.
Es gilt:
$\overline{AC} = 2$ cm und $\overline{B_nC} = \overline{CD_n} = 3$ cm.
Die nebenstehende Zeichnung zeigt das Drachenviereck AB_1CD_1 für $\varphi = 50°$.

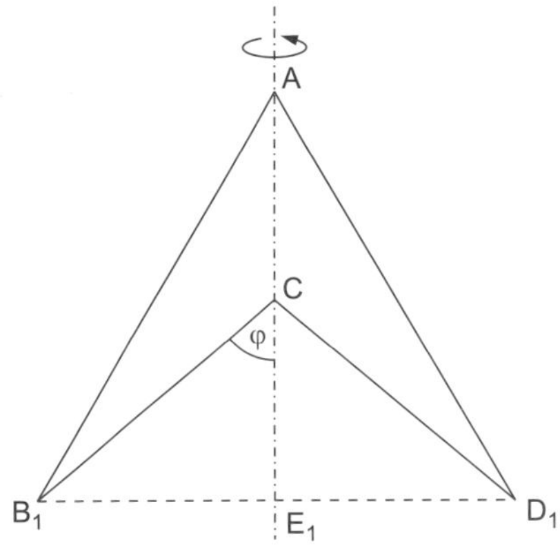

2 Punkte A 3.1 Zeigen Sie durch Rechnung, dass für die Längen der Strecken $[B_nE_n]$ und $[AE_n]$ in Abhängigkeit von φ gilt:
$\overline{B_nE_n}(\varphi) = 3 \cdot \sin\varphi$ cm und $\overline{AE_n}(\varphi) = (3 \cdot \cos\varphi + 2)$ cm.

2 Punkte A 3.2 Die Drachenvierecke AB_nCD_n rotieren um die Gerade AC.
Bestätigen Sie rechnerisch, dass für das Volumen V der entstehenden Rotationskörper in Abhängigkeit von φ gilt:
$V(\varphi) = 6 \cdot \pi \cdot \sin^2\varphi$ cm³.

1 Punkt A 3.3 Eine der folgenden Aussagen zu den Rotationskörpern aus A 3.2 ist richtig.
Kreuzen Sie diese Aussage an.

- ☐ Es gibt einen Rotationskörper mit einem Volumen von $6 \cdot \pi$ cm³.
- ☐ Die Rotationskörper haben ein Volumen von höchstens 6 cm³.
- ☐ Für das Volumen V gilt: $V(\varphi) < 6 \cdot \pi$ cm³.
- ☐ Für das Volumen V gilt: $V(\varphi) > 6 \cdot \pi$ cm³.

19 Punkte

Teil B

Aufgabe B 1

B 1.0 Das Trapez ABCD mit [AB] || [DC] ist die Grundfläche des Prismas ABCDEFGH mit der Höhe [AE] (siehe Skizze).
Es gilt:
$\overline{AB} = 5$ cm; $\overline{AD} = 7$ cm; $\sphericalangle BAD = 90°$;
$\overline{DC} = 9$ cm; $\overline{AE} = 7{,}5$ cm.
Runden Sie im Folgenden auf zwei Stellen nach dem Komma.

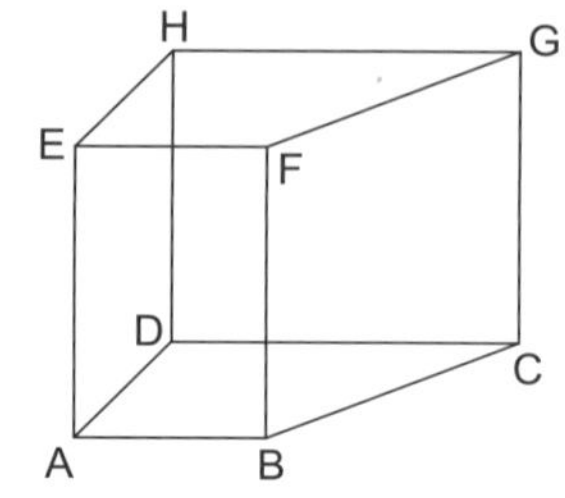

4 Punkte B 1.1 Zeichnen Sie das Schrägbild des Prismas ABCDEFGH mit der Strecke [HC], wobei [AB] auf der Schrägbildachse und A links von B liegen soll.
Für die Zeichnung gilt: $q = \frac{1}{2}$; $\omega = 45°$.
Berechnen Sie sodann das Maß des Winkels DHC und die Länge der Strecke [HC].
[Teilergebnis: $\sphericalangle DHC = 50{,}19°$]

1 Punkt B 1.2 Der Punkt K liegt auf der Strecke [BF]. Die Strecke [EK] verläuft parallel zur Strecke [HC]. Punkte P_n liegen auf der Strecke [EK]. Die Winkel P_nAE haben das Maß φ mit $\varphi \in \,]0°; 56{,}31°]$.
Zeichnen Sie die Strecke [EK] sowie das Dreieck AP_1E für $\varphi = 15°$ in das Schrägbild zu B 1.1 ein.

3 Punkte B 1.3 Zeigen Sie, dass für die Länge der Strecken $[AP_n]$ in Abhängigkeit von φ gilt:
$\overline{AP_n}(\varphi) = \frac{5{,}76}{\sin(\varphi + 50{,}19°)}$ cm.
Die Länge der Strecke $[AP_0]$ ist minimal. Geben Sie den zugehörigen Wert für φ an.

3 Punkte B 1.4 Für Punkte $Q_n \in [HC]$ gilt: $\overline{EP_n} = \overline{HQ_n}$. Die Dreiecke AP_nE sind die Grundflächen der Prismen AP_nEDQ_nH.
Zeichnen Sie das Prisma AP_1EDQ_1H in das Schrägbild zu B 1.1 ein.
Ermitteln Sie sodann durch Rechnung das Volumen der Prismen AP_nEDQ_nH in Abhängigkeit von φ.
$\left[\text{Ergebnis: } V(\varphi) = \frac{151{,}2 \cdot \sin\varphi}{\sin(\varphi + 50{,}19°)} \text{ cm}^3\right]$

4 Punkte B 1.5 Das Volumen des Prismas AP_2EDQ_2H ist um 70 % kleiner als das Volumen des Prismas ABCDEFGH. Berechnen Sie den zugehörigen Wert für φ.

3 Punkte B 1.6 Bestätigen Sie durch Rechnung die obere Intervallgrenze für φ.

18 Punkte

Aufgabe B 2

B 2.0 Punkte $B_n(x \mid -x+4{,}5)$ liegen auf der Geraden g mit der Gleichung $y=-x+4{,}5$ $(\mathbb{G}=\mathbb{R}\times\mathbb{R})$. Für $1{,}5<x<14$ sind sie zusammen mit Punkten $A(-1 \mid -2)$, C_n und D_n Eckpunkte von Drachenvierecken $AB_nC_nD_n$. Die Punkte A und C_n liegen auf deren Symmetrieachse s mit der Gleichung $y=2x$ $(\mathbb{G}=\mathbb{R}\times\mathbb{R})$.
Für die Diagonalenschnittpunkte M_n der Drachenvierecke $AB_nC_nD_n$ gilt:
$\overline{M_nC_n}=0{,}5\cdot\overline{AM_n}$.
Runden Sie im Folgenden auf zwei Stellen nach dem Komma.

4 Punkte B 2.1 Zeichnen Sie die Geraden g und s sowie die Drachenvierecke $AB_1C_1D_1$ für $x=2{,}5$ und $AB_2C_2D_2$ für $x=6{,}5$ in ein Koordinatensystem.
Für die Zeichnung: Längeneinheit 1 cm; $-6\leqq x\leqq 7$; $-4\leqq y\leqq 8$

3 Punkte B 2.2 Zeigen Sie, dass für die Koordinaten der Punkte D_n in Abhängigkeit von der Abszisse x der Punkte B_n gilt:
$D_n(-1{,}40x+3{,}60 \mid 0{,}20x+2{,}70)$.

2 Punkte B 2.3 Bestimmen Sie rechnerisch die Gleichung des Trägergraphen t der Punkte D_n.

3 Punkte B 2.4 Im Drachenviereck $AB_3C_3D_3$ liegt der Punkt D_3 auf der Winkelhalbierenden des 2. und 4. Quadranten.
Bestimmen Sie rechnerisch die x-Koordinaten der Punkte B_3 und D_3.

3 Punkte B 2.5 Für das Drachenviereck $AB_4C_4D_4$ gilt: $\sphericalangle B_4AC_4=35°$.
Berechnen Sie den zugehörigen Wert für x.

2 Punkte B 2.6 Für das Drachenviereck $AB_5C_5D_5$ gilt: $\sphericalangle B_5AD_5=90°$.
Begründen Sie, weshalb für den Flächeninhalt A des Drachenvierecks $AB_5C_5D_5$ gilt:
$A=1{,}5\cdot\overline{AM_5}^2$.

17 Punkte

Abschlussprüfung an Realschulen 2021
Bayern – Mathematik I

Das Corona-Virus hat auch im vergangenen Schuljahr die Prüfungsabläufe beeinflusst. Um dir die Prüfung 2021 schnellstmöglich zur Verfügung stellen zu können, bringen wir sie in digitaler Form heraus.

Sobald die Original-Prüfungsaufgaben 2021 zur Veröffentlichung freigegeben sind, können sie als PDF auf der Plattform **MyStark** heruntergeladen werden. Deinen persönlichen Zugangscode findest du vorne im Buch.

Prüfung 2021

www.stark-verlag.de/mystark

Richtig lernen, bessere Noten

7 Tipps wie's geht

1. *15 Minuten geistige Aufwärmzeit* Lernforscher haben beobachtet: Das Gehirn braucht ca. eine Viertelstunde, bis es voll leistungsfähig ist. Beginne daher mit den leichteren Aufgaben bzw. denen, die mehr Spaß machen.

2. *Ähnliches voneinander trennen* Ähnliche Lerninhalte, wie zum Beispiel Vokabeln, sollte man mit genügend zeitlichem Abstand zueinander lernen. Das Gehirn kann Informationen sonst nicht mehr klar trennen und verwechselt sie. Wissenschaftler nennen diese Erscheinung „Ähnlichkeitshemmung".

3. *Vorübergehend nicht erreichbar* Größter potenzieller Störfaktor beim Lernen: das Smartphone. Es blinkt, vibriert, klingelt – sprich: es braucht Aufmerksamkeit. Wer sich nicht in Versuchung führen lassen möchte, schaltet das Handy beim Lernen einfach aus.

4. *Angenehmes mit Nützlichem verbinden* Wer englische bzw. amerikanische Serien oder Filme im Original-Ton anschaut, trainiert sein Hörverstehen und erweitert gleichzeitig seinen Wortschatz. Zusatztipp: Englische Untertitel helfen beim Verstehen.

5. *In kleinen Portionen lernen* Die Konzentrationsfähigkeit des Gehirns ist begrenzt. Kürzere Lerneinheiten von max. 30 Minuten sind ideal. Nach jeder Portion ist eine kleine Verdauungspause sinnvoll.

6. *Fortschritte sichtbar machen* Ein Lernplan mit mehreren Etappenzielen hilft dabei, Fortschritte und Erfolge auch optisch sichtbar zu machen. Kleine Belohnungen beim Erreichen eines Ziels motivieren zusätzlich.

7. *Lernen ist Typsache* Die einen lernen eher durch Zuhören, die anderen visuell, motorisch oder kommunikativ. Wer seinen Lerntyp kennt, kann das Lernen daran anpassen und erzielt so bessere Ergebnisse.